中国科学院生物物理研究所所史丛书

蘑菇云背后

放射生物学四十年研究纪实

中国科学院生物物理研究所　编

科学出版社

北　京

图书在版编目（CIP）数据

蘑菇云背后：放射生物学四十年研究纪实／中国科学院生物物理研究所编 . —北京：科学出版社，2012

（中国科学院生物物理研究所所史丛书）

ISBN 978-7-03-035638-3

Ⅰ. ①蘑… Ⅱ. ①中… Ⅲ. ①放射生物学–技术史–中国–现代

Ⅳ. ①Q691–092

中国版本图书馆 CIP 数据核字（2012）第 225636 号

责任编辑：樊　飞　侯俊琳　贺窑青／责任校对：宋玲玲

责任印制：赵德静／封面设计：无极书装

编辑部电话：010-64035853

E-mail：houjunlin@ mail. sciencep. com

科 学 出 版 社 出版

北京东黄城根北街 16 号

邮政编码：100717

http://www. sciencep. com

中国科学院印刷厂 印刷

科学出版社发行　各地新华书店经销

*

2012 年 11 月第 一 版　　开本：B5（720×1000）

2012 年 11 月第一次印刷　　印张：22　插页：6

字数：420 000

定价：68. 00 元

（如有印装质量问题，我社负责调换）

2012 年，出席研究所离退休人员新春团拜会的原放射生物学研究室的部分老同志。前排左起：赵克俭、李莱、王克义、章正廉、唐品志、李景福、傅世榱、曹恩华、王清芝、周启玲、刘成祥、张志义、陈玉敏、路敦柱、沈士良、吴骋、严敏官、张伟；后排左起：樊蓉、李玉安、苏苹、张碧辉、韩行彩、程龙生、林桂京、王锦兰、陈玉玲、陈楚、于明珠、王曼琳、王文芳、宋兰芳、崔书琴、庞素珍、傅亚珍、孟香琴、朱诏南、沈恂、聂玉生

2012 年 6 月 1 日，本书编委会全体成员合影。左起：蔡燕红、程龙生、李公岫、江丕栋、张仲伦、曹恩华、沈恂、胡坤生、吴骋

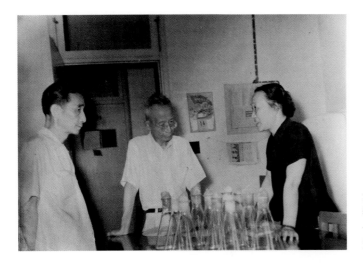

竺可桢副院长（中）来生物物理所视察，贝时璋所长（左）接待，沈淑敏（右）汇报工作

1961年6月9日，贝时璋所长在中国科学院原子核科学委员会生物组第二次学术报告会上作报告

贝时璋所长（右）、放射生物室主任徐凤早教授（中）接待来访的苏联专家

贝时璋所长（左1）、田野（研究所党的领导小组组长，左2）听取徐凤早教授(左3)组的工作汇报，沈煜民（右3）参与介绍工作

贝时璋所长（左1）陪同苏联专家（右1）访问徐凤早教授（右2）实验室，杨勇正（左2）参加汇报

陈去恶（右）与来生物物理所短期工作的苏联专家巴契洛夫（左）合影

1958 年 10 月，随苏联专家史梅列夫学习放射性本底调查。前排右 1，林克椿；右 4，蓝碧霞；左 2，李公岫；左 3，李薇锦；后排左 1，史梅列夫

1960 年春节，放射生物学室部分同志与所领导在中关村新楼前合影。前排左起：江丕栋、安福、屠立莉、雷秀芹、于明珠、林桂京；二排左起：郁贤章、李公岫、陈楚楚、康子文、蓝碧霞、程龙生、张书朋；三排左起：丰玉璧、张庭遽、马顺福、郑若玄、赵克俭；后排左起：卢立夫、刘成祥、杨万里、姚启明、汪宝新、陈远满、汪云九

1960 年国庆节，放射生物学室部分同志与所领导康子文在新楼前合影。前排左起：马淑亭、陈凤英、陈楚楚、康子文、程龙生、杨光晨、杨平海；后排左起：刘球、吕迎辉、李景福、刘银贵、王克义、许彦文、郑若玄

1966 年 5 月 9 日，我国在西北罗布泊进行了第 3 次核爆试验，生物物理所放射生物学研究室的程龙生、郭绳武参加了本次核试验，照片为试验期间生物效应大队全体参试人员的合影。照片中有程龙生（前排右 1）、金翠珍（前排右 5，军事医学科学院二所）、郭绳武（三排右 7）和吴德昌（二排右 1，现为中国工程院院士，20 世纪 90 年代任军事医学科学院院长）

1971 年，"21 号任务组"的研究人员为经受核辐射的狗做体检。前左起：韩恒湘、王清芝；后左起：黄爱月（动物室）、郑德存、李玉安、李桂珍（动物室）

1984 年，贝时璋与进行 20 年总结的"21 号任务组"部分研究人员合影。前排左起：郭爱克、李玉安、赵凤玉、贝时璋、李公岫、李昭洁；后排左起：邢国仁、聂玉生、郑德存、党连凯、曹恩华、韩恒湘、宋兰芳、王清芝、郭绳武

1979 年 9 月，由生物物理所放射生物学研究室发起并负责的中国辐射研究代表团访问日本，并出席第五次国际辐射研究大会。照片为代表团访问大阪大学医学部放射生物学研究室时与近藤宗平教授（左起第 11 人）等日方人员合影。其中生物物理所人员有：沈淑敏（左 4，代表团副团长）、贾先礼（左 1）、沈恂（右 3，代表团秘书长）；代表团团长为朱壬葆院士（右 6）；该代表团成员还有生物物理所纪极英

1982 年春节茶话会，国防科委及二机部领导会见中国核学会在京理事，生物物理所的理事陈去恶（后排左 1）和沈恂（后排左 4）参加了会见。前排就座的领导同志有（左起）：汪家鼎、杨澄中、姜圣阶、朱光亚、李觉、裴丽生、王淦昌、赵忠尧、张文裕、张震寰、吴征铠

1984 年，辐射生物物理研究室的部分科研人员在钴源前院合影。前排左起：沈煜民、张志义、沈恂、徐国瑞、纪极英、曹恩华、梁金虎；后排左起：戴军、辛淑敏、程龙生、臧伦义、陈凤英、赵季英、田佩珠、杨勇正、张茵、研究室职工（姓名不详）、李景福、孟香琴、庞素珍、滕松山

1984 年，辐射生物物理研究室的部分科研人员聚餐。左起：沈煜民、徐国瑞、曹恩华、田佩珠、纪极英、程龙生、张茵、陈凤英、张志义、沈恂、庞素珍、杨勇正、臧伦义

1984 年 7 月，国际辐射研究联合会主席，英国放射生物学家艾达姆斯教授访问辐射生物物理研究室，座谈后与该室科研人员合影留念。前排左起：庞素珍、吕克定、沈恂、艾达姆斯、程龙生、陈春章；后排左起：马玉琴、葛兆华、孟香琴、朱诏南、陈凤英、田佩珠、宋建民、赵季英、郭绳武、纪极英、张仲伦、薛良琰、张志义、傅迎宪、梁金虎

1990 年，辐射生物物理研究室剂量组部分人员游览北京西山八大处。左起：李焕章、刘成祥、马斌、朱诏南、张月敬、郎淑玉、赵克俭、郑雁珍、于宪军、张秀珍、张仲伦、侯晓东

2000 年 10 月，生物物理所领导和部分同志前往贝时璋家中庆贺贝时璋 97 岁寿诞。本书撰稿人（左起）曹恩华、江丕栋、沈恂、王谷岩与贝时璋（中）合影留念

2000 年 10 月，生物物理所领导和部分同志前往贝时璋家中庆贺贝时璋 97 岁寿诞。贝时璋（左）仍然精神抖擞、兴高采烈地与沈恂、曹恩华谈他对宇宙的认识

本书编委会

主　　　编　沈　怡

副　主　编　曹恩华　胡坤生

编　　　委　（按姓氏笔画排列）

江丕栋　李公岫　吴　骋

沈　怡　张仲伦　胡坤生

曹恩华　程龙生　蔡燕红

序

中国科学院生物物理研究所（简称生物物理所）建所时放射生物学研究室是全所人数最多的一个研究室。贝时璋所长根据他参与制定的《1956-1967年科学技术发展远景规划纲要》中有关放射生物学发展的要求，将该室的研究内容规定为放射生态、放射防护、放射遗传、辐射剂量及内照射生物效应等。这样全面的研究内容，当时在全国有关放射生物学研究的单位中是很少见的。由于面临国家研制"两弹"的需要，贝老决定以任务带学科的方针来发展放射生物学，先后接受国家有关部门下达的主要为"两弹"服务的多项国防任务，其中包括：

（1）全国放射性本底调查研究（包括核试验后放射性落下灰的调研）；

（2）核武器试验核辐射对动物远后期效应的研究（"21号任务"）；

（3）小剂量电离辐射损伤效应及放射病早期诊断研究；

（4）各种辐射剂量测量仪、监测仪的研制。

从以上下达的任务可以看出，它们具有如下特点：①紧紧围绕服务"两弹"研制与试验的需要；②由于保密性很强，有关可参考的国外资料十分稀少；③工作量很大，如全国放射性本底调查曾在全国各地建立了18个"本底站"；④需要多学科交叉大力协同，为此各任务都集中了一批不同专业的人员共同攻关；⑤工作周期长，如"21号任务"和"小剂量电离辐射损伤效应及放射病早期诊断研究"任务的完成分别长达20年和16年；⑥原有工作积累很差，在当时历史条件下主要通过自力更生与集体智慧克服各种困难来完成任务。

此外，放射生物学研究室还在原子能和平利用（如辐射保鲜）和基础理论（如辐射生物的原发反应）等方面开展了一定的研究。相关具体情况在本书中都由原来参与工作的同志进行了详细的回忆与叙述。

我虽然也曾参加生物物理所建所初期放射生物学的部分国防任务，但读完本书以后对这些任务的意义与艰巨性有了更深入的了解，受益匪浅。与此同时，几点思考与感慨也不禁油然而生。

第一，我国"两弹"研制与成功爆炸是一个系统工程，生物物理所承担的几大任务是整个工程中不可或缺的重要环节。但是，这些周期长、难度大、短期内难以出成果的任务并不是一般单位十分愿意接受的。然而面对国家需要，贝老从大局出发，毅然接受这些任务，并积极争取胜利完成。这是很不容易做到的，是在爱国主义基础上服从整体利益的具体体现。这也是我们今后要努力继承并加以发扬的光荣传统。

第二，参加上述国家任务的同志（包括分管科研的领导肖剑秋、韩兆桂及有关同志）不仅要面对建所初期的所址分散（当时有"八大处"，"十三陵"之称）、设备十分简陋与匮乏、工作条件异常困难（尤其是6批去"两弹"爆炸现场及3批去铀矿进行调研的工作更为艰辛）和生活非常清苦（在国家三年困难时期情况更为严峻）的条件，而且对大多数同志而言，还要面对1966年开始的十年"文化大革命"，承受不同程度的压抑乃至人身迫害，但是他们仍然默默无闻地坚持工作，最后向国家交出了一份满意的答卷。这是非常值得自豪的，也是生物物理所历史上值得骄傲和记载的一页。

第三，由于上述这些任务的密级较高，本身工作周期又比较长，因此难以发表论文或用其他方式来展示成绩。虽然曾经先后获得了中国科学院科技进步奖一等奖、二等奖各一次以及有关领导部门内部嘉奖并多次参加军内成果展览，但由于我国对这样一类任务的评价制度与奖励政策还不够健全，各系统对此重视程度与执行有关政策的差异也很大，加上个别部门对这些任务的重要性与特殊性了解不够，又缺乏深入听取各方面的意见，使生物物理所部分参加任务的同志没有获得应有的鼓励，从而使他们在心理上极不平衡，这终乃憾事。

第四，由于"文化大革命"，参加任务的大部分骨干和分管科研管理的领导（包括贝时璋所长在内）都处于"靠边站"的状态。这不仅影响了在整个完成任务过程中及时进行小结与调整计划，而且影响了在任务完成后对成果总结的深度与高度。

总之，本书不仅可以使读者了解生物物理所在研究放射生物学方面的业绩和有关同志为此所做出的值得记忆的奉献，而且对研究全国放射生物学的发展史也有很大的帮助。

此外，这本书的出版对参加上述几项国家任务的同志们来说无疑是一次对过去光荣战斗历程的回顾，他们会为此而感到无比自豪，这种自豪感无疑对他们能够拥有健康的晚年生活是一种莫大的激励和慰藉。对于未参加过任务以及新加入生物物理所的同事们，也希望通过这本书能够为他们深入了解生物物理所的历史提供一份丰富的资料。今昔对比，希望大家共同发扬生物物理所的光荣传统，为我国科技事业的发展做出更大的贡献。

最后，对生物物理所领导的支持，对以沈恂教授为首的全体编辑组同志，对参加撰写本书各章节的同志，以及江丕栋、胡坤生和蔡燕红等同志所付出的辛勤劳动致以衷心的感谢。

中国科学院院士

2011 年 12 月

目　录

任　务　篇

附　录

导言：国家的需要，历史的选择

沈　恂

　　1958 年 9 月，北京实验生物研究所改建为中国科学院生物物理研究所（简称生物物理所），放射生物学成为生物物理所建所后确定的主要研究方向之一。为什么要选择放射生物学作为生物物理所的一个主要研究方向？生物物理所的放射生物学要研究什么？这些是贝时璋所长、研究所计划部门（当时称为计划科）和放射生物学研究室广大科研人员必须做出的抉择。《中国科学院 1950 年工作计划纲要（草案）》提出的中国科学院工作的基本方针是："按人民政协共同纲领规定的文教政策，改革过去的科研机构，以期培养科学建设人才，使科学研究真正能够服务于国家的工业、农业、保健和国防事业的建设"。虽然中央也规定，科学院和产业部门研究机构的任务有所区别，科学院的研究所可以少受眼前生产上比较零星问题的束缚，把主要精力放在发展新的科学技术领域和基础科学的研究上，担负起探索新方向和寻找新道路的任务。但是，为国防事业服务成为当时生物物理所放射生物学人认定的历史使命，这个历史使命就是为打破美国、苏联两国的核讹诈和核垄断，发展我国自己的核工业与核武器服务。认识和履行这一历史使命离不开我国当时所面临的险恶的国际安全环境，离不开党中央和毛泽东同志决心发展自己的核武器以打破先是美国后是美苏两个超级大国对我国的核威胁和核讹诈的战略决心。

一、中国必须建立自己的核工业、发展自己的核武器

　　中国为什么要建立自己的核工业、发展自己的核武器？这是因为新中国要立于世界民族之林，是因为新中国面临着来自先是美国后是苏联的核威胁和核讹诈。下面先让我们看看当时的国际国内大背景，然后看看我们中国人是怎么做的。

（一）来自美国的核威胁与核讹诈

　　1945 年 7 月 16 日凌晨，美国在新墨西哥州阿拉莫戈多沙漠附近成功地爆炸了第一颗内爆型钚-239 原子弹。同年 8 月 6 日和 9 日，美国分别在日本广岛和长崎投下代号为"小男孩"和"胖子"的原子弹，造成几十万居民的死伤。从此，原

子弹的阴影开始笼罩在世界人民的头上。第二次世界大战结束后，代表东西方两大阵营的苏联和美国展开了激烈的核武器竞赛。1949 年 8 月，苏联爆炸了第一颗原子弹；1950 年 1 月，美国总统杜鲁门下令加速研制氢弹，并于 1952 年 11 月进行了以液态氘为热核燃料的氢弹原理试验；1953 年 8 月，苏联进行了以固态氘化锂为热核燃料的氢弹试验，使氢弹的实用成为可能；1954 年 3 月 1 日，美国在比基尼岛正式爆炸了第一颗氢弹。英国、法国也先后在 20 世纪 50 年代和 60 年代各自进行了原子弹与氢弹试验。从此，世界笼罩在核武器的阴影之中。

1949 年 10 月 1 日新中国一成立就面临严峻的国际形势，受到以美国为首的西方资本主义国家的经济封锁和战争威胁。1950 年 6 月 25 日朝鲜战争爆发，同年 10 月 25 日，中国人民志愿军跨过鸭绿江，抗击以美国为首，已逼近中朝边境的所谓"联合国军"。面对战场上的不利局面，恼羞成怒的美国多次威胁要对中国动用核武器、动用原子弹。当时的美国总统杜鲁门在一次记者招待会上说，"将采取必要措施，包括使用所拥有的各种武器，以应付军事局势"。他说，"一直在积极考虑使用原子弹，但却不希望有朝一日看到使用它"。这是美国第一次向中国进行核讹诈。

1955 年 1 月，美国国会参议院通过《美台共同防御条约》，该条约正式生效后，国防部长威尔逊曾组织五角大楼有关官员，在参谋长联席会议主席、海军上将雷德福的"红杉号"游艇上召开绝密军事会议，确立了要依赖战略空军的战略威力继续遏制中国的政策。不久，美国战略空军司令宣称：会在中国适当的地方（如满洲）投下几枚原子弹。而雷德福上将更加直截了当，他上书总统，如果台湾海峡出现危机，就对中国使用核武器。

1955 年 1 月，中国人民解放军一举解放了浙江沿海的一江山岛。这在美国军界和政界引起了不小震动，他们商定如果金门、马祖的危机继续发展下去，就要对中国施行核手术，使其变成第二个广岛、长崎。随后，杜勒斯在参议院外委会上鼓吹，美国政府决定实行"大规模报复"战略，用有效的新型大威力武器去挫败中国的任何武装进攻。军人出身的艾森豪威尔总统也在面向美国民众的电视讲话中宣称："核武器不仅是战略武器，也可以用于战术目的，为和平服务。"言外之意，是要对中国进行一场核战争。1956 年 1 月，美国《生活》杂志刊登了一篇意在解释艾森豪威尔政府如何结束朝鲜战争的文章。当时美国的国务卿杜勒斯透露，他曾向北京传递过一条"不可能错的"警告：如果加速谈判解决的努力没有进展的话，美国将对中国使用核武器。他认定，这是"一次相当有效的威慑"。杜勒斯说这番话意在维护这样一种观点，即核武器是有用的，甚至是必需的，是治国的工具，可以用来恐吓甚至强迫中国就范。

美国对中国进行的第三次核讹诈发生在中国人民解放军对金门、马祖实行单双日炮击的 1958 年，当时，蒋介石将 10 万人的地面部队部署至靠近中国内地的金门、马祖两岛，准备反攻中国大陆。据事后透露的消息，当时艾森豪威尔总统立即命令美国在这一带的驻军"以常规武器对大规模的进攻做出反应，并准备在必要时使用原子弹"。

（二）建立自己的核工业、发展自己的核武器是国家的战略决策

中国发展核武器是在特定的历史条件下迫不得已做出的决定。20 世纪 50 年代初，刚刚成立的新中国不断受到战争的威胁，包括核武器的威胁。严酷的现实使中国最高决策层意识到，中国要生存、要发展，就必须拥有自己的核武器，铸造自己的利剑和盾牌。1955 年 1 月，中国政府决定创建中国自己的核工业、研制核武器，在国家制定的《1956—1967 年科学技术发展远景规划纲要》（简称"12 年科学规划"）中，确定了 12 项发展重点，原子能技术被列为首位；1958 年，负责核武器研制的二机部九局（中国工程物理研究院的前身）在北京成立，拉开了核武器研制的序幕。面对严峻的国际形势，为了抵御帝国主义的武力威胁和打破大国的核垄断及核讹诈，尽快增强国防实力，保卫国家安全，党中央和毛泽东毅然做出研制"两弹一星"、重点突破国防尖端技术的战略决策，并确定对"两弹一星"的研制，坚持"自力更生为主，争取外援为辅"的方针。

1956 年，研制原子弹和导弹列入我国"12 年科学规划"，国务院先后成立了研制导弹和原子弹的专门机构，一大批优秀科技工作者，包括许多在国外已经取得杰出成就的科学家，义无反顾地投身到这一伟大事业中。

1957 年 10 月 15 日，《中华人民共和国政府和苏维埃社会主义共和国联盟政府关于生产新式武器和军事技术装备以及在中国建立综合性原子能工业的协定》（简称"国防新技术协定"）签署。此后，苏联在导弹和原子弹方面提供的不同程度的技术援助，对中国原子弹、导弹研制的起步曾起过重要作用。但是，随着中苏两国关系的恶化，1959 年 6 月起，苏联拒绝向中国提供原子弹教学模型和技术资料，并下令撤走专家。有人曾因此断言，中国核工业已经遭到毁灭性打击，20 年也搞不出原子弹。

苏联单方面毁约后，中国原子弹、导弹研制进入自力更生、自主研制的新阶段。1959 年 7 月，周恩来代表中共中央宣布：自己动手，从头摸起，准备用 8 年时间搞出原子弹。中国决心依靠自己的力量研制原子弹，并将第一颗原子弹以苏联毁约的年月"596"作为代号。

1962 年 11 月 17 日，周恩来主持召开了中央专门委员会第一次会议，根据中共中央关于加强原子能事业的决定，正式成立了以周恩来为主任，贺龙、李富春、李先念、聂荣臻、薄一波、陆定一、罗瑞卿 7 位副总理和赵尔陆、张爱萍、王鹤

寿、刘杰、孙志远、段君毅、高扬7位部长为成员的"中央十五人专门委员会"。专委会的主要任务是加强对我国原子能工业建设和加速核武器研制、试验工作以及核科学技术工作的领导。中央专门委员会制定了一系列重大方针、原则和政策措施，有力地推动了"两弹一星"的研制进程。在党中央的坚强领导下，全国"一盘棋"，来自全国各地的大批著名科学家、中青年科研和工程技术人员、管理保障工作者、工人和解放军指战员，共同努力、密切配合、协同攻关，保证了中国"两弹一星"事业取得历史性的突破。

1964年10月16日15时整，我国第一颗原子弹在罗布泊试验场爆炸成功。中国政府随即发表声明，郑重宣布：在任何时候、任何情况下，中国都不会首先使用核武器。中国政府一贯主张全面禁止和彻底销毁核武器，中国进行核试验、发展核武器，是被迫而为的。中国掌握核武器完全是为了防御，是为了免受核威胁。

在研制原子弹的同时，我国把下一步的目标瞄准导弹核武器，研制能够把原子弹打出去的导弹。1966年10月27日9时，我国第一颗装有核弹头的地对地导弹在自己的国土上飞行爆炸成功。"两弹"首次结合试验成功，标志着中国从此拥有了可以用于实战的导弹核武器。

为了进一步打破核大国的核威胁和核垄断，根据毛泽东"氢弹也要加快"的指示，中国科学家经过集中攻关，于1965年自主提出了制造氢弹的理论方案，接着按计划进行了三次热试验考核验证。1967年6月17日8时20分，我国第一颗氢弹空爆试验成功，实测当量330万吨三硝基甲苯（TNT），中国成为世界上第4个掌握氢弹技术的国家。

（三）苏联从帮助中国研制核武器到撕毁协议、撤走专家

尽管和平利用原子能可以成为研制核武器的技术基础，但是要实现这一步跨越却绝非易事，需要掌握从铀的分离、提纯到核爆炸的一系列专门技术和工艺。美国和苏联跨出这一步用了5~7年，以中国当时的工业基础和工艺技术水平，以及当时西方国家对中国进行经济技术封锁的冷战环境，要在同等时间里试制出原子弹，困难还是很大的。于是，中国向同属"社会主义阵营"的苏联寻求援助。不过，莫斯科在研制核武器方面对中国的援助最初却表现得犹豫不决。

苏联第一次核试验之前，中国就知道莫斯科已经掌握了核技术，也提出了参观核设施的要求，但斯大林拒绝了刘少奇在1949年8月秘密访苏期间提出的这一要求，作为补偿，苏联人请中国代表团观看了有关核试验的纪录片。不仅如此，斯大林甚至表示了苏联可以向中国提供核保护的意愿。斯大林向中国人暗示：社会主义阵营有苏联的核保护伞就足够了，无需大家都去搞核武器。不过，当时的中国国家领导人由此对原子弹有了感性认识，毛泽东回忆起当时的感受，曾对身边警卫员

说："这次到苏联，开眼界哩！看来原子弹能吓唬不少人。美国有了，苏联也有了，我们也可以搞一点嘛。"然而，莫斯科可以向社会主义阵营国家提供核保护，却并不希望他们分享核武器的秘密，更不想让中国人掌握进入核武库大门的钥匙。1952 年年底，在以中国著名核物理专家钱三强为首的中国科学院代表团访问苏联之前，苏联科学院院长涅斯米杨诺夫院士向苏共中央政治局提交了一个报告，在报告里，涅斯米扬诺夫院士建议，只向钱三强介绍一般性质的科研工作，而不要让他详细了解第一总局课题范围内的工作。当时，苏联人民委员会下属的第一总局正在主持苏联原子能利用领域的科研工作、铀加工的管理事务和原子动力装置的建造，这一建议可以表明，苏联此时尚无意向中国透露原子弹的秘密。

斯大林去世以后，苏联领导层接连不断地发生激烈的权力斗争。赫鲁晓夫为了战胜其政治对手，积极调整对华政策，并一再讨好毛泽东，在这种情况下，中国再次考虑研制核武器的问题。1954 年 10 月赫鲁晓夫访华时，主动问中国还有什么要求，毛泽东趁此机会提出对原子能、核武器感兴趣，并希望苏联在这方面给予帮助。赫鲁晓夫对这个突如其来的问题没有准备，稍作迟疑后，劝说毛泽东应集中力量抓经济建设，不要搞这个耗费巨资的东西，并表示只要有苏联的核保护伞就行了。赫鲁晓夫最后建议，由苏联帮助中国建立一个小型实验性核反应堆，以进行原子物理的科学研究和培训技术力量。

同斯大林一样，赫鲁晓夫对毛泽东领导的中国也心存疑虑。此外，赫鲁晓夫还有一个不便明言的理由，即当时美苏正在谈判防止核扩散问题。实际上，早在苏联成功进行核试验之前很久，美国就试图禁止核试验，从而垄断核武器。1946 年 6 月 14 日，美国驻联合国原子能委员会代表团团长巴鲁克提出一项由国际组织控制核试验的方案，历史上称为"巴鲁克计划"，而苏联代表葛罗米柯（后来的苏联外交部长）很快就针锋相对地提出了苏联的计划。从此，美苏之间开始了漫长而毫无结果的限制核武器发展的谈判和争吵。当苏联拥有了核武器，特别是赫鲁晓夫意识到核武器构成了对人类生存的威胁之后，莫斯科开始支持防止核扩散问题。1954 年 9 月 22 日，赫鲁晓夫访华前夕，苏联政府向美国递交了备忘录，表示愿意在防止核扩散问题上继续与美国政府谈判。苏联人刚刚作此承诺，中国就提出要自己制造原子弹，并要求苏联提供帮助，赫鲁晓夫当然不会答应。

不过，赫鲁晓夫为了获得中国共产党和毛泽东对他在苏共内领导地位的支持，还是比斯大林前进了一步，答应在和平利用原子能方面帮助中国，而这项工作的开展无疑将为研制核武器奠定了技术基础。莫斯科答应提供核帮助令毛泽东兴奋不已，恰在此前，中国地质队又在广西找到了铀矿。1955 年 1 月 15 日，毛泽东主持召开中共中央书记处扩大会议，在听取地质部长李四光、副部长刘杰以及中国科学院物理研究所（原子能研究所的前身）所长钱三强的汇报后，毛泽东高兴地对到会人员说："过去几年其他事情很多，还来不及抓这件事。这件事总是要抓的，现在到时候了，该抓了。只要排上日程，认真抓一下，一定可以搞起来。"会议通过了代号为"02"的核武器研制计划。国防部长彭德怀则在2月18日向毛泽东报告工作时，第一次正式提出研制和发展核武器的问题。

赫鲁晓夫回国以后，中苏两国政府便开始了关于在核能事业方面合作的具体谈判。1955年1月17日苏联政府发表声明说，为在促进和平利用原子能方面给予其他国家以科学技术和工业上的帮助，苏联将向中国和几个东欧国家提供广泛的帮助，其中包括进行实验性反应堆和加速器的设计，供给相关设备及必要数量的可裂变物质。作为合作条件，1955年1月20日中苏签署了《关于在中华人民共和国进行放射性元素的寻找、鉴定和地质勘察工作的议定书》。根据这个协议，中苏两国将在中国境内合作经营，进行铀矿的普查勘探，对有工业价值的铀矿床由中国方面组织开采，铀矿石除满足中国自己的发展需要外，其余均由苏联收购。此后，大批苏联地质专家来到中国，帮助普查和勘探铀矿。4月27日，以刘杰、钱三强为首的中国政府代表团在莫斯科与苏联政府签订了《关于为国民经济发展需要利用原子能的协议》，确定由苏联帮助中国进行核物理研究以及为和平利用原子能而进行核试验。苏联将在1955～1956年派遣专家帮助中国设计和建造一座功率为6.5～10兆瓦的实验性原子反应堆，以及一个12.5～25兆电子伏能量的回旋加速器，还要无偿提供有关原子反应堆和加速器的科学技术资料，提供足够维持原子反应堆运转所需的核燃料和放射性同位素，并培训中国的核物理专家和技术人员。1955年8月22日，苏共中央主席团又批准了苏联高教部关于帮助中国进行和平利用原子能工作的提案：帮助在北京和兰州组织教学、培养原子能专家。同年10月，选定在北京西南坨里地区兴建一座原子能科学研究基地（代号为"601"厂，1959年改称"401"所），将苏联援建的"一堆一器"安置在这个基地上。

在以后的两年中，苏联的帮助进一步扩大。1956年8月17日，中苏两国政府签订了关于苏联援助中国建设原子能工业的协议。协议规定，苏联援助中国建设一批原子能工业项目和一批进行核科学技术研究用实验室。在这一基础上，1956年11月16日，第一届全国人大常委会第五十一次会议通过决定：设立第三机械工业部（简称三机部）（1958年2月11日改名为第二机械工业部）以主管中国核工业的建设和发展工作。1957年3月，三机部制订了第二个五年计划，要求在1962年以前在中国建成一套完整的、小而全的核工业体系。为帮助中国的核科学研究，苏联派遣了称职的专家——苏联原子弹之父库尔恰托夫最亲密的助手之一沃尔比约夫任专家组组长。该专家组最初的任务是培养研究浓缩铀和钚方面的中国专家，并编制教学大纲，后来也负责指导反应堆的试验。总之，在苏联的帮助下，中国的核武器研制工作于1955年年初在和平利用原子能的帷幕下逐步展开了。

在核武器尚处于基础理论研究阶段时，党中央已经开始考虑其运载工具——导弹的研制问题了。1956年1月12日彭德怀约见苏联军事总顾问彼得鲁舍夫斯基时提出：为加快中国军队的现代化建设，打算研制火箭武器，希望苏联提供这方面的图纸和数据。1月20日彭德怀主持军委办公会议，讨论了研究和制造导弹的问题。会议决定向党中央提出报告，与此同时，叶剑英、陈赓和刚从美国归来的钱学森也提出了我国自行研制导弹的问题。3月14日，周恩来主持会议，听取了钱学森关于在中国发展导弹技术的设想。会议决定，成立导弹航空科学研究方面的领导机构——国防部航空工业委员会，由聂荣臻任主任。5月10日，聂荣臻提出了《关于建立中国导弹研究工作的初步意见》。中央军委5月26日召开会议对此进行了专题研究，并立即抽调力量、组织机构、培养人才。1957年7月，经军委批准，以钟夫翔为局长的导弹管理局（国防部五局）正式成立。10月8日，以钱学森为院长的导弹研究院成立。至此，中国的导弹研究事业开始走上轨道。

然而，由于热衷于同英国、美国讨论停止核试验的问题，1957年1月14日，苏联在联合国大会上提出了一份作为防止核扩散手段的片面禁止核试验的提案。这个方案的提出，必然会影响苏联对中国的核援助方针。苏联一方面尽量限制和减少中国派往苏联高等学校学习导弹技术的留学生人数；另一方面，又对中国提出的希望苏联政府供给教学资料和教具、样品，并派专家来华协助教学的请求迟迟不予答复。由于苏联态度消极，加上第二个五年计划考虑紧缩投资，迫使中国不得不考虑减少国防建设项目。聂荣臻和三机部部长宋任穷于1957年1月联名致电在莫斯科访问的周恩来，提出在原子能工业方面，第二个五年计划只进行科学研究、地质勘探、生产氧化铀和金属铀、建立一个原子反应堆和一个生产钚的化工厂，而把制造原子弹的关键环节——生产浓缩铀-235的扩散工厂推迟到第三个五年计划再考虑。

正当中苏谈判陷入僵局时，同1954年的情况相似，又是苏联党内斗争的激化导致赫鲁晓夫放宽了在核援助方面对中国的限制。1957年6月苏共中央全会指责和批判马林科夫、卡冈诺维奇、莫洛托夫进行非法的反党组织活动，并把他们开除出中央领导层。这场斗争是继苏共二十大和波匈事件后，苏联党内思想路线分歧的又一次大暴露。赫鲁晓夫采取非常手段制服其对手之后，急需得到各国共产党，特别是中国共产党的认可和支持。7月3日，即苏共中央全会结束三天之后，苏共中央联络部部长安德罗波夫和苏联对外文委主席茹可夫就分别找中国使馆的陈楚和张映吾参赞，通报有关苏共中央六月全会情况。7月5日，赫鲁晓夫又派米高扬专程前往中国杭州，向毛泽东和其他中国领导人详尽介绍了苏共六月中央全会的经过，米高扬表示希望中国能支持以赫鲁晓夫为首的苏共中央的立场。中共中央政治局连夜开会，讨论了苏联党内斗争问题，确定的基本方针是：从承认事实，分清两派是非观点出发，支持新的苏共领导机构。第二天，《人民日报》刊登苏共中央全会的消息和决议。于是，赫鲁晓夫投桃报李，立即在援助中国发展核武器和导弹方面表现出积极性。

鉴于原子能工业发展计划尚未定案，需要对1956年8月的原子能协议进行修改，1957年7月18日，聂荣臻再次写报告给周恩来，希望政府出面与苏方交涉。周恩来批示交外交部办理。令聂荣臻感到意外的是，这一次苏联的反应十分迅速，22日苏共中央主席团成员、苏联驻中国总顾问阿尔希波夫便与聂荣臻就国防新技术援助事宜举行了面谈。苏方表示支持中国政府关于国防新技术援助的要求。聂荣臻汇报后，毛泽东、周恩来同意由聂荣臻组织代表团赴苏谈判。以聂荣臻、宋任穷、陈赓为首的代表团于9月7日抵莫斯科与以苏联国家对外经济联络委员会主席别尔乌辛为团长的苏联代表团举行了谈判，谈判很成功。10月15日，中苏正式签署《关于生产新式武器和军事技术装备以及在中国建立综合性原子能工业的协议》（简称《国防新技术协议》）。协议共5章22条，根据协议，苏联将援助中国建立综合性原子能工业；援助中国研究和生产原子弹，并提供原子弹的教学模型和图纸数据；作为原子弹制造的关键环节，向中国出售用于铀浓缩处理的工业设备，并提供气体扩散厂初期开工所用的足够的六氟化铀，1959年4月前向中国交付两个连的岸对舰导弹装备，帮助海军建立一支导弹部队；帮助中国进行导弹研制和发射基地的工程设计，在1961年年底前提供导弹样品和有关技术资料，并派遣技术专家帮助仿制导弹；帮助中国设计试验原子弹的靶场和培养有关专家等。1958年9月29日，中苏又签订了《关于苏联为中国原子能工业方面提供技术援助的补充协议》（简称《核协议》），其中对每个项目的规模都做了明确、具体的规定，项目设计完成期限和设备供应期限也有了大致的确认，多数项目的完成期限是1959年和1960年。《国防新技术协议》和《核协议》是中苏在核武器研制方面合作的里程碑，从此，中国的原子能工业进入了核工业建设和研制核武器的新阶段。

就在中国的核武器研制工作全面开展之时，中苏领导人之间的政治分歧导致莫斯科延缓以至最后停止援助中国研制核武器。1958年5月9日，赫鲁晓夫向禁止核试验迈出了一大步。他在给美国总统艾森豪威尔的一封信中同意了西方的建议，即在日内瓦召开专家会议，研究为核禁试成立核查监控体系的可行性。尽管美国、苏联、英国都就停止核武器试验的问题发表了声明，但又都在继续进行核试验，真正的目的是维护他们的核垄断，禁止中国发展核武器。1958年8月23日，中国人民解放军发动了炮击金门战役，之前，毛泽东又拒绝了苏联要在中国建立长波电台和联合舰队的要求，赫鲁晓夫对此十分恼怒，指责中国领导人无视中苏军事同盟的存在，是对以苏联为首的社会主义阵营的极大藐视。1958年9月24日，在温州地区的空战中，国民党空军发射了几枚当时很先进的美国"响尾蛇"空对空导弹，其中一枚坠地未爆。苏联军事顾问得知后便报告了莫斯科，立即引起苏联军方的极大兴趣。苏方几次索要，中方在自己先拆卸并研究后才将该枚导弹交给了苏方，这就得罪了赫鲁晓夫。当中国将这枚已经拆卸多次的"响尾蛇"导弹交给苏方时，苏方研究人员发现缺少了一个关键部件——红外线弹头传感器。苏联认为是中方有意扣留，这使赫鲁晓夫非常气愤，于是决定拒绝向中国提供本应交付的研制 P-12 型中程弹道导弹的资料，还通过苏联顾问表示了对中方做法的不满。赫鲁晓夫在与苏联中型机械工业部部长斯拉夫斯基进行商议后，虽然决定继续提供 P-12 导弹等资料给中国，但决定暂不向中国提供原子弹样品。1959 年 6 月 20 日，就在中国代表团准备启程赴苏为此进行谈判时，苏共中央通过了给中共中央的一封信，信中写到"为不影响苏联、美国、英国首脑关于禁止核武器试验条约日内瓦会议的谈判，缓和国际紧张局势，暂缓向中国提供核武器样品和技术数据"。就在苏联决定暂缓向中国提供原子弹样品的同时，苏共中央书记处讨论并批准了关于向中国派遣国防专业技术方面的苏联专家和高校教师的报告，苏联高等教育部和苏联国防部于1959 年 9 月派遣 6 名具有国防专业技术的苏联专家和高校教师到中国国防工业的科研院所工作，任务是培养下列专业的中国技术人员：军事-电子-光学仪器；多级火箭的设计；水声学设备；操控火箭的仪器的计算和构造；红外线技术和热力自动导向头；坦克炮的稳定系统及高射炮瞄准随动系统的设计；用于大能量火箭的液体燃料技术。

1959 年 3 月达赖集团发动叛乱以来，印度一部分人就趁机大肆攻击中国，支持所谓"西藏独立"，支持达赖集团分裂中国的活动，而且力图把这一事件扩大化、复杂化。3 月 22 日，印度总理尼赫鲁借机提出中印边界问题，要中国全面接受印度无理的领土要求，特别是接受非法的"麦克马洪线"。8 月 25 日，印军哨所向中国军队开枪，中国军队被迫还击，造成印度士兵一死一伤。但苏联塔斯社却在9 月 9 日发表声明，对中印边境发生的事件表示"遗憾"，说中印边境的冲突是"那些企图阻碍国际局势缓和的人搞的"，说这件事情"使苏联部长会议主席赫鲁晓夫和美国总统艾森豪威尔互相访问前夕的局势复杂起来"。这样，苏联就把中苏之间的分歧公开暴露在全世界面前。

1959 年 10 月 1 日，中国将举行盛大的国庆 10 周年庆祝活动，而在 9 月 30 日，赫鲁晓夫带着美国总统艾森豪威尔的委托，怀着对中国共产党的不满，匆匆赶到北京。就在到达北京的当天晚上，他在庆祝中华人民共和国成立 10 周年的招待会上发表了长达 6000 字的讲话，滔滔不绝地教训中国，还含沙射影地指责中国想用武力去试探资本主义制度的稳定性。10 月 2 日，中苏两党在中南海颐年堂举行正式会谈。中方毛泽东、刘少奇、周恩来、朱德、陈云、林彪、彭真、陈毅、王稼祥参加了会谈，苏方赫鲁晓夫、苏斯洛夫和苏联代表团全体成员及苏联驻华使馆临时代办安东诺夫参加了会谈。会谈中，中苏两党在如何看待美国帝国主义的本质、美国阻挠解放台湾和中印边界冲突等原则问题上发生激烈争论。10 月 4 日，赫鲁晓夫离开北京回国。10 月 6 日，他在海参崴发表演讲，不指名地攻击中国共产党像"好斗的公鸡"。10 月 31 日，他在苏联最高苏维埃会议上发表演讲，不指名地攻击中国共产党是"冒险主义"、"不战不和的托洛茨基主义"。

1959 年 10 月 4 日，送走赫鲁晓夫后，毛泽东在颐年堂主持召开中共中央政治局会议，大家一致认为，赫鲁晓夫对艾森豪威尔抱有幻想，没有看到美帝国主义的本质。至少在这个问题上表现有修正主义的倾向。此后中苏之间的分歧越来越大、越来越深刻。在 1959 年 10 月中苏领导人之间发生激烈争吵以后，苏联的方针越来越明朗，苏联对中国有关国防新技术方面的一切要求，都做出了明显冷淡、拖延或拒绝的反应。不仅向中国提供设备和技术数据的工作缓慢下来，而且加强管制在华工作的苏联专家。根据赫鲁晓夫的指示，苏共中央以在苏联科学家的国际学术交流活动中确保保守国家机密为由，起草决议，规定"要严格遵守所确定的了解秘密和绝密材料的程序，不要让外国专家了解超出事先达成的协议范围的秘密材料，以及现有的关于准许接触秘密工作的保障措施"，限制在华苏联专家向中方转让技术。1960 年 7 月 6 日，在北京核工程设计院工作的 8 名专家（其中 6 名是主任工程师）奉命提前回国；7 月 8 日，正在兰州铀浓缩厂现场负责安装工作的 5 名专家也突然撤离。赫鲁晓夫宣布全面撤退专家以后，到 8 月 23 日，在中国核工业系统工作的 233 名苏联专家全部撤走回国，并带走了重要的图纸数据。

（四）苏联对中国实行核讹诈，甚至妄想对中国发动核袭击

1966 年，爆发了几乎将中国推向毁灭的"文化大革命"，中国陷入到了一场史无前例的灾难之中。1969 年，中苏边防部队在珍宝岛发生冲突，事件发生后，以苏联国防部长格列奇科元帅、部长助理崔可夫元帅等为首的军方强硬派主张"一劳永逸地消除中国威胁"。他们准备动用在远东地区的中程弹道导弹，携带当量为几百万吨级的核弹头，对中国的军事政治等重要目标实施"外科手术式核打击"。

1969 年 8 月 20 日，苏联驻美国大使多勃雷宁奉命在华盛顿紧急约见了美国总统国家安全事务助理基辛格博士，向他通报了苏联准备对中国实施核打击的意图，并征求美方的意见。苏联的意图非常明显，在中美关系当时也很尖锐的情况下，如果苏联动手，让美国至少保持中立。但是，当时的美国总统尼克松在同他的高级官员紧急磋商后认为，西方国家的最大威胁来自苏联，一个强大的中国的存在符合西方的战略利益。苏联对中国的核打击必然会招致中国的全面报复。到时，核污染会直接威胁驻亚洲 25 万美国军人的安危。更可怕的是，一旦让他们打开潘多拉盒子，整个世界就会跪倒在北极熊的脚下。到那时，美国也会举起白旗的。尼克松说："我们能够毁灭世界，可是他们却敢于毁灭世界。"经过磋商，美国方面认为：一是

只要美国反对，苏联就不敢轻易动用核武器；二是应设法将苏联意图尽早通知中国，但做到这一点很难，中美 30 年来积怨甚深，直接告诉中国，他们非但不会相信，反而会以为美国在玩弄什么花招。最后他们决定让一家不太显眼的报纸把这个消息捅出去，美国无秘密是人所共知的事实，勃列日涅夫看到了也无法怪罪他们。

1969 年 8 月 28 日，《华盛顿明星报》在醒目位置刊登了一则消息，题目是"苏联欲对中国进行外科手术式核打击"，文中说："据可靠消息，苏联欲动用中程弹道导弹，携带几百万吨当量的核弹头，对中国的重要军事基地——酒泉、西昌导弹发射基地，罗布泊核试验基地，以及北京、长春、鞍山等重要工业城市进行外科手术式的核打击"。一石激起千层浪，这则消息立即在全世界引起了强烈反响，勃列日涅夫气得发疯。毛泽东在听取了周恩来的汇报后说："不就是要打核大战嘛！原子弹很厉害，但鄙人不怕。"同时果断提出了"深挖洞、广积粮、不称霸"的方针，中国很快进入了"要准备打仗"的临战态势，许多企业转向军工生产，国民经济开始转向临战状态，大批工厂转向交通闭塞的山区、三线，实行"山、散、洞"配置，北京等大城市开挖地下工事。

当中苏两国已进入战争边缘的时刻，苏联领导人出于全球主要战略对手是美国、战略重点在欧洲、难免在袭击中国后遭报复等多方面考虑，突然采取了缓和措施。苏联部长会议主席柯西金利用 9 月上旬赴越南吊唁胡志明逝世之机，向同时去吊唁的中国党政代表团提出要在回国途中途经北京同中国总理会谈。经反复考虑，毛泽东同意了这一要求。1969 年 9 月 11 日，双方在机场进行了三个半小时的会谈。这次会谈表明中苏关系略有缓和，但危机依旧。柯西金回国后，苏联又改变了态度，趋于强硬，反映苏联领导层内对华政策的不一致，勃列日涅夫等反对柯西金缓和对华政策的意见，继续对中国保持高压政策。

1969 年 9 月 16 日，伦敦《星期六邮报》登载了苏联自由撰稿记者、实为克格勃新闻代言人的维克多·路易斯的文章，称"苏联可能会对中国新疆罗布泊核试验基地进行空中袭击"。对中国实施外科手术式核打击的阴云又一次笼罩中华大地。对此，中国做好了应付危机的一切必要准备，中苏之战到了一触即发的状态。出于美国全球战略利益和发生大规模核战争的严重后果的考虑，尼克松召集紧急国防会议，终于打出了联合中国对付苏联的牌，亮出了 1962 年古巴导弹危机中尚保留未及动用的一张牌，用苏联已被破译的密码，发出向苏联本土 134 个城市、军事要点、交通枢纽、重工业基地进行准备核打击的总统指令。1969 年 10 月 15 日晚，柯西金向勃列日涅夫报告："刚才国家安全委员会报来两个消息，一个是中国的导弹基地已经进入临战状态，所有的地面导引站都已开通；另一个是美国已经明确表示中国的利益与他们有关，而且已经拟定了同我们进行核战的具体计划。"勃列日涅夫不信美国会站到中国一边，马上拨通驻美使馆电话。几分钟后，大洋彼岸的多勃雷宁大使向勃列日涅夫报告："情况属实，两小时前我同基辛格会晤过，他明确表达尼克松总统认为中国利益同美国利益密切相关，美国不会坐视不管。如果中国遭到核打击，他们将认为是第三次世界大战的开始，他们将首先参战。基辛格还透露，总统已签署了一份准备对我国130多个城市和军事基地进行核报复的密令。一旦我们有一枚中程导弹离开发射架，他们的报复计划便告开始。"听完后，勃列日涅夫愤怒地喊道："美国出卖了我们。"10月15日晚，柯西金待盛怒的勃列日涅夫稍为平静后说："也许美国的所谓核报复计划是恐吓，但中国的反击决心是坚决的。虽然他们的核弹头不多，但我们不可能在战争一开始就剥夺他们反击的能力。更何况他们在4年前就进行过导弹负载核弹头的爆炸试验，其命中目标的精度是相当惊人的，而且他们有了防备，几乎动员了全国所有的人在挖洞。我们应该和中国谈判。"柯西金谈话中的爆炸试验是指1966年10月27日，中国用中程弹道导弹携带当量为2万~2.5万吨的原子弹，从数百千米外的双城子发射到罗布泊的一次实弹实战性原子弹爆炸。

为了警告苏联领导人，1969年9月23日和29日，正值中华人民共和国成立20周年前夕，中国先后进行了当量为2万~2.5万吨的地下原子弹裂变爆炸和轰炸机空投的当量约300万吨的氢弹热核爆炸。美国地震监测站、苏联地震监测中心，以及两国的卫星几乎同时收到了能量巨大的爆炸信号，尤其是苏联，十分清楚中国核爆炸的含意。美联社播发的一篇评论颇具代表性，"中国最近进行的两次核试验，不是为了获取某项成果，而是临战前的一种检测手段"。10月20日，中苏边界谈判在北京举行，由珍宝岛事件引发的紧张对峙局势开始缓和。20世纪中国的最后一次核危机随之灰飞烟灭。

二、放射生物学研究要为国家建立核工业、发展核武器服务

（一）《1956—1967年科学技术发展远景规划纲要》（简称"12年科学规划"）的制定和中国科学院生物物理研究所的建立

1956年1月31日，国务院召开有中国科学院、国务院各有关部门、高等学校的领导人和科技人员参加的制订科学发展远景规划的动员大会。会上宣布成立以范长江为组长的10人科学规划小组。3月起，10人科学规划小组以中国科学院物理学数学化学部、生物学地学部和技术科学部为基础，集中全国600多位科学家，按照"重点发展，迎头赶上"的方针，采取"以任务为经，以学科为纬，以任务带学科"的原则，对各部门的规划进行综合。经过6个月的工作，于8月完成《规划纲要（草案）》。8月下旬，由陈毅副总理主持国务院科学规划委员会扩大会议，对《规划纲要（草案）》进行结论性讨论，并通过《关于科学规划工作向中央的报

告》，从而完成了编制任务。"12 年科学规划"从 13 个领域提出了 57 项重要科学技术任务，并从其中抓住更具有关键意义的 12 个科学研究重点，即①原子能的和平利用；②无线电电子学中的新技术；③喷气技术；④生产过程自动化和精密仪器；⑤石油及其他特别缺乏的资源的勘探，矿物原料基地的探寻和确定；⑥结合中国资源情况建立合金系统并寻求新的冶金过程；⑦综合利用燃料，发展重有机合成；⑧新型动力机械和大型机械；⑨黄河、长江综合开发的重大科学技术问题；⑩农业的化学化、机械化、电气化的重大科学问题；⑪危害中国人民健康最大的几种主要疾病的防治和消灭；⑫自然科学中若干重要的基本理论问题，原子能技术被列为首位。1958 年，负责核武器研制的二机部九院（中国工程物理研究院的前身）在北京成立，拉开了核武器研制的序幕。核工业的建立和原子弹的研制不可避免地涉及核辐射对环境、人员健康的影响，核武器的研制必须评估核武器的生物杀伤效应和防护措施，因此，对放射生物学的研究必须同时进行。在这个背景下，1957 年 10 月，由郭沫若任团长，周培源、竺可桢、刘西尧等为副团长的中国访苏科学技术代表团分批到达莫斯科，征求苏联科学家对我国"12 年科学规划"的意见，同苏联政府商谈进一步加强两国间的科技合作等问题。贝时璋所长、冯德培教授与林榕教授等是代表团中生物科学组的成员，贝时璋所长是该组负责人。贝时璋所长除参加了中苏科学技术合作生物学组的会谈外，重点参观了当时苏联放射生物学研究的中心——苏联科学院生物物理研究所、苏联医学科学院生物物理研究所、莫斯科大学生物物理教研室和苏联保健部中央 X 射线与放射学研究所。同时还参观了解了放射性工作的安全问题（实验室的布置、环境卫生、劳动保护、同位素保存和废物处理等）、放射性工作的操作规程与技术措施、苏联放射生物学研究的现状与发展方向、人员配备与人才培养。此行为他建立生物物理所放射生物学研究室提供了有益的借鉴。

应钱三强所长之邀，贝时璋于 1957 年先在中国科学院原子能研究所建立了放射生物学研究室，1958 年 10 月，贝时璋在刚刚建立的生物物理所设置了放射生物学研究室。20 世纪 50~60 年代，国内建立了不少放射生物学和放射卫生学研究单位，但最大的有 4 家，按成立的先后顺序，它们分别是：①中国人民解放军军事医学科学院二所（俗称"236"），军事医学科学院是中国人民解放军的最高医学研究机构。1951 年 6 月 16 日，中央军委发出"关于迅速成立军事医学科学院"的命令。该院被中央军委赋予原子武器、化学武器、生物武器等大规模杀伤性武器军事医学防护研究的任务。1951 年 8 月 1 日，军事医学科学院在上海宣告成立，成为继中国科学院之后新中国建立的第二个科学院。②中国科学院生物物理研究所放射生物研究室，1958 年 10 月成立。③中国医学科学院放射医学研究所，它是我国卫生系统最早建立的从事放射医学与核医学研究的专业机构，1959 年 6 月在北京成立。④卫生部北京工业卫生研究所，1962年3月7日原二机部党组决定，由中国科学院原子能研究所放射生物研究室、放射化学研究室与技术安全研究室的部分人员及全国支援的专家组成北京工业卫生研究所。1962年7月13日，国务院副总理聂荣臻批示，北京工业卫生研究所、华北原子能研究所及山西放射医学研究所合并组成华北工业研究所，定址山西省太原市。

1958年10月，放射生物学研究室成立时，只有3个研究组，即辐射形态祖、辐射防护组和遗传组。研究人员只有13名（高级研究员4人、助理研究员2人、实习研究员研7人）；专业都是生物学，开展工作多是生物学范畴。1964年9月，放射生物学研究室分为第一和第二两个研究室，放射生物学第一研究室的主任是徐凤早，副主任是杨光晨和刘球，秘书是伊虎英。下设辐射形态、辐射防护、放射植物和原发反应4个研究组，各类人员64名，研究人员41名（高研4人、助研4人、实研33人）、技术员7名、见习员12名、研究生3名、专职党政干部1名。在研究人员中，生物学专业有14人、放射生物专业3人、生物物理专业13人、化学专业4人、数学专业2人、医学专业3人、农学专业2人。放射生物学第二研究室主任暂缺，副主任为李公岫，秘书为蓝碧霞。下设辐射剂量、放射性测量、放射性本底调查、内照射生物效应4个研究组，有各类人员共37名（不包括外地工作站），研究人员22名（助研4人、实研18人）、技术员4名、见习员11名。研究人员的专业分布为：生物学4人、放射生物学1人、生物物理2人、化学5人、核物理8人、无线电1人、农学1人。本底调查研究组在外地设有工作站，1962年以前共有16个，以后调整为4个，分设在广州、厦门、哈尔滨和乌鲁木齐。各站研究技术和辅助人员共有24名，其中：广州站6人（实研4人、技术员2人）、哈尔滨站5人（实研1人、见习员4人）、新疆站5人（实研2人、见习员3人）。

（二）国家任务就是生物物理所放射生物学研究的课题

1. 放射性本底的调查

放射性本底是指天然环境中的水、土壤、植物、动物体内的放射性物质的含量，自从1945年美国在日本广岛、长崎扔下两颗原子弹和随后美国、苏联、英国三国不断进行核爆试验以来，世界和中国的放射性自然本底不断发生着变化。中国在1955年正式做出研制中国自己的原子弹的决定后，一个重要的环境问题摆在了我们面前，即中国的核试验会给我们的环境和人民的身体健康带来多大影响？为此，我们必须知道中国在进行核试验前全国的放射性自然本底情况，这样才能在中国自己的核试验后，根据放射性自然本底相应的改变，对核试验给中国环境和公众的健康带来的影响做出正确的评价。所以，放射性自然本底调查是一项基础性工程，是中国在核试验前必须先行的重要工作。

为加强原子核科学技术的研究，经中央批准，1958 年 7 月，我国成立了中国科学院原子核科学委员会。李四光任主任委员，张劲夫、刘杰、钱三强任副主任委员，委员有竺可桢、吴有训等 25 位科学家。同时批准成立属于该委员会的同位素应用委员会，吴有训任主任委员，赵忠尧、严济慈、陈凤桐、杨澄中任副主任委员。1958 年 9 月 29 日，中苏又签订《关于苏联为中国原子能工业方面提供技术援助的补充协议》（简称《核协议》），生物物理所接受中国科学院下达的中苏第 222 项合作计划，开展中国的放射性自然本底调查。为此，苏联科学院派来了放射生物学专家史梅列夫到生物物理所帮助培训放射性自然本底调查人员。生物物理所委派李公岫、蓝碧霞负责全国的放射性自然本底工作，还从北京医学院借调了生物物理教研室主任林克椿，从动物所和北京大学生物系借调了陈楚楚、李薇锦。随后，生物物理所里又配备了刚刚从北京大学放射化学专业毕业的赵克俭和路墩柱、于明珠、林桂京等技术人员。这项工作，从 1958 年开始，至 1968 年结束，历时 10 年，在全国建立了 18 个本底监测工作站，监测了从新疆到黄渤海、从东北到华南的广大国土上自然样品中的放射性含量，特别是我国六大城市中的蔬菜、谷物、牛奶、茶叶和土壤样品中锶-90 和铯-137 这两种只有核爆炸才会产生的核裂变产物的含量，为监测和评价中国核试验给环境带来的影响做出了重要贡献。为此，"我国放射性自然本底调查研究"获 1978 年"全国科技大会奖"和中国科学院的"重大科技成果奖"。

2. 小剂量电离辐射损伤效应的早期诊断和慢性放射病早期诊断研究

随着核工业的建立，越来越多的铀矿矿工受到外照射和内照射的双重作用，而为了制造原子弹，铀矿石开出来以后，要经过选矿、破碎、浸出、萃取、离子交换和焙烧等工艺过程，制成含八氧化三铀达 70% ~ 90%、被称为"黄饼"的产品。"黄饼"通过氢氟化法或萃取方法，再转化成四氟化铀，最后再制成六氟化铀。因为六氟化铀沸点低，可制成气体，供气体扩散法浓缩铀工厂使用，制成原子弹燃料。在这一过程中，又有大量的工人、技术人员和解放军战士工作在铀水冶厂、前处理厂、后处理厂和最后生产浓缩铀的气体离心或扩散工厂。在这些工厂工作的工人、技术人员和干部将面对长期低剂量电离辐射的照射，他们的健康状况会受到什么影响？他们受到的损伤效应能不能被尽早诊断出来？这关系到数十万核工业职工的生命安全，关系到核工业能否持续发展。在这种形势下，1961 年年初，二机部通过中国科学院向成立不久的中国科学院生物物理研究所下达了"小剂量电离辐射损伤效应的早期诊断研究"的任务，任务要求阐明小剂量电离辐射作用的生物学效应和机理，为国家制订辐射允许剂量及诊断早期放射损伤提供科学理论、数据和资料。

1964 年年底，二机部又正式给生物物理所下达了"慢性放射病早期诊断"的任务。1965 年年底，全国卫生防护会议明确落实该任务由华北工业卫生研究所（即二机部七所）、生物物理所、江西工业卫生研究所、北医三院、上海工业卫生研究所、吉林医科大学、中国科学院生物化学研究所、中国科学院生理学研究所共同承担，以华北工业卫生研究所为负责单位。这两项任务都是以更接近人类的印度恒河猕猴为实验材料，生物物理所承担的小剂量电离辐射损伤效应的早期诊断研究于 1980 年胜利完成，慢性放射病早期诊断生化指标的研究于 1970 年完成。

3. **核爆炸生物效应研究**

1945 年 8 月，美国在日本广岛、长崎投下的两颗原子弹不仅造成了 20 多万人的死亡，而且造成了几十万一生都饱尝放射病痛苦的原子弹幸存者，在这些幸存者中间，我们先是看到了白血病发病率和死亡率的明显增加，最高峰出现在原子弹爆炸后的第 6 ~ 7 年（即 1951 ~ 1952 年）。之后，我们看到包括肺癌、乳腺癌、食道癌、胃癌、直肠癌、甲状腺癌、卵巢癌、尿道癌和多发性骨髓癌等各种癌症发病率和死亡率随受照剂量的增加而增加。中国研制原子弹和应对美苏的核战争威胁，不仅需要知道原子弹的爆炸威力，还必须知道它可能对人员造成多大的生物效应。

1964 年 10 月 16 日 15 时，在中国西北的核试验场地，我国成功地爆炸了自行研究、设计、制造的第一颗原子弹装置。此次试验的目的，在于鉴定理论设计的正确性和结构设计的合理性，以及整个装置各系统动作的可靠性；测定核爆炸的总威力和核燃料的利用率，观察核爆炸的各种物理现象，以及测定其放射性的分布情况。当时，研究核武器生物效应的任务还没有提上日程。1964 年年底，国防科委委托中国科学院承担核爆炸生物效应研究。1965 年 5 月，这一任务终于下达到生物物理所。原放射生物学第一研究室的秘书伊虎英同志是这样回忆当时的情况的：研究所业务科科长韩兆桂同志问我，你室有承担核爆炸对动物影响的试验任务的能力吗？我回答很坚决，我室有好几个党员，完全有条件有能力承担此项任务。于是，与研究室党支部书记刘继兴同志商量，确定了执行这一任务的小组名单，由伊虎英任组长，组员包括张浩良、刘妙珍、李玉安、陈锦荣、邢国仁、吴余昇等。1965 年 5 ~ 6 月的一天，韩兆桂、伊虎英和计划科的一位同志去院新技术局接受代号为"21 号任务"的核武器生物效应研究任务，新技术局局长谷羽同志说：这是一项绝密任务，意义非常重大，"236"部队（即军事医学科学院二所）做急性辐射前期工作，你们做远后期效应，看看受到核爆炸辐射作用的动物远后期会出现什么情况。做这项工作的同志要隐姓埋名和无私奉献。"21 号任务"就此开始。后来，党连凯和郭绳武两位同志也被调入"21 号任务组"。

在中国历次核爆炸试验中，"21 号任务组"的同志们进行了动物试验，对试验狗及其后代进行临床医学、血液学、细胞学、生理学、病理学、生物化学、生物遗传学、剂量学等多学科的远后期辐射效应研究。此项研究工作，不仅在放射生物学研究中具有理论意义，而且为核爆炸、核事故中人员辐射损伤的防、诊、治提供了科学依据。该项成果获中国科学院 1978 年"重大科技成果奖"及 1988 年"中国科学院科技进步奖一等奖"。

（三）研究课题选择面向国家需要

除了前面提到的国家正式下达的任务外，生物物理所的放射生物学人，急国家之所急，想国家之所想，根据国民经济发展和国防建设的需要，主动选择研究课题。不妨看看下面的这些具体课题。

1. 放射性核素锶-90 对动物机体损伤的研究

在核爆炸的放射性落下灰中，锶-90 是较晚期的产物，具有代表性。因为它是铀裂变产物中产额较高的放射性核素，而且它的半衰期较长，又是亲骨性核素，所以对人体的危害较大。放射生物学二室程龙生等选择锶-90 作为研究对象，在一定程度上可以反映放射性落下灰对动物机体的危害。锶-90 是亲骨性核素，进入人体后，牢固地沉积在骨骼里，它长期不断地辐照骨组织，可诱发骨癌。此外，如何将锶-90 从机体内排除是一个重要课题。程龙生等又研究对体内锶-90 的促排方法。

2. 与防化兵研究院协作研发用于核爆现场外照射剂量测量的便携式剂量仪

1970 年，放射生物学二室派遣沈恂、何润根和尹殿君三人前往中国人民解放军防化兵研究院，与该院的毛用泽、吴融涛等共同研制核爆现场伽马辐射剂量仪，历时半年，圆满完成任务。

3. 为二机部重要的后处理厂（821 厂）研制弱 β 放射性污水连续监测仪

为了连续监测核燃料后处理厂排进长江的污水是否超出国家规定的排放标准，主动向二机部请缨，承担研制任务。在江丕栋、李家祥的带领下，成立了 20 多人的攻关组，从 1970 年夏开始，到 1972 年年初，研制成有创新思想的多丝复合式正比计数管，并确定了总体技术方案。1972 年下半年，李家祥、何润根、沈恂、王才、李新愿等前往二机部西安"262"厂与该厂谢从恒领导的试制小组一起，研制生产了第一台样机。后期，由何润根负责，于 1976 年，完成了研制任务，并通过了二机部组织的技术鉴定。

4. "全身计数器"的研究

1964 年 10 月 16 日 15 时，我国第一颗原子弹在新疆罗布泊爆炸成功。我国核试验后，迫切需要对落下灰进行监测，对裂变产物在人体内照射的生物效应进行研究。因此，必须要有一种装置能够测定人体内的各种核素的沉积量。在这种背景下，研究所下达了"全身计数器"的研究任务。全身计数技术就是使用辐射探测器测量人体内的放射性物质发出的 γ 射线，然后对探测器输出的信号进行频谱分析，从而对人体内的放射性物质的含量和种类进行定性与定量的确定。1962 年年底，全世界运行的全身计数器有93台，而到了1970年则已达到200余台。

1966年，在张仲伦的领导下，放射生物学二室开始了"全身计数器"的研究，参加人员有陈景峰、郎淑玉、李凤章、刘成祥、宋健民、张月敬、张志义等。由于"文化大革命"的原因致使研究在1968年中断。1971年11月，恢复研究。1974年订购了γ射线能谱测量数据获取与处理系统。恢复研究工作之后，建立了阴影屏蔽室，设计加工安装了扫描床及其控制器，进行了人体模型的调查和设计，并进行标准同位素γ射线能谱的刻度实验。阴影屏蔽室初步建成后，进行了将近300人次的人体测量，并进行了多元素能谱分析计算的研究工作。

5. 参加全国血卟啉光动力治疗攻关

20世纪70年代末至80年代初，国际上出现了肿瘤光动力疗法（即photo dynamic therapy，PDT）的研究高潮，使光动力疗法成为继手术、放射治疗和化疗之后治疗肿瘤的又一重要手段。这一时期最重要的事件是美国的Dougherty连续报道以血卟啉衍生物（HPD）为光敏剂结合红光照射，对乳腺癌、子宫癌、基底细胞癌、鳞状上皮癌等十几种癌症进行治疗，收到良好效果。这些研究结果极大促进了PDT的发展，当时他们用的光敏剂还是血卟啉衍生物，称为Photofrin II。Dougherty也因此被公认为是肿瘤光动力治疗的先驱者。正是在这样一个大背景下，1981～1984年，由中国医学科学院韩锐教授牵头，在北京成立了一个包括医科院药物所、医科院肿瘤医院，中国科学院生物物理所、力学所和北京大学第一附属医院等组成的"北京地区PDT治疗协作组"，在1982年8月至1984年12月共采用PDT治疗各种肿瘤患者421例，进行了大量的应用基础研究，极大地促进了我国PDT事业的发展和普及。1983～1985年，放射生物学研究室当时已改名为辐射生物学研究室，将光辐射与生物的相互作用纳入自己的研究范围，从而在医疗卫生领域做一些造福人民的工作。

沈恂研究组用二维核磁共振技术研究了国产扬州血卟啉中有效成分，在细胞水平上研究了扬州血卟啉在活细胞里的代谢，证明扬州血卟啉中的有效成分是由碳—碳键连接的原卟啉二聚体。以中国科学院化学研究所蒋丽金院士为首的科学家开始竹红菌素这种新型光敏剂的研究，并对竹红菌甲素和乙素的化学结构、光物理光化学及光动力作用的分子机制作了系统的研究。程龙生、曹恩华、张志义等最早开展了在细胞水平和分子水平上竹红菌素光敏作用的研究。

（四）重视基础和应用基础研究

中国科学院成立后，在办院方针上提出把主要精力放在发展新的科学技术领域和基础科学的研究上，虽然"极左"路线，特别是"文化大革命"浩劫严重干扰了这一办院方针，但生物物理所的放射生物学人并没有放弃基础和应用基础研究。

从放射生物研究室成立之初到"文化大革命"开始，徐凤早教授就带领着苏瑞珍、何健等年轻科研人员开展了电离辐射诱发染色体畸变的研究，特别关注了小鼠精母细胞和卵母细胞减数分裂时 γ 射线对染色体的辐射效应，发现精母细胞的辐射敏感性远远高于卵母细胞。在贝时璋所长的提议下，忻文娟于 1961 年从苏联莫斯科大学生物物理教研室学习辐射生物学原发反应后，调来生物物理所，并组建了我国第一个辐射生物学原发反应研究组，开展了电离辐射与各种氨基酸反应产生自由基的研究。

"文化大革命"结束后，1978 年全国科技大会召开，中国大地又迎来了科学的春天。生物物理所的放射生物学室更名为辐射生物物理研究室，在 3 个方面加强了基础和应用基础研究。

（1）重启辐射与生物分子原初反应产物和原初反应动力学的研究。先后派出沈恂（1974 年）和马海官（1979～1980 年）赴英国著名的戈瑞实验室学习脉冲射解。1979 年，沈恂组建立了国内第一台微秒级闪光光解装置，并用这台装置研究了蛋白质光解的原初产物，模拟电离辐射，用闪光光解产生电离辐射在水中产生的最重要的水合电子（e_{aq}^-）和羟自由基（$^{\bullet}OH$），研究它们与生物大分子的原初化学反应。

（2）开展 DNA 辐射损伤与修复的研究。派出曹恩华到美国布鲁克海汶国家实验室，师从国际知名的塞特娄（R. B. Setlow）院士，学习和从事 DNA 辐射损伤与修复的研究，回国后，他领导的课题组深入地开展了 DNA 的光氧化损伤与修复的研究。

（3）结合肿瘤的放射治疗，开展放射增敏剂的研究。沈恂组（包括汤丽霞、李新愿）与北京医学院药物系的仇文升和李五岭合作，合成了一系列硝基咪唑类衍生物、喹喔啉衍生物、苯并呋咱-N-氧化物类和喹喔啉双 N-氧化物类化合物，研究了它们对肿瘤组织中乏氧细胞的辐射增敏作用。

本书将以回忆的方式，回顾生物物理所的科技人员为了响应党和国家的号召，为了发展我国的核工业与核武器，为了打破美苏两国的核讹诈和核威胁，为了建立我们国家的放射卫生防护标准，为了获得核武器对居民和战士可能造成的远后期效应的实验数据所开展的科学实践活动。从这些回忆录里，我们还将看到生物物理所的科技人员在四五十年前为之奋斗的工作中所表现出来的爱国、乐观、平凡、不计名利和个人得失的人生态度，让后人记住他们为国家做出的贡献。

作者简介：沈恂，男，1941 年出生，中国科学院生物物理研究所研究员，博士生导师。1965 年毕业于清华大学工程物理系，后赴伦敦大学巴塞罗缪医学院进修放射生物学。曾任生物物理所放射生物学室副主任，《国际放射生物学杂志》

（*International Journal of Radiation Biology*）编委（1984～1992年），卫生部卫生标准委员会放射防护分委员会委员（1980～1991年），中国科学技术协会第五、六届全国委员会委员（1996～2006年），国际辐射研究联合会（IARR）第七届理事会辐射研究中国委员会代表（1987～1991年），中国辐射研究与辐射工艺学会副理事长、北京正负电子对撞机国家实验室学术委员会委员、国际纯粹与应用物理联合会（IUPAP）生物的物理学专业委员会委员（1998～2004年），中国生物物理学会秘书长、副理事长（1994～2006年），《中国生物物理学报》主编（2003～2009年），亚洲–大洋洲光生物学会主席（2006～2008年）。主要从事过辐射剂量学、辐射对生物作用的原初过程、辐射增敏、生物光子学、氧化还原调控和细胞信号转导研究。1975年至今，在国内外重要学术期刊上发表学术论文逾百篇，曾应邀担任*BBA Molecular Cell Res.*、*J. Leukoc Biol.*、*PLoS. ONE*、*FEBS Lett.*等10余种国际学术期刊的审稿人。

第一部分　放射性自然本底调查

放射性本底调查研究的历史回顾

李公岫

20 世纪 50 年代末，中国科学院生物物理研究所刚建立，贝时璋所长除了对生物物理学科的发展进行精心策划外，还根据我国"四个现代化"中率先发展原子能事业的需要，开创了放射生物学的研究，制订了完整的计划，并对全所科研人员的工作进行了安排。这时生物物理所接受了中国科学院院部下达的"中苏第 222 项合作计划"，接待苏联科学院派来的放射生物学专家史梅列夫，该专家于 1958 年 9 月至 1959 年 2 月来生物物理所开办放射性自然本底调查训练班培训人员，为建立放射性自然本底工作站作准备。研究所调李公岫、蓝碧霞负责接待工作。

一、放射性自然本底调查研究的现状与内容

放射性本底可分为自然环境中的放射性和核爆炸后散播的放射性灰尘。20 世纪初，科学家们了解到人及其周围环境中存在天然放射性物质，地球上的生物经常要受到环境中高速粒子的打击，这些天然放射性包括宇宙射线，某些建筑材料、岩石土壤以及我们身体内的放射性核素发出的射线。

天然放射性已经照射了几十亿年，探索这些天然放射性究竟对生物起什么作用？直到现在还是一个有意义而未经阐明的研究课题。但是大剂量的放射性能引起生物的损伤，甚至死亡。1945 年 4 月美国在新墨西哥州试验第一个原子弹，同年 8 月在日本广岛、长崎投下原子弹，从此一些国家把利用原子能作为战争工具，对全世界人民进行核威胁提到了日程上。以后，美国、苏联、英国都相继进行了频繁的

核武器试验。1960 年法国在非洲进行了第一次核武器试验，美国也相继恢复核试验。1964～1965 年我国成功进行了两次核试验。全世界从此有 5 个国家掌握了核武器，并进行了多次核试验，原子弹爆炸威力已从千吨级发展到兆吨级。

核武器试验后，放射性微尘的散落，据估计，直接从铀、钚核燃料经过裂变反应产生的裂变产物，每兆吨级的原子弹能产生约 100 磅①，而氢弹实验时，除氚是产生聚变反应的核燃料外，同时又必须有铀或钚核燃料进行引火，此外，中子与炸弹的材料、大气、土壤、海洋中的物质等作用又产生次级放射性物质。因此，核试验能产生放射性同位素 200 余种。这些放射性物质被掀入高空中，可以附着在云雾、水滴和尘埃上，渐渐散落到地面，这就是所谓的放射性微尘或称落下灰。放射性微尘的散落，要看核爆炸的威力和爆炸的方式。一般来讲，它将进行全球性散落，这样就使人类居住的环境不断受到污染。

1953 年，美国原子能委员会曾经提出对核试验放射性落下灰和放射性锶-90 的危害进行研究，并进行了系统的调查研究。其他各国，如英国、苏联、日本、德国、法国也都进行了大量调查研究，关于调查研究大致分以下三个方面的工作进行：①大气和落下灰的放射研究；②环境放射性的研究；③大气污染生物学效应研究。

二、放射性自然本底调查研究应具备的条件

1945～1964 年，全球已进行了 500 余次原子弹核试验，其爆炸威力从千吨级发展到兆吨级，而放射性微尘的散落，使我们居住的环境不断受到污染。核武器爆炸后不久所产生的短寿命同位素，如碘-131 对食物的污染可以从甲状腺摄入，而长寿命的同位素锶-90、铯-137 可以经过生态学转移链向人体转移积累。长期积累在机体内的放射性元素，影响生物代谢、遗传性和适应性。由此可见，调查研究工作的范围十分广泛。

从 1957 年起，中国科学院原子能研究所等单位就在广州对美国在太平洋核试验落下灰对我国的影响进行了调查。1958 年 9 月，生物物理所接受了中国科学院下达的任务后，由于生物物理所从未进行过这方面的研究，所以只能是边工作、边学习。首先，组织有关单位派来的学员，参加苏联专家的训练班；其次，准备实验室条件，如实验室仪器设备的建立。本底调查研究工作是一项综合性学科的研究，涉及物理学、化学、生物学等学科人员的参加。因此，生物物理所领导向北京医学院借调了该院生物物理教研室主任林克椿来所协助工作，还请了中国科学院动物研

---

① 1 磅≈453.6 克，后同。

究所林德音担任俄文翻译，并请北京大学、动物所的同志参加，随后又调来化学专业的人员，加强了物理化学的队伍。在实验室仪器设备方面，购置了核物理测量仪器，如定标器、铅室、盖革计数管、样品的收集仪器等，还建立了放射性同位素实验室。有的仪器向外单位借用，有些则是自己研制，如盖革计数管等测量仪器就是江丕栋领导的剂量组的同志和生物物理所工厂的工人师傅们研究试制成功的。

图1　1958年12月与苏联专家在海南岛的工作人员（前排右起林德音、
林克椿、陈楚楚；后排右起第2人：李公岫）

我们在苏联专家带领下开展了北京周围地区的采样测量，如落下灰、土壤、蔬菜、粮食、牛奶、肉类等食物样品和水的样品。随后，转赴青岛周边地区胶州湾等地采样测量。参加工作的人员来自青岛中国科学院海洋研究所、北京医学院、北京大学、厦门大学、武汉大学、中国科学院动物研究所等单位，每个单位各有1人或2人参加，从10月10日到11月10日结束了在青岛的工作后返回北京。不久，又赴广州、海南岛、珠海、上海等地取样测量，返回北京后整理数据总结工作。学习班结束后，苏联专家于1959年2月按期回国。

三、建立全国放射性自然本底调查工作站

开展全国性的调研，首先要进行选点和选站工作，我国地域辽阔，除沿海地区，内陆地区受英国、美国、法国等国核试验落下灰污染的影响。东北地区和北方各省离苏联核爆炸落下灰的污染区域更近，所以在全国选出了18个地方建立工作站，每站工作人员3人或4人。此外，还为卫生部培训全国各地防疫站选送的放射

性自然本底工作人员 70 名，满足了我国放射卫生监测和环境保护工作的需要。

四、结 束 语

在 2010 年的今天，回顾 40 年前生物物理所刚起步的放射生物学研究工作，在贝时璋所长的领导下，为满足我国科学事业的发展和国家任务的需要，以任务带学科，全所同志从无到有，边干边学，为我国原子能的和平利用和"两弹"的研制开展服务。放射性自然本底的调查研究是其中的一项工作。从 1959～1965 年，我们选择了北京近郊、广州、哈尔滨和乌鲁木齐等城市，调查研究了环境中自然样品的放射性含量，特别研究了长寿命元素锶-90、铯-137 和短寿命元素碘-131 的含量，并从放射生态学角度，研究了这些元素经过生物链循环进入机体的甄别过程。对美苏等国核试验散播的放射性微尘对我国环境的污染进行了调研。1964 年和 1965 年，我国成功地进行了两次核试验，也调查研究了核试验对环境的影响。调查结果表明，我国不同的地理位置（北纬 18°～54°）受到不同程度的放射性微尘污染，但对我国人民的健康影响不大。我国六大城市的蔬菜、谷物、牛奶、茶叶和土壤样品中的锶-90 和铯-137 的放射性水平监测结果表明，这些地区自然样品也受放射性微尘的污染。我们还对黄海、渤海和南海的海水、动物、植物及各种海藻里的放射性进行了监测，未发现我国人民的健康受到影响，因为监测到的放射性水平离最高允许水平相差还很远。1968 年，放射性自然本底工作基本结束。

作者简介：李公岫，女，1950 年毕业于武汉大学生物学系。1952 年调入中国科学院上海实验生物研究所。1954 年随贝时璋所长研究组迁北京，在北京实验生物所工作。1958 年该所改建为中国科学院生物物理研究所。在贝时璋所长的直接领导和指导下，先后任副研究员、研究员、研究室主任。1958 年生物物理所成立放射生物研究室，负责组建放射性自然本底调查研究组，接待苏联专家讲学、组织全国有关单位派人学习，先后调查了我国 8 个地点放射性本底，在全国建立了 18 个工作站，主持"我国放射性自然本底调查研究"，进一步深入调查在全球恢复核试验期间，美国、英国、法国和苏联的核爆炸放射性落下灰对我国产生的污染程度，这一工作于 1978 年获"中国科学院重大科技成果奖"和"全国科学大会奖"。1960 年为卫生部培训放射性自然本底调研工作者。1964 年获"中国科学院先进工作者奖"。1976 年在贝时璋所长指导下与蓝碧霞共同组建细胞重建研究组，后参与《细胞重建》的论文汇编（第一集和第二集分别于 1988 年和 2003 年出版）。1980 年在美国芝加哥大学作为访问学者研究胚胎发育中细胞识别与分化的关系。

核试验前后（1958～1965年）放射性
本底调查结果概述

陈楚楚　李公岫　赵克俭

从 1958 年秋到 1965 年，根据不同纬度的分布和不同的地理条件，生物物理所放射生物学研究室放射性自然本底调查组及它指导下的 18 个地方本底工作站对北京、青岛、海南、珠海、哈尔滨、兰州、乌鲁木齐、广州、厦门、合肥等地，进行了大范围的放射性自然本底的调查研究，本文将从以下 3 个方面选择出具有代表性的结果予以概述。

一、大气放射性落下灰

核爆炸产生大量放射性灰尘散播到不同高度的大气中，并不断下降。放射性微尘对人的危害，既可以通过体外照射，也可以通过摄入污染的水、食物、空气等造成的体内照射产生，因此，调查研究大气放射性沉降，是直接监督人和环境污染的重要一环。

（一）1959～1965 年，我国 5 个城市放射性微尘的变化

从 1959 年起，对北京、广州、厦门、哈尔滨、乌鲁木齐 5 个城市测量了放射性微尘强度的变化。图 1 的结果显示，空气中放射性落下灰与核试验有密切的关联。世界上某个地方核爆炸后，放射性微尘经全球散落，随气流运行，很快就使我国遭受污染，且总强度有明显的增加。1960 年 2 月，法国在撒哈拉沙漠进行核试验；1961 年 9 月以及 1962 年苏联、美国相继恢复核试验后，我国空气的污染强度有显著的增加。1964 年，我国爆炸了第一颗原子弹后，北京和哈尔滨两地落下微尘的放射性强度出现了明显的峰值。1965 年 5 月，我国第二颗原子弹爆炸后，以上 5 个城市收集到的放射性尘灰也有峰值出现。

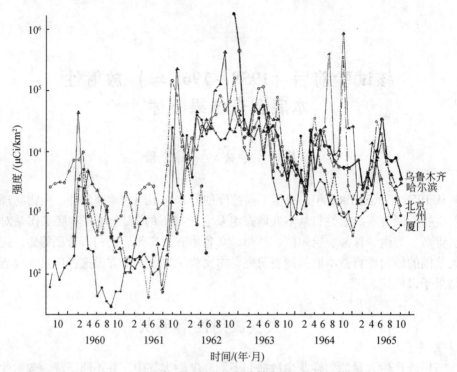

图1　1959～1965年我国5个城市放射性微尘沉降强度的变化

由于地理位置不同，核爆炸对我国不同地区的污染是有差别的。1961～1962年，苏联在新地岛和靠近我国新疆的中亚进行核试验，北京和哈尔滨的放射性强度高于广州和厦门。其中，乌鲁木齐测到的第一点就达到最高峰。1964年，我国在西部爆炸原子弹后，只有北京和哈尔滨有峰值出现，广州、厦门和乌鲁木齐则没有受到影响。

（二）核试验时北京地区放射性微尘的变化

1961年、1962年苏美核试验时期，以及1964年、1965年我国两颗原子弹爆炸前后，我们测量了北京地区放射性微尘沉降强度的变化。由图2、图3可以看出，我国两颗原子弹爆炸期间，放射性微尘沉降率明显高于平时。1961年和1962年，由于原子弹爆炸的数量多、当量大，所以放射性强度大，且持续时间长。1961年后半年和1962年的放射性微尘就处于较高水平。1964年放射性微尘的持续时间虽然较短，但高峰时期的强度不低于1961年和1962年。1965年的爆炸，放射性比较弱，持续时间也较短。

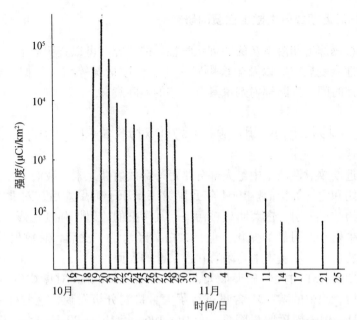

图 2　1964 年我国第一颗原子弹爆炸后，北京地区放射性落下灰强度的变化

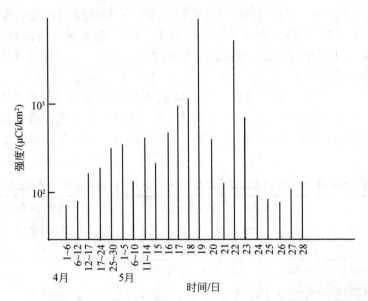

图 3　1965 年我国第二颗原子弹爆炸后，北京地区放射性落下灰强度的变化

（三）核爆炸后近期放射性微尘性质的研究

通过对核爆炸近期落下灰的物理化学性质的研究，可以查明落下灰所含放射性元素、放射性衰变规律，以及尘埃颗粒大小、分散情况等相关数据，对侦察核武器、估算爆炸时间、推断辐射剂量具有一定的实际意义。

二、核爆后近期放射性微尘对环境和食物的污染

核爆后近期放射性微尘中绝大部分是短寿命放射性元素。我们着重测量了北京的蔬菜、牛奶和空气等样品。1964 年我国第一颗原子弹爆炸后，对北京白菜和牛奶分析测量的结果表明，白菜明显被污染，其污染的放射性强度比爆炸前增加了 8 倍，而同期牛奶并无明显的变化。但是，白菜经水洗一次后，总放射性减少 40%以上，说明放射性尘埃基本上是附着在白菜叶的表面。

爆炸初期碘-131 对人的危害最大，1962 年和 1964 年，对爆炸后白菜、牛奶、牧草、牲畜甲状腺中的碘-131 含量进行了大量检测分析发现，这些样品中都含有明显的碘-131，但一周后明显降低。例如，1964 年 10 月 20 日测量白菜的碘-131 含量为每千克 302 微微居里，到 11 月 3 日已降到平时的水平。

对牛奶中碘-131 的测量发现，10 月 21 日前，牛奶中未发现放射性碘，10 月 22 日测出含碘-131 为 86.6 微微居里/升，而 11 月 2 日达到最高值，为 198 微微居里/升，到了 11 月中旬以后，便降低至平时的正常水平。羊奶的碘-131 含量比牛奶高，持续时间也较长。

1964 年 10～11 月，我们测量了北京 44 只羊和 51 头猪的甲状腺中碘-131 的含量，其中，羊甲状腺含碘-131 的量平均为 1402 微微居里/克；猪甲状腺里则含 240 微微居里/克的碘-131。到 11 月末，甲状腺中碘-131 含量便恢复到正常值（表1）。

表1　1964 年 10～11 月北京羊、猪甲状腺中碘-131 的含量及所受剂量的估计

地点	时间	羊甲状腺中的碘-131			猪甲状腺中的碘-131		
		重量/克	微微居里/克鲜重	微拉德/天	重量/克	微微居里/克鲜重	微拉德/天
北京	10 月 20 日	1.94	136	2 417	—	—	—
	10 月 22 日	—	—	—	6.72	16.8	1 132
	10 月 24 日	—	—	—	16.16	19.3	2 160
	10 月 27 日	2.77	2 372	65 912	8.95	424.6	38 112

续表

地点	时间	羊甲状腺中的碘-131			猪甲状腺中的碘-131		
		重量/克	微微居里/克鲜重	微拉德/天	重量/克	微微居里/克鲜重	微拉德/天
北京	11月2日	—	—	—	7.32	800.8	58 805
	11月6日	—	—	—	6.07	210.2	12 797
	11月9日	2.55	982	25 126	8.15	576.6	47 318
	11月11日	1.99	3 310	66 079	6.42	75.4	4 861
	11月16日	1.89	773	14 695	7.90	149.8	11 866
	11月18日	2.14	1 486	31 899	4.42	48.1	2 142
	11月24日	1.73	764	13 268	5.63	75.6	4 268
平均值		2.13	1 402		6.74	239.7	

据报道，核试验时期，由猪甲状腺中碘-131含量的检测可以估计对人的甲状腺造成的辐射剂量。1962年苏美核试验时，北京猪每克甲状腺中碘-131含量约为儿童的180倍。据美国报道，牲畜甲状腺碘含量为人的100倍。由此估算，我国核爆炸时，儿童甲状腺碘-131含量约为1.3微微居里／克，远远低于最大允许浓度。

三、环境样品中放射性锶-90、铯-137含量的调查研究

（一）落下尘埃中锶-90和铯-137的积累

核武器试验产生的放射性落下灰，经过一段时间，短寿命的元素会逐渐衰变，余下的主要是长寿命的锶-90和铯-137。锶-90和铯-137的放射性强度，在爆炸近期是低的，一次核爆炸之后，看不出明显的变化，但随着裂变产物的衰变和核试验次数的增加，长寿命锶-90和铯-137在平流层中不断增加。1961年和1962年核试验强度比过去历年的总和还要大几倍，因此，长寿命裂变产物的散落量比以前有所增加。图4和图5为1960～1965年北京沉降灰中锶-90和铯-137的月强度变化。从图中可以看出，锶-90和铯-137散落量各月虽有波动，但总趋势是逐年增高的，1965年有所下降。

由于锶-90和铯-137在落下灰的放射性总强度中占一定比重，有人建议只测量总放射性就可以估算出它们的量。但由于落下灰的散落受大气环流的影响，逐渐落到地面，各元素的物化性质不同，其变动范围也大，我们所测得的比重也有较大差别。

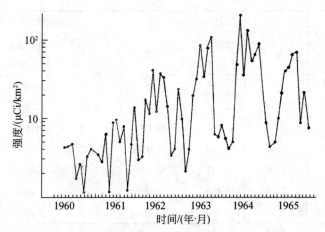

图 4　1960～1965 年北京地区沉降灰中锶-90 的月强度变化

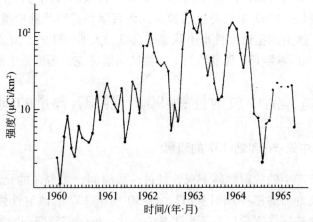

图 5　1960～1965 年北京地区沉降灰中铯-137 的月强度变化

（二）环境样品中锶-90 和铯-137 的含量

放射性微尘，不论局部沉降或全球性沉降，都先后进入生物圈；特别是长寿命、产额大的同位素，如锶-90、铯-137 不断沉降，对全球各地放射性自然本底都有所影响，并污染到我们的生活环境。我国属于核武器试验高污染地带，因此，除需要探测大气放射性之外，还必须对环境自然样品中放射性物质的积累进行较广泛的调查研究。1959～1964 年，我们对北京、哈尔滨、乌鲁木齐、广州、厦门等地区的环境和自然样品（包括土壤、水源、食物、饮料等）的放射性锶-90 和铯-137

进行了积累量调查。

1. 土壤和水源

土壤：随着放射性微尘的不断散落，地面上长寿命锶-90 和铯-137 的累积量逐年增加。由于锶-90 的化学性质和钙相似，铯-137 和钾相似，它们都参加与钙、钾相同的生物循环。已知大部分锶-90 和铯-137 聚集在土表层，因此，牧草、蔬菜、粮食等可吸收较多的放射性。

1960～1964 年，对北京、广州、厦门、哈尔滨等城市 5 厘米深表层土壤中锶-90 和铯-137 累积量的检测表明，广州最低，哈尔滨最高，铯-137 与锶-90 的比值，一般为 1.0～3.0，4 个地区的平均值为 2.01。这基本上与落下灰中锶-90、铯-137 的比值 1.65 相近。

由于这几个城市地理位置相距较远，不同类型的土壤所吸附的锶-90 和铯-137 也不相同，放射性含量也就有所差异。

水源：一般来说，锶-90 和铯-137 对水源的污染，不及对土壤的污染大。海水的面积虽比陆地大，但对锶-90 和铯-137 具有极大的稀释作用。通过对厦门地区海水中锶-90 和铯-137 含量的检测，其浓度变化不明显。海水中的锶-90 和铯-137，只是对水生生物产生一定的影响。而陆地中水源所占面积很小，经常流动，有自净化作用。至于地下水源，由于落下灰和雨水中的锶-90 和铯-137，经过土壤的吸收和净化作用，大部分都被阻滞。检测广州、厦门、哈尔滨、乌鲁木齐等城市自来水中的锶-90 和铯-137 的含量后发现，锶-90 的含量最低时是 0.3 微微居里／升；最高时是 3.8 微微居里／升，而铯-137 的含量最低是 0.2 微微居里／升；最高是 4.4 微微居里／升。

2. 食物

饮食是人类摄取锶-90 和铯-137 最重要的途径。因此，特别注意了与生活密切相关的蔬菜、粮食、牛奶、肉类等食品中锶-90 和铯-137 的含量状况的调查。

蔬菜：蔬菜因品种差异，地区不同，锶-90 和铯-137 的含量有很大的差别。1964 年，对北京和厦门地区 7 种不同的蔬菜中锶-90 和铯-137 含量进行了检测，由于地区和品种的不同，其结果相差 3～5 倍。为便于比较，表 2 为我国五大城市中锶-90 和铯-137 含量的平均值。

表 2　我国五大城市蔬菜中锶-90、铯-137 的含量

年份	北京		广州		厦门		哈尔滨		乌鲁木齐		全国平均	
	锶单位	铯单位	锶单位	铯单位	锶单位	铯单位	锶单位	铯单位	锶单位	铯单位	锶单位	铯单位
1960	6.63	11.38	31.96	20.49	74.53	349.11	—	—	—	—	37.71	126.99
1961	14.51	14.39	—	—	7.53	16.98	8.56	10.40	—	—	10.20	13.92

年份	北京		广州		厦门		哈尔滨		乌鲁木齐		全国平均	
	锶单位	铯单位	锶单位	铯单位	锶单位	铯单位	锶单位	铯单位	锶单位	铯单位	锶单位	铯单位
1962	16.2	20.2	—	—	19.50	31.42	6.17	18.88	—	—	13.95	14.00
1963	22.87	14.6	59.2	44.6	24.53	22.92	23.33	24.40	96.17	36.9	45.22	28.66
1964	29.8	17.2	20.6	29.3	16.07	30.42	25.67	21.13	45.75	12.88	27.98	22.17
平均	18.0	15.55	58.19	36.97	28.43	90.17	15.93	18.68	70.96	24.89		

注：由于锶、铯被人体吸收和在人体里的代谢与钙相同，常以样品中的锶-90、铯-137 的放射性含量（以微微居里为单位）除以样品中钙的含量（以克为单位）来表示它们的相对含量，即锶单位和铯单位。

粮食：1964 年，对北京等五大城市的大米、玉米、小米、小麦、黄豆的检测结果显示，锶-90、铯-137 含量差别很大，最大可相差 5~8 倍。表 3 为以大米为代表的五大城市中锶-90 和铯-137 含量的总体情况。

表3　我国五大城市大米中锶-90、铯-137 的含量

年份	北京		广州		厦门		哈尔滨		乌鲁木齐		全国平均	
	锶单位	铯单位	锶单位	铯单位	锶单位	铯单位	锶单位	铯单位	锶单位	铯单位	锶单位	铯单位
1960	—	—	—	—	47.5	16.05	141.66	97.00	—	—	94.58	58.3
1961	24.46	26.3	—	—	16.0	32.50	—	—	—	—	20.23	29.4
1962	39.65	23.4	83.4	28.5	10.8	47.3	34.44	8.43	7.11	42.25	35.08	29.96
1963	78.12	53.2	18.93	57.85	139.45	66.08	302.53	189.20	250.60	200.48	157.93	113.36
1964	189.83	48.62	41.45	66.95	75.05	77.63	25.83		—	—	83.04	64.4
平均	83.02	37.88	47.93	51.1	57.76	48.50	126.12	98.21	128.86	121.37		

牛奶和牛肉：调查牛奶和牛肉中锶-90 和铯-137 的含量，是监测食物链中锶-90 和铯-137 污染水平的一项内容。牛奶和牛肉是动物性食品，对锶-90 和铯-137 含量的分析比蔬菜和粮食要复杂，增加了一个甄别过程。在被调查的五大城市中，锶-90 和铯-137 含量的强度，有自北向南递减的趋势（表4、表5）。

表4　我国五大城市牛奶中锶-90、铯-137 的含量

年份	北京		广州		厦门		哈尔滨		乌鲁木齐		全国平均	
	锶单位	铯单位	锶单位	铯单位	锶单位	铯单位	锶单位	铯单位	锶单位	铯单位	锶单位	铯单位
1960	2.36	23.5	8.76	19.7	3.37	18.0	—	—			4.93	20.4
1961	2.83	11.8	10.90	29.6	2.32	25.0	7.35	19.6			5.85	21.5
1962	3.49	12.8	8.94	20.0	3.17	33.6	5.65	15.1			5.31	20.4
1963	7.10	19.1	3.58	43.3	7.23	26.6	14.34	36.5	14.48	65.8	9.35	38.3
1964	6.60	32.2	2.88	36.1	5.44	32.0	16.79	63.5	7.16	53.8	7.67	43.5
平均	4.37	19.9	7.01	29.7	4.31	27.1	11.03	33.7	10.82	59.8	6.76	28.6

表5　我国五大城市牛肉中锶-90、铯-137 的含量

年份	北京		广州		厦门		哈尔滨		乌鲁木齐		全国平均	
	锶单位	铯单位	锶单位	铯单位	锶单位	铯单位	锶单位	铯单位	锶单位	铯单位	锶单位	铯单位
1960	—	—	—	38.5	42.5	20.84	209.8	35.69	—	—	124.15	31.68
1961	—	—	—	—	23.3	15.07	63.81	77.42	—	—	43.56	46.25
1962	—	—	44.7	22.3	23.9	18.70	57.32	48.48	—	—	41.97	29.83
1963	30.16	18.85	45.8	38.5	66.0	—	53.40	42.55	86.15	171.89	55.10	67.92
1964	112.1	149.6	62.4	51.76	54.7	16.69	50.45	46.25	101.59	193.11	76.23	91.48
平均	71.13	84.23	50.97	40.88	17.83	86.96	50.08	93.87	182.5	68.20	53.43	

图6 表示 1960～1964 年五大城市主要食物中铯-137 和锶-90 平均含量升降的趋势。

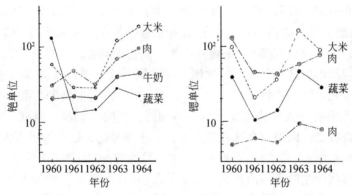

图6　1960～1964 年我国主要食物中铯-137 和锶-90 的含量

3. 茶叶

我国南方各省盛产茶叶。茶叶不仅畅销国内外，也是我国人们的主要饮料。调查茶叶中锶-90 和铯-137 的含量，以及茶叶经浸泡后的放射性滞留情况，具有一定的实际意义。

（1）1963～1964 年对市售的安徽、浙江、福建、云南等地的茶叶中，锶-90 和铯-137 的含量检测结果表明，茶叶中锶-90 含量平均值为 43.6～502.1 锶单位，铯-137 含量平均值波动范围为 22.6～157.8 铯单位。其中，云南省茶叶中的锶-90 和铯-137 含量最低。

（2）季节性变化对茶叶中锶-90 和铯-137 的含量有较大的影响。福建省气候温

暖，一年产茶 3 次（春、夏、秋），该地区的安溪和崇安产茶地，不同季节茶叶中总放射性强度和锶-90、铯-137 的含量，都是春季最高，秋季最低。在未加工的茶叶中，这一现象尤为明显。这与春茶生长期长，对放射性积累、吸收时间长，以及与放射性灰尘的"春季散落高峰"都有密切关系。

（3）关于茶叶中的放射性含量，人们关心的不只是茶叶中的锶-90 和铯-137 的含量，更为关注的是，在饮茶时究竟有多少量会被摄入体内。通过对茶叶的 3 次浸泡，每次 10 分钟，取 3 次茶水总和，检测出在茶水中的 β 放射性强度约占总强度的 60% ~70%。其中，锶-90 约占 20%，铯-137 有 90% 被浸入茶水。

四、放射性锶-90 和铯-137 通过食物链转移到人体的评估

锶-90 和铯-137 由饮水、呼吸、空气和通过饮食进入人体。而饮食是进入人体最重要的途径。由食物摄入体内锶-90 和铯-137 的含量，是人们最关心的问题。

锶-90 的半衰期较长，为 28 年左右，发射 β 射线，其化学性质与钙相似，参加与钙相同的生物循环，易被机体吸收，并选择性地聚集在骨骼中。一定量的锶-90 在体内能引发白血病和骨癌。但每一个生物环节，锶和钙的吸收和积累情况不同。因此，为了评估锶-90 从土壤到植物，植物到动物，经食物到人体的各个过程，也就是应用前后两环节之间的比例（即甄别系数）来计算机体积累锶-90 的情况，如从土壤到植物的甄别系数为 0.7 ~1.0；从植物到牛奶为 0.13；牛奶到人体为 0.25。但世界各国人种的饮食习惯颇不相同，有的从奶制品摄取钙约 80%，仅 20% 的钙来自谷物、肉类。在这种情况下，从土壤经奶类饮食等进入人体的总甄别系数为 0.076，也就是说，由食物进入人体骨骼的锶-90 的量是土壤的 7.6%。对那些以植物性食物为主的人，由食物进入人体骨骼的锶-90 量，则为土壤量的 25%。

根据动物性和植物性食物中锶-90 含量推算，我国五大城市居民，每天摄入锶-90 的平均含量见表 6。如果每天由食物中摄取的钙和锶-90 主要来自谷物和蔬菜，占摄入钙的 57%、锶-90 的 79%。根据计算，每人每日从膳食中摄入锶-90 为 29.32 微微居里，如以锶-90 从食物至骨骼中积累减少 4 倍计算，则体内摄入为 7.33 微微居里。但实际测得的人骨中锶-90 量为 1.05 锶单位，约为计算值的 15%。这与报道的从食物计算英国人骨中 13% 的值是相近的。因此，除食物所含的锶-90 量，用食物到骨骼的甄别系数来计算骨骼锶含量外，还应该了解骨骼中锶-90 平均转移率等因素，但这方面国内还没有资料报道。而锶-90 的最大允许浓度，对居民规定为 0.01 ~0.1 微居里，对工作人员规定为 1.0 微居里。

表6　每天从食物摄入的锶-90的平均含量

食物名称	每天进食量	每天摄入钙量/mg	占钙总量/%	锶单位（平均值）	每天摄入锶-90量/微微居里
牛奶	半磅	473	39.6	8	3.78
牛肉	50g	10	0.8	76	0.76
茶叶	6g	27	2.3	276	1.49
蔬菜	500g	600	50.2	27.4	16.44
大米	500g	83	6.9	83	6.85
总计		1193			29.32

　　铯-137的半衰期约为33年。在化学性质上与钾相似，也容易被动植物吸收。它释放β和γ两种射线。它从机体内排出较快，均匀分布在软组织中，以肌肉和生殖腺中最多，动物实验表明：积累在生殖腺中的铯-137第二天最多，但消失很快。如果说放射线损伤无阈值，则1克组织中含有16微微居里铯-137，就会在人体内造成相当于全年天然辐射的剂量，它将会增加自然突变率。根据国际辐射防护委员会规定，铯-137的全身最大允许浓度为30微微居里。

　　目前，对于放射性微粒的散落规律，以及转移和积累的途径，还缺乏系统的研究。以上锶-90、铯-137最大允许量的规定，只是根据国外实验数据的推算，并不一定适合我国人民的情况。随着研究工作的不断深入，人们对锶-90、铯-137的最大允许浓度，还会不断予以修订。为了真实地判断核武器的危害，还必须进一步加强调查研究放射性物质在环境中的转移规律，特别是小剂量放射性物质不断在机体内积累的危害性。

　　参加此项工作的主要人员有：李公岫、蓝碧霞、陈楚楚、赵克俭、林克椿、李薇锦、张志义、马玉琴、路敦柱、林桂京、于明珠、刘成祥、李凤章、王文芳、屠立莉、李应学。

　　参加此项工作的还有全国各地的放射性本底调查工作站（北京、天津、青岛、哈尔滨、昆明、乌鲁木齐、兰州、广州、成都、厦门、沈阳、长春、济南、合肥、西宁、长沙等）的荣庸、杨学广、黄春福、韩贻仁和纪正训等70余人。

作者简介：陈楚楚，女，中国科学院生物物理研究所研究员，主要从事放射生态学和细胞生物学研究，曾参加对我国"放射性本底"的调研及对放射性元素在生物界的循环、转移及其甄别的研究。1971年后，在贝时璋所长主持的《细胞重建》课题中，参加"丰年虫生殖细胞的转变和重建"等研究工作，并协助贝时璋所长主持"细胞重建组"。在此期间，负责国家自然科学基金资助的"鸡胚卵黄颗粒

DNA、RNA 存在、性质和功能";"无细胞系统核和细胞自组装"等研究项目,以及"电场诱导细胞融合"及"骨折愈合过程的细胞重建现象"等课题研究。作为主要参加者参与的"我国放射性自然本底调查研究"先后获得中国科学院重大科技成果奖和科学大会奖。曾获中医药科技进步奖;部级科技进步奖,担任过硕士研究生导师,并协助指导博士研究生。发表主要科学论文 20 余篇。曾担任细胞生物研究室副主任、主任;所学术委员会委员;中国细胞生物学会和北京市细胞生物学会理事等职务。

我和放射性本底调查工作

林克椿

放射性自然本底是指自然环境中的水、土壤、植物、动物中所含有的具有放射性的物质，及在核爆炸后落下灰污染引起的环境放射性质和量的变化、转归和相互关系，以及对人体的吸收和危害性的影响的调查与研究。自从人类开始应用核能，特别是用作武器以来，自然本底发生了重大变化，对它的研究不仅需要了解原有的数据，而且还要能预测核爆炸的类型和当量。由于长寿命放射性元素的污染对了解原有本底具有极大的迫切性，对任何一个国家的国防建设都具有重要意义。生物物理所在建所初期，就把它作为一项重要任务放在第一研究室——放射生物学研究室，是贝老远见卓识的具体表现。

由于当时我国还没有这方面的经验，因此，1958 年冬从苏联生物物理所请进了一位专家史梅列夫（Xumelef）来帮助工作，这也是研究所成立后从苏联请来的第一位专家。所里委派李公岫、蓝碧霞具体负责这项任务。由于本底工作涉及很多物理学和其他专业问题，而所内缺乏这方面的人才，因此，借调了北京医学院生物物理教研室主任林克椿，并从动物所和北京大学生物系借调陈楚楚、李薇锦参与工作。随后，所里又调配了放射化学专业的赵克俭，以及路敦柱、于明珠、林桂京等技术人员参与工作。为了交流方便，还请来林德音作为翻译。

回顾这一时期的工作，大致可以分为三个阶段：第一是准备阶段，包括和专家相互熟悉、对放射性测量的技术准备、专家提出到全国去采样的地点计划和相应接待工作的落实等。第二是到青岛、海南和珠海、上海等地的实地采样、处理与测量，以及回京后的数据比较和总结。第三是专家比较系统地进行教授，并展开为全国设站工作的准备与干部培训工作。

一、第 一 阶 段

在这一阶段中，专家提出了总的设想，那就是在参加工作的人员初步了解放射性自然本底的研究意义后，学习必要的技术。而要真正进入工作还必须亲自下到不同地点，采集样品，并加以处理，得到具体数据，这也是"边干边学"思想的体现。由于实验条件的限制，这次只选择了沿海三个点，这些点要能基本代表我国不同地域的情况，以便取得经验，为日后全国布点打下基础。为了测量放射性，定标器和 5 厘米厚的铅砖是必须要有的，样品的处理又离不开高温灰化炉，这些设备都很沉重，而且在当时国产设备还处于起始阶段，稳定性不够，常需修理，这就限制了地点的选择，还需考虑有无合适的接待单位（特别是接待专家）。为此，实验地点在科学院的一些研究所、海军基地和各地进行了反复联系后才落实下来。记得在出发前钱三强和贝时璋两位先生还专门接待了史梅列夫，肯定了专家提出的许多建议，这项工作既很重要，又关系到国防机密，因此他们提出要特别注意保密问题。

二、第二阶段

第二阶段是到各地去采集样品、处理并测量放射性，由专家带领部分人员参加工作。第一站是青岛，由中国科学院海洋生物学研究所接待。首先在海滨半山腰的一座独立院落内建立起工作点。为了保密起见，从北京运来的仪器都由我们自己搬到山上安置，这也是一件很费力气的体力活，花了不少时间。然后，又和所领导商借海洋船到渤海湾内采集样本游弋，以获取海水、浮游生物和鱼类等需要的材料。由于风大船小，颠簸得很厉害，所有同志几乎一上船就剧烈呕吐，站立不稳而不能工作，只好躺在船底部休息，只有个别人勉强在船顶部不断采样。到下午靠岸时同志们一个个脸色苍白，就像大病了一场。即使在这种情况下，我们还坚持每天轮班处理与测量样品，以便尽快得出结果。

第二站测量地点在广州，人员分为两路，一路到珠海，另一路到海南三亚，在海军基地协助下工作，样品在中国科学院广州分院处理。第三站在上海，这大概是条件最好的一次了。

为了便于比较，在各处采集的样品基本相同。土壤、水（包括雨水和池水），植物包括白菜、茶叶、大米（洗与未洗）、茄子、藻类等，动物（包括鱼，不同部分）、牛奶（消毒与未消毒）、牛肉、猪肉等。样品在灰化后进行的放射性测量中，不仅需要考虑样品厚度的自吸收校正、不同仪器的测量效率、测量的不同元素本身的影响（如天然样品中的钾含有钾-40，需从测得之值中扣除）等因素。由于自然本底的测量属于小剂量范围的工作，有它本身的一些特点。在探测到数值突然升高的情况下，还需要对同一样品在不同时间测量，以便了解这类升高的原因，从而了解与核爆的关系。

经过这一段时间的实践，把从几个地方得来的资料进行整理和比较，我们对放射性自然本底的调研工作有了初步的认识。

三、第三阶段

在经过一段实践、培养了一批干部以后，在全国设点布局就成为下一个亟待解决的问题。为此专家特地和贝老进行了一次较长时间的谈话，对设点应考虑的各方面问题提出他自己的看法。例如，除沿海地区以外，内陆点的选择也很重要，而内陆点最好选土壤中含钙少，而种蔬菜多的地方，因为钙少会使更多的锶被蔬菜吸收，这样易于研究何时达最大允许剂量。禾本科植物较多处应设点，因其较乳类的放射性多几倍。雨量较多处锶的分布较多，因而应优先考虑，因为从落下灰中不仅可迅速了解核爆情况，而且可根据其随时间变化的改变而了解核爆类型与当量等。专家还提出了在不同类型的点可以进一步做一些深入研究的课题。

除此以外，专家还对参加此次工作的全体人员作了 6 次系统的教授，从电离辐射对机体的影响、天然电离辐射的来源、核试验产生的放射性元素及其分布、特别是锶-90 和铯-137，直到放射性水生生物的研究概况进行了比较详细的解说，使参与者的知识进一步系统化，同时也为下一步全国设点的培训工作打下了基础。

专家在中国的工作于 1959 年春结束，我们在上级领导的组织和支持下，很快就开展了各站点干部的培训工作。从教材的编写、讲课的准备与实施、实验的设计与师资准备、到听取意见和改进，都由我们这些大部分没有经验的人承担，工作之繁重可想而知。由于从全国各地来的人员素质和基础参差不齐，他们回去后也需要做很多工作，因此课外对他们的辅导和谈话也成为培训班中很繁重的任务。我们前后培训了两个班，在全国初步设立了若干点，开展起放射性自然本底的调研工作。后来，我们把这部分任务转交给了卫生部。

图 1　1958 年 10 月随苏联专家史梅列夫学习放射水生生物学（前排右 1：林克椿；
右 4：蓝碧霞；左 2：李公岫；左 3：李薇锦；后排左 1：史梅列夫）

四、几点感想

放射性自然本底的调研虽然不一定算是生物物理所的主要任务之一，但在当时全国还没有合适的、能承担这项任务的单位，刚刚建立起来的生物物理所就接过这项任务，贝老认为，科学院既要研究基础问题，也要承担国家急需的任务并加以完成，是无可推卸的责任。虽然在刚建所时自己也有许多困难，但必须设法克服。这体现了贝老的全局思想和不畏困难、勇往直前的崇高精神。

生物物理学是一门交叉学科，放射性自然本底也不例外，需要物理学、化学、生物学等各方面的知识，对每个人来说，既需要发挥原有特长，又要从头学习不了解的方面，互相学习、取长补短，成为一个相互尊重的集体，这样才能很好地完成任务。回顾过去，我们这个组正是在工作中做到了这一点，才没有辜负贝老、研究所和上级的信任，并且在以后的日子里，既建成了国家急需的站点，又完成了几篇有价值的学术论文，得到了较高的评价。

作者简介： 林克椿，1926 年生，1948 年毕业于浙江大学物理系。新中国成立前在上海前北平研究院镭学研究所从事 X 射线衍射结构研究。新中国成立后在北京大学及北京医学院从事物理教学工作。1958 年转入生物物理学研究领域，曾被生物物理所借调一年从事放射性自然本底研究。后一直在北京医学院进行生物膜教学与研究，兼任清华大学教授。曾任中国生物物理学会副理事长 10 年，国际生物物理学会理事。1996 年退休。

本底调查工作中的放射化学分析研究回顾

赵克俭

我到中国科学院生物物理研究所报到的第一天（那时还称为北京实验生物研究所）就在"全院办校"的口号下，被派到中国科学技术大学当老师。十几年的艰苦学习生活，可算结束了，顿感十分轻松。在学校当一名助教，平时与学生一起听课，改改作业，带做实验，有问题还有讲课教授来解决，我也无需担什么责任，过得很好。然而，1958 年的 12 月，所里一纸调令，把我从中国科学技术大学调回，让我到"本底组"工作。什么是"本底"？要干些什么事？当时是一无所知，后在本底组原有同志的帮助和解释下，逐渐有所了解，并稍稍明确了交给我的任务。

当时苏美等国已进行了大量核试验，其所产生的放射性微尘随着大气飘落到世界各地，而这些核素的散落情况及在我国各地的水平、对人类有无危害等问题急待回答。

一、在自然本底工作中建立化学分析方法

在此之前，关于自然本底的初步调查工作只是测量样品的总放射性强度。这样，对于了解由于核试验所增加的放射性的量有着极大的局限性，因为已经存在多少亿年的天然放射性元素，如铀、镭、钍、钾-40 等在地球上的分布极广，尤其是钾-40 比比皆是，凡有钾的地方就有着一定比例的钾-40（约占总钾的 1.012%）。根据计算，每克钾中的钾-40 每分钟就有约 1900 次衰变，这就会对要查清自然样品中由于核试验所产生的放射性核素水平及涨落变化情况造成干扰。要得到较为准确的结果，就必须排除天然放射性元素的影响。另外，由于自然样品中因核试验所产生的放射性核素的强度极弱，需要从大量样品中进行提取和浓缩，这些就对化学分析提出了较高的要求。

核爆炸后产生大量大小不等的微尘和寿命不等的放射性核素。由于颗粒大小及在空间位置等的不同，它们在爆炸后降落到地面的时间相差很大，有的甚至可达十几年之久，有的在几小时之后就可到达地球表面。所以，由不同时期、不同地点核

爆所产生的放射性，在各地的相对强度是不同的。

锶-90（半衰期28年）、铯-137（半衰期33年）是核爆所形成的两个寿命比较长的核素。锶和钙同属碱土元素，化学性质极为相似。钙是人体和生物体内最重要的元素之一，生物在吸收钙的同时，锶也跟随而入。铯与钾同属碱金属，性质相似，生物在吸收钾和铯时是没有鉴别能力的。钙多在骨骼中沉积，而钾多分布于全身，因而身体内的锶-90和铯-137可能对全身形成照射。为此，要考察由于前期核爆对地面的污染情况，重点要放在锶-90和铯-137上。

当时，我刚从学校毕业，没有任何工作经验和实际操作能力。在学校学的是教科书上的东西，没有任何针对性，碰到实际问题就无从下手。后在本底组李公岫等同志的帮助下，查文献，做实验，走访专家。我请教过原子能研究所的杨承宗先生，还请教我在中国科学技术大学时的教授，他们都给过我一定的启发，但工作中的实验问题，特别是具体操作，必须自己去摸索、去实践。当时我们的任务比较清楚，就是把锶-90和铯-137从样品（粮食、蔬菜、土壤、肉类、茶叶、水源、沉降灰等）中分离出来，并进行测量和计算。当时真的感到压力很大。怎么办呢?! 硬着头皮也得干下去。我就与本底组的路敦柱、李凤章等一边查书，一边做实验，几乎尝试了文献报道的所有方法。要进行化学分析，首先要进行前处理，并使其灰化，但要把所有样品都顺利地变成灰，绝非一蹴而就的易事，生物样品成分各异，有呈酸性的，有呈碱性的，掌握不好，往往板结硬块，就不能进行下一步的化学分析，因此，要根据情况加入不同的助剂使其成为松散的灰化产品，达到可应用的要求。

生物样品含有大量的磷酸盐，它是从样品中分离出钙（锶）的最大干扰因素，若不把磷酸根排除，就无法将钇从钙（锶）溶液中分离出来以测量放射性强度（钇-90是锶-90的衰变子体，将锶-90溶液放置大约14天，可使锶-90与钇-90达到平衡，分出钇进行测量，来估算锶-90的强度）。

当时所使用的方法是利用硝酸钙和硝酸锶在浓硝酸中的溶解度不同，将钙、锶分离，同时也除去了磷酸根的干扰。这是一个需要大量发烟硝酸的程序，所以这是一个令人厌恶的方法，因此，我们在实验和进行少量样品之后就将其弃之不用。

我们也查到用玫瑰红酸钠作沉淀剂来进行锶的分离，但玫瑰红酸钠溶液不稳定，干扰因素也颇多，对于实验室的纯化学试剂可能可行，但对复杂的天然样品来说就会遇到很多困难。

对于化学提纯或分离来说，经常采用离子交换法，但对样品的前处理、淋洗速度、pH范围、动态监测等有着严格的要求，而且常常不易重复。我们试验了很多方法，都没有得到满意的结果，有些方法适于此而不适于彼，有些方法以纯试剂做实验所得结果很好，而一用实际样品就会发生很多问题，我们真正体会到理想体系与现实之间的差别是很大的。

经过多次实验，我们采用的方法，基本是沉淀法。首先将样品高温灰化，在所得样品灰里加入少量的锶、铯载体，以盐酸溶解，调节 pH，此时的碱土金属便形成磷酸盐沉淀，过滤之后，滤液作铯分析之用。沉淀以盐酸溶解之后，钾草酸铵，调 pH 为 1.2～2，以便使碱土金属形成草酸盐沉淀，灼烧使其成氧化物，以酸溶解加入少量 Fe^{3+} 载体，以氢氧化铵，使稀土与铁一起沉淀下来，从而去掉一些稀土元素的干扰。将所得溶液酸化，放置 14 天，使锶-90 与其子体钇-90 达到放射性平衡，分离出钇，进行钇-90 放射性测量，经过衰变校正，所得强度即为样品中锶-90 的放射性强度。另外，若在近期分析测量样品时，还必须考虑另一个碱土金属钡-140 的干扰。钡-140 的子体镧-140 对钇-90 测量有干扰（钡-140 的半衰期为 12.8 天，镧-140 的半衰期为 1.72 天）。

将磷酸盐沉淀后的滤液蒸干，将 NH_4^+ 完全去除，加水溶解后用亚硝酸钴钠定钾法将钾与铯沉淀下来，以酸溶解后，加入矽钨酸，使铯沉淀，干燥后，测量样品中铯-137 的强度。

我们还对分离出来的钇-90 和铯-137 进行了衰变规律和 γ 射线谱鉴定，结果都符合各自的基本参数。

二、本底样品的放射性测量，本底工作站

放射性强度测量是将最后所得样品以定标器测量。由于样品的计数率很低，所以必须有足够的测量时间，而且还要对样品的测量和测量系统的本底计数反复交替测量才能得到较可靠的结果。最后将数据经过统计处理，整个分析测量才算完成。

摸索出测量方法，才能完成上级所交的任务，才能在我国展开大规模的放射性本底调查，为我国查明由于核爆所产生的放射性水平，并积累必要的资料。在全组同志共同努力下，我国放射性本底调查工作就全面开展起来，在全国有关大城市建立了十几个工作站，各自在本地区采样分析，定时向总站（生物物理所）报告结果。当时与各本底站的书信来往、资料传递、人员往来等，呈现一派繁忙景象。

当时全组人员并不多，然而由于上报来的资料太多，所以还设立了专职人员（李应学同志）来管理资料和处理本底站的有关事宜。我们经常到本底站了解情况自不必说。

1960 年，我们为卫生部办了本底调查训练班，贝时璋所长、林克椿、李公岫等都去讲课。我也讲了有关化学分析的内容。

后来，我组增加了放射化学专业的人员，我们的方法也应该扩展一下，由张志义等用磷酸三丁酯（TBP）萃取的方法测定了人骨中的锶-90 含量，也得到了满意

的结果。由数据看出，人骨中锶-90含量与年龄有较为明显的关系，年龄越小，强度越高。

由于自然样品中锶-90和铯-137非常微量，用一般测量系统测量，误差极大。如果将测量系统本底降低到每分钟一个脉冲，甚至0.1个脉冲，则测量准确度就会大大提高，从而也必将推进化学分析技术的改进。于是，所里就安排技术力量进行β低本底测量技术的研发和γ能谱的测量，这些技术的建立在实际工作中都发挥了重要作用。

三、本底调查结果与核试验

1964年以前，我们所测得的放射性本底数据是由美国、苏联、法国等国所进行的核试验所造成的。1964年10月起，我国成了"核俱乐部"成员，10月16日我国在自己本土进行了第一次核试验，这是我们研究测量的绝好机会，研究发现放射性微粒传播速度与核爆方式、气候情况、地理位置等有很大关系。我们当时时刻观察地面空气中放射性变化情况，用大功率抽气泵抽滤空气是主要采样手段，我们也从有关部门得到4千米高空过滤布的样品，进行放射性测量和放射性自显影。

我们着重测定和研究了爆炸近期在北京地区产生的放射性微粒的一些特性。

（1）北京地区落下灰放射性强度高峰值是平时的数千倍。

（2）核试验后，北京的蔬菜、羊猪甲状腺中有明显的放射性碘存在，羊甲状腺最高时每克鲜重3000多微微居里。

（3）由放射自显影和辐射仪测量得知，落下灰中有"热粒"（放射性特别强）存在。

（4）被落下灰污染的蔬菜经过水洗可将80%以上的污染物去掉。

（5）对1964年10月收到的样品进行分析，其中^{131}I、^{89}Sr、^{90}Sr、^{95}Zr、^{95}Nb、^{140}Ba、^{106}Ru、^{103}Ru、^{141}Ce、^{144}Ce稀土等所得相对比值与国外有关文献基本一致。

四、后　　记

1968年以后，本底工作逐渐转移到卫生部，但我们是开创者，后人不会忘记。在这里，我要真诚地感谢我们崇敬的贝老，贝老对我们的工作十分关心，指导我们如何做实验，给我们查文献，讲情况。我们的文章《关于我国5个城市的放射性本底调查研究》还是贝老命名和书写的。文章中很多章节都有贝老的批注和修改。

此后，我们的有些工作亦当属于放射性本底调查范畴，如利用我们自制的热释光材料测定广东高本底地区的辐射强度，官厅水库及上游的天然放射性测量等。其中有些还获得中国科学院重大成果奖。我们参与和负责放射性水平测量的《我国高本底地区的健康调查》还发表在 1980 年的《科学》杂志上。

作者简介：赵克俭，1932 年生，1958 年毕业于北京大学化学系，同年到中国科学院生物物理研究所工作，先被派到中国科学技术大学当助教，半年后调回本所。回所后从事放射性本底调查研究工作，主要从事核爆炸后放射性元素分析测定方法，建立全国本底站，采集各种样品作放射性含量分析，放射元素在大气、动植物中的转移规律，寻求甄别系数，积累基础性资料。此后，从事辐射剂量研究，主要涉及热释光材料研制及应用、高本底地区剂量水平及健康评价、化学剂量研究及应用、辐射保藏果蔬及食品工作等。以第一作者身份，先后在《原子能科学技术文献》，《生物化学与生物物理进展》，《核防护》，《辐射防护》，《核技术》，《园艺学报》，《辐射研究与辐射工艺学报》，《核农学通报》，《核农学报》等发表文章 10余篇。1992 年 11 月退休。

第二部分 小剂量电离辐射的生物学效应

研究小剂量电离辐射生物学效应的始末

王又明

应国家发展原子能事业的需要，为保障从事放射性工作人员和与放射性接触人员的安全与健康，为了服务于国家发展的大目标，于1961年年初中国科学院和二机部向成立不久的中国科学院生物物理研究所下达了"小剂量电离辐射损伤效应的早期诊断研究"课题。

在人类生活的环境中广泛存在着小剂量电离辐射。它一方面来自环境本身，如宇宙辐射、地球辐射；另一方面来自医用照射，如辐射源用于疾病的诊断和治疗；再一方面来自核能利用，如发电、农业方面的育种、防治病虫害、工业以及国防方面的广泛应用等。由此可以看出研究小剂量电离辐射生物效应的实践意义和科学意义。

生物物理所放射生物学研究室一组在徐凤早、马秀权、刘蓉三位先生的领导下接受了这一国家任务，徐先生是主要负责人。任务要求是：阐明小剂量电离辐射作用的生物学效应和机理；为国家制订辐射允许剂量标准及早期放射损伤诊断提供科学理论数据和资料。根据任务要求，必须使用哺乳动物作为试验动物，以接近于人类的猕猴为最佳选择。又要求提出的诊断指标在临床检验中便于应用，因此所选指标既要取材方便又必须能反映机体的损伤效应。放射生物学研究室一组的工作人员经过研究，确定以钴-60γ射线作为照射源，以0.8拉德/天和0.15拉德/天剂量对猕猴进行照射。要探讨辐射效应首先要对辐射剂量严格控制，为此生物物理所的工作人员在中关村建立了自己的、适用于小剂量照射的钴-60γ射线放射源，这一放射源在当时深为兄弟单位专家们所赞赏，也成为生物物理所向外展示的一个窗口。

徐先生组侧重于研究哺乳动物骨髓细胞的辐射效应，马先生组侧重于研究动物外周血象辐射效应，刘先生组侧重于研究动物血液、尿液的生化反应。其目的在于分别研究不同组织不同细胞的辐射效应来阐明整个机体的生命活动受电离辐射的影响，并阐明其机理。

对于要承担研究任务的一组全体工作人员来讲，这几乎是一个陌生的领域，但是在三位先生的精心指导下各组分别制定出切实可行的科研规划。同志们向自己不熟悉的领域进军，边干边学，互相切磋，定期在室内或组内进行学术活动。首先学习电离辐射的物理特性以及与物质作用的特点等知识，同时还要熟悉所使用的实验动物——猕猴的生物学特性及其组织器官的结构特点，为此做了猕猴各个器官、组织的石蜡切片，并拍下照片供大家学习。猕猴毕竟是珍贵的实验动物不能轻易解剖，为此还要用豚鼠、兔子、大白鼠、小白鼠进行预实验。因为要研究动物的辐射效应，每个工作人员必须亲自参加动物的饲养、管理（包括清扫动物房）、观察实验动物的食量和排泄是否正常，并定期与北医三院职业病科的医生给实验动物进行体检。

为了提高年轻人员的业务水平，帮助他们多学习多思考，尽快成长，三位先生更是不遗余力。徐先生精通多门外语，自己查文献写成卡片，介绍给年轻人，并主动利用业余时间给多数只学过俄语的工作人员补习英语，徐先生首先选出合适的有关英文文章给大家讲解，鼓励大家互帮互学，还不时进行小测验，督促学习，以提高英语水平，使大家受益匪浅。马先生将看到的有关文章交年轻同志学习并练习翻译，先生亲自修改翻译稿。马先生还亲自指导新参加工作的人员如何利用图书馆、如何查资料。刘先生则是大家的答疑老师。

小剂量电离辐射作用的特点是：效应的发生率低、潜伏期长，所以要求的实验持续时间长。此项工作前后持续了 20 年，1982 年实验结束。其间尽管经历了"四清"运动、"文化大革命"，但这项研究工作始终没有间断。每天定时升、降照射源，按时喂饲动物，按着既定的研究计划，保质保量地采取样本，每次实验对数十只猕猴的采样基本上"一针见血"。实验中都能做到认真观察、详细记录、随时总结分析所得数据。每个工作人员就是这样长期默默无闻、一丝不苟地工作，恪尽职守地完成自己所承担的国家任务。除了在实验室内进行实验，还要深入矿区及高本底地区进行人群健康调查，使实验室工作与生产实践密切结合，出差的同志承担的实验工作，留下来的同志义不容辞地接替下来，并帮助出差同志解决家里的困难，使他们没有后顾之忧，完满地完成任务。一室一组虽然分三个题目组，但是分工不分家，为了完成共同的任务，齐心协力克服困难，共同进步，同志之间的情谊温暖着每个人。

由于不断地实践、不断地认识、不断地总结，在三位先生的指导下，大家对所进行的工作不断地提出新想法、不断地提高研究水平,逐步开展了组织培养工作,根据细胞中染色体形态和着丝点位置进行核型分析和采用显带技术来研究细胞染色体的辐射效应。用电子显微镜观察细胞的亚显微结构变化,以同位素氚示踪原子法观察细胞的发育,对细胞中的酶进行组织化学研究,对不同的生精细胞进行梯度密度分离以研究不同生精细胞的辐射敏感性。总之,我们的研究工作当时在国内是处于较为领先的地位。国内一些医学院校,工业卫生实验所、卫生防疫站都有工作人员到一组各课题组进修学习。除外单位的工作人员来组进修外,我们还与军事医学科学院二所、卫生部工业卫生实验所、北京医学院放射医学教研室、病理教研室、北医三院职业病科等单位建立了良好的业务协作关系,互相学习,取长补短,共同完成国家任务。

关于小剂量电离辐射生物效应研究结果可参考:《中国科学》1980 年 6 期(中文版)、9 期(英文版);《中国科学》B 辑 1982 年 1 期(中文版)、4 期(英文版);*Science News* 1982,Vol. 122 No. 8 以摘要刊出。并参加 1980 年东京第五届国际辐射研究大会,1986 年南京小剂量电离辐射生物效应国际讨论会。

(一)本研究的主要结果

在小剂量电离辐射作用下哺乳动物生殖细胞的辐射效应明显高于体细胞,低剂量电离辐射长期慢性照射对生殖细胞造成的损伤比以相同剂量的急性照射所造成的损伤要严重,这表明大剂量急性照射与小剂量慢性照射由于剂量率不同,作用时间不同,它们对环境因子产生的效应不同,所以对机体的损伤修复机理是不同的。实验结果表明,绝不能以大剂量电离辐射的效应简单地外推出小剂量的效应。在长期慢性照射实验中,电离辐射的照射剂量率对机体产生的效应是值得重视的,在我们的试验中看出当钴-60γ 射线照射的剂量率为 0.8 拉德/6 小时,累积 40 拉德时猕猴睾丸体积明显缩小,但照射的剂量率为 0.15 拉德/6 小时,累积 40 拉德时猕猴睾丸体积未见改变。

哺乳动物生殖细胞的染色体及特有的酶对辐射效应的研究有重要意义。这为辐射遗传学的研究提供了必要的基础。

(二)高本底地区调查

从我们长期从事的小剂量电离辐射生物效应研究结果可以看出:小剂量电离辐射对机体生殖细胞的损伤效应较为明显,但生殖细胞诱发的突变在人类群体中命运如何、群体中有害突变的累积程度如何、有害突变如何受到淘汰等问题都值得研究。要回答这些问题,除进行动物试验外,人群调查工作是必须进行的,其中包括从事放射性职业人员、医疗照射患者、核事故受辐射人员、核爆炸后幸存者、天然放射性高本底地区居民等。其中高本底地区人居环境的辐射剂量学和居民健康调查，是研究长期小剂量电离辐射对人体远期效应和遗传影响的重要途径之一。

所谓天然放射性高本底地区，是因该地区土壤和岩石中含有丰富的铀钍系元素而使表面辐射强度增高。有的用含有较高放射性的土壤、岩石作为建筑材料使生活在其中的居民受到较高剂量照射，有的地区由于所处海拔较高受到高剂量的宇宙线照射。从 20 世纪 70 年代的资料得知，当时世界著名的高本底地区有巴西里约热内卢和艾斯比利多桑多州独居石地区、印度克拉拉邦和马都拉斯邦独居石地区、太平洋纽埃岛、中东的北尼罗河三角洲地区等。对这些高本底地区的调查研究日益受到放射生物学工作者的关注。

鉴于高本底地区调查对阐述小剂量电离辐射效应的重要性，1974 年，生物物理所放射生物学研究室与卫生部工业卫生实验所、医学科学院放射医学研究所、广东省职业病防治院等单位共同组成广东省高本底地区居民健康调查组，选择广东省阳江地区作为主要调查区，以台山地区作为对照点开展工作。

我国广东高本底地区是由于含有钍系元素而造成的，其年剂量当量低于巴西和印度的高本底地区。但我国这一地区剂量分布均匀，土地适于耕种，大多数人口世代居住于此，居住六代以上者约占 93.8%。这对了解小剂量电离辐射对人类有无遗传效应很重要，此外还可对于回答小剂量电离辐射对人类损害有无阈值这一问题提供依据。在这项工作中我们是主要负责单位之一，参与了其中的辐射剂量学、放射生物学、细胞遗传学、人群健康调查等主要项目。结合在实验室中取得的资料，在人群健康调查中侧重于妇女生育状况、儿童生长发育以及出现先天畸形的个体细胞遗传学分析。

调查结果表明，高本底地区的出生性别比、流产率、死胎率、不育率、多胎率与对照地区无统计学差异。高本底地区与对照地区的儿童在身高、体重及头围等方面没有差异，都是随着年龄的增长而有规律地增加。从先天畸形总的发生率来看，两地区基本一致，但是先天愚型在高本底地区发现 7 例而在对照区则未发现，其原因尚须进一步研究。

由于广东高本底地区调查规模大，项目详尽，受到国际同行的高度重视，并在《中国科学》杂志上发表（高本底辐射研究组，1980）。非常遗憾的是，生物物理所未能参加后续的工作。

小剂量电离辐射生物效应的研究工作是生物物理所发展史上亮丽的一页，它反映出科研人员严谨的科学精神、不计名利的道德风尚、团结协作的高贵品质是弥足珍贵的，发扬这种精神一定能使生物物理所再铸辉煌。

参 考 文 献

High-Background Radiation Research Group, China. 1980. Health Survey in high background radiation areas in China, Scientia Sinica, 209: 877-880.

作者简介：王又明，女，1936 年出生，1960 年毕业于南开大学生物系。同年考取中国科学院生物物理研究所徐凤早先生的研究生，从事电离辐射对猕猴骨髓细胞的影响研究和 X 射线与氮芥对大白鼠吉田 肉瘤细胞染色体的影响研究，1965 年获中国科学院颁发的研究生毕业证书。研究生毕业后，参加并随后主持了小剂量慢性照射生物学效应研究课题。1974 年后，作为生物物理所的主要研究人员，参加了由卫生部工业卫生实验所牵头进行的广东省阳江高本底地区居民的健康调查达 10 年之久，取得的结果引起国际辐射研究界的高度重视。1991 年退休。

回眸小剂量慢性放射生物学效应的研究

吴　骋

　　一项推延5年才进行的国家研究任务——小剂量慢性放射病诊断指标的研究，启动于农村"四清"运动年代，跨越"文化大革命"10年，完成于改革开放的春天。这项研究共经历了艰难辛酸的15个年头，共用78只猕猴，经过百人协作团队第一轮（2.17拉德照射剂量）的指标筛选研究，到第二轮（0.15拉德和0.8拉德照射剂量）后期进行的攻关研究，取得了丰硕的研究成果，完满地完成了国家下达的任务。本项研究获得1978年全国科学大会奖，撰写的两篇论文先后由《中国科学》杂志发表，其中一篇被美国《科学新闻》（*Science News*）杂志以摘要形式发表，引起国外学术界高度关注。

　　在放射生物学研究领域，"慢性放射"的概念是相对"急性放射"而言的。研究"急性放射生物学效应"需要让生物体在相对短的时间内受较大辐射剂量的照射，旨在研究高剂量率照射的生物学效应。在射线急性照射下，生物体损伤效应明显，一些对放射线敏感的器官、组织和细胞受到直接而剧烈的损伤，直至衰竭、不可逆坏死，甚至最终导致机体死亡。研究"慢性放射生物学效应"则要让生物体在相当长的时间内受到较小辐射剂量的照射，旨在研究低剂量率放射生物学效应。在小剂量射线慢性照射下，生物体的损伤相对轻微，这是由于慢性照射过程中，组织和细胞的损伤、修复代偿和生长过程同时存在，只有当损伤程度大于修复代偿，才能出现较明显损伤效应，而一般是不会产生典型放射病症候的。慢性放射生物学效应研究的目的和意义，在于探讨导致生物体出现损伤的辐射剂量阈值和总的累积剂量的实验资料，为制订放射性工作人员的允许剂量标准和放射卫生学防护指标，提供可靠的实验数据。由此可见，慢性放射生物学效应研究是一项重要的应用性专业基础学科研究。

一、一项国家基础学科研究任务

　　我国原子能事业的研究起步于20世纪50年代初期，随着我国第一和第二个五年建设计划的实施，和平利用原子能事业在厂矿、医疗卫生、农业、科研等机构全面启动，特别是随着国防工业建设中原子弹、氢弹的研制及核动力装置建设的飞速发展，急需保障从事放射线行业工作者的健康以及环境辐射污染影响人类健康等诸多问题被及时提出并得到高度重视，其中对辐射损伤的防护和辐射损伤的早期诊断指标的研究课题，被立为放射生物学和放射医学的重点研究课题。

1958年新成立的第二机械工业部主管核工业和核武器研制，在二机部统筹部署下，我国放射医学和放射生物学研究机构相继成立。1958年中国科学院生物物理研究所成立不久，就在贝时璋所长主持下组建了放射生物学研究室（第一研究室），成为我国最早的放射生物学专业研究机构之一。1960年2月在北京香山饭店召开了全国第一届放射生物学工作会议，总结和交流了前阶段全国各研究机构取得的科研成果。香山会议还拟定了新的放射生物学研究规划。香山会议后，中国科学院和二机部委托我所进行慢性放射病早期诊断研究任务，并于1961年以任务书方式正式下达到我所，研究任务是：慢性放射对血象、骨髓、血和尿中代谢产物、内分泌系统和神经生理功能的影响。要求于1965年写出研究成果报告。鉴于当时对研究任务书的高度保密，广大研究人员并不知晓有研究任务书这件事。追忆起来，我们实际上从1960年至1965年一直都在进行急性放射生物学效应的研究。

1964年11月，二机部委派工作人员到研究所再次下达研究任务：小剂量慢性放射生物学效应和提高小剂量放射耐受性的研究。还特别明确指出："作为中科院研究所，辐射原发反应也要立题研究，至于大剂量急性生物学研究工作由军事医学科学院放射医学研究所去做，你们以民用为主，如矿区的工人和从事原子能和平利用的工作人员，他们受到小剂量慢性照射，对慢性放射病要研究早期诊断，如果他们有早期放射病，可使他们脱离工作，减轻损伤。"

二、研究项目准备阶段

启动小剂量慢性照射生物学效应研究项目，要组建一支称职的专业研究队伍；要提供适用的稳定可靠的小剂量照射钴源；要选择最适宜的实验动物以及组建饲养管理班子；还要研究并确定最佳的慢性照射的剂量、剂量率和总累积剂量。只有充分做好了这些准备工作，才能确保本项研究工作的顺利开展。

（一）研究协作团队的组建

1964年是我国克服"三年困难时期"后取得较好发展的一年，就在这年展开了全国轰轰烈烈的农村社会主义教育运动，即所谓农村"四清"运动。由于我们研究所部分科研人员要参加"四清"，给当时组建该项目研究组带来了不小的困难。当时研究所领导果断决定，打破原有研究室和课题组的界限，根据需要组成专门项目协作团队，即利用在当时很时兴的所谓大兵团作战方式，进行小剂量慢性放射效应专项研究。

1964 年底，放射生物学第一研究室共有 65 人，主要分为急性放射损伤效应早期诊断指标研究组（第一组）、急性放射病防护组（第二组）和生化小组和放射原发反应研究组。第一组也称为形态学研究组，又分徐凤早研究员小组（以造血组织——骨髓为主要研究对象）和马秀权研究员小组（以外周血象和生殖遗传学为主要研究对象），共约 20 人。第二小组共 30 多人。要组建小剂量慢性放射生物学效应研究团队，显然要以第一组为主要力量。为了加强研究力量，所领导决定把第二小组纳入新组建的小剂量组。为了进行血液的生化指标研究，还决定把第三研究室（生化研究室）有关专业研究人员调入新编协作组。此外，考虑到病理组织学解剖检验和体检的工作，还与北京医学院第三附属医院职业病科放射研究组协作研究。按照上述人员的组合，总参加人员有百人之众。

专业研究人员要求各自查阅文献资料，提出切实可行的实验指标。所谓切实可行是指对放射线有敏感、取材要方便、取材后不损害动物整体健康的指标，主要在血液、精液、尿便、毛发等组织中进行筛选，并进行预备试验。

（二）照射钴源建设和照射剂量标定

几乎早在 1960 年给生物物理所下达小剂量慢性照射研究任务时，二机部就拨出专款到中国科学院，指定作为生物物理所建造外照射钴源使用。当时，中国科学院在中关村较偏僻的地方圈了一块地，在这块地的南边先盖起了一排平房作钴源筹建基地。从北京大学毕业的江丕栋、赵克俭等年轻人作为先头兵最先驻入基地，并担负起筹建钴源的工作。1961 年从清华大学工程物理系核物理专业毕业的王曼霖、张仲伦等成为建钴源的骨干，又招入了有测试剂量技能的丰玉璧和机械自动化专业的傅世榕，组成专业设计施工队伍，自力更生设计，历尽艰辛，终于在 1963 年建成 400 克镭当量大钴源，在 1964 年底建成 7. 9 克镭当量的小钴源。

小剂量照射钴源的建成，无疑给即将展开的小剂量慢性放射生物学研究，提供了重要的物质条件保障。小剂量照射实验采用的是小钴源照射室，面积为（8×8）平方米，屋顶有天窗及排风设备，室内安装日光灯和消毒用紫外灯，地面有下水道便于清洗。根据照射大型动物的要求，采用对角二点源照射方法。为保证动物受照剂量均匀，将动物笼固定在特制的双层铁架上，排放在与照射源的对角线相垂直的另一对角线上，同一时间可照射 16 只动物。

小剂量照射动物时，每天平均照射剂量为 2. 17 拉德，为了保证每天照射剂量相对恒定，定期对照射源进行测定，在源强衰减到一定程度时可以适当延长照射时间，以维持每日照射剂量在实验所要求的范围内。

对于照射大型动物的剂量进行准确标定，是一项要求十分精密的工作。由于动物在（90×60×50）厘米³笼内活动，照射剂量在空间的分布必须要求均匀。在1965年5月实验开始前夕，放射剂量室的张仲伦、马海官、赵克俭、寇学仲等组成专门小剂量测试组，采用 KMG-1 剂量计测定源强为 7.9 克镭当量。为了测定空间剂量场的分布，还采用笔式剂量计从 8 个方向进行测定，证明照射场强均匀。为了消除排放在两个边端的动物与中心位置的动物所受照射剂量不尽相同的缺陷，便采用每星期将动物笼子位置轮换一周的办法，确保每只动物在一周内每天平均受照剂量在 2.17 拉德，每天照射时间为 6 小时，照射的剂量率为 2.17 拉德/6 小时。此外，还采用 0.72 克镭当量的小钴源每天照射 0.15 拉德/6 小时；采用次小钴源（克镭当量）每天照射 0.8 拉德/6 小时。

（三）实验动物的选择和管理

选择猕猴（*Macaca mulatta*）作为实验动物是大家一致认定的。选择这种动物的原因不仅因为猕猴属灵长类高等动物，在生物进化阶梯上与人类有更近血缘关系，还因为根据当时的文献资料，猕猴的放射敏感性与人类十分接近，用猕猴进行小剂量慢性放射研究所获得的结果，对制订放射性工作人员允许剂量标准和放射防护监测指标更有现实意义。不过大家也意识到猕猴是野生动物，未经过驯化时性情凶猛，活动敏捷，用于实验远不如兔、鼠、狗那些常规实验动物那样容易操作，取材很可能不那么方便，饲养管理也会比较困难。

我所早在 1958 年就在云南昆明建立了生物物理所工作站，原计划利用云南特有的猕猴为研究材料与苏联专家合作研究放射遗传学。由生物物理所的马秀权、遗传研究所的汪安琪和复旦大学张忠恕与苏联专家合作研究的项目业已开始，并有研究论文报道，但此合作项目因苏联撤走专家而告终。昆明工作站已饲养了一批猕猴，同时我所清华园动物饲养房也养了一些猕猴，因此当决定本研究项目选用猕猴做实验动物时，我们很快就准备好了近 50 只供选用。猕猴寿命长达 25 岁左右，5~6 岁性成熟。我们共选用 30 只性成熟雄性动物，10 岁左右，体重 5~6 公斤，供作第一轮研究应用。

猕猴饲养在（90×60×50）米³的铁丝笼内，照射时动物可在笼内自由活动，照射后连笼将动物转至预备室饲养，第二天再运回照射室进行照射。考虑到本项研究是长期进行的，而每天都要把这些动物笼子推进推出，照射时又要搬上双层铁架，不仅工作强度大，工作也烦琐，一定要挑选身体强壮的年轻人，更要选择责任心强的和有管理能力的人来担负这一重任。经大家提名推荐，领导审批，决定由行政处任恩录同志担任这一至关重要的职务。任恩录于 1959 年由广州军区空军司令部复员来所，在所 5 年期间政治思想表现好，工作肯干，最主要的是自己主动要求担当这项艰难工作。另外还选派工作踏实、主动肯干的王丽华和张宗跃两位动物饲养员协助任恩录工作。饲养管理这些动物不单是喂食、打扫冲洗笼舍和照射室地面，还要观察动物的喜怒哀乐表情，有无异常拉稀、咳喘等病态表现，这些都要——记录下来。为保证实验动物的健康，每天都要喂食营养丰富的配餐：主食为混合面饼（用玉米、面粉、麦麸、红糖、鱼肝油等制作），副食为时令蔬菜，如大白菜、胡萝卜、西红柿、黄瓜等，还加些花生、葵花子等。

回眸三四十年前的这项小剂量研究，不由从内心感激他们三位，他们在整个"文化大革命"期间都没有停顿过一天工作，任劳任怨、一丝不苟、尽职尽力地工作，为小剂量放射生物效应研究提供了最基本、最重要的保障，为完成这一研究任务做出了重要贡献。

（四）照射剂量和研究指标的确定

1. 照射剂量的确定

二机部下达了小剂量慢性长期照射生物学效应研究课题，但对于照射的"小剂量"究竟是多小？"慢性"照射剂量率（即每天的照射剂量）又怎么定？"长期"需要连续照射多长时间结束实验？当时尚无人能回答。所有这些问题都还是要由研究项目参与者共同讨论研究来决定。大家经过近 3 个月的文献资料调研，分析了近 30 年来有关小剂量电离辐射长期照射的生物学效应研究资料，考虑到猕猴的急性照射半致死剂量为 450～550 伦琴，放射性工作人员每天的平均工作时间是 6 小时，最终制定了照射方案：猕猴用钴-60γ 射线照射的剂量率为 2.17 拉德/天，每天照射 6 小时，总照射时间为累积剂量到 800 拉德时或出现明显放射损伤时止。

我们用了很长时间来讨论照射剂量，是因为照射剂量设定得是否恰当对本项研究太重要了：剂量太大，会产生受照射动物普遍损伤，偏离本研究的宗旨和要求；剂量太小，受照射动物可能不出现放射损伤。应该说，确定每天 2.17 拉德的照射剂量虽经反复讨论，也还是带有很大主观性的，还需要在以后的实验里做出修正。

2. 实验指标的选定

实验指标由各专业研究组提出，在主要参与者层面进行可行性报告。所谓可行性指的是对射线比较敏感的，取材简便的，方法可靠易行的，不对动物造成伤害或痛苦的指标。

对于审核通过的指标，大家有一个共同约定：无论实验结果如何，是阳性结果，还是阴性结果，或变化波动的结果，都应把实验进行到底，没有特别理由不允许中断。对于小剂量慢性照射生物学效应的研究，只要认真如实做实验，得出的结果都是有用的，这一观念已成为大家的共识。

审核通过的指标局限于整体观察、形态和生化 3 个部分，具体研究指标如下。

①体重的称量，按公斤计算；②体检（包括肺部 X 射线透视、眼检）和整体观察（食欲、活动力和毛发等）；③睾丸体积的测量：测量睾丸的纵横直径，以椭球体积公式 $V = \frac{4}{3}\pi ab^2$ 作近似计算，式中 a、b 分别是椭球体的长轴和短轴，单位为厘米；④外周血象的一般常规检查：其中包括白细胞总数，血小板计数，网织细胞计数，血红蛋白测定和血涂片分类计数以及血细胞形态观察；⑤外周血白细胞的培养：本指标系用白细胞在离体环境下培养，用 PHA 刺激其分裂观察染色体数量和结构的变化；⑥穿刺骨髓作涂片检查：观察有丝分裂指数，畸形细胞分裂百分数和粒红比（有粒细胞与有核红细胞之比）；⑦生化指标：葡萄糖-6-磷酸脱氢酶（G6-PD），红细胞谷草转氨酶（EGOT）；⑧交配试验：观察受照射过的雄性猕猴在停照后与正常雌猴交配时的性活动和雌猴生产小猴数目；⑨病理切片的观察：观察器官有生殖系统、造血系统和消化道等。

对于上述穿刺骨髓的检查，有人认为一般作为患者体检指标不易被接受，即作为放射人员体检指标可能不适宜，也有人认为骨髓造血组织对放射线较敏感，对动物的实验结果可以作为科研资料保存，供患者作鉴别参考应用。不过大家还是要求对猕猴做骨髓穿刺，采用间隔照射 2 个月时做一次，不给动物造成痛苦和影响其他指标的研究。

有人提出增加对生殖系统的观察指标，如精子数量和精子质量的观察。因为我是做这一工作的，所以赞成这个意见。

三、实验正式启动阶段

（一）动物分组设计

对于研究工作来说，每组动物样本数应该足够大，有利于对研究数据做出可靠的数理统计学分析，各研究组的均值才有可比性，实验才有意义。但猕猴是大型动物，无论在实际照射条件方面、实验操作方面和实验管理方面都不可能用很多动物来编组。经大家讨论，采用 6 只动物编组，具体分组情况如下。

第一部分实验共用 42 只动物，分两批进行。

第一批实验共用 18 只动物：照射组 12 只，从 1965 年 5 月 16 日开始照射，照射剂量为 2.17 拉德；对照组 6 只，不进行照射，饲养在同样的猴笼内。

第二批实验共用 12 只动物：照射组 6 只，从 1966 年 4 月 23 日开始照射，照射剂量为 2.17；对照组 6 只，不进行照射，饲养在同样的猴笼内；12 只雌性猕猴，作生育力交配试验。

第二部分实验共用 37 只动物，分为 0.15 拉德和 0.8 拉德照射组（实验在 1975 年启动）。

（二）辐照前给猕猴体检

1. 体检项目

根据实验设计，实验前需要对动物进行全面体检，体检项目有：肺部 X 射线透视胸检（拍片存档）；眼检（视网膜、白内障及眼底）；进行所有研究指标的取样检测和各项整体观察。

上述体检和指标检测的结果，作为照射前的自身对照资料。

2. 从学抓猴开始

以往习惯于用大、小白鼠、豚鼠、家兔或狗做实验，总是轻松自如，得心应手。如今改用猕猴做实验，抓猴就是一大难题。这些猕猴都是刚从云南深山老林抓来的，生性凶猛，龇牙咧嘴，吼声惊人。它们敏捷好动，虽然身处铁笼，竟能通过摇晃铁笼使铁笼移动数十米。想从它们身上获取实验材料，谈何容易。我们意识到，要把这项实验做好，首先要学会抓猴。"抓猴练兵"就成了进入实验门槛的第一道功夫。

凡是取血、测量睾丸体积、观察毛发和皮下变化等实验，都要用"笼内固定"的抓法：先用铁钩插入铁笼，设法穿入戴在猴颈部的铁圈，并移动到笼门对角处的底部，固定在铁笼犄角。然后把铁笼侧翻一边并打开笼门，用手紧紧抓住两只后腿往笼门外拉，进行上述实验。这项"笼内固定抓猴法"，胆大的女同志就能操作。

凡是进行穿刺骨髓、体检胸透、眼检等各项实验，需将猕猴抓提出笼外，用如下"抓提猴法"：一人依照"笼内固定抓法"抓住两只后腿，另一人需伸进两只手把猴手交叉到猴背，右手掌手心向上插入交叉猴手下方，牢牢抓紧绝不松手，再用左手抓紧猴头后脑（抓住猴脑，猴就变老实了），也不能松手，然后用力把猴从笼内提出，呈伏卧状将四肢捆绑在特制的木板上，还要在猴腰部加固一道捆绑，供做有关实验。这一抓猴的方法不是女同志们所能干的，就是男同志也要有胆量有体力才行。我有幸成为主力"抓提猴"者，是凭着年轻身高体壮的条件。如今已是 75 岁满头银发老者，回味那段当年勇事仍是乐意盎然。

3. 北医三院上演大闹天宫一幕

第一次做小剂量照射实验前的体检：18 只猴笼被装上一辆运货卡车，从中关村钴源直奔 6 公里之外的北医三院，还有 30 多人骑自行车随行。那日，医院安排在休息日为"特殊来客"体检。为做好这次体检，医院 X 射线胸透室和眼科派出 10 多位医务人员、保安和清卫工人，并腾出二间房和一个大厅供实验使用。由于此前医院和我们都部署了实验预案，实验前期工作有条不紊进展顺利。快到中午时，与猕猴战斗忙乱了一阵的实验人员，显出疲惫倦意。要抓绑的猴子较多，抓提猴的人手也确实不够，此时，实验组的一位来自中国科学技术大学的四川籍男同志，虽还没有学练过"抓提猴法"，但自告奋勇主动要求帮着抓猴。大家看他身高体壮自信心十足，就默认他去抓提猴子了。见他抓提猴子出离笼门之时，猴子后腿猛踩铁笼挣扎，只听大家"嘿……"的吼声，猴子竟从他手中蹿出窗外。瞬间，所有室内人员惊恐一团，拥向室外找寻猴子。此时只见对面病房内众多病人举手指点园内大树，顺势看去，猴子竟安静坐落树梢，逍遥自在。这白杨树足有四五层楼那么高，猴子获得了自由天地，我们却心急如焚。有人高声喊话：就让猴儿待在树上，要是让它下地了，又要蹿入病房、诊疗间和化验室怎么办，那不就大闹医院了。最后我们决定，一面委派几人手握木棒向树上猴儿舞动，阻止其下树，一面立即与派出所联系采取紧急处置措施。

我们的实验继续进行，直到 14 时结束之后，大家才返回研究所。后来听说怕猴子夜里闹事，趁天黑之前由海淀区公安分局派来射击手把猴给击毙了，真是不得已无奈之举。

四、第一部分（照射 2.18 拉德/天）实验

第一批实验共用动物 18 只，其中 12 只猕猴于 1965 年 6 月 16 日开始在钴源照射。照射组中有 8 只动物于 1968 年 11 月 7 日停照，共照射 40 个月，累积剂量为 2180 拉德；另有 4 只动物继续照射至 1970 年 4 月 18 日，共照射 57 个月，累积剂量为 3160 拉德。

第二批实验共用动物 12 只，对照组和照射组各 6 只。从 1966 年 4 月 23 日进钴源照射，于 1970 年 4 月 18 日停照，共照射 48 个月，累积剂量达 2620 拉德。

第一部分实验原拟定照射到累积剂量 800 拉德或照到严重放射损伤出现时结束，为什么两批实验进行了 3～4 年？是否没有出现严重放射损伤？这些问题将在下面叙述。

1. 外周血象研究结果

如图 1 所示，白细胞总数在照射过程中出现波动变化，与照射累积剂量无相关性。

同样，外周血淋巴细胞染色体、骨髓细胞染色体畸变率及血液生化指标：红细胞谷氨酸-草酰乙酸转氨酶活力和葡萄糖-6-磷酸脱氢酶活力的变化等血液指标也都与累积照射剂量无明显相关性。

2. 睾丸体积的变化

用游标卡尺测量睾丸的纵横直径，根据椭圆体体积公式计算出睾丸体积的近似

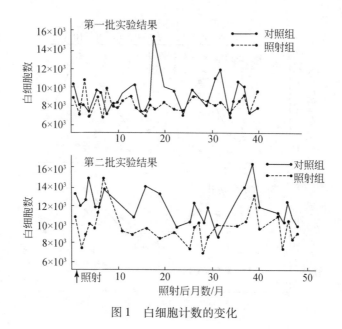

图 1　白细胞计数的变化

值。每月进行一次测量。

　　结果：实验证明（图 2），第一批实验动物照射至第 8 个月才开始进行测量，此时睾丸已处于萎缩状态，组平均值（8.73 厘米³）已处于照射期内的低水平范围（7.50~10.0 厘米³），而对照动物组的睾丸体积仍随季节的变化在很大范围（11.3~33.5 厘米³）内变动。

　　第二批动物对照组睾丸体积随季节的变化为 11.7~28.7 立方厘米，照射组的睾丸体积不随季节变动而变化，其体积仅处在 6.90~10.5 立方厘米低水平范围。

　　在实验开始后照射组动物睾丸体积便逐月下降：第 1 个月（照射累积剂量为 54.15 拉德）体积平均值比照射组减小 14.5%，第 2 个月（照射累积剂量为 108.29 拉德）减小 29.5%。以后睾丸体积就维持在这个水平（年平均值为 8.80 厘米³）上，而不再随季节变化而增大，仅处在一个低水平范围（6.90~10.50 厘米³）内。

　　我在做第一批动物实验时，特别注意观察睾丸的变化。照射到第 3 个月时（当年 9 月），用手触摸就明显感觉睾丸的大小和硬度有差异，表明睾丸生精细胞增殖已受到阻抑。此时，我再三考虑采集精子的方法，因为精子的数量及畸形精子百分率是比较实用的检测指标。我曾到北京动物园兽医组和中国农科院养猪场学习人工取精方法。可真无奈，我被明确告知要给野性猴子取精子会困难重重。当照射到第 5 个月时，发觉两组睾丸变化差别更大：对照动物睾丸又大又硬，呈椭圆体状

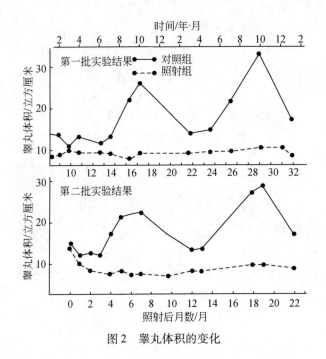

图2 睾丸体积的变化

（因为当时是11月季节，是睾丸最大增殖期），而照射组动物的睾丸还是那么又软又小。

怎么才能把这种真实的变化记录下来呢？我一下就想到测量椭圆体体积的方法，在立体几何教科书中找到了测量椭圆体体积的公式，然后到我们研究所金工厂借了一把游标卡尺，拿个鸡蛋进行测试练习，觉得测量结果还很准。待到做第8次动物实验时，测量睾丸就用上了这个方法。从此睾丸体积的变化数值，就成为本项实验最直观最灵敏的指标。

我把照射7个月时睾丸的变化情况和照射8个月时测量方法和测量结果写了一份报告，说明动物照射到半年时似乎就绝精了，询问是否要增加一组动物做实验，用来验证以前的实验结果。

经大家研究，一些人认为刚开始做了半年，实验指标的技术方法刚熟练，也没有发现有明显的变化，重复实验是否有必要？也有一些人认为小剂量照射半年时间动物就绝精了，是否照射剂量太大了？这显然是两种不同的对立的看法。在这个时候，大家又回忆起不久前确定照射剂量的一幕，都认为我们的小剂量慢性照射生物效应研究目的，是为放射卫生防护制订监测指标提供动物实验依据。既然现在照射半年就已产生明确的生物效应，就表明这照射剂量太大了。按照项目的研究目的，大家都认为照射剂量确实是定大了，可是好多观察项目的变化又不明确，不如再做一次同样的实验来验证实验结果。

大家同意再用同一剂量做实验。为了得知照到多大剂量就出现睾丸损伤，我提出要在 5 月份开始做第二批实验，因为睾丸长大的季节快来了，当睾丸随季节消长时，是开始做照射实验的最适宜时间。经过将近 3 个月的准备，最后决定第二批猕猴的实验于 1966 年 4 月 23 日开始。

经过两年多的实验，我们搞清了动物睾丸体积随季节而变化的规律：每年在 6 月份至翌年 2 月份为睾丸精子增生期，11 月、12 月睾丸体积达到最大值，随后又逐渐减小，到翌年 4 月、5 月降至最小值，最大值可以是最小值的 3 倍。

第二批实验动物研究结果完全验证了第一批的结果，而且得出该剂量照射 1 个月就产生变化，照到第 2 个月时变化更明显，照到第 3 个月时（7 月份）睾丸就完全丧失随季节变化的能力。这一批实验结果比第一批实验结果更准确了。这次重复实验结果，证实睾丸的辐射损伤是严重的，每天照射 2.17 拉德，是慢性照射猕猴的绝精剂量，每天照射 2.17 拉德/6 小时，是慢性照射猕猴的绝精剂量率。

3. 生殖力的检验

由于受照猕猴的睾丸萎缩，丧失了季节性变化的能力，因此，我们将一部分动物在停止照射后做了交配试验，观察它们是否还有生殖能力。

方法：照射组（6 只）和对照组（5 只）雄性猕猴，与正常雌猴 12 只，按体形大小、年龄、性情、过去受孕情况，分别以一雄与一雌配对（有 1 只照射雄猴与 2 只雌猴同房），饲养在面积为 30 平方米的房间（一半为室外铁丝运动房）内，自行交配。从 1968 年 11 月到 1969 年 5 月，交配期为半年。观察性活动性状（猴脸或眼圈是否红色），交配频度和生育率（产仔情况）。

结果：（1）照射猴与对照猴脸部性皮肤反应（红色）无差别，交配频度无差异。照射组 6 只雄猴与 7 只雌猴交配无一受孕（受孕率为 0）；对照组与雄猴交配的 5 只雌猴有 3 只怀孕（受孕率为 60%），产下的 3 仔猴均存活。

交配实验表明，在按照每天 6 小时照射 2.17 拉德的剂量率的长期照射下，雄猴已因为睾丸萎缩、生殖细胞消失而完全丧失了生殖力，说明小剂量慢性长期照射对生殖系统的损伤是严重的。考虑到生殖系统是生命繁衍的重要器官，这种损伤是否危及子孙后代，即损伤精子及损伤恢复后的精子的遗传效应如何，引起我们的严重关注。为此，我曾设计了一组小剂量慢性照射小鼠的遗传效应研究："低剂量率钴-60γ 射线长期慢性照射和一次急性照射雄性小白鼠诱发显性致死突变的研究"，证实低剂量率照射引起子代严重的遗传损伤。

（2）交配实验的意义除检验生殖力外，还对小剂量长期慢性照射是否影响性功能的问题予以观察研究。研究表明：猕猴的性行为，即性状和性功能没有受到照射的影响。据了解，从事放射性厂矿的男性人员，常主诉称：乏力、性功能减退或无性欲期望。这种心理状态，不仅影响自己身心健康，也严重影响生产工作。我们的实验表明，动物虽处于绝精无生育状态，而发情状况和性交配频度与正常动物并无差异，甚至一些照射动物的交配频度还高于正常对照组动物。这是因为睾丸中的生精细胞虽然完全消失，但精小管的间质细胞和支持细胞依然健在，而这些对射线不敏感的细胞恰好是营造性激素的职能细胞。性激素不仅激活性功能还刺激动物生长。因此，有理由认为那些放射性厂矿工人主诉的性功能衰退的心理，很可能是心理恐惧阴影或其他因素所致，而非放射性所致。

（3）本次生殖力试验，投入的人力和物力都较大。白天女同志和年长者去清华园动物房上班，晚上安排男同志去上班。就连一室的年逾六旬的老主任徐凤早教授也主动去"值班"。特别是三室的全体人员都主动安排轮流去"上班"。如今翻开本实验记录的档案，值班记录书写规范，可见大家对工作一丝不苟认真负责的态度。研究档案中见到的"长期受小剂量钴-60γ射线慢性照射的猕猴进行交配实验的结果"的研究小结报告，就是由三室主任杨福愉教授写的。

4. 体重

体重变化（图3）表明，第一批实验动物在实验前的体重：对照组和照射组分别为5.4千克和5.7千克。在整个照射过程中，照射组体重变化范围（7.7~11.3千克）和平均重量（9.7千克），都比对照组（7.7~9.7千克，平均8.5千克）高，照射组动物体重平均值在各个实验时期都高于相应的对照组动物。

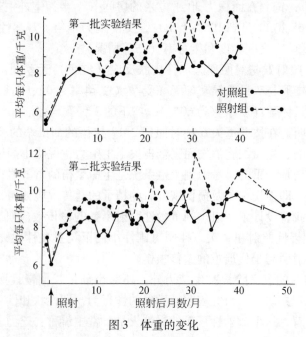

图3 体重的变化

第二批实验动物在实验前的两组体重颇为接近：对照组为 7.2 千克，照射组为 7.1 千克。在整个照射过程中，照射组体重一直较稳定地稍高于对照组。两批实验都显示照射组动物的体重比对照组动物的体重要高，表明该小剂量率长期照射不影响动物体重增长。照射组动物体重略比对照动物组增加，是否与性激素的分泌亢进有关，有待进一步研究。受照动物睾丸组织学研究表明，精细管中分泌性激素的功能细胞（支持细胞）和精细管间的间质细胞有相对增生的征象（图 4a、b）。

5. 健康状况的一般观察

在照射期内，受照动物的食欲和精神状况良好，本能活动正常，每年季节性脱毛、换毛情况与对照动物没有差异。只有一只受照动物的眼晶状体的双后皮质有片状混浊。

6. 病理解剖学的观察

由于实验动物（包括对照动物）先后在停照期感染了结核病，因而在第一批动物停照后 23 个月、第二批动物停照后 5 个月，分批对 20 只猕猴（其中 12 只为照射动物，8 只为对照动物）进行各组织器官的病理解剖学观察。关于结核病的程度在各剂量组之间，在照射组和对照组之间都未见差异。

主要病理所见如下所述。

（1）睾丸（图 4）。照射动物的睾丸明显萎缩，重量显著减轻。在 7 月份睾丸正好开始季节增生起步阶段进行解剖时，照射组两侧睾丸总重量平均 27.5 克，约为对照组平均重量（55.7 克）的 49.4%。

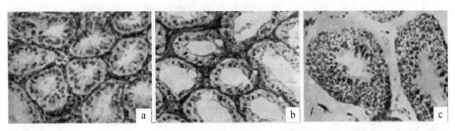

图 4　睾丸精小管内各级生殖细胞消失

a：851 号猴停照后 5 个月，曲精小管高度萎缩，各级生精上皮细胞全部消失，残存者均为支持细胞；
b：718 号猴停照后 22 个月，曲精小管高度萎缩，无任何恢复征象；c：对照组 867 号猴，正常睾丸的曲精小管

照射组睾丸的病变基本一致，精小管萎缩，管内各级精母细胞全部消失，生存者为支持细胞，在部分病例中管壁基底膜稍有增厚，管外周结缔组织稍呈密致，间质细胞结构与数量均无异常。对照组各例动物睾丸均无上述病状改变。

（2）其他组织器官，如骨髓、脾、淋巴结、消化道、肝、心、肺、脊髓、皮

肤、内分泌腺、附睾、前列腺等，均未见到可以认为是由辐射引起的明显损伤。

病理解剖是在北京医学院第三附属医院职业病科放射病研究组进行的，我所马秀权教授的研究生沈煜民和我室柳青梅大夫共同参与研究。研究论文《小剂量钴-60γ射线长期慢性照射对猕猴（*Macaca mulatta*）的影响——病理解剖学观察》发表于《北京医学院学报》1977 年第 3 期（北京医学院病理解剖教研组和中国科学院生物物理研究所，1977）。

五、第二部分（0.15 拉德和 0.8 拉德）实验

1973 年我们对小剂量慢性照射猕猴的工作进行了总结，并报送二机部。1974 年二机部提出进一步研究的要求，希望对产生损伤的指标再进行深入研究，力求得出损伤的阈值剂量以及损伤进展状况，提供放射性工作人员卫生防护监测指标和制定我国允许剂量标准的科学实验依据。这意味着在进行了"八年抗战"的第一轮"军团战役"之后，又要进行第二轮小规模专业性的"攻坚战"了。究竟这项"小剂量慢性长期放射生物学效应研究"任务，能否在后续的第二轮研究中顺利完成，大家在期待着。

1974 年年中，我所领导做出决定，重新启动第二部分猕猴实验，要求具体实验方案由研究人员自行拟定。就在做出这一决定之时，还宣布由刚从北京大学分配来所的韩明泰为项目负责人。不久韩明泰亲赴云南、广西购买猕猴，并从广西亲自乘火车将动物押运抵京。日后，韩明泰诉说与动物相伴一路行程极其艰难辛苦的情景，实令大家感动万分。

后续的第二部分实验的研究指标怎么确定？照射剂量怎么选定？实验动物怎么分组？什么时候开始实验？这些问题都集中在形态组进行讨论研究。我和沈煜民在第一轮实验中主要研究动物的生殖系统，因此我们就负有更大责任。

（一）实验启动

1. 照射剂量的选定

根据每天 6 小时照射 2.17 拉德的剂量率照射的实验结果，猕猴睾丸几乎在照射当月就受损伤了，因此我们拟定照射剂量至少要降低一半，即这次照射的上限剂量为每天 6 小时照射 1.00 拉德左右。我们估计在这一剂量照射下有可能产生绝精现象。为了确定照射产生睾丸损伤的下限剂量，即不会产生辐射损伤的剂量，我们估算应在上限剂量的 1/5 左右，即每天 6 小时照射 0.20 拉德。我们还查阅了各国制定的放射允许剂量标准，不同国家的允许剂量各不相同，在每天照射 0.01 ~ 0.5 拉德范围内。我们拟定的每天照射 0.20 拉德的剂量约为国外平均允许计量的

10 倍。

根据对 4.4 克和 4.5 克镭当量和 0.72 克和 0.76 克镭当量放射钴源的实际检测和标定，第二轮的照射剂量分别定格在每天 6 小时照射 0.80 和 0.15 拉德的两个照射剂量率上。

2. 动物分组及照射剂量

A 组：每天 6 小时照射 0.15 拉德。A 组共用 12 只动物，连续照射 36 个月，总累积剂量为 135.1 拉德。其中有 2 只动物照射 11 个月时被杀死，取睾丸做实验。

B 组：每天 6 小时照射 0.8 拉德。B 组共用动物 17 只，于 1976 年 8 月开始照射，照射 2 个月、5 个月和 11 个月时，各杀 1 只或 2 只动物，取睾丸做实验。其余动物则分别照射至 5 个月时（累积剂量 100 拉德）和 11 个月（累积剂量 212.8 拉德）时停止照射，在停照后的不同间隔时间取睾丸做实验。

对照组：共用动物 7 只。

3. 观察指标

①外周血象及淋巴细胞形态学；②附睾内精子数量的变化；③精子形态变化；④初级精母细胞染色体畸变率；⑤睾丸组织学。

在设定照射分组、照射剂量和观察指标过程中，我们特别考虑到根据个体的变化而采取灵活实验方案。如照射到睾丸体积出现变化时，杀两只变化不同的动物，取睾丸进行各项指标的观察，更准确获得实验数据；又如选择睾丸体积随季节变化增大时开始照射，测量时间缩短至 10 ~ 15 天测量一次，以观察更准确的动态剂量的辐射损伤效应。

（二）实 验 结 果

1. 外周血象

两个照射组在照射过程中白细胞总数均呈波动性变化，其均值比对照组稍有降低，但仍处于正常范围。嗜中性粒细胞计数和淋巴细胞数也均在正常范围内波动。

2. 睾丸体积和重量的变化

用游标卡尺测睾丸体积，每月测量一次。在定期做组织病理学检查时给睾丸称重。

由睾丸体积的变化（图 5 和图 6）可见：对照组动物的睾丸体积（●—●）随季节变化而有较大幅度的变化；其最大值（每年 12 月份）可为最小值（每年 6 月份）的 3 倍以上。A 组（照射 0.15 拉德/6 小时）的动物在 3 年照射期内，睾丸体积（○…○）的季节消长趋势与对照动物一致，表明该剂量率照射下精子生成过程基本正常。B 组动物（照射 0.8 拉德/6 小时）的睾丸体积（△…△）在照射的 11 个月内，由照射开始时的 22.72 立方厘米减小到停照时的 6.03 立方厘米，随季节变化的规律完全消失。

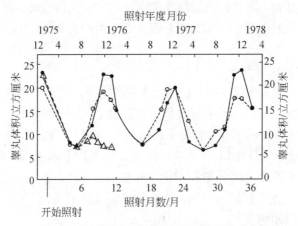

图5 低剂量率慢性照射下睾丸体积的变化

○…○：0.15拉德组；△…△：0.8拉德组；●…●：对照组

这表明精子生成过程已受到严重阻抑（图5、图6）。为阐明睾丸的早期辐射损伤，特选择了一组动物在其睾丸趋向自然增大的季节（9月份）开始照射，图7表示该组实验的变化。在实验过程中（9月1日至11月4日）对照动物的睾丸体积由7.80立方厘米增大到26.65立方厘米（34.28克），两只照射动物的睾丸体积在照射开始时（9月1日）是8.98立方厘米和7.47立方厘米，在停照时（11月4日）分别为7.20立方厘米（11.05克重）和11.34立方厘米（17.78克）。在睾丸体积的季节性变化中，照射到25～35天时（累积剂量约20拉德）睾丸开始丧失随季节变化增大的能力，这表明猕猴在该剂量率照射下，累积剂量达20拉德时，精子生成过程已经受到严重阻抑。

图6 低剂量率钴-60γ射线对睾丸的影响

1：对照（1号猴）；2和3：0.8拉德照射2个月（42号和43号猴）；4和5：0.8拉德照射11个月（20号和11号猴）；6和7：0.15拉德照射11个月（23号和7号猴）

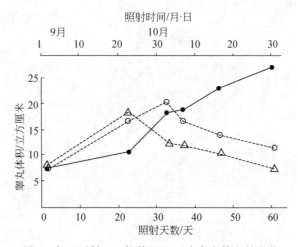

图 7 每天照射 0.8 拉德，64 天内睾丸体积的变化
○…○：照射动物；△…△：照射动物；●…●：对照动物

3. 附睾内精子计数

每天 6 小时内照射 0.15 拉德，共照射 36 个月（累积剂量 135.1 拉德），附睾内精子数（$2.266×10^{10} \sim 3.361×10^{10}$ 个）与对照动物（$2.7×10^{10} \sim 2.923×10^{10}$ 个）无明显差异。

每天 6 小时内照 0.8 拉德，照射 2 个月时（累积剂量为 40 拉德），附睾内精子数一只动物为 $857×10^7$ 个，一只动物为 $2529×10^7$ 个。照射 5 个月时（累积剂量为 100 拉德）和 11 个月时（累积剂量为 212.8 拉德），附睾内的精子已基本消失，表明已处于绝精的状态。经过 11 个月照射处于绝精的状态的 5 只猕猴，在停照后 2 年或 3 年，有 2 只趋向恢复生精功能，3 只仍处于绝精的状态。

4. 精子形态变化（畸形精子百分率）

精子涂片用 Giemsa 液染色，从涂片中可以观察到种种畸形精子（见图 8）：头部膨大、固缩、空泡化、中部膨胀、中部膨大并双尾和头固缩、中部膨大、双尾。

每天 6 小时照射 0.15 拉德的动物，照射至 11 个月和 36 个月时，畸形精子数为 0.4% ~ 0.7%。每天 6 小时照射 0.8 拉德的动物，经 2 个月照射后出现的畸形精子数为 2.4% ~ 3.0%，照射 5 个月时为 4.4%。以上两个照射组动物中出现的畸形精子都比对照动物（0 ~ 1%）显著增加。

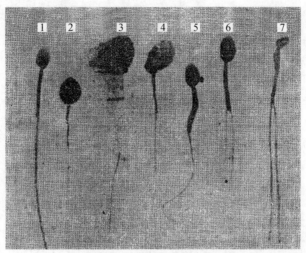

图 8　精子的形态变异放大 720 倍

1：正常精子；2：精子头部膨大、中部萎缩；3：头部空泡化、中部膨胀；4：头部部分空泡化膨胀；

5：中部膨胀；6：中部膨胀、双尾；7：头固缩、双尾

5. 初级精母细胞染色体畸变率

观察到的畸变类型主要为断片和单体桥，双桥较少见。

每天以 0.15 拉德照到 11 个月时，两只动物的畸变率达 1.8% 和 2.4%，照射到 36 个月时分别为 1.5% 和 1.7%，未见畸变率随照射剂量的累积而增加，但都高于对照动物（0.4% 和 0.6%）。

每天以 0.8 拉德照射 2 个月时，受照动物的初级精母细胞分裂相显著减少，而染色体畸变率却较高（3.2% 和 4.2%），约为对照动物的 5～10 倍。

6. 睾丸组织学变化

每天以 0.15 拉德照射动物 11～36 个月时，睾丸切面显示：曲精小管内各级生精细胞层次分明，排列较紧密，与对照动物无明显差异。

每天以 0.8 拉德照射动物 2 个月时，其曲精小管不同程度地萎缩，精原细胞已极少见到，精母细胞和精子细胞显著减少，排列疏松，各级生殖细胞层次不清（图 9b）。照射 5 个月时，除少数曲精小管有不同阶段的生殖细胞外，大多数曲精小管已极度萎缩。照射 11 个月时，曲精小管严重萎缩，各级生殖细胞完全消失，管腔内仅残存一层支持细胞（sertoli cell）。处于精小管间的间质细胞（leydig cell）的结构和数量未见明显异常变化（图 9C）。

每天以 0.8 拉德照射 11 个月的动物，在停照后间隔 3 年，在睾丸体积已恢复的 1 只动物中，绝大部分曲精小管切面已充满各级生殖细胞，但仍可见到个别完全缺失生精上皮的曲精小管（图 9e），表明生精过程尚未完全恢复；在睾丸体积未恢

复的 1 只动物中，睾丸切面显示出"灶状"恢复景象，即极少数曲精小管切面出现各级生殖细胞，而绝大多数曲精小管则基本保持停照时的状态——管径萎缩，各级生殖细胞缺失，仅残存一层支持细胞（图 9d）。上述结果表明，低剂量率照射下，动物睾丸辐射损伤和恢复状况是很不均匀的，不仅个体之间存在差异，同一个体各曲精小管生精上皮的恢复也极不一致。

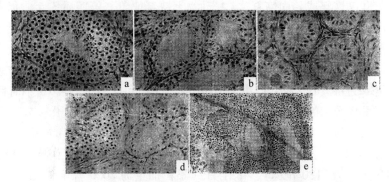

图 9　钴-60γ 射线慢性照射对睾丸组织的影响（放大 490 倍）

a：正常睾丸的精小管切面；b：0.8 拉德照射 2 个月的 43 号猴，精小管萎缩，各级生殖细胞显著减少；c：0.8 拉德照射 11 个月的 20 号猴，精小管严重萎缩，生殖细胞完全消失；d：0.8 拉德照射 11 个月停照，恢复 3 年的 10 号猴，绝大部分的精小管尚无恢复征象，在少数精小管中可见各级生精细胞；e：0.8 拉德照射 11 个月停照，恢复 3 年的 14 号猴，绝大部分精小管基本恢复，个别精小管尚未恢复。

六、研 究 总 结

本项"小剂量慢性放射生物学效应的研究"共用 78 只猕猴，前后用 2.17 拉德以及 0.15 拉德和 0.8 拉德 3 个剂量进行长达 15 年的研究，得出如下结论。

（1）按照每天 6 小时照射 0.15 拉德的慢性照射剂量率照射猕猴，连续照射 36 个月（累积剂量为 135.1 拉德），睾丸体积未见明显变化，睾丸生精机能未见明显改变，精子计数也未见明显减少，但精母细胞染色体畸变率和精子形态变化（精子畸变率）明显增加。因此可作如下结论：①每天照射 0.15 拉德的剂量和每天 6 小时照射 0.15 拉德的慢性照射剂量率是猕猴绝精和绝育的下限照射剂量和剂量率。在此剂量和剂量率及以上剂量和剂量率照射产生的精子数量和精子形态变化（畸形精子百分率），可作为放射卫生防护监测的主要指标。②每天照射 0.15 拉德剂量和每天 6 小时照射 0.15 拉德的慢性照射剂量率，是猕猴的辐射损伤的阈值剂量和剂量率。可为确定小剂量慢性长期照射的放射允许剂量时提供参考，亦即以其为基数来放量评估和确定我国自己的最低放射允许剂量。

（2）按照每天 6 小时照射 0.8 拉德的慢性照射剂量率照射猕猴，照射 1 个月时（累积剂量为 20 拉德）睾丸体积停止随季节变化而增大，生精功能受阻抑，照射 5～11 个月时（累积剂量达 100～212.8 拉德）睾丸极度萎缩，生精上皮枯竭，处于完全绝精的状态。照射 5 个月时停止照射的 3 只动物中，在停止照射后第 3 年仍有 1 只动物的睾丸无恢复征象。照射 11 个月、停止照射 1～2 年时 7 只动物中有 3 只动物的睾丸已恢复或趋向恢复，4 只动物无恢复征象。停照后 3 年，仍有 3 只尚未恢复。因此我们认为可作如下结论：①每天照射 0.8 拉德的剂量和每天 6 小时照射 0.8 拉德的慢性照射剂量率是猕猴的绝精和绝育的上限照射剂量和剂量率，即猕猴产生绝精和绝育的阈值剂量和剂量率。上述 2 个低剂量率的研究结果，表明猕猴的绝精剂量率为每天 0.8～0.15 拉德/6 小时。②由每天 0.8 拉德/6 小时照射剂量率及以下剂量率产生的睾丸体积及其软硬程度、精子数量和精子形态变化（畸形精子百分率），可作为放射卫生防护监测的主要指标。

（3）按照每天 6 小时照射 2.17 拉德的慢性照射剂量率照射猕猴，分别照射 40 个月（累积剂量为 2180 拉德）、48 个月（累积剂量为 2620 拉德）和 57 个月（累积剂量为 3160 拉德），各个照射组动物的生长状况良好，动物体重随生长而增加，甚至体重增长幅度还略高于对照动物；各个照射组动物的外周血象：白细胞数、淋巴细胞计数、嗜中性粒细胞计数、血小板数、网织细胞数血红蛋白以及红细胞谷氨酸-草酰乙酸转氨酶和葡萄糖-6-磷酸脱氢酶的活力，均在正常值范围内波动，波动幅度与照射累积剂量无相关性；各照射组动物的睾丸体积萎缩，睾丸生精上皮消失，动物处于绝精和绝育状态，停照之后 2 年睾丸的上述损伤完全未见恢复迹象。基于以上结果，我们认为：①按照每天照射 2.17 拉德和每天 6 小时照射 2.17 拉德的慢性照射剂量率照射猕猴，没有出现明显外周血象的变化，表明该剂量率是外周血象出现明显变化的下限值，亦即说明外周血象作为放射卫生防护监测指标的局限性；②每天照射 2.17 拉德的剂量和每天 6 小时照射 2.17 拉德的慢性照射剂量率是猕猴的绝精和绝育剂量和剂量率，表明小剂量慢性照射对生殖系统和遗传繁育产生的严重后果；③在该照射剂量和照射剂量率照射下，睾丸体积变化（大小和软硬程度）、精子计数和畸形精子百分率可作为放射卫生防护监测指标。

七、后　记

贝时璋所长对小剂量研究工作是很重视的。1973 年贝先生率中国科学家代表团访美时，以及后来访欧时都向他们介绍了我们研究所的小剂量研究工作。记得美国科学代表团回访我国时，有一位美国康奈尔大学女校长，特意要求访问和参观中国科学院生物物理所小剂量研究实验室。沈淑敏教授来实验室找我，要我准备一下研究资料，第二天和她到高能所贝先生办公室接待这位校长。1978 年我们研究所机构改革时撤销了第一放射研究室，还在进行第二轮研究的小剂量组被拆散，我和王又明、陈小衡选择到第八研究室（细胞室），而沈煜民和李景福则到新建一室（辐射生物物理室）。当时根本就没有人想到小剂量研究工作还在进行。贝先生在一次介绍"细胞重建的广泛性"的学术报告时，知道我们三人是带着小剂量工作到第八室后，对我说小剂量工作很重要，还是要把它总结好。此后我就着手搜集第一轮小剂量实验的各指标组的小结和一些资料档案，大约用了 3 个月，撰写了《低剂量率钴-60γ 射线长期慢性照射对猕猴的影响》的论文，发表在 1980 年的《中国科学》杂志上。第二部分实验于 1980 年完成，撰写的论文发表在 1982 年的《中国科学》杂志上。当年，美国《科学新闻周刊》（*Science News*）杂志刊登了 Wray Herbert 发自国际灵长类动物学会第九届大会的一篇报道，介绍了我们对猕猴进行了 10 年的小剂量生物学效应的研究结果，表明国际上对这一研究成果的重视。

参 考 文 献

北京医学院病理解剖教研组，中国科学院生物物理研究所 . 1977. 小剂量^{60}Co-γ 射线长期慢性照射对猕猴（Macaca mulatta）的影响——病理解剖学观察，北京医学院学报，(3)：145-149.

吴骋，王又明，陈小衡等 . 1982. 低剂量率^{60}Co-γ 线长期慢性照射对猕猴的影响——外周血象和睾丸的损伤与恢复，中国科学，1：39-46.

吴骋，王又明，陈小衡 . 1982. 低剂量率^{60}Co-γ 线慢性辐射和不同剂量一次急性辐照雄性小鼠诱发的显性致死突变效应，中华放射医学与防护杂志，1（4）：1-7.

中国科学院生物物理研究所小剂量效应协作组 . 1980. 低剂量率^{60}Co-γ 线长期慢性照射对猕猴的影响，中国科学，6：592-600.

作者简介：吴骋，男，研究员，1936 年 2 月 15 日生，江苏丹阳人。1960 年毕业于上海复旦大学生物系。1960 年 9 月分配到中国科学院生物物理研究所工作，主要从事低剂量率放射生物学和生化制药学研究，1992 年起享受政府特殊津贴。从事放射生物学的研究共发表论文 10 余篇。主持"蚓激酶及其溶栓效应研究"，撰写了 23 份新药申报资料，经 10 年研制的"蚓激酶"（原料药）和"蚓激酶胶囊"（制剂）获卫生部颁发的新药证书和生产批准文号。该项研究为严重危害人类生命和健康的心脑血管病提供了有效的"国家基本药物"，获中国科学院科技进步二等奖，并被国家科学技术委员会审定为"火炬"高科技项目和 1994 年"国家级科技成果重点推广计划"项目。由于该项目的推广生产和为生物物理所筹建"百奥药业有限责任公司"，荣获"建所四十五周年突出贡献奖"。1995 年经原北京医药总公司考核推荐，获国家人事部和国家医药管理局批准颁发的第一届国家执业药师资格证书。

慢性放射病早期诊断的生化研究

杨福愉 黄芬 黄有国

一、任务来源

1964 年年底，二机部正式给中国科学院生物物理研究所下达"慢性放射病早期诊断"的任务。1965 年年底，全国卫生防护会议明确落实该任务由华北工业卫生研究所（即二机部七所）、生物物理所、江西工业卫生研究所、北医三院、上海工业卫生研究所、吉林医大、上海生化研究所、上海生理研究所等共同承担，以华北工业卫生研究所为负责单位。会上初步议定动物模型试验以大动物（猴、狗）为主，照射剂量为 1 伦琴/天、5 伦琴/天、10 伦琴/天，最高累积剂量为 800 伦琴。

我所对这项任务十分重视，迅速组成研究组并分工如下：猕猴小剂量 ^{60}Co-γ 射线经长期慢性照射后形态与病理变化的研究（一室），生化指标的变化（三室）以及照射猕猴小钴源 ^{60}Co-γ 射线装置的设计与监测等（四室）。

二、调研情况

（一）国内外文献调研

总的来讲，国内外从事小剂量长期电离辐射对动物和人体影响的研究报道并不多见，这主要是因为工作保密以及进行这一类研究不但周期较长，而且小剂量电离辐射的慢性作用引起机体损伤、修复及代偿等变化十分复杂，不易在短期内获得理想结果。

这一类研究大致分为三类：①长期接触小剂量射线作用工作人员的观察结果；②临床诊断为"慢性放射病"病人的观察结果；③动物实验的结果。

比较起来，①、②研究资料较多，③较少。症候描述和外周血液的数量和形态变化较多，生化指标变化较少。

总的来看，探索小剂量慢性照射的损伤的生化指标迄今仍未获得比较理想的成效。一般阴性结果也出现较多，即使获得一些阳性结果也往往存在如下这样或那样的问题：①同一指标有些实验报道获得阳性结果，有的则刚好相反，如血清蛋白、球蛋白含量，血清易分离铁的含量以及血清碱性磷酸酯酶 AKP 等都有这种情况。

②变化值一般都比较小，而且往往具有阶段性和不稳定性。③个体差异较大。④特异性差，换言之，其他病变也会出现类似变化，不少资料表明，小剂量慢性照射出现的一些生化变化往往与肝功能异常时相似。

从收集到的资料来看，苏联研究较多，西方国家较少。其中值得一提的是苏联 Dzhikidze 报道恒河猴经[60]Co-γ 射线小剂量长期照射（剂量率为 1～4.23 伦琴/天，积累剂量为 300～3716 伦琴）后，部分出现红细胞数减少的现象（Dzhelieva Z N, et al. , 1967）。国内个别单位如上海一医也有些报道。

（二）国内各医院（如北京协和医院、北医三院等）放射科大夫的咨询、江西 "713" 铀矿工人健康情况的调研

从北京各医院放射科大夫的调查与咨询情况来看，对"慢性放射病"的判断并没有一个明确共识，由于缺乏特异性指标，诊断很困难。通过 1965～1966 年两次下矿调查结果看来，"713" 铀矿工人健康状况不佳，但主诉症状较多，客观指标缺少特异性。而且矿内危害健康的因素还有粉尘、氡、铀中毒等，最主要的还是健康欠佳的工人没有超过允许剂量的接触史，因此没有一例被确诊为"慢性放射病"。

三、面 临 困 难

我们接受的任务是——"慢性放射病早期诊断"，根据国内外文献调研和走访在京部分医疗机构与专家，以及去江西 "713" 铀矿进行比较深入的了解，"慢性放射病"似乎是一种全身性疾病，缺少特异的诊断指标。在此情况下，要求找出早期诊断指标，从关怀从事放射性相关的职工健康来考虑是可以理解的，但在诊断问题尚未解决的条件下，就要求找出早期诊断指标并作为任务下达似乎缺少应有的科学分析与论证，但在当时的政治气氛下很难对此提出质疑的意见。

四、研究的设计思想

根据上述调研结果，所谓"慢性放射病"在没有特异的主客观症候情况下，我们初步的研究目标并不以寻找单一、特异的生化指标为目标，而是从动物经长期小剂量照射后较多的变化指标来进行筛选，经过反复研究与讨论形成如下的原则。

（一）"以血液为中心，以红细胞为重点"

考虑到研究项目的周期较长，必须考虑到要取材方便，而取材量又能满足进行生化多指标测定的要求。一般我们习惯于以尿液和血液为对象，但考虑到从猕猴收集尿液也存在一定的难度，况且尿液的生化组分往往受饮食及多种因素的影响。因

此，决定以血液作为生化分析材料（包括血液中有形成分如白细胞、血小板、红细胞等），从对辐射敏感性来比较，外周血液的红细胞是不敏感的，但考虑到红细胞寿命较短，造血器官对辐射敏感性又较强，新生红细胞的量与质也可能会发生变化，因而围绕红细胞变化做了较多的测试。

（二）综合指标的设想

鉴于当时对所谓"慢性放射病"还缺少特异性的主客观症候，因此很可能出现一些生化指标的变化与其他疾病相似，虽然没有特异性，但如果对几个指标的变化加以综合后进行比较也可能会显示出特异性。

（三）照射动物选择豚鼠和猕猴

照射动物选择豚鼠和猕猴，豚鼠日照射剂量较大，实验周期较短每天照射 8 小时，日剂量为 9.4 ~9.7 伦琴，星期日、假日停照，每 10 天进行一次实验，希望通过实验初步筛选出有变化的指标，为小剂量长期慢性照射的猕猴实验提供或调整指标参考。猕猴日照射剂量较小（每天全身照射 6 ~8 小时，日剂量为 2.55 伦琴，每 1 ~3 月进行一次抽血化验）。根据上述设计思想，在整个实验过程中先后测定的生化指标如图 1 所示。

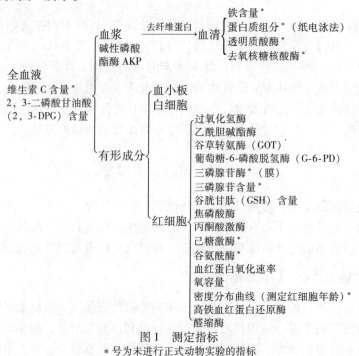

图 1 测定指标

*号为未进行正式动物实验的指标

五、实验结果

（一）小剂量⁶⁰Co-γ射线长期慢性照射对豚鼠红细胞生化变化的影响

照射源为我所的小⁶⁰Co-γ射线源，中心源距离2.3米，源强为7.9克镭当量。选用体重500~800克的豚鼠共234只，分为对照组与照射组，照射组16只，雌、雄各半；对照组10只，雌、雄各半。照射剂量为每天9.6伦琴/8小时，星期日停照，最大积累剂量达900伦琴，先后共进行了9批实验。

根据调查研究和实验室已有的基础，确定了16个生化指标进行测定，以便筛选动物受小剂量长期电离辐射后的较敏感指标。具体指标是：全血液二磷酸甘油酸含量、红细胞谷草转氨酶（EGOT）、葡萄糖-6-磷酸脱氢酶（G-6-PD）、过氧化氢酶、乙酰胆碱酯酶、醛缩酶、丙酮酸激酸、无机焦磷酸酶、高铁血红蛋白还原酶、谷胱甘肽（GSH）、血红蛋白氧化速率、氧容量、血浆碱性磷酸酯酶等。

在所测定的指标中，实验结果表明，当雄性豚鼠接受辐射剂量100~500伦琴时，其血液中红细胞谷草转氨酶活力均低于对照组，当照射剂量在500伦琴以上时，对照组与照射组无明显差异（图2），雌性豚鼠照射组与对照组之间差异不甚明显，原因不详。

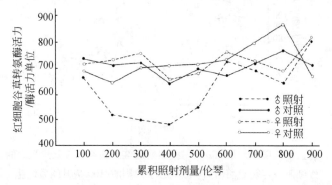

图2　长期小剂量⁶⁰Co-γ射线对豚鼠红细胞谷草转氨酶活力的影响
（红细胞谷草转氨酶活力＝微克分子丙酮酸/100毫升压紧细胞）

而接受照射剂量为200伦琴、300伦琴和500伦琴时，照射组雄性豚鼠血红蛋白氧化速率减少，与对照组比较有统计学差异。接受照射剂量分别为100伦琴、200伦琴和400伦琴时，照射组血液中氧容量皆低于照射组，与对照组比较在统计学上有显著性差异。当受照射剂量分别为200伦琴、400伦琴、800伦琴和900伦琴时，照射组血液中的GSH含量下降，与对照组比较有统计学差异。当受照射剂量为 600 伦琴时，血浆中碱性磷酸酯酶活力上升，而大于 600 伦琴时则下降，与对照组比较在统计学上均有显著性差异（上述结果，图均略）。

（二）小剂量^{60}Co-γ射线长期慢性照射对猕猴红细胞生化变化的影响

在对豚鼠实验的基础上，进一步开展了对猕猴的实验，照射源同上。选用雄性猕猴（*Macaca mulata*）共 30 只，年龄 10 岁左右，体重约 6 千克。猕猴每天照射 6 小时，每周照射 6 天，节假日停照。第一批实验共用 18 只（对照组 6 只，照射组 12 只）。照射组中的 8 只猕猴共照射 40 个月，积累剂量为 2.18 ×10^3 伦琴；另外 4 只共照射 54 个月，累积剂量为 3.1 ×10^3 伦琴。第二批实验共用 12 只猕猴，对照组和照射组各 6 只，共照射 48 个月，累积剂量为 2.62 ×10^3 伦琴。

根据在豚鼠上测定的生化指标变化的实验结果，对猕猴的实验选择了红细胞谷草转氨酶、葡萄糖-6-磷酸脱氢酶和血红蛋白氧化速率等指标进行测定。第二批猕猴受照射后的变化，如图 3 所示。可以看出，照射到第 3 个月时与对照组比较，谷草转氨酶酶活已明显升高，在整个照射过程中照射组大多数的酶活都较对照组高，具有统计学的显著性。但这种变化呈现波动性，且与累积的剂量无相关性。

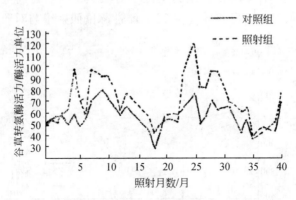

图 3　猕猴受长期小剂量^{60}Co-γ射线照射后红细胞谷草转氨酶活力的变化
（红细胞谷草转氨酶活力＝微克分子丙酮酸/100 毫升压紧细胞）

图 4 表示红细胞葡萄糖-6-磷酸脱氢酶的活力随照射进程的变化。从中可看出，从照射后的第三个月开始，照射组的酶活力均比对照组下降，具有统计学的显著性。但整个照射过程中酶活力并不因照射剂量之累积而持续性地下降，且这些变化也呈波动性。

谷草转氨酶和葡萄糖-6-磷酸脱氢酶在红细胞代谢中都具有重要作用，这两种酶活力变化的波动性特征，可能反映了猕猴在长期慢性照射过程中的损伤、恢复和代偿的动态过程。但猕猴血红蛋白氧化速率，在整个实验过程中，照射组与对照组

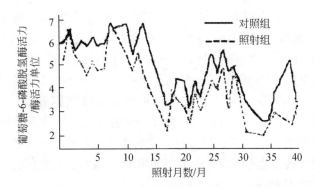

图4　猕猴受小剂量⁶⁰Co-γ射线长期照射后红细胞
葡萄糖-6-磷酸脱氢酶活力的变化

没有明显差异（结果略）。

　　综上所述，在小剂量长期慢性照射过程中猕猴血液生化指标的变化并不很显著，其中红细胞谷草转氨酶和葡萄糖-6-磷酸脱氢酶活性的变化虽然比较显著，但呈现波动性，也缺乏特异性。从最近的国内外文献调研来看，迄今很少见到有关或类似研究的报道。

六、总结与讨论

（一）成　　绩

　　从1964年年底二机部正式下达"慢性放射病早期诊断"任务，经过调研、反复讨论制订计划与各项准备工作和豚鼠受小剂量⁶⁰Co-γ射线长期慢性小剂量照射的预实验，第一批猕猴实验于1965年7月正式开始，1969年12月结束，历时4年半，第二批猕猴实验从1966年5月开始，1970年4月结束，历时4年。生物物理所完成这项任务有如下特点。

　　（1）组织一支多学科交叉的综合队伍，包括形态、病理、生化、小钴源⁶⁰Co-γ射线照射的设计、安装和监测等各方面的专业人员。

　　（2）猕猴每天接受照射6小时，日剂量为2.55伦琴（为卫生部规定的剂量限值的50倍），每周照射6天，累积月剂量为63.7伦琴，年剂量达764伦琴，第一批累积照射总量为3386伦琴，第二批累积照射总量为3060伦琴。实验周期之长、累积照射剂量之高、测试指标之多均为国际同类工作所罕见。在这种条件下，绝大多数被照射的猕猴仍然存活，而且从外表看来也未见明显异样。这一实验结果对研究小剂量长期慢性照射的影响显然具有重要的参考价值。

（3）我们的实验结果表明，猕猴受照射以后睾丸变化出现较早，而且也比较持久，2000 年卫生部下发的 GBZ-105—2002 文件中（见附件），有关慢性放射病将近 20 个诊断指标中包含生殖功能降低（包括男性精液精子减少，活精子百分率下降），这也可能参考了我们猕猴的实验结果。从生化部分的结果来看，原定的设计思想还是具有一定的特色，从大量筛选指标中发现红细胞谷草转氨酶（EGOT）、葡萄糖-6-磷酸脱氢酶（G-6-PD）有阶段性的显著变化，这充分反映机体在小剂量慢性长期辐射下损伤、恢复与代偿过程的复杂性，但是鉴于慢性放射病是一种多系统损伤的全身性疾病，迄今尚无特异性诊断指标，因此，在此前提下要寻找早期诊断生化指标是不太现实的。

总之，我们历时 4 年多的实验大部分是在"文化大革命"期间完成的。依靠大家对国家任务的责任心，基本上能够持久、耐心地完成任务，为国家在动物小剂量慢性长期照射研究方面积累了可贵的科学资料，这是极其难能可贵的。

（二）问题与不足

（1）根据最近通过调研所获得的卫生部 2002 年下达的 GBZ-105—2002 文件中"慢性放射病"定义为"在较长时间内连续或间断受到超当量剂量限值的电离辐射作用，达到一定累积剂量后引起的多系统损害的全身性疾病，通常以造血组织损伤为主要表现"。文件中列出的诊断指标将近 20 个，其中包括植物神经系统，造血系统，生殖系统，免疫系统，内分泌系统等，而且不少指标与其他疾病雷同。总之，迄今还没有找出特异性诊断慢性放射病的指标。回顾 40 多年前下达慢性放射病早期诊断的任务，如果实话实说，它的确缺乏应有的科学论证，带有很大的盲目性，通过最近向协和医院和北医三院了解，目前"慢性放射病"患者十分稀少，北医三院甚至近 10 年内没有收过一例患者。"慢性放射病"迄今尚未收入 2010 年出版的世界卫生组织编辑的《国际疾病分类大全》（International Classification Disease，ICD）。

（2）本任务大部分是在"文化大革命"中进行的，学术领导与部分业务骨干都已"靠边站"了，项目管理混乱，既无定期交流讨论，也不及时进行小结以便修正指标，如猕猴受照后睾丸损伤是最早被发现的，而且具有相对稳定性，通过发情期的交配实验，参加实验的雌性猕猴也无一受孕。但是我们在去江西铀矿调研时并未发现工人群体有生育方面的问题，在正常情况下，按理应补做一个比较猕猴在裸照与不裸照情况下睾丸受损伤的情况，生化指标也未及时配合。此外，据文献报道，动物经小剂量慢性长期照射后，一旦停止照射，后期会出现很多疾病，是否需要进行这方面的研究，当时也没有进行过研究与讨论。

参 考 文 献

生物物理所小剂量效应研究组 . 1980. 低剂量率^{60}Co-γ 射线长期慢性照射对猕猴的影响 . 中国科学, 6: 592

杨福愉, 黄芬 . 1983. 小剂量^{60}Co-γ 射线长期照射引起豚鼠和猕猴红细胞生化的某些变化 . 中华放射医学与防护杂志, 3 (2): 31

Dzhelieva Z N, et al. 1967. Med Radiol 12 (4): 86

参加本项研究工作的人员先后有:

杨福愉	黄 芬	林治焕	郭倍奇	金元桢	曹懋孙	陈受宜	陈 燕
崔道珊	郭宏广	黄有国	郝景兰	李金照	李生广	劳为德	李才元
李跃贞	倪宝谦	宋时英	史宝生	孙 珊	王玉梅	邬菊潭	吴爱华
文德成	邢菁如	袁燕华	张贺忠	邹福强	赵云鹃	张占勤	张淑秀
张 克	张兰萍	张淑英					

作者简介: 杨福愉, 生物化学家。1950 年毕业于浙江大学化学系。1960 年获苏联莫斯科大学生物学哲学博士学位。回国后在生物物理所工作, 1991 年被增选为中国科学院学部委员 (院士)。历任生物物理所副所长, 生物大分子国家重点实验室学术委员会主任, 中国生化与分子生物学学会副理事长。现任中国科学院生物物理研究所生物大分子国家重点实验室名誉主任, 中国科学院、中国工程院资深院士联谊会副会长。自 20 世纪 60 年代起长期从事线粒体和生物膜结构与功能的研究。曾参加 "21 号任务"。1965 年曾负责科学院生物口各所组织的小分队去核爆现场工作。1964 ~1978 年曾负责 "慢性放射病早期诊断" 的生化指标方面的工作。在国内外发表论文 200 余篇。曾获国家自然科学奖, 中国科学院自然科学奖, 卫生部、教育部科技进步奖, 何梁何利科技进步奖等多项。培养硕士、博士研究生 50 余名, 2 名博士生曾获中国科学院院长特别奖, 其中 1 名获 1999 年首届全国 100 篇优秀博士论文奖。

　　黄芬, 女, 四川省成都市人, 1927 年生。1948 年四川大学农业化学系毕业。1950 年成都华西协和大学医学院生物化学研究所研究生毕业, 获硕士学位。1950 ~1958 年, 在中国科学院长春应用化学研究所工作, 任研究实习员, 助理研究员; 后任研究所业务秘书。1958 年调北京, 协助贝时璋先生筹建中国科学院生物物理研究所, 任计划科科长, 从事科研学术组织工作。1958 ～1962 年, 同时兼任宇宙生物研究室和生物化学研究室负责人, 研究所党委委员。1964 ～1976 年, 继续任生物化学研究室负责人, 并配合一室进行小剂量辐射早期诊断生化指标的研究。此外还去有关工厂做生产研究工作, 如水解蛋白针剂的研究; 冷冻保存红细胞研究工作。在此期间，还参加了中国科学院组织的编写"生物史"工作，并主编了其中的第一分册"生命的起源"。以上这些研究工作曾先后分别获得中国科学院重大科技成果奖。"文化大革命"结束以后，任研究室主任，副研究员，研究员。主要进行生物膜的研究工作。曾获得中国科学院科技进步奖二等奖和三等奖，国家自然科学奖四等奖，先后发表学术论文100多篇。

　　黄有国，研究员，博士生导师。1962年毕业于四川大学生物系。长期从事生物膜与膜蛋白的结构与功能研究，从分子和细胞水平相结合对与能量转换、信号跨膜转导和药物转运等相关膜蛋白的结构与功能的相互关系进行了较系统和深入的研究，先后在国内外相关学术刊物上发表约90篇论文。在研究经历中，于20世纪60年代参加了生物物理所接受的慢性放射病早期诊断指标研究国家任务中有关生化指标的研究，并到"713"放射性矿现场进行相关测试工作。曾承担或负责科技部"973"项目、国家自然科学基金委和中国科学院重大、重点或面上基金项目等的相关课题。曾获中国科学院自然科学奖二等奖（署名第三，共五名）和国家自然科学奖三等奖（署名第二，共五名）。享受国务院颁发的有突出贡献专家的政府津贴。曾任生物物理所生物大分子国家重点实验室常务副主任、生物物理所分子生物学研究室主任和生物物理所学术委员会委员。曾任《中国生化与分子生物学学报》、《中国生物物理学报》编委。历任中国生物物理学会《膜与细胞生物物理专业委员会》副主任、主任。2011年10月荣获中国生物物理学会成立30周年时对其建设和发展做出杰出贡献而颁发的"荣誉会员"称号。曾受聘为中国科学院研究生院兼职教授。

第三部分　核武器试验核辐射远后期生物效应

核武器试验核辐射对动物的远后期效应研究回顾

党连凯

核武器试验核辐射对动物的远后期效应研究是国防科委下达给中国科学院的国防科研任务——代号"21号任务"，绝密级。研究目的：①研究不同剂量核辐射对动物的远后期效应，为制定作战部队受照射允许剂量标准提供科学依据；②研究瞬时核辐射和放射性落下灰对动物的损伤和恢复规律，为核战争条件下放射病的预防、诊断、治疗提供可靠资料；③比较各种兵器、防护设施、防护药物的防护效果。

1965年5月生物物理所从放射生物学研究室和宇宙生物学研究室抽调伊虎英、党连凯、张浩良和李玉安四人组成了"21号任务组"，贝时璋所长亲自指导科研工作。由于任务繁重陆续增加了刘妙贞、陈锦荣、昆明动物所的张成桂、陈宜峰等人。参加"21号任务"人员有（按参加时间排列）：

生物物理所：伊虎英、党连凯*、张浩良*、李玉安、郭绳武、刘妙贞、万浩义、陈锦荣、郭爱克、邢国仁、严智强、聂玉生、王清芝*、贾先礼*、郑德存、宋兰芳、刘洪喜、张文林、韩恒湘、李昭杰、张志义、刘成祥、甘大清、方志国*、李希斌、马淑亭、张树林、陈采琴、樊蓉、李玉环、周启玲、赵凤玉、柳青梅、蒋汉英、杨磊、曹恩华、袁志安、陈逸诗、严国范；昆明动物所：陈宜峰、宋继志、张成桂、罗丽华、单祥年、武锦志，共45人（*为组长，部分组员见图1）。

参加核爆炸试验现场工作人员名单：杨福愉、程龙生、郭绳武、张成桂、张浩良、陈宜峰、陈锦荣、贾先礼、王清芝、邢国仁、刘成祥、李殿军、刘洪喜、张志义、张文林、甘大清、任恩禄、任吉江、党连凯、李希斌、单祥年、沈恂、武锦

图1　1967年5月部分组员游颐和园合影

前排（左至右）：刘妙贞、张浩良爱人、张浩良；后排（左至右）：邢国仁、家属、李玉安、党连凯、

陈宜峰、陈锦荣、家属、聂玉生

志、徐国瑞、芦玉海、吴耀田、滕松山、戴军、蒋汉英、路敦柱、严敏官共31人

（部分参试人员见图2）。

图2　1976年21-44任务部分参试人员合影

左起：吴耀田、单祥年、党连凯、李希斌、陈宜峰、严敏官、贾先礼、刘成祥

一、核辐射对动物远后期效应研究的科学价值

（1）本项目是以任务带学科的国防科学研究任务，在核爆试验现场进行动物效应研究，符合实战需要。

（2）九大学科（如临床医学、病理学、血液学、生物化学、细胞学、生殖遗传学、辐射剂量学等）88 项指标观察测试，实现了多学科交叉渗透，在医学、生物学领域实属罕见，获得了独特的创新性研究成果，研究资料极为珍贵，研究结果具有实用价值。

（3）美苏英法等国进行了千百次核试验，均未见核辐射对动物远后期效应研究的报道。本项目是世界唯一的长期、全面、系统研究核辐射对动物近期和远后期效应的成果，研究水平国际领先。

从 1964～1986 年共观察测试 6 次核试验时现场实验动物 1104 只（狗 226、猴 92、大白鼠 615、小白鼠 132、家兔 39）。核爆前布放在爆心上风向开阔地面、掩蔽所、军舰内外、坦克内外、飞机内外等条件下和下风向开阔地面。核爆后分别受到 γ 射线、中子、β 射线、放射性碘-131、碘-133 等外照射、内照射和内外复合照射，外照射剂量 1～409 拉德，内照射剂量 0.06～80 毫居里。动物回收后进行九大学科 88 项指标观察、测试，120 余位科研人员采用最先进的技术手段和最精密的仪器设备研究，经过 22 年圆满完成任务。

研究成果全部上报给中央专委"21 号任务"办公室、核基地现场指挥部。

研究论文收录于《我国核试验技术资料汇编》、《我国核试验技术总结汇编》、《核武器对人员的损伤及其防护》、《原子、化学、细菌武器损伤卫生防护》。

研究成果、图片和实物先后 5 次参加展出：解放军总后勤部成果展览会（1967年）、解放军总参谋部展览会（1968 年）、陆海空三军装备展览会（1970 年）、全国科技成就展览会（1978 年）、中国科学院建院 60 周年成就展览会（2009 年）。

研究成果获中国科学院重大科技成果奖（1978 年）、中国科学院科技进步奖一等奖（1988 年）。

观察检测项目

1. 临床观察

①动物精神状态、体质、体重、活动、行为、饮食、大小便、皮毛等。②心电图、视觉分辨力、学习能力。③眼科裂隙灯检查。④甲状腺吸碘功能测定。⑤幼年动物生长指标检测。

2. 病理检查

①病理解剖和显微镜观察：心脏、肺、肝、肾、胃肠、睾丸、卵巢、甲状腺、

肾上腺、眼球、皮肤等。②电子显微镜观察：骨髓、睾丸、肝、精子。

3. 造血系统检查

①骨髓：骨髓细胞分类、骨髓细胞分裂指数、骨髓细胞合成 DNA 能力测定。②外周血：白细胞、淋巴细胞、红细胞、血小板的数量和分类、血红蛋白含量。

4. 生殖系统检查

①精子数量、形态、活动能力。②睾丸、精子电子显微镜观察。③交配生殖能力检查。④后代健康状况。

5. 遗传

①淋巴细胞染色体观察。②骨髓细胞染色体观察。

6. 生物化学和细胞化学

①嗜中性白细胞碱性磷酸酶活性测定（ALP）。②血清谷丙转氨酶活性测定（GPT）。③血清乳酸脱氢酶活性测定（LDH）。④血清菲啶溴红络合物荧光强度测定。⑤白细胞荧光显微镜观察。⑥血清碱性磷酸酶活性测定。

7. 照射剂量测定

硫酸钙（$CaSO_4$）法、氧化铍（BeO）法、硼酸锂（$LiBO_4$）法、氟化钙（CaF）法、甲状腺碘含量测定（碘-132、碘-133）。

原子弹爆炸试验动物布放条件、照射剂量（见表1）。

表1　原子弹爆炸试验动物布放条件、照射剂量简表

试验代号	时间	类型	单位类型	数量	与爆心距离/米	布放条件	照射剂量/拉德
21 ~41	1964 年 10 月 16 日	地爆	狗	4	1500	上风向开阔地面	149
71	1965 年 5 月 14 日	空爆	狗	6	600 ~1400	上风向地下室、开阔地面	40 ~409
			大白鼠	266	834 ~3090	坦克、装甲车、舰舱、飞机、货车、掩蔽所内外	100 ~440
			小白鼠	132	834 ~3090		50 ~310
72	1966 年 5 月 9 日	空爆	狗	20	1600 ~2000	上风向开阔地面	25 ~90
			大白鼠	350		上风向开阔地面	
			家兔	11		内照射	
21 ~42	1966 年 12 月 28 日	地爆	狗	14	1900 ~2000	上风向开阔地面	100 ~150
			家兔	28		喂落下灰内照射	

试验代号	时间	类型	单位类型	数量	与爆心距离/米	布放条件	照射剂量/拉德
21～43	1971年11月18日	地爆	狗	20	1200～1400	上风向开阔地面	74～173
				5	9700	下风向116°	49～54 内外复合
				5	10500	下风向93°	143～164 内外复合
				10		喂落下灰内照射	
			猴	14	1400～1500	上风向开阔地	42～74
			幼猴	7	1400～1500	上风向开阔地	42～74
21～44	1976年1月23日	地爆	狗	80	800～1300	上风向开阔地	24～315
				15	8000	下风向开阔地	1～3
			猴	19	1000～1200	上风向开阔地	42～117
			幼猴	22	1000～1200	上风向开阔地	42～117
对照动物			狗	43			
			猴	28			
			大白鼠	42			

二、主要实验结果

（一）临床观察和病理检查

动物机体受到核辐射后，近期内即可出现造血系统、消化系统病变和神经功能紊乱等，这些症状与受照剂量大小密切相关。受照剂量较大的狗和大白鼠多死于急性放射病，对于活存下来的各剂量组动物进行长期临床观察与病理检查，得到了如下结果。

1. 受照剂量较大的动物体质下降、寿命缩短

在"71"核试验中受照剂量在400拉德以下的164只大白鼠（受照时年龄为4～6个月），照后10个月内死亡率达51.8%（正常大白鼠的平均寿命在两年左右），而且与受照剂量有明显相关。到后期会出现肿瘤和器官萎缩、功能障碍等情况（图3、图4）。

图3　三次受到照射的狗脱毛、消瘦　　　图4　"71"受照射的大白鼠脱毛、拉稀

2. 核辐射后肿瘤发病率升高

核辐射中受照动物的长期观察研究表明，核辐射可诱发肿瘤，而且有明显的剂量-效应关系。受核辐射的狗，诱发肿瘤的潜伏期为 4 ~5 年；肿瘤发生还具有多发性特点，即一只受照狗可同时发生两种或两种以上的肿瘤。

（1）受核辐射狗的肿瘤发生率明显增加。83 只受照狗经病理检查，发现有 16 只发生良性或恶性肿瘤，占 19.3%；20 只对照狗的肿瘤发生率为 10%。尤其恶性肿瘤的发生，受照狗的发生率为 13.3%，明显高于对照狗（为 0）。肿瘤的发生率与受照剂量大小有关，就恶性肿瘤而言，100 拉德以下为 5.4%、100 ~200 拉德为 12.9%、200 拉德以上为 33.3%。

（2）受核辐射的狗的肿瘤发生情况具有多发性的特点。即 1 只狗可发生两种以上不同类型的肿瘤。良性肿瘤的类型主要有：睾丸间质细胞瘤、上皮基底细胞瘤、皮下腺样瘤、卵巢囊腺瘤、肾囊腺瘤、乳腺腺瘤、神经纤维瘤等。恶性肿瘤的类型主要有：肝癌（图5、图6）、皮脂腺癌、皮下纤维肉瘤、精原细胞瘤等。

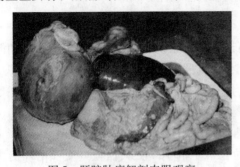

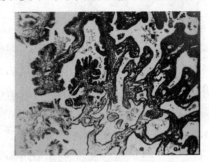

图5　肝脏肿瘤解剖肉眼观察　　　　　图6　胆管型肝癌显微镜观察

3. 组织器官萎缩、功能衰退，尤以睾丸及甲状腺的变化最明显

在"21-43"和"21-44"核试验中受照的 53 只狗，于照后 2.5 ~6.5 年进行

睾丸组织病理切片观察，有 27 只狗的精小管萎缩或变空，占 50.9%，其中受照剂量在 100 拉德以下的为 25.9%，100 拉德以上的为 76.9%，而对照狗仅为 15.4%（表2）。在"21-43"核试验中，食入或沾染到体内 1～10 毫居里落下灰的狗，甲状腺组织的萎缩率为 47%，明显高于对照组（14%）。

表2 受核辐射狗精小管萎缩变空情况

剂量/拉德	观察动物数量	精小管萎缩、变空	
		观察动物数量	所占比例/%
100 以下	27	7	25.9
100 以上	26	20	76.9
总计	53	27	50.9
对照	13	2	15.4

4. 白内障的发病率增高

在"21-44"核试验中受照 24～215 拉德的 48 只狗，在照后两年半进行眼科裂隙灯检查，有 20 只狗发生与核辐射有关的放射性白内障，占 41.7%，对照组为 11.1%，有显著差异。其中 100 拉德以下的狗白内障发病率为 30.8%，100 拉德以上的狗发病率为 45.5%，与剂量密切相关。

（二）核辐射对血液系统的影响

1. 对淋巴细胞、白细胞数量的影响

淋巴细胞和白细胞对核辐射反应很敏感，从图7可看到，受照 50 拉德以上的狗，在照后近期内两者的数量都有明显的下降，尤其是淋巴细胞，它的数量变化是检查核辐射损伤非常有价值的指标。

（1）淋巴细胞数量的变化与受照剂量的关系。在照后第 5～7 天淋巴细胞数出现最低值，与照前相比，50 拉德以下减少 30% 左右，50～100 拉德减少 30%～50%，100～200 拉德减少 50%～80%，200～400 拉德减少 80%～90%；剂量小恢复快，50 拉德和 100 拉德照后，在半个月和一个月内即可恢复正常，而 400 拉德照后，两个月时仅恢复到照前的 40%。受照射动物在照后 10 余年，淋巴细胞数量低于照前值，不能恢复到正常对照水平（图8）。

（2）白细胞数量变化与受照剂量密切相关（图9）。受照射后，白细胞数量减少，比淋巴细胞下降幅度小、恢复较快。大剂量照射后白细胞数量不能恢复到正常水平。

2. 血红蛋白含量的测定

从长期观察结果可以看到，血红蛋白含量照后变化缓慢，下降幅度小。

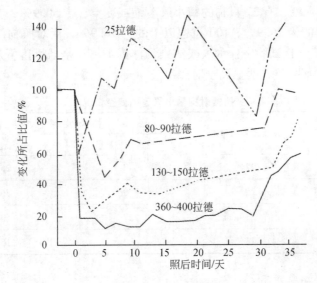

图 7 不同剂量照射后淋巴细胞数量变化比较

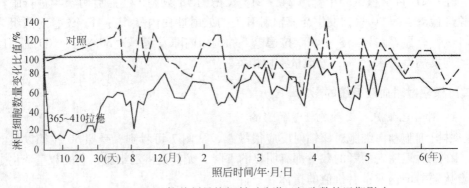

图 8 365～410拉德剂量核辐射对狗淋巴细胞数的远期影响

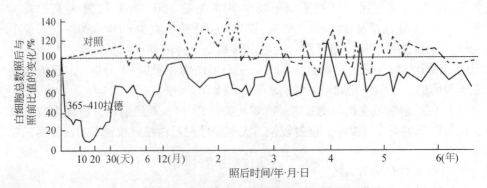

图 9 365～410拉德剂量照射后白细胞数量变化曲线

3. 骨髓细胞电子显微镜观察

骨髓是细胞分裂旺盛的造血组织,对核辐射有很高的敏感性。受照剂量为100拉德左右的狗,照后几小时就能观察到骨髓细胞明显减少。接受 65 ~320 拉德剂量照射后,大白鼠骨髓细胞于照后 3 个月进行电镜观察,发现细胞质,细胞核,线粒体损伤破坏,核周空隙扩张,出现空泡,胞质中核糖核酸蛋白颗粒破坏,密度降低,内质网扩张,内质网上的核糖核蛋白颗粒脱落,溶酶体增加 (图10、图11) 等。说明骨髓的亚显微结构变化与剂量有关。

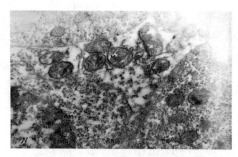 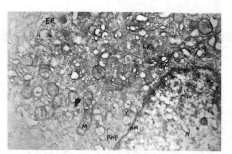

图10 正常大白鼠骨髓细胞电镜照片   图11 照射后骨髓细胞电镜照片

(三) 血液细胞学和生物化学检测

1. 骨髓细胞合成 DNA 能力测定

核辐射可造成细胞中 DNA 损伤,对 DNA 复制、核蛋白代谢及某些酶的活性都有影响,在核辐射的早期变化中尤为显著。采用放射自显影技术,观察骨髓细胞利用^{3}H-胸腺嘧啶核苷合成 DNA 的能力,可见受到65 ~320 拉德照射的3 组大白鼠在照后 3 个月其 DNA 合成能力明显抑制,标记细胞数为 11.7% ~20.3%,低于对照组 (30.1%),照后 5 个月开始恢复,照后 7 个月基本正常。

2. 白细胞碱性磷酸酶 (ALP) 活性测定

用 Gomori 式钙钴显示法测定,受到65 ~270 拉德照射的三组大白鼠,在照后 3 个月、5 个月、7 个月外周血嗜中性白细胞 ALP 活性明显高于未受照射的对照组。

3. 血清菲啶溴红络合物的荧光强度测定 (血清核酸定量测定)

受照剂量190 拉德的狗的血清菲啶溴红络合物强度在照后 4 个月高于对照组,有显著性差异,且持续 11 个月;受照剂量39.5 拉德的狗在照后 4 个月高于对照组,持续 11 个月有显著性差异。

4. 白细胞荧光染色的观察

在照射后的早期,狗的荧光白细胞数量均发生明显的变化。在照后 1 个月检查,发现不正常荧光的白细胞数可增加到3% ~7%,以后逐渐恢复,照后 3 个月检查，则接近或恢复到正常。

受照射大白鼠照后3个月不正常荧光白细胞数显著高于对照组（$P<0.05$），照后5个月多数恢复到正常，7个月时全部恢复到正常。

5. 其他

受照200拉德左右的狗，一年内血清乳酸脱氢酶的活性显著低于对照组。血清碱性磷酸酶的活性在照后的第3~5年明显增加，而谷丙转氨酶及胆固醇未见明显变化。在核辐射的后期，碱性磷酸酶、乳酸脱氢酶同工酶的变化与肝组织疾患密切相关。

（四）核辐射对动物生殖功能和雄性生殖细胞的影响

通过对受照动物进行精液检查、精子及睾丸组织的显微及亚显微结构观察、交配生育以及后代动物生长发育的研究，系统探讨了核辐射对雄性动物生殖功能的影响。

1. 精子数量和质量改变

（1）精子数量的变化。对受照射剂量为24~409拉德的80多只雄狗做了精液检查。从图12可以看出，核辐射剂量在50拉德以上，狗的精子数量在照后2个月开始明显减少，4~7个月是精子数量最低的时期，8个月后开始恢复，照后精子数量下降的程度和恢复快慢与受照剂量的大小有明显的关系。外照剂量在40拉德以下或食入1~80毫居里放射性落下灰的狗的精子数量与对照组比较无显著差异。

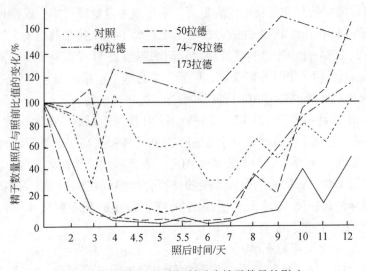

图12　不同剂量的核辐射对狗精子数量的影响

（2）精子质量的变化。照射后精子畸形率增加，与精子数量减少是相对应的。外照剂量在 48.5 ~ 173 拉德的狗精子畸形率都显著高于对照组，而食入 1 ~ 80 毫居里落下灰的狗与对照组比较没有增高。

核辐射剂量在 50 拉德以上，在照后 3 ~ 8 个月镜检狗的精子，可见到精子畸形率显著高于对照组（图 13）。畸形精子的类型有多头、多尾、小头、卷尾、顶体膨胀、顶体溶解、中段变粗、轴丝裸露。经电子显微镜观察表明，受 40 拉德的核辐射后，狗成熟精子的超微结构出现异常，主要变化是在头部，细胞核染色质固缩，顶体溶解或消失，顶体与头部断裂，胞核裸露，精子成宝剑状，精子后头部可见到 2 个或 3 个植入窝，中段线粒体排列紊乱，线粒体脱落、丢失或无次序堆积。

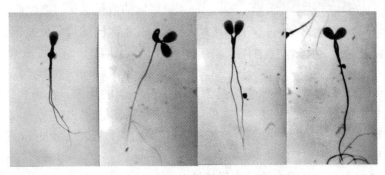

图 13　受照射狗急性精子（双尾、双头、双头尾）

（3）精子活率变化。受照射狗精子活率降低，下降程度与受照剂量相关。

2. 睾丸显微及亚显微观察

核辐射剂量在 100 拉德以上，照后进行睾丸组织切片观察，可见到曲细精小管萎缩变空的比例增高。对睾丸组织的超微结构观察表明，受照 40 拉德的狗出现精子细胞变态受阻。精子细胞出现畸形核，顶体扩张变形，线粒体排列紊乱。受照 97 拉德持续照射 5 年后，曲细精小管层次减少，精母细胞核破裂，精子细胞变态异常，核畸形，核内出现空洞，顶体膨胀变形或脱落（图 14）。

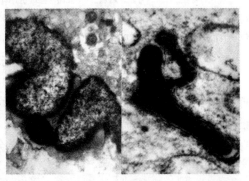

图 14　受照后睾丸内畸形精子细胞电镜照片

3. 受核辐射动物的交配生殖实验

在 6 次核试验中，做交配生殖的动物有大白鼠 117 对，狗 22 对，猴 14 对。实

图15 受照射狗交配生育仔狗

验表明受核辐射的动物在照后2个月内和9个月后，都具有生殖后代的能力（图15），但受孕率低。

在"71"核试验中，受照剂量为65～320拉德的大白鼠，在照后52天随机取106只（雄70只、雌36只）与正常异性大白鼠交配。在这个时期各剂量组可生殖后代，但平均受孕率为60.4%，而对照组为100%，每胎生殖仔鼠的数量也比对照组低。

在6次核试验中受照剂量为50～400拉德的雄狗，在照后9个月以后，有一定生殖后代的能力，但受孕率低，都在70%以下。另外，受核辐射剂量为80～350拉德的雌狗，在照后6个月也观察到有生育后代的能力，不过受孕率低、子代狗存活率低。

在"21-43"核试验中受照42拉德和74拉德的猴，在照后1～12年也均能见到有生殖后代的能力。

4. 受核辐射动物的后代生长发育情况

在受照的狗、猴和大白鼠共生殖的近千只后代动物中，除生后有死胎外，未见有畸胎和发育障碍。在这些后代动物中，有一部分在性成熟后进行交配实验，所繁殖的第三代也未见畸胎及发育障碍。对狗和猴的部分后代进行长期的观察及死后病理检查未见肿瘤发生。但有1只受照230拉德的雄狗同1只受照85拉德的雌狗在照后10个月交配，生殖3只，活存2只，其中1只反应比较迟钝。

5. 雄性生殖器官是辐射敏感器官，精母细胞是机体最敏感的细胞

生殖细胞对核辐射是极为敏感的，但睾丸组织中处于不同分化阶段的生殖细胞的辐射敏感性又有很大差别，最敏感的是增殖活跃的精原细胞和精母细胞，而成熟精子和精原干细胞的辐射敏感性却比较低。正是由于上述原因，当雄性狗受到50～400拉德的核辐射时，其生殖能力明显分为4个时期：可育期、不育期、"恢复"期和早衰期。

可育期：在照后2个月内，雄狗的精子数量逐渐下降，仍有生殖后代的能力。这表明成熟精子都具有较高的抗辐射能力。

不育期：在照后4～7个月，受照剂量为50拉德以上的狗，精子数量降到照前值的20%以下，甚至消失，残存的精子多为畸形，运动能力很低，失去了交配生殖的能力。这是由于对辐射敏感的精原细胞和精母细胞照后受到严重损伤，乃至

死亡，断绝了精子形成的来源的结果。

"恢复"期：在照后 8 个月以后，精子数量逐渐回升，"正常精子"不断形成，生殖能力开始恢复。这是由于精原干细胞的辐射敏感性低于精原细胞和精母细胞，照后未受损伤，或损伤轻微的精原干细胞可继续分化为精原细胞、精母细胞、精子细胞，并可发育为成熟精子。但这种恢复是不完全的，照后 3 ~5 年睾丸组织和精子的超微结构、形态和功能，均可见到损伤表现。

早衰期：受照动物经过"恢复"期后，和对照动物相比则有较多的睾丸曲细精管过早萎缩，精子发生过程停止，失去生殖能力，还有的动物发生睾丸精原细胞瘤，或间质细胞瘤，而且这些病理改变与照射剂量密切相关。

（五）核辐射对动物遗传的影响

1. 淋巴细胞染色体观察

辐射诱发染色体畸变是定量评价辐射损伤的灵敏而可靠的细胞学指标，我们对狗、猴、大白鼠的外周血液的淋巴细胞进行长期观察，得到如下结果。

（1）"21-41"、"21-42"、"71"、"72"核试验受试狗的血液淋巴细胞染色体畸变率：对照组染色体的畸变率为 0.25%，受核辐射的狗的血液淋巴细胞畸变率明显增高，而且持续时间长，如照射剂量在 344 ~409 拉德时，照后两年检查，染色体畸变率仍为 1.67%，显著高于对照组。另外，累积剂量高的狗的染色体畸变率也高，如三次照射积累剂量为 220 ~280 拉德，染色体畸变率为 4.57%，而 100 拉德以下畸变率为 2.0%。

（2）"21-44"核试验受照射剂量为 39.5 拉德的 8 条狗在照射后 3 个月、7 个月、12 个月三次取血检查，对每条狗观察 100 个分裂中细胞，图 16 可见 39.5 拉德组的狗在照射后 3 个月、7 个月、12 个月染色体畸变率为 8.6%、7.25%、

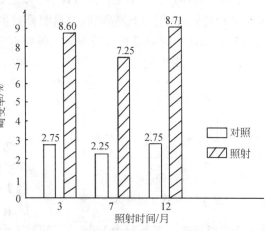

图 16　血淋巴细胞染色体畸变比较图

8.71%，均显著高于对照组（2.5% 左右），经统计学处理有显著性差异，$P<0.01$。在一年之内的三次检查没有发现畸变率与时间的线性关系。

（3）"21-43"核试验受照射猕猴外周血淋巴细胞染色体畸变率观察。对受照后猕猴进行 12 年的外周血淋巴细胞染色体畸变率的观察见图 17。结果表明：①淋

巴细胞染色体畸变率与受照剂量密切相关。②随着照后时间推移，畸变率逐渐下降，但受74拉德照射猴，在照后8年仍高于对照猴。

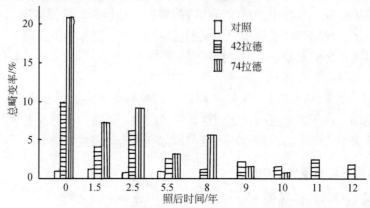

图17　核辐射对猴血淋巴细胞染色体畸变分布的影响

2. 骨髓分裂细胞畸变率

骨髓细胞对于辐射作用比外周血的各种细胞成分更为敏感。所以，照射后对骨髓内各种细胞的损伤与恢复的观察很重要。

（1）"21-41"、"21-42"、"71"、"72"核试验观察结果显示：核试验后1～2天穿刺检查就可以看到骨髓细胞数量明显减少，而畸形分裂细胞数量显著增高（$P<0.05$）；随照射时间延长缓慢恢复。各照射组于照后第1个月，畸变率明显增高，照后一年仍有较高的畸变率。照射365～409拉德的狗，在照后第5年，还有4%的畸变率。

（2）"21～42"核试验受照射大白鼠骨髓细胞畸变观察，从图18可以看到，受照射剂量65～320拉德的三组大白鼠照后3个月，检查值为6.7%，显著高于对照组（对照组为0.7%，$P<0.01$），照后5

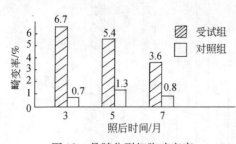

图18　骨髓分裂细胞畸变率

个月时为5.4%（对照组为1.3%），照后7个月降为3.6%（对照组为0.8%）。受照大白鼠的骨髓细胞畸变率随照后时间的延长而逐渐下降。

（六）核试验放射性落下灰对狗皮肤的 β 烧伤

在"21-43"核试验中布放于核爆炸下风向10公里处的两组狗，受到放射性落下灰沾染，引起皮肤的 β 烧伤。这是在我国历次核试验中第一次获得的宝贵的研究资料。

1. β 烧伤的特点

烧伤部位仅限于直接沾染落下灰的体表；主要分布在头、颈和体侧；烧伤区域成点状、片状或带状（图19）；烧伤轻重和愈后好坏与沾染落下灰的放射性强度密切相关。

图19　背部皮肤 β 烧伤

2. 皮肤 β 烧伤后的病变发展过程

狗的皮肤受到放射性落下灰的烧伤后，其临床表现可分为潜伏期、发作期和恢复期 3 个时期。

潜伏期：皮肤沾染放射性落下灰后，在 2 ~3 周内，临床观察见不到有任何损伤性的表现。这个时期的长短与所沾染落下灰的放射性强度有关。

发作期：首先出现的症状是脱毛，在沾染落下灰后，3 ~4 周时即可见到脱毛现象，继之是皮肤溃疡，发生在沾染后的 5 ~6 周，β 烧伤轻者可不出现溃疡，仅见脱毛部位的皮肤粗糙、脱屑，重者出现皮肤溃疡。

图20　头部皮肤 β 烧伤

恢复期：到3 ~4 个月时在脱毛部位可见到新毛再生，若不能再生，便形成永久脱毛；在 6 个月左右还观察到毛的颜色改变，有的黑毛狗的毛色发生大面积白化。β 烧伤严重者溃疡愈合后还会破溃，致使溃疡反复发作，经久不愈，更严重者则导致皮下纤维肉肿瘤发生。

3. β 烧伤部位皮肤的病理检查

照后 1 ~7 年对狗的 β 烧伤部位的皮肤曾进行 5 次活检。如图20 所示，在镜下可见到上皮角化亢进，皱褶消失，色素颗粒堆积，真皮有炎细胞浸润，小动脉壁增厚和管腔缩小，皮肤附属器官的结构破坏或消失，结缔组织增生及玻璃样变性等。

三、为祖国核事业的献身精神

（一）冲向核爆中心区

蘑菇云是前进的方向，惊天动地的爆炸声是冲锋的号角。核试验成功表明核武器研制人员完成了任务，他们撤离现场、返回家园。我们的远后期效应研究却刚刚迈出"万里长征"的第一步，首先必须穿好防护服，戴上防毒面罩，奔向核爆中心区，收回实验动物。这些动物是核爆前布放在预定地点，核爆时强大的冲击波把动物吹得很远，突如其来的打击使它们惊恐万分，回收时见到我们，狂叫不止。我们到了现场就一个个找回实验动物，搬到汽车上，虽然事先进行多次预演，还是超过了时间，每个人都不可避免地受到外照射，吸入放射性灰尘。动物收回到营地的动物房，现场人员必须在零下30℃的戈壁滩上临时建立的洗浴帐篷内清洗和更换衣服。返回到实验室后立即抓紧时间采样取材、观察测试。因为去核现场人员少，只能加班加点，甚至昼夜不停，我们紧张、劳累，但精神愉快。在核基地的日日夜夜给我们留下了终生难忘的深刻印象（图21）。

图21　1976年1月准备赴核爆炸中心回收动物
前排左起：贾先礼、许国瑞、严敏官、沈恂、刘成祥；后排左起：戴军、滕松山、李希斌、党连凯

（二）艰难的攀登

攀登珠穆朗玛峰要一步一个脚印，步步升高，才能离目标越走越近，科学研究是摸索前进，一旦迷失方向就可能前功尽弃。刚接受国家任务时觉得光荣、激动、兴奋，任务组初建时有四个人，我们按常规分头查文献找资料，甚至把从苏联得到的微型胶卷放大成照片阅读，效仿国外的研究模式。因为那时年轻、身体好，每天都是早晨7点到实验室，晚上10点回宿舍，不知疲倦地忙碌，可是过了一段时间，实验没有明确结果，我们陷入低迷状态，觉得背上了沉重的包袱，越来越重，却又无法摆脱，好像在茫茫的大海里游泳，触不到底、找不到岸。遇到的第一个问题是如何进行远后期效应研究，按照当时查阅的文献，国内外临床医学观点是放射病的病程为2个月左右，之后便恢复健康，也就是2个月以后没有必要研究。摆在我们面前的是两个方案，一个是守株待兔，等到白血病、肿瘤、白内障等疾病发生时再

研究；另一个方案是不能等待，要积极收集实验材料，定期测试观察，无论阳性结果还是阴性结果都应视为同等重要。经过反复讨论，统一思想，我们采纳后一种方案，依据我们所掌握的研究手段和测试技术进行拉网式的排查，随着研究队伍的扩大，对临床医学、病理学、血液学、生物化学、生殖遗传学、细胞学、辐射计量学等九大学科88项指数进行长期观测表明，有些指标是阴性结果，有些指标是阳性结果。对观测结果进行综合分析、反复讨论后，我们对放射病有了更全面的认识，取得以下三项重要结论，并对过去的观点进行了修正。

（1）核辐射对细胞、组织、脏器造成了综合性损伤，放射损伤是伴随终生的全身性损伤。该结论对于核战争、核事故受害者抢救和放射病诊断治疗都有重要应用价值。

（2）我们承担的是国防科研任务，为符合实战需要坚持低剂量效应研究，并考虑到战争的实际情况，在生殖遗传方面确定以雄性动物为主。我们发现了受照射后生育能力改变的特殊规律，也就是照射后3个月内，生育能力逐渐下降，3 ~ 8个月为不育期，9个月后缓慢恢复，5年以后为永久不育期。

为了揭示这一规律的本质，我们进行了精子发生过程中细胞学研究，发现了这种特殊的时相性改变的关键：精原细胞和精母细胞对辐射最敏感，照射后死亡，导致无精子期（不育期），而成熟精子有较强的抗辐射能力，精原干细胞对辐射不敏感，仍具有分化分裂能力。各种不同的生殖细胞对辐射敏感性为什么有如此巨大的差异？深入研究后指出，敏感性差异与每种细胞的结构特征和增殖代谢状态有密切关系，从整体到细胞、亚细胞不同层次观察研究，对核辐射导致的生殖遗传损伤恢复机制有了更为深刻的认识。

（3）我国首次发现放射性落下灰 β 射线造成的皮肤烧伤，落下灰放射性碘-131、碘-133破坏甲状腺、泸泡萎缩，使吸碘功能下降。

（三）战胜天灾人祸

"21 号任务组"成员进组第一天就表示不为名、不为利，党的利益高于一切，人民的重托牢记心中。我国原子弹研制用了6年，我们却用了20多年研究动物远后期效应，研究成果不能发表，无法与外界交流，默默奉献了青春年华。这项研究任务定为绝密级，我们严格遵守保密规定，上不告父母，下不告妻子儿女和亲朋好友，对研究工作的涉密内容记在脑子里、烂在肚子里。我们经受了各种社会的和人为的考验。

（1）我们做实验时密切接触动物，很难防护，几乎每个成员都得了"21 号病"：发热、疲乏无力、食欲差、白细胞减少。有的人甚至高烧不退、昏迷，需送到医院抢救。我们从事此项危险工作，10 多年没有拿一分钱保健费，仍毫无怨言地埋头工作。

（2）1966年爆发了"文化大革命"，全国以"革命"为中心，处于无政府状态，学校停课、工厂停产。科学院属"斗批散"单位，科研项目纷纷下马，我们怎么办？组内经过多次讨论，决定国防科研任务放在第一位，我们坚守岗位、坚持实验，白天"闹革命"、晚上做实验，革命生产两不误。"革命"的急风暴雨没有冲垮任务组。1966年年底全国革命"大串联"，其实是免费旅游，坐火车、汽车不要钱，吃住有单位招待。对年轻人是极大诱惑，我们组内无一人外出，按时完成观察、测试，没有漏掉任何数据，保证了实验的完整性。

（3）1969年我国与苏联关系恶化，为防止苏联打核战争，中央提出"备战、备荒、为人民"的口号，我们为动物挖好防空洞，做好应急准备；接着又进行大疏散、大搬迁，生物物理所拟定在河南鹤壁山区建所，我们与军管组亲赴河南鹤壁考察，提出了缺少水源、电力无保障、山区闭塞不利于学术交流等问题，不适合建研究所，搬迁计划一拖再拖，半年之后，备战风声无影无踪，研究所躲过了这次灾难。

（4）天灾人祸在那个年代接踵而来，1976年发生唐山大地震，北京有强烈震感，大家半夜都跑出来避震，天一亮就搭建防震棚，我们依旧把动物安全放在第一位，跑到动物房察看灾情，并与木工、瓦工师傅共同加固动物房，确保动物安全，确保实验按部就班地进行。

（5）1979年以后，中国科学院体制改革，研究所决定撤销"21号任务组"，每个人都面临抉择，要找新课题、新方向，但大家都表示要站好最后一班岗，一直坚守到1984年做完测试观察，并利用业余时间整理材料，完成总结工作。

当今世界形势动荡不定，核战争仍然可能发生，而且和平利用原子能也存在隐患，"21号任务组"同志们虽然都已经退休，但大家还是继续整理、总结研究资料，为国家提供有价值的研究成果和建设性意见，为国家为人民做出新贡献。

作者简介：党连凯，男，1937年10月生，吉林省双辽县人。中国医科大学医疗系毕业，分配到中国科学院生物物理研究所，1986年为副研究员，1993年起享受获政府特殊津贴。1964年11月至1965年5月从事宇宙生物学研究，1965年5月至1986年从事核武器试验核辐射对动物远后期效应的研究，代号"21号任务"，任组长；"21-44"核试验中国科学院分队队长；核爆炸下风向地区调查组组长；《我国核试验技术总结汇编》编委（国防科委主编）；负责我国核试验核辐射对动物远后期效应10年总结和20年总结；1988年获中国科学院科技进步奖一等奖。研究领域：临床医学、病理学、生殖遗传学。1986年10月至今从事精子发生动力学和男性不育机理研究，主要研究手段电子显微镜，发表论文20余篇，参加国际会议8次，国内会议20余次。

我国第一、二次核试验受试动物落户生物物理所

李玉安

在 1965 年 5 月初，我临时调到中国科学院组织的"社会主义教育运动"工作队在某所执行任务不久，领导的调令又将我叫回所里。支部书记和有关领导与我谈了话，他们说：我们所接受了一项国家任务"我国核试验远后期生物效应的研究"，目前急于建立一个"21 号任务组"，实验动物很快会到，任务重、时间紧。所领导决定将我由陈德崟先生组（辐射药物防护组）调到"21 号任务组"工作，这是国家的需要，要无条件服从。领导告诫我，这是一项绝密级任务，要严格保密，研究成果、论文都不能公开发表，要有不为名、不为利，甘做无名英雄的思想。他们还告诉我："你们所做的一切，组织了解你们，党和国家不会忘记你们。"领导此番严肃认真的谈话使我意识到任务紧迫、责任重大。同时也感到自己是学药物化学的，生物细胞学基础差，展望今后的工作，深感以后路程的艰难。但是面对国家任务的需要、领导的安排，我唯一的选择是"克服困难，愉快服从"。

当时调到"21 号任务组"的还有伊虎英、党连凯、张浩良。我们 4 个人都放弃了原有的课题，为了国家任务这一共同的目标从不同室、组走到了一起。因为保密缘故，我们当时也不知道核试验何时进行？实验动物何时达到？实验动物有多少？只听说我所杨福愉教授和郭绳武同志已到核现场，实验动物到所的时间为期不远。因此，我们 4 个年轻人接到任务后，便全身心地投入到工作中。筹备实验室、建立动物房、设计研究方案、确定实验指标、学方法、练技术。

1965 年 5 月 14 日，通过新闻报道，我们得知我国成功地进行了第二次原子弹爆炸试验。这意味着我们的实验动物即将返回。我们更加争分夺秒地忙碌，为了让实验动物到来后就能顺利进行多项指标的测试，我们刻苦练习技术。例如，大白鼠和小白鼠的尾部取血和狗的骨髓穿刺如何做到一针成功；骨髓细胞分类和骨髓分裂细胞畸变率的观察，动物解剖等都是要求我们必须尽快掌握的实验技术。5 月下旬的一天，这些经受了原子弹爆炸生死考验的动物来到我所的清华园动物房。动物中有狗 10 只、大白鼠 306 只、小白鼠 132 只。另外，还有 4 只狗是 1964 年 10 月 16 日接受我国第一次原子弹爆炸试验的动物，为了进一步研究其远后期生物效应，也由公安部转移到生物物理所。这就是生物物理所接受的第一批来自核试验现场的受试动物。

核武器效应实验是核试验的重要项目之一，通过效应实验可研究和考察核武器的各种杀伤破坏作用，提出加强防护的措施，各个进行核试验的国家对此都十分重视。根据周总理"一次试验，多方收效"的指示精神，在我国第二次原子弹爆炸试验中就组织了各军种、兵种和国务院许多部门参加的效应实验队伍。其中生物学效应最受关注。放射生物学是我所的主要研究方向之一，因此承担核武器生物学效应的研究任务也是我们为国家和人民应尽的一份责任。

我们接受的这批核试验动物，是军事单位为检验各种军事装备、军事设施、各种防御工事和防护药物的防核效果而设计的。他们将动物布放在距爆心不同距离的设施内外，以观察受试动物的早期死亡率和存活动物的生物学效应。因为我所和中国科学院西南动物所共同承担了国务院、国防科委下达给中国科学院的国家任务，即"我国核试验远后期生物效应的研究"，因此军事单位观察完早期的生物效应后，核试验存活动物的远后期生物效应研究任务就落到了我们的肩上。

我们深知核爆炸现场这样的试验条件极其难得，这些实验动物来之不易，很多人为此付出了代价。因此我们格外珍惜这些实验动物，专人负责饲养管理，精心设计实验方案，熟练掌握实验技术，做好每一次实验。狗是大型动物，数量又少，只留作长期观察和定期检查实验。小白鼠数量少，留作长期观察。大白鼠数量多，一部分留作长期观察实验；一部分分成 3 批定期做多指标实验，以便更全面深入地了解辐射后不同时期机体损伤与恢复的情况。长期观察的指标有：临床观察、死亡率、肿瘤发生率、生殖交配实验、骨髓和外周血细胞的分类及形态学变化、外周血细胞数量变化、外周血淋巴细胞染色体畸变率、骨髓分裂细胞畸变率等。大白鼠定期实验的指标有：外周血的血常规检查、白细胞中核酸、酶的变化、骨髓细胞合成 DNA 能力的测定、病理解剖、主要组织器官的光学显微镜和电子显微镜观察等。总之，我们采用的实验技术是当时比较先进的，各实验指标也是研究辐射对机体损伤与恢复程度的比较重要的检测项目。

"21 号任务组"的研究工作是在贝时璋所长的直接领导下进行的，所领导为了进一步加强本组的工作还邀请杨福愉教授和李公岫教授任本组的顾问，并且又调来了郭绳武同志，西南动物所也派来了张成桂和宋继志两位同志和我们合作，刘妙贞、邢国仁等同志也陆续调到本组。全组同志在张浩良和党连凯两位组长的带领下积极有序地开展工作。首先进行了分工，根据个人的特长，各自承担不同的研究任务。但是还有许多工作，如动物饲养管理、临床观察、生殖交配实验、外周血的血常规检查、骨髓细胞分类等，工作量很大，就采取在专人负责下，大家参与共同完成的大协作办法。这个任务组充满了年轻人的朝气和热情，为了完成国家任务，大家和谐相处密切配合；面对学术问题，各抒己见，通过讨论，统一认识；面对技术难题刻苦钻研，互相帮助；面对工作从不计较个人得失，常常工作到深夜；面对核现场动物身体上的放射性落下灰，做起实验来毫不顾及个人安危；面对狗的咬伤和伤后打狂犬疫苗的剧烈疼痛，以及狂犬病的恐惧没有人退却；面对核爆炸、放射性的危害依然一次又一次奔赴核试验现场……这就是当时"21号任务组"的精神，这就是"21号任务组"成员为国家任务高度负责任的精神。我在这个集体内深受教育和感染，至今想起来仍然激动。

就是在这种高度责任感的支撑和鼓舞下，我们在一年内完成了全部实验动物多指标的测试，得到了大量珍贵的实验数据。并且对大白鼠远后期生物效应的研究进行了总结，撰写成论文并得到中国科学院和国防科委的好评。

通过对大白鼠从临床病理到生殖遗传，从细胞到分子水平的多指标、综合性的研究，获得了核辐射对大白鼠远后期伤损与恢复程度的第一手资料；分析和评价了核辐射伤损恢复程度与接受核辐射剂量的关系；提供了10种军事设施、防御工事对大白鼠防护效果的远后期损伤与恢复的资料，并评价了它们的防护效果。这些研究结果由军事单位编入《原子、化学、细菌武器损伤卫生防护》一书中（1970年出版）。

接受我国第一次核试验（1964年10月）的4只狗于1966年5月和1966年12月又接受了两次核辐射，三次累积剂量为300拉德，用以研究分次接受核辐射对机体的影响。接受第一次核辐射的一只雌狗于受试后半年受孕，产下6只子代狗，子代狗又产下了后代狗，我们对这三代狗进行了长期临床观察和实验室检查；子代狗成长到12个月时，于1966年12月接受了核辐射（100拉德），用以研究接受核辐射动物的后代对核辐射的敏感性。

接受我国第二次核试验（1965年5月）的狗，其中一组是经过药物防护的存活狗，接受辐射剂量为365～409拉德。

我们对这两次核试验的狗做了长达10余年的临床观察、造血和血液系统的细胞学与生物化学方面的检测、生殖及肿瘤的病理检查、病理切片分析等工作，这些实验结果都总结成文，分别编入由中国人民解放军国防科委出版的专著《我国核试验技术资料汇编》（1972年）、《我国核试验技术总结汇编》（1977年）和"21号任务组"完成的《核试验对动物远后期辐射效应的研究二十年成果总结》（1985年）的文章中。由于这两次核试验的狗实验时间最长，组内人员又调动频繁，因此参加过此项工作的人员比较多，这些同志都为此做出了各自的贡献。

我是"21号任务组"的一名老组员，见证了"21号任务组"的建立、发展和结束，体验了"21号任务"实践的艰辛，目睹了每个成员付出的心血和青春年华，同时也享受了研究成果的喜悦。通过对核试验动物多年的研究工作，我有如下体会。

（1）核辐射对机体的损伤以及机体自身的修复过程是一个长期的，甚至伴随终生的过程。损伤也是多方面的：有对造血与血液系统的损伤，也有对生殖遗传系统的损伤；有核酸、酶大分子的变化，也有染色体、细胞的异常；既可使白内障、肿瘤发生率增高，又可使寿命缩短。因此，核辐射远后期生物效应的研究是一项综合性的课题，既有实际应用价值又有理论意义。

（2）核辐射对机体的损伤程度与接受的核辐射剂量大小有直接依赖关系。核辐射对人类的危害也是可以防护的。因此研究核辐射对机体的损伤与恢复规律及其防护措施，对军用与民用都有重要的意义。

（3）"21号任务组"的研究工作坚持了20年之久，参加了我国6次原子弹爆炸试验现场动物的生物效应工作，试验动物达上千只，包括猴、狗、兔、大白鼠和小白鼠，工作有始有终。这样的研究成果国内外罕见、难得，并且来之不易。"21号任务"以1965年开始到1984年的20年研究工作总结完成为结束。在这期间，我们经历了"文化大革命"的干扰，那时组内派性强，人员调动频繁；"文化大革命"后经历了所内研究方向调整的影响，那时承担任务的室、组忙于"转型"寻找新的理论研究课题，"21号任务组"也不例外；之后又经历了评职称的考验，所内研究人员评职称衡量的主要条件是看在重要学术期刊发表论文的数量和署名的前后顺序，这条件本身无可非议，但对长期从事保密性国家任务的研究人员而言，确是重重的一锤。面对一次次的干扰和打击，"21号任务组"的工作能够坚持近20年，特别在1979年以后，任务组已宣布解散，人员已经离散的情况下，原病理组和临床观察组的部分同志仍然坚持为存活动物"留守"，坚持实验到终，其他同志也利用业余时间和假日积极整理总结资料，撰写文章，从而使10多年对上千只动物的研究资料得以总结并归档案室保存，可算是有始有终。

事过几十年，至今回忆起这一切仍然感慨万分。"21号任务"的圆满完成，离不开贝时璋所长及各级领导的重视和支持，离不开动物室的同志们对动物长期饲养管理付出的劳动，离不开所有参加过"21号任务"的同志们的忘我劳动、不怕牺牲和对国家对人民高度负责的精神，离不开这些同志对科研工作一丝不苟、严谨认真、立足实践开拓创新的精神。

作者简介： 李玉安，女，1961年毕业于北京大学药学院，同年分配到中国科学院生物物理研究所工作。主要从事电离辐射的药物防护研究；我国核试验对动物远后期生物效应的研究；染色质的理化性质及其结构的研究；临床诊断试剂盒的研制。核试验生物效应的主要研究成果汇编于中国人民解放军国防科学技术委员会出版的《我国核试验技术资料汇编》第三分册（1972年）和《我国核试验技术总结汇编》第三分册（1977年）。7篇论文纳入贝时璋主编的《细胞重建论文集》第一集（1988年）和《细胞重建论文集》第二集（2003年）。三篇论文发表在《中国科学》B辑（1982年）。核试验生物效应的研究，于1978年获得中国科学院重大科技成果奖、1988年获中国科学院自然科学进步奖一等奖。

核试验下风向尘埃的放射性监测

陈春章

一、历　史　背　景

中国科学院生物物理研究所第一研究室（原名放射生物学研究室，1978 年改名为辐射生物物理研究室）从 1964 年第一颗原子弹的核试验起至 1977 年，根据国家对核试验要求，直接参加了历次大气核试验下风向尘埃（落下灰）的放射剂量监视和检测。自 1978 年起，这项历史性的监视和检测工作由卫生部工业卫生实验所直接负责。应卫生部邀请，生物物理所于 1978 年春天最后一次参加了核试验下风向尘埃的检测工作。

根据美国英文杂志《今日物理》2008 年第 9 期报道，我国自 1964 年 10 月 16 日成功爆炸第一颗原子弹，至 1996 年 7 月 29 日最后一次地下核试验为止，其间共进行过 45 次核试验。在所有试验中，其中 23 次是大气核试验，最后一次大气核试验在 1980 年完成，其后所有试验均转为地下核试验。在历次试验中，裂变型试验爆炸当量为 1 万 ~30 万吨 TNT，热核型试验爆炸当量为 0.2 兆 ~5 兆吨 TNT。生物物理所最后一次参与的 1978 年 3 月 15 日的第 23 次试验为地面表层大气裂变试验，最大当量为 2 万吨 TNT。

二、放射性尘埃监测地域和参与人员

我国第 23 次核试验放射性下风向尘埃监测地域选择在距离罗布泊核试验现场300 ~400 公里，即在甘肃省的安西县城（今瓜州县）、敦煌县城（今敦煌市）和阿克塞哈萨克族自治县当金山口一线之间，监测路线直线长度在 200 公里左右（图 1）。当金山口海拔 3670 米，是阿尔金山与祁连山的分界处。

参加这次下风向尘埃监测工作队的有近 20 名人员。生物物理所 3 名人员为唐德江（组长）、寇学仲和我（图 2），其余约 15 名科技人员均来自卫生部北方各省（直辖市）下属单位，包括北京、河北、内蒙古、山西、陕西、青海和甘肃等卫生防疫部门。所有食宿和当地交通由甘肃省卫生局协调安排。我和卫生部一名人员为

图1　第23次核试验（1978年）放射性下风向尘埃监测地域

先遣队员，提前从北京乘火车约40小时抵达酒泉的柳园站，然后乘汽车穿过大戈

图2　1978年3月在敦煌县城监测我国第23次大气层核试验下风向尘埃时在敦煌莫高窟合影，自左到右为陈春章、寇学仲、唐德江

壁滩到达敦煌，预先为工作队联系食宿安排。工作队所有人员于1978年3月15日核试验前全部在敦煌古城集结完毕，随即投入各项紧张的试验准备工作。由于当时天气仍旧寒冷，队员们白天穿棉衣，早晚加穿军大衣和军皮鞋御寒。

三、监测状况

我们除了备有常规的盖革米勒计数器外，还携带了实验室研制的热释发光剂量计，计划回北京后，用标准放射源（如 ^{60}Co、^{137}Cs、^{226}Ra）进行校准。核试验次日清晨，工作队全体人员分成三个小组：安西组、敦煌组和当金山组。唐德江留守敦煌组监测；部分人员往南去当金

山；我和寇学仲以及其他单位共8人于7时整乘一辆面包车从敦煌赶往安西县城做动态监测。根据气象预报，当日11时前多云，风力4～5级，10时前后放射性尘

埃经过监测地域上空。因此，安西方向的人员在上午 11 时前结束了各项监测。这次测试到的各项参数表明，在下风向尘埃飘过安西上空时，放射性本底峰值约升高 2 倍，持续 15 ~ 30 分钟，随后恢复接近正常。其他相关信息可参考相关文献报道的"放射性下风向尘埃特征"。

由于放射性尘埃中^{90}Sr（β 射线）和^{137}Cs（γ 射线）是两个重要核素，可以沉积在土壤里，并通过生物链作用于下风向区域的居住人群，因此，对土壤中核素沉积密度和分布的分析具有生物学的长远意义。我们的目的主要是对核试验后下风向尘埃飘过的监测地域进行瞬态监测。

放射性尘埃对环境辐射本底的贡献由多种因素决定：首先是距离辐射中心的距离，其次是核试验后的测量时间、气象条件（如风向和落雨）等。由于^{131}I 的半衰期很短，核试验后短时期内辐射影响最大。据有关裂变核试验研究报道，对 1 百万吨当量的试验后 γ 射线剂量与剂量率进行模拟计算，可以得出类似图 3 的结果，以供阅读参考。

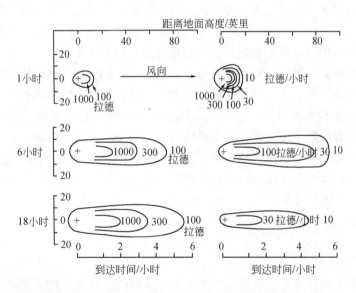

图 3   当量为 1 百万吨的裂变所产生的 γ 射线的累计剂量和剂量率的比较。在一定的风向条件下，其中心剂量率可以达到 10 戈瑞/小时（或 1000 拉德/小时）。位于某固定位置所接受的累计剂量随时间不断在增加（左边图块），而同一地点的剂量率随时间逐渐降低（右边图块）。

图中数据从计算模型中得出

四、遭遇"黑风"

顺利完成监测任务后，我们于上午11时乘车离开安西，计划返回敦煌吃午饭。离开安西县城往南20公里处是有名的"安西风口"，据说每年春季总会刮上一两次"黑风"。我们到达风口时发现那里已经刮起了沙尘暴，继续慢速爬行不到半小时，原来交通稀疏的双向狭窄公路居然拥挤不堪，大多数车的故障是熄火不能再发动，不少车半身倾倒在公路两旁的沟道里，交通被堵塞中断，我们的司机不得已只好停车熄火。又过了一会，觉得交通显然没有好的转机，为了防止引擎结冰，司机决定将汽车引擎冷却水放掉。这时风越刮越强，我们遭遇了罕见的"黑风"！再过一会，风力更强，我们继续坐在车内并开始感到又冷又饿，加上沙尘吹进车内一片迷糊，已经看不清彼此面目，不时产生窒息状况，鼻孔内呛出一粒粒豌豆大小的沙砾。

大约又过了半小时，风力只强不弱，由于车辆已经无法行走，我们决定下车寻找办法。由于风力太大，担心被风吹散，我们几人手拉手弯腰蜿行，突然一阵强风吹来，几乎将我们一起吹倒在地！我们艰难地南行摸索了很久，终于走出了交通停滞的路段，看见敦煌博物馆的一辆大车，司机听说我们是从事科学研究的人员，立即邀请我们全体上车，热情地送我们返回敦煌，这时已经是下午四点。

其他队友听说我们遭遇"黑风"，都来打听详情，有好奇的、惊叹的、担忧的、后怕的。我们顾不上说话，来不及洗刷，好像饿了若干天似的，只是忙着喝汤吃饭。组长唐德江听了这次险情，连连安慰我们，他当晚半宿没睡，还流了眼泪，因为他听说几年前北京工作队也有人员在那个风口被吹散，迷路于戈壁滩的骆驼草丛里，再也没能返回北京。

五、敦煌三十年变迁

顺利完成监测任务后，全体队员游览参观了敦煌莫高窟、月牙湖和鸣沙山。30年前莫高窟还没有对外开放参观，月牙湖和鸣沙山几乎没有多少外地人知道。我们第一天到达敦煌去问询有无浴室打算洗个澡，当地人不知道浴室是什么。2007年再去敦煌时发现莫高窟一带游人如织，环境已经变得非常脆弱。敦煌市不仅有澡堂，还有酒吧歌厅。以前唯一穿过敦煌的是一条公路，现在已经有机场和2011年计划修建的铁路来补充。至今我还记得初次到达柳园后那天早晨在路边吃面条的场景：卖面条的只用两盆水重复洗刷着碗筷，因为当时那里每天是靠卡车运水的。

参考文献

张守志. 2006. 核试验场下风向辐射与居民健康研究. 北京：原子能出版社

Reed T C. 2008. A Tabulation of Chinese Nuclear Device Tests（Supplemental material for the Feature Article "The Chinese nuclear tests, 1964～1996"）, Physics Today, 9：47

作者简介：陈春章，博士，毕业于中国科学技术大学，原中国科学院生物物理研究所第一研究室研究实习员。受贝时璋教授、沈恂教授和英国 Gerald Adams 教授推荐，1983 年赴英国攻读辐射物理学并获得硕士、博士学位，于 1987～1995 年在美国 Brookhaven 国家实验室、加利福尼亚大学旧金山分校和哥伦比亚大学任职从事辐射生物物理学科学研究。1995 年起从事集成电路设计至今，现担任 Cadence 公司应用工程技术总监。

我国第一次核试验后对北京地区放射性微尘的监测

彭程航　胡坤生

1964 年 10 月 16 日我国成功进行了首次核爆炸试验。1965 年 5 月 14 日又成功进行了空中核爆炸试验。核爆炸虽然离北京很远，但大气的流动是否会影响北京的放射性本底浓度，为此生物物理所四室二组利用自己研制的"空气 β 放射性污染连续监测及时报警装置"进行了连续监测。第一次核爆炸的连续取样和监测时间为 1964 年 10 月 18 日零时至 25 日 16 时，延时测量时间为 1964 年 10 月 28 日至 11 月 7 日，陈景峰、刘国强、叶国辉、杨锡珣、刘纪波、池旭生、彭程航参加了测试。第二次核爆炸取样和监测时间为 1965 年 5 月 16 ～20 日。参加测试人员为本组的陈景峰、刘纪波、池旭生、彭程航，以及计数管组的孙广泉、叶元贞。中国科学技术大学在本组做毕业论文的学生胡坤生和朱厚楚参加了本次测试，他们毕业论文的题目为"天然 β 放射性气溶胶的性质和 ФПП-15 滤材过滤效率的测定"，他们在毕业论文工作中测定了大气中天然 β 放射性尘埃的浓度及其变化规律和寿命特点，为监测人为放射性突发事故及用延时测量方法提高检测人为放射性监测灵敏度提供了设计依据。

第一次核爆炸监测的连续取样地点在生物物理所花房内间，固定取样地点在四室 202 组进门右侧离墙 1.5 米、离地面高度 1.5 米处。连续取样从 1964 年 10 月 18 日零时开始至 25 日 16 时结束，共 184 小时。有全部 7 天多的及时道测量数据和延时 1 小时 15 分钟的延时道测量数据；有延时 10 天后的完整测量数据；还有 18 日零时至 20 日 15 点延时 3 天后的测量数据，以及 10 月 23 日 12 时至 25 日 15 时固定取样（每次取样 10 分钟）及时测量和延时 10 天后的延时测量数据。

及时道测量和延时 1 小时 15 分钟测量是本组研制的"空气 β 放射性污染连续监测及时报警装置"的原配置，目的在于保证从发生事故到报警时间内工作人员所受的内照射剂量不超过当时国家规定的日照射剂量允许值。延时 3 天后的测量是为了消除氡子代对测量的影响并将钍子代天然 β 放射性的强度降低 100 多倍以上，以确定天然长寿命放射性的数量。延迟 10 天后测量数据主要是检测核爆炸形成的放射性微尘何时到达北京，以及对北京大气 β 放射性强度的影响。监测结果表明：①核爆微尘对北京大气影响很小，用于测定放射性事故和保证放射性工作人员内照射剂量安全的原仪器灵敏度不够，即核爆炸产生的灰尘对北京大气污染的强度远低于天然 β 放射性强度，也远低于当时国家规定的容许浓度；②根据 10 月 18 ~20 日连续取样，延迟 3 天和延迟 10 天测量的数据显示，10 月 20 日 3 ~5 时、10 ~12 时，爆炸灰尘污染强度出现高出天然 β-长寿命本底数倍甚至近 10 倍的异常升高，比较延迟 3 天和 10 天高出倍数的差异，似乎其半衰期与钇-90 靠近，据此我们提出核爆灰可能于 10 月 20 日开始飘散在北京大气中；③10 月 23 ~25 日固定取样延迟 10 天测量与同期连续取样延迟 10 天的测量结果情况相符，从 24 ~25 日有个整体升高的过程，高出长寿命本底 1 ~2 倍，达 10^{-14} 居里/升，我们认为这是核爆炸引起的大气污染。

第二次核爆炸监测的连续取样地点在生物物理所四室 202 组屋顶平台上，离地高度为 4 米。采用的仪器是本组研制的"技三"任务用 β 放射性污染连续监测及时报警装置（总套）。及时道的测量灵敏度不低于 1×10^{-12} 居里/升。经过 3 小时 45 分钟延迟后到延迟道，其灵敏度优于 6×10^{-14} 居里/升。结果表明：①仪器的灵敏度还是不够，不能直接明显地观察到核爆炸灰尘的污染。②对及时道和延时道数据进行综合处理后，我们得到的结果与第一次核爆炸测到的结果一致，爆炸污染物强度高出天然 β-长寿命本底数倍以上。5 月 18 日异常增高说明，放射性微尘都是在核爆炸 4 天后到达北京。

作者简介：彭程航，男，中国科学院生物物理所研究所研究员。1962 年北京大学毕业后分配到生物物理所，直至退休和返聘，在所工作 45 年。1963 年 7 月至 1965 年 12 月负责研制成"空气 β 放射性污染连续监测及时报警装置"。1965 年承担了由中国科学院新技术局下达的编号为"技三"任务（委托单位是第二机械工业部）生物物理所重点研究项目。

胡坤生，男，1943 年出生，江苏无锡人。1965 年毕业于中国科学技术大学生物物理系。1968 年分配到中国科学院生物物理研究所工作，1983 ~2002 年曾先后 5 次在英国进修和合作研究，共计 4 年。2004 年曾去美国访问及进行合作研究。1995 年提升为研究员和博士生导师，1996 年享受国务院政府特殊津贴。1973 年先后从事过夜视仿生、生理光学、激光生物效应、液晶、视紫红质的侧向扩散和有序性研究。从 1983 年开始专门从事嗜盐菌紫膜的研究。已在国内外学术刊物发表论文 150 余篇。1995 ~1999 年任生物物理所党委副书记，主持党务工作，分管人事、开发等工作。1995 ~2003 年任生物物理所工会主席和职代会联合委员会主席。

第四部分 放射卫生防护研究

生物物理所辐射防护药物研究的点滴回顾

曹恩华

当今，无论走到哪里，在不经意的一瞥中，人们都会注意到电离辐射的应用已经遍布国防、能源、医学、工业、农业等各个领域和日常生活中，人们正享用辐射应用所带来的好处。但你也许并不知道，电离辐射也是肉眼看不见的、不可捉摸的一种危险因素，最早发现物质放射性的贝克勒尔由于经常把铀盐带在身上而患上了皮炎。对放射性有突出贡献的玛丽亚·居里夫人及其女儿艾利·居里最后都死于白血病。因此我们必须时刻警惕辐射所带来的危害，防护辐射对生物机体的损伤以及对环境的污染。

1958 年 9 月 26 日，中国科学院生物物理研究所正式成立。建所之前，在 1958 年 4 月制定的生物物理所发展方向中，第一项就是原子能和平利用和辐射防护。建所伊始成立的生物物理所的第一研究室——放射生物学研究室，电离辐射防护成为放射生物学研究的一个重要内容。在贝时璋所长的领导下，由陈德崟、沈淑敏和刘球等先生领导的辐射防护小组相应成立，他们分别从中草药、化学制剂和物理因素等几方面，开展了对电离辐射的防护研究，距今已有 50 多年了。

一、起步，视国家战略需求为己任

原子能的和平利用、核武器的发展都涉及人类的安全，生物物理所的研究人员视国家战略需求为己任，1958 年开始了对电离辐射药物防护的研究。

电离辐射是一种有足够能量使物质中的电子离开原子的辐射。自然界中存在的天然核素（如镭、氡、铀等）、人类活动（如使核反应堆中的原子裂变）和自然界变化都释放出电离辐射。辐射的主要产物有α、β、γ和X射线。在接触电离辐射的工作中，人体受照射的剂量超过一定限度，就会产生有害作用。放射线辐射可致机体突变、诱发肿瘤、造成早衰等，长期的（即使是小剂量的）照射也会导致十分严重的放射病甚至死亡，还会给后代带来不幸。

20世纪50年代，随着原子能和平利用、核武器的发展以及临床上放射治疗方法的广泛应用，怎样更有效地来解决射线的防护问题已成了当时进一步发展原子能工业和国防建设的迫切任务。其防护问题若得不到妥善解决，将严重威胁人类的安全。人们开始积极探索有效的辐射防治药物。抗辐射药物对于减少癌症患者接受放疗所产生的毒副作用，避免辐射仪器操作人员、宇航员、核基地工作人员等特殊人员遭受辐射损伤，以及有效救治意外核事故中受辐射损伤者，都具有重要作用。电离辐射防护药物的研究不仅在国民经济及国防上有重要的意义，而且对人类进一步征服自然，解决星际航行问题也有很大的作用。

能预防或减轻放射损伤的药物称为辐射防护剂，或称为抗辐射药物。西方发达国家对辐射防护的探索较早，所以我国对辐射防护机理的研究基本上是建立在西医药物理论基础之上的。虽然发现了一些有效预防损伤化合物，如半胱胺（研究最早的含巯基防护剂之一）、胱胺、氨乙基异硫脲、氨基丙胺基乙基硫代磷酸单钠盐等，但传统的硫胺类抗辐射药物因多为含硫物质，用量多、毒性大。总的来说，对辐射防护药的研究还不尽理想，有的药物防护效价低，有的有效时间短，有的毒副作用大，使用性受到限制。新型低毒的辐射防护药一直在研究中，人们期待开发出毒性小、可用于临床防治的有效药物。

1965年，我从上海第一医学院药学系（现复旦大学药学院）毕业后，由国家统一分配来到生物物理所放射生物学研究室辐射防护组工作。当时，放射生物研究室是所里最大的、老专家最多的研究室，如有徐凤早、马秀权、陈德崟、沈淑敏、刘球等学术水平很高的专家。当时的辐射防护组位于化学研究所大楼第五层，也称为"大二组"，由陈德崟、沈淑敏和刘球等先生领导的三个小组构成。我在陈德崟先生指导下，主要从事中草药有效成分的辐射防护的研究工作。

中草药有效成分的辐射防护研究是一项开创性的工作。至今，我还清楚地记得上班的第一天就在伊虎英同志的指导下参加了对大鼠的解剖工作，这是一项观察大鼠小剂量长期照射药物防护效果的研究，当时我们的任务是记录肿瘤的生长情况。这是该组在急性损伤药物防护效果的研究基础上，开展的对小剂量长期照射药物防护效果的观测。不久我开始了对中草药芦丁、仙鹤草、甘遂等有效成分的提取工作。在学校里没有学过辐射防护剂，但是，物理学、医学、药物化学等基础知识使我很快地对这个领域有所了解，从而对交叉学科产生了情结。

二、创新，首次开展中草药电离辐射防护剂研究

中国是药用植物资源最丰富的国家之一，我国大约有12 000种药用植物。对中草药的探索已经历了几千年的历史，使中草药得到了最广泛的认同与应用。目前，各地使用的中药已达5000种左右，把各种药材相配伍而形成的方剂更是数不胜数。中草药是中医所使用的独特药物，也是中医区别于其他医学的重要标志，为中华民族的繁衍昌盛做出了巨大贡献。中草药是一个宝库，传统中医药能否用于预防或减轻放射损伤？当时，中医的文献中没有记载，国际上也没有中药辐射防护剂的资料。1958年生物物理所的研究人员以中医药理论为基础，开创了中草药的辐射防护研究。

我们的研究目的是"在我国丰富的国药库中，寻找高效的且具有实际应用价值的抗电离辐射药剂，并研究它的有效成分在机体抗电离辐射作用上的机制"。不同于当时西方发达国家，我们的研究是以中医药理论为基础的。通过研究具有活血、补血、升高白细胞和增强免疫功能的中草药，以及具有抗辐射能力的高山植物，开发抗辐射产品。中药药源广、毒性低，使其在辐射防护剂的研究中有其巨大的优势和潜力。

作为我国最早从中草药寻找高效辐射防护药剂研究的单位，从1958年开始，陈德崙先生领导的小组就对中草药有效成分的辐射防护进行了广泛研究。筛选的中草药包括仙鹤草、甘遂、黄精、紫草、鸡血藤等50余种单味药、10余种复方药、百余种提取物。1961年派专人去云南丽江雪山采集高山植物53种，来自西藏高原的草药5种。参加中药辐射防护药剂的研究者先后有陈德崙、张桐、李根宝、王克义、马淑亭、严国范、李玉安、袁志安、曹恩华，宋树珍，徐国瑞、张茵等数十人。参加研究人数之多、筛选的中草药之多，在当时国际、国内均首屈一指。

中草药大部分是天然药物，化学成分一般包括生物碱、糖和甙类、醌类和蒽衍生物、酚类、黄酮类、萜类和挥发油、强心甙、皂甙、氨基酸与蛋白质、鞣质等。每种中药含多种化学成分，其中有些能起医疗作用的，称为有效成分。

中草药辐射防护研究大体经以下几个步骤。

（1）有效成分的提取：试验中常用的提取方法是溶剂法，即依据天然产物中各种成分的溶解性能，选用对需要的成分溶解度大而对其他成分溶解度小的溶剂，将所需要的成分从药材组织内溶解出来。常用溶剂依极性大小有水>甲醇>乙醇>丙酮>乙酸乙酯>氯仿>乙醚>苯>己烷（石油醚）等。溶剂提取的方法包括浸渍法、回流法。提取的粗产品采用硅胶等柱层分析手段分离纯化得到有效组分。

（2）动物试验：选用小鼠、大鼠等动物作为试验材料，随机分组，每组至少

10 只动物，设对照组、照射组。照射组用^{60}Co-γ射线或 X 射线照射，观测不同照射剂量的生物效应及防护效果。

（3）观测防护效果：观测 30 天小鼠、大鼠存活率。观测组织化学、细胞及亚细胞水平形态学和生理、生化等方面的生物医学指标，将其结果进行统计分析。

通过大量动物实验，当时筛选出：①仙鹤草；②甘遂；③鸡血藤；④黄精；⑤紫草等的主要有效成分，其防护效果明显。此外，地骨皮、蒲公英、地黄白花蛇舌草、菟丝子、四黄汤等的有效成分具有一定的防护效果。

以下是中草药防护剂研究中的几个故事。

（一）仙鹤草——对小白鼠有防护效能

仙鹤草（图 1a）为蔷薇科植物龙牙草的全草。《本草纲目拾遗》："葛祖方：消宿食，散中满，下气，疗吐血各病，翻胃噎膈，疟疾，喉痹，闪挫，肠风下血，崩痢，食积，黄白疸，疔肿痈疽，肺痈，乳痈，痔肿。"仙鹤草醇浸膏能收缩周围血管，有明显的促凝血作用，还可用于治白细胞减少症等。

图1　仙鹤草（a）和甘遂（b）

　试验用的仙鹤草产地是江苏。首先用 70% 乙醇浸泡，再将乙醇浸泡液浓缩去乙醇得粗提物。最终经柱层析分离得 A、B、C 三种组分。经动物试验：口服仙鹤草有效组分的昆明小白鼠经 700 伦琴 X 射线照射后存活率明显增加，并且结果比较稳定。多次试验表明，口服仙鹤草有效组分照射组存活率为 60% ~66%，比对照组存活率提高了 40% 以上。1960 年我们首次报道了初步结果。1962 年 4 月陈德嵩、王克义、张桐、李根宝等在放射生物学学术讨论会报告了"国药仙鹤草（*Agrimonia eupatoria L*）提取成分对受致死剂量 X 射线小白鼠防护效能研究"，以充分的数据证明仙鹤草提取成分对小鼠实验性放射损伤具有确实的防护效果，且毒性低、材料易得，制备简单。同时发表了论文《国产仙鹤草电离辐射防护有效成分的研究》。严国范等采用柱层析分离方法，从粗提物中进一步分离得到一种浅黄绿色无晶形结晶。经元素和光谱分析，其有效成分为类似芸香碱化学结构的黄酮类化合物。开拓了天然色素类化合物的抗电离辐射作用途径。目前黄酮类化合物已是大家熟识的有抗辐射、抗氧化作用的物质。

（二）甘遂——以毒攻毒不可轻用

以毒攻毒，是以药之毒攻病之毒，最早出现于医药行业中，是我国先民的聪明智慧在祖国医药学上的体现。甘遂（图1b）为大戟科植物甘遂的干燥块根。《珍珠囊》："味苦气寒，苦性泄，寒胜热，直达水热所结之处，乃泄水之圣药。……但有毒，不可轻用。"甘遂能刺激肠管，增加肠蠕动，造成峻泻。现代研究发现其化学成分包含四环三萜类化合物 α-和 γ-大戟醇、甘遂醇、大戟二烯醇；此外，尚含棕榈酸、柠檬酸、鞣质、树脂等。甘遂的粗制剂对小鼠免疫系统的功能表现为明显的抑制作用；甘遂素有抗白血病的作用。

国药甘遂先用乙醚提取，残渣再用丙酮回流，提取成分为黄色产物。1960年，马淑亭等通过多次试验，发现国药甘遂提取成分对小白鼠 X 射线照射后防护效果很突出。口服甘遂有效组分的昆明小白鼠（166只）经700伦琴 X 射线照射后存活率明显增加，照射组一般存活率为57%以上，最高存活率可达90%或以上，但其致命的缺点是毒性太大。实验中可观察到个别小白鼠甚至腿烂了还活着。1967年我在提取甘遂有效成分时不慎导致面神经麻痹，后经中医治疗才恢复。据报道生甘遂作用较强，毒性亦较大。醋制后甘遂的泻下作用和毒性均有减轻。研究中还发现，若经过初步减毒试验，则小白鼠 X 射线照射后30天的存活率变化不大。毒性物质是否与防护效果相关是一个很有意义的课题。多途径的减毒试验未能进行，因"文化大革命"开始而中断。

（三）鸡血藤——效应与药材身份有关

"道地药材"是药材的身份证。药材由于自然条件的不同，各地所产其质量优劣不一样。因此，历代医药家十分重视中药的产地，并在长期的实践中积累了丰富的经验和知识。例如，四川的黄连、川芎、附子，江苏的薄荷、苍术，广东的砂仁，东北的人参、细辛、五味子，云南的茯苓，河南的地黄，山东的阿胶等，都是著名的道地药材。《神农本草经·序录》中，对药物产地选择就有"土地所生，真伪陈新"的论述。因此中药产地是否适宜，对药材质量的影响是很重要的。近代以来，人们利用现代科学技术，发现了中药的产地与药物有效成分含量有密切关系。

在从中草药寻找高效辐射防护药剂的研究中，要清楚药物产地，明确身份，否则其效果有差别。李玉安等曾发现一种鸡血藤提取物有明显的抗辐射效应，后来购买的"鸡血藤"抗辐射效应却不明显。经查鸡血藤为豆科木质藤本密花豆或香花崖豆藤的藤茎。密花豆主产广西、云南等省（自治区），藤茎习称"鸡血藤"或"昆明鸡血藤"；香花崖豆藤主产江西、福建等省，藤茎习称"山鸡血藤"或"丰城鸡血藤"。以上两种是应用较为普遍的鸡血藤。而作为鸡血藤入药的植物有 6 科近 30 种之多，这就是不同来源的鸡血藤抗辐射效应有差异的原因。长期的临床医疗实践证明，重视中药产地与质量的关系，强调道地药材开发和应用，对抗辐射药物的筛选起着十分重要的作用。

三、探索，从核糖核酸和物理因素开始

核酸及其降解产物是否对机体具有辐射防护作用？沈淑敏先生领导的研究组从免疫学及营养学角度研究了核酸及其降解产物对射线的防护及作用原理。先后探索了核酸及其降解产物（腺嘌呤、鸟嘌呤、尿嘌呤、腺嘌呤核苷、鸟嘌呤核苷、腺嘌呤核苷酸和鸟嘌呤核苷酸）对大小白鼠辐射敏感性的影响。发现酵母核糖核酸 RNA 对受单次 500 伦琴 X 射线辐照的小鼠具有较好的防护作用，提高了小白鼠存活率。此外，发现各种核酸产物提高了 X 射线照射后酵母菌及大肠杆菌等形成菌落的能力。核糖核酸浓度为 0.4 毫克/毫升照射前给药，对大肠杆菌辐射损伤有很好的防护作用。同时，周启玲、李景福等观测到试验的动物伴有体温下降，进一步研究发现该制剂的某些降解产物有使小鼠体温降低的作用，并观察到小鼠经腹腔注射酵母核糖核酸溶液后期皮下组织氧压的下降。

物理因素能否增强机体的抗辐射能力？刘球先生领导的小组另辟新径，探索在辐照前以各种物理因素多次处理机体使之逐渐增强抗辐射能力，从而达到辐射防护目的。1960～1964 年生物物理所研究人员分别模拟脉冲电场、脉冲电流负离子、红外光、普通电场、磁场等物理因素，观察其急性辐射损伤防护效应，通过大量工作，发现了一些好的"苗头"。

寻找一种简便易行的慢性放射损伤的防护方法，为放射性工人、医生及技术人员的健康服务。1964 年年底至 1967 年，陈去恶等在前期物理因素研究的基础上，系统研究了负离子及臭氧处理对慢性放射损伤的防护作用。试验采用成年大鼠，共分 6 组。分别进行负离子处理，照射组采用^{60}Co-γ 射线每天照射 8 小时（9.6 伦琴），每星期照射 6 天。对照组分为单照射不用负离子处理和不照射、不用负离子处理两个组，1964 年 10 月开始至 1967 年结束。通过 SH 含量等 6 项指标测定，没有观察到负离子处理对大鼠慢性放射损伤的防护作用。

1959～1960 年马秀权先生领导的研究小组曾与苏联专家合作研究关于"MEA（半胱氨酸）对电离辐射所引起的染色体畸变的防护效应"，其结果被苏联专家带回而未发表。后来马秀权先生领导全组人员再次进行"不同剂量 X 射线全身照射对小白鼠十二指肠隐脊上皮细胞的染色体畸变的影响及其半胱氨酸的防护效应"的研究，证实半胱氨酸确实具有明显的抗辐射效应（1964 年发表于《原子能》）。

1966 年，"文化大革命"运动开始，辐射防护工作基本中断。1968 年，辐射防护组同事们共同总结了近 10 年的辐射防护工作。1969 ～1970 年老一室全体人员对中药仙鹤草和黄精对受亚致死剂量 γ 射线辐照小鼠的防护作用再一次进行了研究。1971 年以后，我们开始从事辐射损伤恢复规律的研究，并配合 ^{60}Co-γ 射线小剂量长期照射猕猴的实验研究，参加了猕猴的一些试验观测。1975 年我参与了党连凯等对陕西省兰田地区、酒泉、敦煌等"下风向"地区的放射性本底和人群健康情况的调查。

1963 年在全国放射生物学放射医学学术交流会议上，贝时璋教授在《我国医学放射生物学及放射医学研究现状和展望》一文中对预防药及药物预防的机制作了精炼的论述："药物预防是当前放射生物学、放射医学中重要研究课题之一。许多预防药在照射前一定时间内处理有效，照射后通常无效，预防药主要是保护机体的辐射早期损伤（早期'化学损伤'）。近年来，国外对辐射早期损伤的药物预防开展了大量工作，对各级水平，从分子水平到整体的预防都在进行研究。目前国外在探讨药物预防的机制问题。……综合有关的报道，机体对辐射防护的机制概括起来可通过以下几种途径。①如果辐射损伤起因于间接效应，则预防药主要是夺取水射解的自由基，这样就减少了生物分子受水射解自由基的损伤。②如果辐射损伤是由于直接效应所致，那么聚积在生物分子中的辐射能量，当生物分子未发生化学变化以前，可将能量转移给预防药物，这样生物分子就能恢复常态。③生物分子发生电离或与水射解的自由基起了反应，也不一定就产生不可逆的损伤；虽然在含水系统内，生物分子中形成的自由基寿命一般很短（约 10^{-5} 秒），但在这样短的时间内，防护药还可以有机会与它起作用而给予氢；由于得到氢的补偿，生物分子就能恢复过来。④氧对生物分子中的自由基很不利，因为氧可使它发生过氧化；生物分子发生了过氧化，这种损伤是不可逆的，不能恢复过来。⑤预防药与生物分子暂时的结合增加了生物分子的抗性；在这种情况下，如果受辐射影响，首先是预防药部分发生辐射反应，因为它对辐射比较敏感。"上述的论述主要基于当时 AET、半胱氨酸、硫脲和硫代硫酸盐等含硫化合物的防护结果，这在今天仍然是正确的。

辐射损伤是一个复杂的动态过程。中药抗辐射作用的机制涉及多种途径，某些中药辐射防护剂参与了辐射生物学作用初期的辐射化学反应（包括自由基生成、自由基化学反应、生物大分子损伤等）；某些中药辐射防护剂对靶分子提供防护，从而减轻其损伤。例如，防护剂直接吸收能量、减轻 O_2 的作用、促进损伤分子的修复，以及防护剂与靶分子或细胞结合复合体起保护作用等。中药抗辐射作用对

DNA、造血系统、免疫系统的保护作用及抗自由基作用，可以降低放射线对 DNA 的损伤、促进外周血象恢复、促进造血系统功能、抑制出血倾向、提高巨噬细胞吞噬率、抑制脂质过氧化反应等。某些中药辐射防护剂可以干预细胞代谢，改变其生化、生理状态，从而起到减轻损伤、促进修复的作用。例如，降低细胞代谢率以减轻细胞的辐射敏感性；延缓或促进细胞的增殖、分化；调节和增强机体的免疫功能，提高机体的辐射耐受力等。

四、历史，将告诉未来……

1945 年 8 月美国投放原子弹在日本广岛、长崎造成大量居民的死伤，引起全世界科技工作者和军事当局的重视。当时，苏美等国都投入较多人力去寻找能实际应用的辐射防护剂，60 多年来筛选了大量的化合物，研究从未间断过。辐射防护剂研究在 20 世纪 60 年代达到高峰，其后经过一段低潮。近年来，随着世界核安全形势的紧张、核电的广泛使用以及放射治疗的迅速发展，辐射损伤防护药物的研究再一次引起人们的关注。如何较快地、更有成效地寻找有实际应用的辐射防护剂，仍然是迫切需要解决的问题。

50 年前，生物物理所开始应用各种方法去寻找有效的辐射防护剂。从过去的历史经验看，寻找辐射防护剂的成功率是很小的，淘汰率太大。值得一提的是在 20 世纪 50 年代，天然药物的抗辐射作用研究领域还是一片空白，生物物理所最早开展了中药抗辐射作用研究。近年来，中药的抗辐射作用研究日益广泛，并且取得了一些进展。目前，天然药物的抗辐射作用研究已成为重要领域。市场上常见的中草药抗辐射保健食品就是以这些中药为主要成分开发的。虽然中药方剂及单味中药有些具有较好的抗辐射作用，但因其成分复杂，对这类药物的化学成分及活性成分的研究还不够深入。加强这方面的研究工作，进一步探讨其作用机理，生物物理所最早在此领域做了一些开创性的工作。回顾是为了启迪，今天看来，对抗辐射药物的开发研究仍具有重要现实意义。

时过境迁，事易时移。40 多年后，我打开一个个沉睡的木箱，翻开一本本封存的档案。回忆这段历史时，在这里面有我们耕耘时流下的汗水和消逝的青春，它记录了辐射防护的研究与发展，凝聚了研究者的智慧和不屈不挠的精神。建所初期，各方面的条件无法与现在相比，当时的辐射药物研究组用房"借用"中国科学院化学研究所大楼五层，而图书馆在新楼（微生物研究所），经常见到陈德崟先生背一个沉重的书包奔波于化学所大楼和新楼之间，有时我们也会去图书馆帮他将书取回来，陈德崟先生为研究辐射防护贡献了他的一生。辐射防护的研究与发展，需要和物理学、生物学、医学、化学、工程技术工作者相互结合，大家在交叉融合中彼此促进。沈淑敏先生是一位和蔼可亲的科学家，夜晚经常从家里来实验室辅导我们英语，看到了新的文献就立即告诉我们，指导我们如何进行研究。大家都在勤奋工作和学习，作风顽强、学风纯朴、甘于奉献，哪里需要哪里去。不懂的、不会的就抓紧学。当时，集体宿舍 8 人同室，主要时间都在实验室，我在集体宿舍一直住到 1991 年，并且在相当长的一段时间里没有普遍调增过工资，没有奖金、没有津贴。有"困难"大家都努力去"克服"，人际关系温暖而和谐。1975 年我们集体翻译出版了《分子放射生物学》一书。记得 1984 年前后，该书的德国作者找来了，开始我们有点担心：莫不是版权问题？后来陈去恶同志找我要这本书（当时没有稿费，每人有 9 本书），才知道原书作者很希望得到该书中译本。由于书的署名是中国科学院生物物理研究所一室二组，也没有"具体姓名"，使德国作者找了很久。

岁月流逝，历史沧桑。如今 X 射线机退役了，建立的^{60}Co-γ 射线放射源消失了。昔日的故事可能逐渐被人们遗忘，但历史将告诉未来，辐射将继续是我们生活中一个重要因素，生物物理所的科学家和科研人员开展的辐射防护研究工作和创新精神，面对国家要求而无私奉献的爱国主义精神，依然让他们引以为荣。

请记住他（她）们的名字，当年曾参加辐射防护研究工作的老师和同事：陈德崇、沈淑敏、刘球、陈去恶、严国范、马淑亭、李玉安、袁志安、曹恩华、宋树珍、陈凤英、张桐、李根宝、王克义、张茵、徐国瑞、周启玲、伊虎英、宋兰芝、韩玉春、潘宗耀、李景福、洪鼎铭、贾先礼、樊蓉、陈采琴、张树林、甘大清、……

作者参阅了相关科技档案材料，结合自己的所见所闻写成此文，在辐射防护研究领域的某些方面可能还有一些值得介绍的研究成果。由于时间较长，加之人员变动，限于本人能力，如有遗漏请谅解。

作者简介：曹恩华，男，1940 年生，江苏泰州人，研究员，博士生导师。1965 年上海医科大学毕业，同年到中国科学院生物物理研究所工作。曾任细胞生物物理研究室主任，国家自然科学基金委员会生物物理学科评审组成员，国家科技部相关项目评委。享受国务院政府津贴。1981 年在美国布鲁克海汶国家实验室工作三年。从事 DNA 损伤与修复、辐射生物学和纳米生物学等研究。主持和参加国家基金委重点课题、中国科学院重大项目、"973"计划等 10 多项。在国内外期刊上发表论文 180 余篇。合译《分子放射生物学》、合著《DNA 结构多态性》和《现代药理方法学》等。参加的工作曾分别获中国科学院重大科技成果奖、科技进步奖一等奖、二等奖和自然科学奖三等奖；湖南省自然科学奖三等奖。曾任中国生物物理学会环境与辐射生物物理委员会副主任，北京生化学会常务理事。《化学通报》副主编，《生物物理学报》等编委。现任《激光生物学报》副主编，《生物化学与生物物理进展》常务编委等。

忆生物物理所内照射毒理学小组的创建与发展

程龙生

一、内照射毒理学小组的组建

1959 年秋，我由中国科学院上海有机化学研究所调到北京生物物理所。时正值生物物理所筹建期间，各个室组均成立不久。当时研究所接受了国家任务，为发展原子能事业的需要，1958 年 10 月创建成立了放射生物学研究室（一室），制订了一套科研计划，从辐射的原初反应做起，研究内容包括辐射对动植物机体的急性和慢性辐射效应、辐射防护、辐射剂量和放射生态。我当时分配在放射生态学大组内，组长是李公岫同志。放射生态学的研究重点是了解北京地区和全国重点本底站生物样品中放射性的污染情况，以及主要放射性物质进入动物机体后的危害。为了开展放射生态学的研究，在大组内成立了内照射毒理学小组，由我负责组建，课题的设计在李公岫领导下进行。内照射顾名思义就是放射源在机体内的照射，内照射毒理学就是研究放射性物质进入生物机体后对机体造成的损伤。内照射小组中大学毕业生最初除了我之外还有郑若玄。郑若玄是学生物的，我是学化学的。其余的人员是技术人员，包括复员军人和中专毕业生。那时我们很年轻，听说要承担国家任务，感到很光荣，都积极参加，也没有过多考虑个人安危和名利。

当时大组长李公岫同志首先派我去西安参加部队举办的放射性同位素训练班，学习数周后回所，再将学到的知识传授给小组里其他人。接着就配合李公岫同志开始筹建同位素实验室。最初我们在原微生物所大楼四层西边的实验室中辟出尽头的几间实验室，改装为同位素实验室，在走廊外面装了一道门。外面几间为普通实验室和工作人员办公室。同位素实验室分为同位素操作室、样品测量室、动物饲养室和工作人员洗澡间。所有房间墙壁都刷有油漆的，实验台都是用塑料布裹上的，以便于清洗。废物专门收集处置。实验室虽然简陋，但基本符合当时一般放射性同位素实验室防护条例的规定。后来才搬迁到物理所附近建有钴源的实验室。

有了实验室，接下来就是选题问题。当时我国还未进行核试验，而美国、英国、法国和苏联已进行频繁的核试验。放射性落下灰在全球广泛扩散，对人类造成的危害，引起了中央领导的高度重视。国家对生物物理所下达了任务，要求了解全国各地放射性落下灰的污染情况。因此生物物理所接受国家任务后，在全国建立了18个放射性本底调查工作站，调查放射性落下灰的污染情况，测定在农作物和土壤等样品中锶-90和铯-137等（这些是放射性落下灰中危害最大的放射性核素）放射性物质的含量及其生态循环。

我们知道核爆炸能够产生大量的放射性落下灰，灰里含有不同的放射性核素。这些放射性落下灰进入云层，通过干、湿沉降形式，扩散到广阔的地域，造成土壤、农作物和水源污染，空气也被污染。放射性物质通过呼吸和沾污的食物及水或者通过破损的皮肤进入人体，在体内蓄积而造成体内的放射损伤（短期的和长期的危害）。内照射不同于外照射，内照射是由放射性物质（放射性核素）在体内滞留时不断放出射线，像一个照射源持续不断地对机体进行照射，直到放射性核素全部衰变完或全部从体内排出，才会停止对机体的照射。放射性核素对机体损伤的程度，一是取决于放射性核素所放出射线的电离密度大小（α衰变的核素对机体的损伤最大，β和γ衰变的核素次之），二是取决于核素的理化特性。不同的放射性核素，由于其理化特性各异，进入体内的途径以及体内的吸收量、积聚部位和排泄速度均不同，差别较大。有些放射性核素选择性地蓄积在某些器官（即所谓的"靶"器官）内，造成这些器官的损伤。例如，亲骨性核素（锶-90、镭-226、钚-239）沉积在骨骼中，对骨髓造血功能以及骨骼本身造成严重损伤，而且还能诱发骨肿瘤。沉积在网状内皮系统的核素（钋-210、钍-232、铈-144）则对肝和脾的损伤较厉害，能引起中毒性肝炎，严重的还会诱发肝肿瘤。亲肾性核素（铀-238、钌-106）可造成肾脏损伤，出现肾功能不全。有些放射性核素的放射性虽弱，但其化学毒性大，进入体内对机体造成的损伤也很严重。

在核爆炸的放射性落下灰中，锶-90是较晚期的产物，具有代表性。因为它是铀裂变产物中产额较高的放射性核素，而且它的半衰期较长，又是亲骨性核素，所以对人体的危害较大。我们选择锶-90作为研究对象，在一定程度上可以反映放射性落下灰对动物机体的危害。选择锶-90的另外一个原因是从单一的放射性核素着手，也比较简便。

如上所说，锶-90是亲骨性核素，它进入人体后，牢固地沉积在骨骼里，形成一个放射源而长期不断地辐射，使骨组织受到严重的放射性损伤，甚至形成骨癌，导致死亡。因此，如何将锶-90从机体内排除是一个重要研究课题。要想从体内排除锶-90，首先应对锶-90进入体内的途径有所了解，即了解锶-90进入体内是如何分布、积聚、转移和排出的。为此，我们分阶段进行研究。首先，将放射性锶单次（一次）注入动物体内，了解锶-90在体内分布、吸收、积聚、转移和排泄的规律。其次，让动物长期摄入锶-90，了解其排泄规律以及靶器官受损情况。最后，了解放射性锶-90长期积蓄在骨骼中以后，如何诱发骨肿瘤。为了减轻锶-90对生物机体的损伤,我们也摸索了一些促排的方法。

除了研究单一的放射性核素锶-90 对动物机体造成的损伤,为了配合核爆炸现场生物机体遭辐照后的远后效应研究,我们还在实验室开展了铀裂变产物对动物机体损伤的研究,模拟早期放射性落下灰的危害。

二、研究工作的回顾

(一)单次引入锶-90 在体内的分布、转移和排出 (1959 ~ 1960 年)

我们给大白鼠一次腹腔注射放射性氯化锶 ($^{90}SrCl_2$) 水溶液,其放射性强度按照体重而定,每 50 克体重为 1 微居里。然后,在不同时间观察锶-90 在体内各组织的吸收、分布和排出的情况。

实验动物在注入锶-90 后,分别于 10 分钟、20 分钟、30 分钟、1 小时、3 小时、6 小时、24 小时和 72 小时后杀死,取出股骨、肝脏、脾脏、肾脏和大腿的全部肌肉。把所有这些组织制成样品,测定其放射性强度。同时测定标准样品的放射性强度,经过计算,得到锶-90 同位素在各组织内的分布结果(表 1)。

表 1 腹腔注射后锶-90 在大白鼠各组织内的分布

动物数目	注射后杀死时间	各组织内所含放射性强度,注射剂量的百分数/克 组织					
		血液	脾脏	肾脏	肝脏	大腿肌肉	股骨
3	10min	0.66±0.01	0.66±0.01	0.85±0.15	0.43±0.03	0.24±0.02	2.34±0.18
2	20min	0.31±0.12	0.11±0.01	0.41±0.14	0.15±0.07	0.14±0.04	2.48±0.81
8	30min	0.24±0.04	0.21±0.02	0.42±0.03	0.13±0.01	0.13±0.01	3.80±0.51
5	1h	0.20±0.03	0.16±0.02	0.35±0.05	0.09±0.01	0.13±0.01	5.06±0.86
8	3h	0.07±0.01	0.04±0.01	0.10±0.01	0.04±0.01	0.06±0.01	5.39±0.66
9	6h	0.03±0.01	0.02±0.01	0.05±0.01	0.01±0.01	0.05±0.01	4.85±0.81
9	24h	0.01±0.01	0.01±0.01	0.01±0.01	0.01±0.01	0.01±0.01	4.01±0.31
9	72h	0.003±0.01	0.002±0.01	0.006±0.01	0.003±0.01	0.01±0.01	3.79±0.43

由表 1 可以看出,注射后 10 分钟锶-90 已经分布在血液、脾脏、肾脏、肝脏、肌肉和股骨等组织中,在股骨中积聚的锶-90 已经相当多,占注射剂量的 2.34%。注射后 20 分钟,软组织所含有的锶-90 的量显著下降,肌肉和肾脏的放射性强度比 10 分钟时降低了 50%,脾脏的放射性强度则降低了 84%。随着时间的延长,血液、脾脏、肾脏、肝脏和肌肉等软组织所含放射性强度继续递减。而股骨却正好相

反，随着时间延长，放射性强度递增。在注射后 3 小时，股骨中锶-90 含量达到最高值，约为注射剂量的 5.39%，而此时软组织和血液中放射性强度已经降低到注射剂量的 0.1%。可是注射后大约 6 小时，股骨内锶-90 含量开始减少，到注射后第 3 天（72 小时），股骨中锶-90 已经递减到注射剂量的 3.8%。此时血液和软组织内的锶-90 含量已极少。

至于锶-90 进入动物机体后排出的情况见表 2。在大白鼠注射后前两天内，粪便和尿液的放射性强度占 7 天排出总量的 38%，随粪便排出的锶-90 的量又比尿液中的稍多。随着注射后时间的延长，排出的放射性强度迅速下降，到第 7 天粪便和尿液中残留的放射性已经不多了。

表 2　腹腔注射锶-90 后 7 天内排出的情况

动物数目	注射后杀死的时间/天	锶-90 的排出量，占注射剂量的百分数		排泄物中锶-90 的排出量，占总排出量的百分数	
		粪便	尿液	粪便	尿液
7	2	15.32±1.38	15.40±1.42	38.20	38.40
7	4	3.26±0.90	1.28±0.09	8.13	3.20
7	6	2.15±0.11	0.58±0.13	5.36	1.45
7	7	1.76±0.38	0.35±0.18	4.39	0.87
总计		22.49±2.77	17.61±1.72	56.08	43.92

为了进一步了解锶-90 在组织内的定位，我们采用了放射自摄影技术。放射自摄影技术的原理是将放射性同位素标记的化合物注入生物体内，经过一段时间后，将动物或动物组织标本制成切片或涂片，涂上碘化银乳胶。经过一定时间的放射性曝光，组织中的放射性即可使乳胶感光。经过显影和定影处理，显示被还原的黑色银颗粒，就可以知道标本中同位素标记物的准确位置和数量。此方法可用来研究放射性同位素在机体、组织和细胞内的分布、定位、排出以及合成、更新、作用机理、作用部位等，是一种很有用的工具。此方法是我们在国内最早建立的，并且应用于科研工作中。

我们使用放射性自摄影技术观测锶-90 在机体内的分布。大白鼠经腹腔注射锶-90（1 微居里/50 克体重）后，分别于 3.5 分钟、5 分钟、15 分钟、30 分钟、1 小时、3 小时、6 小时、24 小时、72 小时及 168 小时杀死，取出股骨、胫骨、趾骨、门牙和脊椎骨等，同时也取出了肝、肾、肺、腱、腹肌、静脉管、横膈膜、耳朵等软组织。在注射锶-90 后 3.5 分钟，经过放射自摄影就已经可以观测到这些软组织样品有清晰的潜影。其中以静脉管的潜影最强，肌肉次之。从这些放射自摄影照片中可以看到，凡是血管较多或较粗的区域，潜影都比较强（图 1a）。在同一时期的门牙、股骨和头盖骨等骨组织中也可以观察到潜影的出现。不过，与软组织相比，它们所含有的锶-90 显然少得多。这说明注射后 3.5 分钟，锶-90 虽然已经迅速进入到机体的各组织中，但主要还是在血液中。注射后 15 分钟（图 1b）及 168 小时（图 1c、d）的骨组织放射自摄影，都清楚地显示锶-90 在骨骼内积聚，比 3.5 分钟所得到的放射自摄影潜影要强得多。随着时间的延长，软组织放射自摄影的潜影越来越弱，到 168 小时时软组织的潜影不再出现。而此时骨组织的潜影已经很强，这说明大部分锶-90 已经由血液和软组织转移到骨组织中。但是锶-90 在骨组织内的分布是不均匀的，主要积聚在疏质骨部分和硬质骨及关节部分。骨骺的含量相当高，这表明锶-90 在那里选择性积聚。

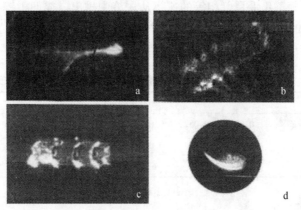

图 1　a：静脉管放射自摄影图片（注射后 3.5 分钟杀死）；b：脊椎骨放射自摄影图片（注射后 15 分钟后杀死）；c：脊椎骨放射自摄影图片（注射后 168 小时杀死）；d：门牙放射自摄影图片（注射后 168 小时杀死）

　　从物理测量和放射自摄影所得到的结果均证明：锶-90 进入机体后迅速参与血液循环，随后分布于机体各组织中，并且很快从软组织转移到骨组织，最后牢固地定位于骨组织（包括牙齿）内。

（二）长期摄入小剂量锶-90 对机体的影响（1966～1970 年）

　　我们已经研究了将锶-90 一次性腹腔注射到大白鼠体内，其在体内的分布、积聚、转移和排出的情况，那么锶-90 多次长期地进入到体内的情况又将如何呢？锶-90 是亲骨性核素，它进入机体后主要沉积在骨骼中，并且在那里不断地照射，使骨骼受到损伤。骨骼受照时，骨髓首当其冲受到伤害。骨髓是造血器官，骨髓细胞受到辐射所引起的变化应能够反映机体的损伤程度。因此我们选择了骨髓细胞、血液细胞化学和一些有关的生化指标来探讨长期摄入小剂量锶-90对动物机体的影响。

实验采用的是雄性大白鼠。大白鼠饮水中每天加入锶-90（$^{90}SrCl_2$）0.43微居里/千克体重。整个实验进行16个月，在摄入锶-90后第7天、15天、1个月和2个月各检查一次，所检查的指标为：①每周收集粪便和尿液，分别测量其放射性强度，观测排出规律；②血液学检查，包括白细胞计数及血红蛋白测量；③骨髓细胞检查，作分类计数及红细胞和粒细胞的分裂指数；④测定白细胞荧光和碱性磷酸酶活力；⑤测定血清谷丙转氨酶及血球谷草转氨酶的活力；⑥测量睾丸重量及体积。

在整个实验期间，骨骼中锶-90存留量和骨组织的吸收剂量是随摄入时间和摄入量的增加而增加的（表3）。我们观察了34周粪便和尿液内排出锶-90的情况（图2）。尿液中锶-90的排出在很短时间内就趋于稳定，这说明肾脏中锶-90的积聚量很快达到平衡，几乎是以相等的速率从尿液中排出。粪便中锶-90的排出在20周内是随摄入量的增加而增加，以后随时间的延长而递减。相比之下，摄入的锶-90主要由粪便排出。

表3　摄入不同时间后锶-90在骨骼中的存留量和骨组织的吸收剂量

时间/月	2	4	6	8	10	12	14	16
锶-90摄入量/(μCi/g)	0.026	0.052	0.078	0.0103	0.130	0.155	0.181	0.207
锶-90存留量/(μCi/g)	0.022	0.044	0.067	0.088	0.11	0.131	0.153	0.174
吸收剂量/rad	7	28	63	114	172	248	337	439

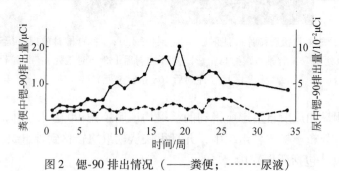

图2　锶-90排出情况（——粪便；------尿液）

血液学方面的检查结果表明：长期摄入锶-90，白细胞总数略有增高，但不随剂量增加而变化。血红蛋白的含量均在正常范围内，波动不大，不受剂量的影响。同时观测到骨髓细胞分类及其形态发生变化。实验组的单核细胞百分数与巨核细胞百分数比对照组的要低，而淋巴细胞和浆细胞百分数则较对照组的稍高。红细胞与粒细胞两组间没有明显差别。骨髓红细胞分裂指数在实验期间也没有明显变化，而粒细胞分裂指数在摄入锶-90后第2～8个月明显低于对照组，以后变化有起伏。

骨髓细胞在摄入锶-90后出现畸形，实验组的畸形细胞数明显高于对照组。在畸形细胞中，又以双核细胞，尤其是核出芽细胞（包括核棘突）较对照组有明显增高，但其变化并不随剂量的增加而递增。

长期摄入锶-90后白细胞碱性磷酸酶的活力一般比对照组的稍高，但其变化与摄入时间的长短，以及累积剂量的大小均没有相关性。血清中谷丙转氨酶和血球谷草转氨酶均无显著变化，睾丸重量和体积也无变化。

骨髓是造血器官，骨髓发生变化的程度和照射剂量有关。照射剂量小，对造血细胞的影响小；剂量越大，造血细胞所受的损伤就越大。骨髓被破坏后，若保留有足够的造血干细胞，则能够重新造血，进行恢复。否则造血功能因不能自行修复而发展成为骨髓型放射病。

（三）锶-90诱发小白鼠肿瘤的形成（1974～1976年）

电离辐射对动物机体长期照射可诱发肿瘤、促进衰老及缩短寿命等远期效应。因为锶-90是亲骨性核素，而且危害较大，所以我们选用它作为内照射源，长期作用于动物，以了解辐射致癌过程。采用日本ICR/JCL纯系小白鼠作为实验动物（干扰因素少）。对一个月龄的小鼠，在腹腔一次注射1.0微居里/克体重的锶-90。实验组共用75只小鼠，其中55只用来观察肿瘤发生，20只用于观察骨髓有核细胞数、白细胞数，以及脾脏、胸腺和淋巴结重量的变化。对照组所用的动物数目与实验组动物数目相同。

在两年的实验期间，实验组白细胞总数都较对照组为低，骨髓有核细胞数也普遍比对照组的低。这说明锶-90进入体内沉积在骨骼中，使骨髓细胞受到损伤，骨髓有核细胞数因此减少，白细胞的生成也受到影响。不过，实验组动物脾脏、胸腺及淋巴结重量的变化不是很显著。

55只实验动物在2年内共有26只发生肿瘤，肿瘤发生率为47.2%。表4为诱发肿瘤的时间及其部位，其中有3只动物在不同的部位并发2个肿瘤，有3只动物的肿瘤在淋巴系统，其余的在骨组织（除去舌头上有1个肿瘤外）。淋巴系统的肿瘤发生时间一般早于骨组织肿瘤。对照组动物没有发现肿瘤。

表4　锶-90诱发ICR/JCL小鼠肿瘤的部位及时间

肿瘤部位	例数	诱发时间/天	肿瘤部位	例数	诱发时间/天
淋巴系统	3	116、148、409	尾脊骨	3	317＊、321＊、329
脊椎	2	203、371	颌骨	5	338、345、353、397、493
骨头	1	266	盆骨	2	397＊、408
四肢	11	241～656	眼眶	1	412

＊与其他部位并发；1例在舌部；2例在四肢。

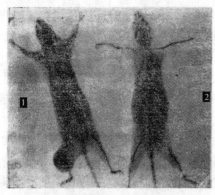

图 3　ICR/JCL 小鼠 X 射线照片
1. 注射锶-90 的小鼠；2. 对照小鼠

我们任意拍摄了骨组织有肿瘤小鼠的 X 射线照片（图 3），发现骨质有破坏，有些已经发生病理性骨折。

在 26 只患肿瘤的动物中，取其中 15 只进行肿瘤病理组织学的检查。根据细胞组织形态的变化，并且结合外围血象的改变来判断，可以认为其中 2 例是淋巴细胞白血病。另 1 例是淋巴肉瘤，因为肿瘤细胞限于淋巴结，脾脏是正常的，结构完整。其余 12 例的动物肿瘤全是成骨肉瘤，其中 2 例兼有 2 处肿瘤，均发生在尾脊骨。成骨肉瘤发生的部位有 6 例在四肢、4 例在下颌骨、1 例在头骨、1 例在眼眶、2 例在尾脊骨（与其他部位并发）。根据病理组织学的检查结果，这 15 例肿瘤均为恶性肿瘤。

此外，我们将诱发出淋巴白血病肿瘤的小鼠脾脏、淋巴结和胸腺取出，用生理盐水研磨制成匀浆，再注射到 5 ~ 6 周同窝 4 只小鼠的腹腔中，经过 40 天后，发现其中 2 只小鼠的脾脏、胸腺及淋巴结均肿大。被接种肿瘤细胞的 4 只小鼠中有 3 只的脾脏、胸腺及淋巴结组织被肿瘤细胞浸润，组织结构已被破坏消失，其变化与供鼠（锶-90 诱发淋巴细胞白血病的小鼠）的相同，同样是淋巴细胞白血病。这说明锶-90 诱发的淋巴细胞白血病是可以移植的，是恶性肿瘤。

（四）从体内促排锶-90（1960 ~ 1962 年）

实验证明骨组织对锶-90 的吸收很迅速，并且很牢固，这可能与骨组织的成分有关。例如，大白鼠正常骨骼中的化学组成中，无机盐部分就占 70.9%，而骨骼的无机盐部分主要是由钙和磷酸盐组成的，它们构成骨骼的晶体结构。骨组织的晶格具有羟基磷灰石的结构，在骨组织中固相钙离子和液相钙离子进行离子交换时，晶格的结构是没有变化的。锶的化学性质和钙的化学性质很相似，它们的离子半径也比较接近，因此锶能够迅速地和羟基磷灰石结构表面上的钙离子进行异种离子交换。通过离子交换过程，锶就逐渐渗入骨晶格深处，参与骨骼的组成。

为防止锶-90 对人体健康的危害，应该尽可能阻止它的入侵，减少它的危害。若锶-90 不小心进入人体内，就必须加速排除。为使促排得到理想的效果，除了解钙与锶的特性外，还须充分了解骨组织的理化特性及其生理状态、无机盐的代谢和调节等问题。

为了解决锶-90 的促排问题，我们开展了对锶-90 从体内促排的研究，从以下三个方面进行。

1. 使用药物或其他物质促排

当时文献中大多数采用螯合剂、吸附剂或离子交换剂与锶-90结合，或用催吐等办法，减少它沉积在骨骼中的机会。我们综合了多种方法，采取合并用药，设计了数十种方案，取得了一些较好的效果。例如，事先用稳定性锶或氯化铵喂食，或喂食低磷高钙的食物，来改变机体内血清磷酸钙的平衡，以加强骨质的分解代谢，或抑制骨质的合成代谢，使钙大量释放，当放射性锶进入后，再用药物处理。这样可以减少锶-90在骨骼中22%~65%的沉积，促排效果还是很明显的。但是这仅仅是初步的研究，若要应用于临床，还需要进行大量的工作。

2. 提高机体的生理机能和新陈代谢

苏联院士费拉托夫创建的组织埋藏法，当时在医学界引起广泛的注意，在临床上应用治病取得良好效果。其原理是组织埋藏物在机体内形成一种持续而稳定的刺激，可以提高机体应激能力和免疫功能。有些以埋藏物作为抗原，刺激机体产生相应的抗体达到治病的效果，我们尝试用这种机理来加速锶-90的促排。组织埋藏物除了能够增强机体的抵抗力外，它本身还能吸收一部分的放射性物质。我们先选用了动物的脾脏和肝脏作为埋藏物，后来又考虑到锶-90是亲骨性核素，选用了骨粉、活性炭、乌贼骨和茶枝碎片作埋藏物。对动物注射锶-90后，在其皮下埋藏以上这些物质，同时给予药物治疗，经过一段时间将实验动物杀死，观察锶-90的吸收。实验结果显示，虽然埋藏物本身吸收一部分锶-90，吸收量的多少随埋藏物的不同有显著差别，但是组织埋藏法的整个实验对锶-90的促排效果不理想。

3. 物理因素处理

利用一些物理手段来刺激动物，使其通过神经传导和体液调节去调整脏器的机能状态，看能否促进锶-90从体内排除。我们先后试验过电火花（手枪式）、负离子（真空高频电火花发生器）、土超声（频率30 000次/秒）、磁场（1000高斯）和脉冲（900次/秒）5种物理因素。在动物注入锶-90之前和之后进行物理因素的处理，或者只在注入锶-90之后进行物理处理。结果显示，用这些物理因素处理方法将锶-90从机体内促排没有显著效果。

经过以上多种方法试验，只有药物对锶-90促排的个别试验效果明显，但是这只是初步试验结果，还有待更详细的研究才能下结论，其他方法效果不理想。因此试验没有继续进行。

（五）早期铀裂变产物对狗的损伤（1970~1972年）

核爆炸产生大量放射性落下灰，可使地面和河流受到污染，进入人体造成严重的危害。生物物理所当时接受了国家任务，需要了解核试验对机体造成的损伤，以便为制定防护措施提供有利依据。为此，所领导组织了一批人员到核试验现场布放一些动物，在核试验结束后将动物运回研究所进行长期观察，研究核辐射的远期效应。另外，生物物理所又组织一些从事放射化学、放射生物学、内照射毒理学和辐射剂量学的人员，成立一个小组来探讨早期铀裂变产物对狗机体的辐射效应。也就是在实验室模拟放射性落下灰，对动物的辐射效应进行研究。

我们考虑到核试验不会经常进行，在实验室长期系统地研究落下灰对动物的危害不一定非用落下灰，可以用早期铀裂变产物来代替。因为早期铀裂变产物水溶液与早期放射性落下灰水溶液中所含核素的组成及百分含量是近似的，所以我们使用经过中子照射八氧化三铀（U_3O_8）后的裂变产物水溶液来模拟早期放射性落下灰。用它饲喂动物，研究其对动物机体的损伤，以了解放射性落下灰内照射损伤的一些特点。至于试验用的动物，前期试验我们用过大白鼠，长期试验则改用狗。

早期铀裂变产物的制备过程如下：将天然八氧化三铀密封在石英管内，放在反应堆中，在中子通量为 2.1×10^9 ~ 2.6×10^9 秒$^{-1}$ 厘米$^{-2}$，功率为 10^4 千瓦的条件下，照射时间为 24 ~ 32 小时。铀裂变产物是多核素的混合物。根据分析，早期铀裂变产物"冷却"4 ~7 天后，含量较大的核素有镎-239（^{239}Np）、碘-131（^{131}I）、碘-133（^{133}I）和钼-99（^{99}Mo）。我们的试验是在照射后冷却 3 天才开始的，开瓶后铀裂变产物用蒸馏水溶解，并在 35 ~40°C 保温 4 小时，供实验动物用。铀裂变产物水溶液的放射性强度为 406 微居里/毫升。将裂变产物溶液掺和在狗的食物中，一次饲喂。实验动物共分三个剂量组：16 毫居里组 2 条狗，4 毫居里组 4 条狗，600 微居里组 3 条狗。另外还有 3 条狗分别饲喂单一核素，作为体外测量的活体刻度校准用：1 条狗喂 3.1 毫居里的镎-239，1 条狗喂 207 微居里的钼-99，1 条狗喂 400 微居里的碘-131。此外还有 3 条狗作为试验对照组。

由于裂变产物溶液含有多种放射性核素，它们在动物体内有不同的代谢情况，所产生的内照射剂量也很不相同。为了更好地了解内照射剂量和生物效应之间的关系，我们对主要放射性核素所产生的内照射剂量做了测量和估算，列在表 5 内。

表 5　几种主要核素对实验狗和刻度狗产生的内照射吸收剂量　（单位：拉德）

放射性强度	主要核素 器官名称 动物编号	镎-239 肠道	钼-99 全身×10^{-2}	碘-131 全身	碘-131 甲状腺×10^4	碘-133 全身	碘-133 甲状腺×10^3	体表 γ 剂量 睾丸
16mCi 裂变产物	1	9.62	7.40	0.80	2.10	0.28	1.61	1.20
	2	12.67	8.30	1.20	2.12	0.40	1.96	1.50

续表

放射性强度	动物编号	镎-239 肠道	钼-99 全身×10⁻²	碘-131 全身	碘-131 甲状腺×10⁴	碘-133 全身	碘-133 甲状腺×10³	体表γ剂量 睾丸
4mCi 裂变产物	3	2.21	2.90	0.40	0.49	0.11	0.45	0.30
	4	2.32	3.80	0.21	0.52	0.08	0.48	0.28
	5	1.87	2.00	0.24	0.52	0.09	0.48	0.26
	6	2.00	3.40	0.23	0.78	0.09	0.72	0.29
0.6mCi 裂变产物	7	0.51	0.34	0.05	0.14	0.02	0.13	0.07
	8	0.59	0.20	0.11	0.08	0.03	0.07	0.08
	9	0.47	0.30	0.06	0.11	0.02	0.10	0.06
3.1mCi 镎-239	10	2.73						
207μCi 钼-99	11		21.00					
400μCi 碘-131	12			1.70	1.46			

铀裂变产物中镎-239含量最高，但是它的有效半排出期（指动物脏器内放射性核素由于生物代谢和物理衰变总放射性强度减少一半所需时间）很短，裂变产物原液喂入狗机体后，第一天就排出98%～99%的镎-239。钼-99和碘-133的有效半排出期也比较短，只有一天左右，因此几天后体内的存留量已经很少。但碘-131的有效半排出期最长，其全身存留量在几天内变化较小，动物喂食后第一天就很快聚集在甲状腺里，所以对甲状腺造成的危害较大。

实验共进行了13个月，观测了一系列生物指标，其中包括白细胞计数和分类、中性白细胞吞噬功能测定、血清谷丙转氨酶活力测定、精液检查、生育能力、大体观察、甲状腺机能测定及甲状腺组织观察等。狗受照射后，除了生育能力和甲状腺有明显的损伤外，其他的生物指标没有显著变化。

受照射后狗的生育能力和甲状腺的损伤的情况如下：3个剂量组大部分试验狗在喂入裂变产物溶液7个月后与正常雌狗进行交配繁殖，所有交配的雌狗均怀孕生育。怀孕期都是2个月左右，产期没有提前或推后的情况。所生子代数目不一，有的是1胎7只小狗、有的是5只、仅有1只狗是1胎1只小狗，详情见表6。存活的小狗生长良好。用于交配的受照射雄狗中有一特例，即16毫居里剂量组的2号狗。第一次与正常雌狗交配，生下的 5 只小狗全部死亡。这是否是由于 2 号狗所受内照射剂量大而引起的？从表 5 的结果来看，2 号狗睾丸体表剂量仅 1.5 拉德，其精液检查结果也正常。而且该狗在间隔 2 个月后，又与另一条雌狗交配，生下的 2 只小狗均正常，生长情况良好。死胎的出现还难以肯定是受内照射剂量的影响。

表 6 实验狗的生育情况

实验狗受的剂量	动物编号	实验狗中毒到交配的时间/天	怀孕时间/天	所生仔数		存活情况
				雄	雌	
16mCi	1	208	61	4	1	生下 11 个月后死亡 1 只
	2	228	64	雌雄共 5 只		生下 5 只死胎
	3	342	63	2		全部存活
4mCi	4	201	63	2	4	全部存活
	5	224	66	4	3	生下不久，死亡 2 只
	6	284	65	4	1	先后全部死亡
600μCi	7	264	62		1	生下 2 个月后冻死

　　根据放射化学分析及代谢规律的情况，早期铀裂变产物中能够引起内照射生物效应的核素是放射性碘-131，主要损伤的器官是甲状腺。对甲状腺机能测定的结果表明，仅 16 毫居里的 2 号狗甲状腺吸碘率低于对照组，其他实验组动物之间没有明显差异。至于反映甲状腺机能的其他指标，如红细胞摄取三碘甲状腺原氨酸的能力及血清中胆固醇含量，实验组和对照组之间没有显著差别，均在正常范围内波动。但是，甲状腺的组织形态是有变化的。甲状腺出现不同程度的萎缩，而且随照射剂量的增大萎缩程度增强（表 7）。最明显的是 16 毫居里组的 2 号狗，其甲状腺萎缩严重，左侧甲状腺重量为 0.2 克、右侧为 0.1 克。同剂量组另一条狗的两侧甲状腺均为 0.6 克左右。单纯喂入 400 微居里碘-131 的那条狗，其两侧甲状腺也有萎缩，重量为 0.3 克左右。正常对照组的狗甲状腺重量一般在 1 ~2 克。从实验动物组间的比较，也看出甲状腺重量与体重之比是随剂量的增加而逐渐减少的。甲状腺组织结构也都有明显的改变（表 7），其表现是部分滤泡萎缩、体积变小，滤泡上皮细胞呈立方形或矮柱状，而且排列不规则，少数滤泡上皮细胞核固缩。随着剂量增大，这种变化表现更加明显。至于子代狗甲状腺形态的变化，只有 16 毫居里组子代狗甲状腺显微结构形态上有较明显的改变，其形态特征表现和 16 毫居里实验狗相似。

表7 甲状腺变化一览表

剂量	动物编号	甲状腺吸收剂量/拉德	甲状腺重/克		甲状腺重/体重（×10^{-4}）		组织学变化
			左	右	个体	组平均	
16mCi 裂变产物	1	2.23×10^4	0.61	0.63	0.61	0.40±0.21	部分滤泡有萎缩性改变，滤泡上皮细胞呈矮柱状或柱状，排列稍欠规则，少数散在的滤泡上皮细胞核浓染
	2	2.32×10^4	0.10	0.20	0.19		部分滤泡萎缩，体积变小，滤泡上皮细胞呈立方状或矮柱状，排列有些不规则，少数滤泡上皮细胞核固缩
4.0mCi 裂变产物	3	0.54×10^4	0.74	0.72	0.96	0.87±0.07	未见明显改变
	4	0.57×10^4	0.53	0.60	0.90		部分滤泡上皮细胞呈矮柱状或柱状，有散在的滤泡上皮细胞核浓染
	5	0.57×10^4	0.72	0.53	0.81		滤泡上皮细胞呈立方状，散在或稍重分布的核浓染的上皮细胞，仅见个别滤泡全部上皮细胞核固缩
	6	0.85×10^4	0.54	0.36	0.80		可见少数核固缩的滤泡上皮细胞
600μCi 裂变产物	7	0.15×10^4	0.90	1.10	1.13	1.78±1.18	未见明显改变
	8	0.09×10^4	0.62	0.60	1.06		少数零星的核固缩上皮细胞
	9	0.12×10^4	1.90	2.10	3.14		上皮细胞呈立方状，有散在核浓染的上皮细胞，右侧甲状腺有区域性滤泡纤维化，个别滤泡解体
3.1mCi 镎-239	10		1.21	1.12	1.66		未见明显改变
207μCi 钼-99	11		1.06	1.01	1.80		未见明显改变
400μCi 碘-131	12	1.46×10^4	0.35	0.26	0.54		部分滤泡萎缩，体积变小，滤泡上皮细胞呈柱状，少数滤泡上皮细胞核固缩
对照组	13		1.22	1.16	1.56	1.86±1.16	未见明显改变
	14		0.57	0.41	0.87		上皮细胞呈立方状，少数滤泡上皮细胞核固缩，排列稍疏松
	15		2.27	2.74	3.13		

鉴于当时仍在"文化大革命"期间，实验条件有限，人力也不够，不能饲养很多狗，所以整个实验所用的狗数目太少，当实验组和对照组结果的差异不大时，不能用统计学处理，难以下结论。我们只能将观测到的现象在此描述，为此感到遗憾。

根据我们的实验结果以及早期铀裂变产物的特点，我们建议将研究早期放射性落下灰的内照射损伤的重点应该放在甲状腺损伤有关的指标和甲状腺损伤的远期效应上。

三、感　言

生物物理所内照射毒理学小组的创建和发展（1959～1976年）共经历了17个春秋。在这期间研究组从小到大，随着任务的需要和研究工作的深入，研究人员由4人或5人发展到20多人，逐步形成一支为祖国做贡献、不计较个人名利、不怕艰苦的科研队伍。当时由于任务本身的综合性，需要多学科的专业人才相互渗透、相互协作、打破学科和组别之间的界限，大家齐心协力共同制订计划、改进工作，因此工作比较融洽。有了这样的大协作，才能够圆满完成国家任务。

在建所初期，因国际与国内形势需要而成立的放射生物研究室发展到6个大组，共百余人，是全所规模最大的研究室。后来分为两个研究室，10多年来为国家做出卓越贡献。此后随着研究所的结构方向调整，放射生物学研究室改为辐射生物物理学研究室，主要研究电离辐射对生物大分子物理化学性质的影响。至此，内照射毒理学的研究告一段落。

最近在《健康时报》（2008年12月25日）上看到一篇报道，让我心情久久不能平静。起因在于1992年白俄罗斯政府请求中国提供传统医药的国际主义援助，治疗慢性放射病。这是因为1986年苏联的切尔诺贝利核电站（距离乌克兰和白俄罗斯的边境线只有16公里）发生反应堆爆炸和核泄漏，由于风向的关系，据估计约有60%的放射性物质落在白俄罗斯的土地。带有放射性物质的污染物还扩散到北欧、东欧和西欧，最远扩散到美国东海岸。切尔诺贝利核电站发生爆炸当场造成4000多人死亡，至今放射性还在伤害当地居民。乌克兰就有250万人因切尔诺贝利核电站事故而身患各种放射病，其中包括47.3万儿童。最常见的病是甲状腺疾病、造血功能障碍、神经系统疾病及恶性肿瘤等，那里刚出生的婴儿就患上甲状腺癌，还有很多孩子脖子上都有两个刀疤，那是为避免甲状腺恶变致癌转移到别的器官中去，预先把核污染最早破坏的器官甲状腺切除。在中国医疗队的帮助下，当地不少慢性放射病患者出现了好转。虽然20多年过去了，当年的城镇至今仍空无一人，街道荒凉凋敝，令人触目惊心。放射性污染仍在继续威胁着白俄罗斯、乌克兰和俄罗斯约800万人的生命和健康。据估计，切尔诺贝利核电站事故的后果将延续很久。

　　此外，日本至今还存在地球上独一无二的特别医疗中心——广岛原子弹医院，收治着大量"原子弹复合症"，如智力低下、染色体畸变的不育症、癌症、白血病、复合骨髓瘤，以及其他罕见的血液病等慢性病变的患者。虽然距离美国 1945 年在广岛和长崎投下两颗原子弹已经过去了 60 多年，然而核战争带给人类的灾难远没有结束。

　　以上事件让我联想到目前为了避免石油天然气的匮乏和温室效应，核能的利用又有大的发展，随之而来的核泄漏风险也在增大，美国、苏联、法国和日本先后发生过核设施事故。时至今日，日本福岛核泄漏已经一周年，人们仍然对年累积当量剂量低于 100 毫希沃特（mSv）的安全范围心有疑虑，因为没有先例可循。今日人们对建筑用石料中的天然放射性也认识不足，已经出现不少室内氡气引发的白血病。还有些旅游景点甚至宣传含氡气的温泉对身体有益。这都说明放射生物学在低水平远期效应方面还有许多工作需要深入研究，有关放射生物学的知识也需要普及。

　　名词解释

　　内照射毒理学（endoradiation toxicology）：主要研究放射性物质进入生物机体后在体内的分布、代谢和排泄规律，对机体所产生的生物效应，特别是辐射对生殖、遗传物质的损伤、近期和远期效应（包括致突变、致畸及致癌），以及如何从体内加速排除放射性物质等。这些研究为接触放射性的人员制定安全剂量、卫生标准和防护措施提供科学依据。

　　放射性核素（radioactive nuclide）：核素是指具有一定数目质子和一定数目中子的一种原子。例如，原子核里有 6 个质子和 6 个中子的碳原子，质量数是 12，称为碳-12 核素，或写成 ^{12}C 核素。原子核里有 6 个质子和 8 个中子的碳原子，质量数为 14，称为碳-14 核素，或写成 ^{14}C 核素。核素有些是稳定的，如碳-12 核素；而有些核素是不稳定的，如碳-14 核素，它会随时间而衰变。一些元素的原子通过核衰变会自发地放出肉眼看不到也感觉不到的射线（α 射线或 β 射线，有时还放出 γ 射线），这些射线只能用专门仪器才能够探测到。元素的这种性质称为放射性。按原子核是否稳定，可把核素分为稳定性核素和放射性核素两类。一种元素的原子核自发地放出某种射线而转变成别种元素的原子核的现象称为放射性衰变。能发生放射性衰变的核素，称为放射性核素（或称放射性同位素（radioactive isotope））。

　　半衰期（half-life）：放射性同位素的衰变有快有慢，一般用"半衰期"来表示。放射性同位素的半衰期是指一定数量的放射性同位素原子数目减少到其初始值一半时所需要的时间。例如，磷-32（^{32}P）的半衰期是 14.3 天，也就是说，假使原来有 1000 万个磷-32 原子，经过 14.3 天后，只剩下 500 万个磷-32 原子了。半衰期越长，说明衰变得越慢；半衰期越短，说明衰变得越快。半衰期是放射性同位素的一个特征常数，不同的放射性同位素，它们的半衰期是不一样的，衰变的时候放射出射线的种类和数量也不一样。

　　核裂变（nuclear fission）：核裂变又称为核分裂，顾名思义，是由一个原子核分裂成几个原子核的一种核变化。核裂变是专指重的原子核分裂成较轻的原子核的一种核反应形式。只有一些质量非常大的原子核，如铀、钍等才能发生核裂变。这些原子的原子核在吸收一个中子以后会分裂成两个或更多个质量较小的原子核，同时放出 2 个或 3 个中子和很大的能量，而这些中子又能使别的原子核接着发生核裂变……这样裂变过程便能够持续进行下去。这种过程称为链式核反应。原子核在发生核裂变时，同时释放出巨大的能量，称为原子核能，俗称原子能。例如，1 千克铀-235 的全部核的裂变能够产生20 000兆瓦小时的能量（足以让 20 兆瓦的发电站运转 1000 小时），相当于燃烧 300 万吨煤所释放的能量。

裂变产物（fission product）：通常指原始裂变产物（即裂变碎片）及由它衰变或吸收中子而得到的子体和产物。裂变碎片是由重核在中子作用下裂变分裂而产生的，它们的原子序数和质量都不相同。原始裂变产物中，只有少数几种是稳定的核素，其他均为放射性核素。原始裂变产物共有 60 多种核素，可分为轻组和重组。轻组质量数为 66 ~117，重组质量数为 119 ~172。

参加工作的人员先后有：李公岫，程龙生，郑若玄，庞素珍，韩行采，严敏官，王锦兰，吴同乐，王志珍，宋兰芝，傅亚珍，郭绳武，姚敏仁，李殿君，李照洁，王仁芝，胡纫秋，陈元满，阎振海，唐品志，黄爱月，张仲伦，张志义，屠立莉，林桂京，刘成祥，薛良琰，张廷遂，侯桂珍，姚启明，饶用清（合作者，北京医学院），汪宝新（进修人员，山西医学院）。

作者简介：程龙生，女，1930 年生，1952 年毕业于武汉大学化学系。1952 年分配到中国科学院上海有机化学研究所工作，从事金霉素抗生作用机理的研究。1959 年调到中国科学院生物物理研究所工作，从事放射生物学和光敏研究。1962 ~1964 年在苏联莫斯科劳动卫生研究所进修放射毒理学。1988 ~1989 年得到美国 Toledo 大学化学系的资助，在该系 Morgan 教授实验室任访问学者，从事光敏机理研究。1989 ~1990 年得到英国癌症协会基金资助，在挪威奥斯陆癌症研究所 Moan 教授实验室任访问学者，继续光敏机理研究。在生物物理所期间，先后从事放射性锶-90 毒理学与生物效应的研究；γ 射线辐射的生物效应；γ 射线辐射对红细胞膜的损伤；柞蚕和桑蚕丝心蛋白的结构分析、转录和翻译；竹红菌甲素的光敏化作用及其光敏机理等方面的研究。培养硕士研究生 4 名。发表科研论文 30 篇。竹红菌甲素光敏作用的研究获得 1991 年中国科学院自然科学奖三等奖。1978 年晋升为副研究员。1978 ~1980 年担任生物物理所一室副主任；1980 ~1987 年任生物物理所一室主任。曾任生物物理所学术委员会委员。1980 ~1986 年任中华放射医学与防护学会的理事；1982 ~1986 年任辐射研究与辐射工艺学会放射生物学专业组副组长。1993 年获国务院政府特殊津贴。

细胞放射生物学研究的回顾

马淑亭

一、建所初期放射生物学的研究

中华人民共和国成立以后，我国领导人看到一些国家，如美国、英国、法国、苏联等国一直在大搞核武器竞赛，企图以此优势控制其他国家。为了争取主动、反控制，我国中央领导也开始及时筹备"两弹一星"的研制工作。就在这种背景下，中国科学院生物物理研究所在 1958 年成立。根据贝时璋所长的办所方针，为了配合"两弹一星"的发射，确定生物物理所在建所初期可优先发展放射生物学的研究工作。于是，1958 ～1960 年首先成立了辐射防护研究组，由陈德崟先生负责指导。当时该组主要制定了两方面的研究工作：①有机合成具有抗辐射的药物；②从中草药中筛选出具有抗辐射功能的有效成分。关于中草药部分，参加人员有马淑亭、刘荣臻、张桐，主要由陈德崟先生通过调查，选出 50 余种中草药，将每一种中草药首先进行初筛，然后再进一步分离出几种不同组分。每个组分都要进行动物实验，动物口服中药提取物后，接受规定剂量的 X 射线照射，每天定时进行各组动物存活率等指标的观察记录。通过大量的中草药提取和无数次动物照射实验、观察和分析，最后选出了对辐射具有一定防护效果的中草药仙鹤草、黄精、甘遂、紫草等，其中，仙鹤草效果比较稳定。之后，通过陈德崟先生整理成文并发表在《药学学报》。我们曾用致死剂量照射动物，当对照组动物完全死亡之后，甘遂给药组的动物，尽管有的小鼠烂掉尾巴，有的烂掉腿，但它们当中仍然有 80% 的动物存活，而且很活跃。这个结果令人兴奋。但惊喜之后，考虑到实际应用时，我们又感到遗憾。因为此药虽然防护效果很明显，但毒性很大。经过初步降低其毒性之后，再给药于照射的动物，它们的存活率大幅度下降。正当进一步设计减毒试验时，此工作以告一段落而暂停。通过这段时间的研究工作之后，我认为从中草药中筛选有效成分预防辐射还是大有潜力的。

当时，生物物理所放射生物学的研究非常活跃，很快在不同层面都展开了工作。1961 年，我在徐凤早先生的指导下，继续参加电离辐射对东亚飞蝗雄性生殖细胞成熟分裂与精子分化的扰乱作用的课题。研究结束后，由徐先生整理，并于

1964 年将研究结果发表在《昆虫学报》。在"文化大革命"期间，国外专家曾两次来函索取资料（均未予回复）。

1964～1966 年我连续参加了两次"四清"运动，当"四清"结束回所后，"文化大革命"就开始了。当时，科研工作基本停止，大家主要参加"运动"。直到 1971 年，在参加"运动"的同时，可以抽时间做些放射生物学的工作：①狗经^{60}Co-γ 射线全身照射后，血象和骨髓损伤的研究；②狗经^{60}Co-γ 射线全身照射后，外周血有形成分的研究；③小白鼠经中药黄精处理后，接受小剂量照射，研究其防护效果。以上结果均已整理成文交所归档。

二、放射生物学研究的技术创新阶段

通过前阶段放射生物学的初步研究，为以后的工作打下了一定的基础，同时，也更加感到该研究的紧迫性和必要性。但是，由于当时技术上的限制，得到的研究信息还不够满意。到 1974 年"文化大革命"后期，我们通过文献调查发现，在国外由于新技术的应用，细胞生物学（如细胞的社会行为、细胞通讯、细胞识别等新领域）的研究非常活跃。当时我国细胞学的研究却仍然处在石蜡切片、光学显微镜的水平，差距较大。要想迎头赶上，必须付出长时间的艰苦努力。最后，我下定决心，首先进行技术革新。1974 年后期，在十分艰难的情况下，我们开始建立超微结构研究的配套技术，如实验室制备技术、超薄切片技术及电子显微镜的操作等技术。

本研究在建立新技术的同时，继续进行放射生物学研究。最后一次的研究题目是"大白鼠淋巴细胞经^{60}Co-γ 射线 400 拉德照射后的超微结构研究"。这次的研究结果，既确定了新技术的成功和优越性，同时也得到了受照大白鼠淋巴细胞在照射后 24 小时的超微结构全图。通过两年多的艰苦奋斗，终于将放射生物学的研究，从光学显微镜水平提高到电子显微镜的超微结构水平。

三、放射生物学的研究终于迎来了为"两弹一星"服务的机会

1976 年我国研制的原子弹又试验成功！国务院、中央军委给生物物理所下达了国家任务，即关于核辐射对动物损伤的远后效应研究课题。

根据贝时璋教授的办所方针，我们对放射生物学的研究一刻也没有放松，紧跟着计划时间赛跑。就在我国最后一次进行原子弹核试验之前，我们已经做好了准备。根据国家任务的要求，本研究课题如下所述。

（一）39.5 拉德低剂量核辐射对精子损伤的超微结构研究（关于淋巴细胞的研究另有报道）

通过大量文献调研，我组决定用两种不同的技术方法，用同一组接受 39.5 拉德低剂量核辐射的狗为材料，从不同侧面分别研究其生殖细胞（精子）和体细胞（淋巴细胞）的辐射损伤效应。我们之所以研究这两种细胞，主要是想同时了解它们经 39.5 拉德低剂量核辐射照射后，在当代和在后代所产生的辐射效应。最后，两组人员采用不同技术分别进行的研究得出了完全一致的研究结果，表明 39.5 拉德低剂量核辐射对体细胞和生殖细胞都具有较大的杀伤力，显示出核辐射和一般射线辐射效应的明显差别。因为核辐射的效应和剂量之间存在着线性无阈值的关系，也就是说，核辐射在低剂量范围时，对人类健康具有较大的伤害。因此，在制定战时允许剂量标准，以及核能研究过程中的防护问题时，应慎重考虑"核"辐射的低剂量效应，这也是本研究的核心问题。

（二）本研究做出的创造性贡献

1. 关于技术的创新

在 20 世纪 70 年代，我国细胞学的研究仍处在光学显微镜的研究水平。由于我于 1974 年首先开始建立了超微结构研究的新技术方法，才得以使本研究借助于电镜的高分辨本领和高放大率，以清晰的图像显示出精子损伤的部位、类型和程度，由此获得了许多尚未报道的资料，提高了本研究的质量。通过自我钻研和艰难的起步，我首先开辟了技术创新之路，才使本研究结果达到了国内外领先水平。

2. 关于低剂量核辐射研究过程中的新发现和重要贡献

（1）由于 39.5 拉德低剂量核辐射对精子和淋巴细胞均具有较大杀伤力，我首先发现并揭示出，关于核辐射在低剂量范围时，对人类健康具有较大的损伤。

（2）39.5 拉德还不是最小的安全剂量，但是它却是有价值的警示低剂量，有警示核辐射的低剂量效应，也就是低剂量风险。

（3）本研究结果为平时或战时核辐射允许剂量的制定，以及对和平利用核能的安全保护问题，提供了重要的参考和依据。

（4）为了进一步探讨低剂量的风险的范围，本研究结果为低剂量核辐射的系统研究开辟了新的途径。

（5）关于 39.5 拉德低剂量核辐射对精子损伤的超微结构研究，在 20 世纪 70 年代后期已率先占领了国内外该领域研究的空白，为我国在核辐射远后效应的研究做出了新的贡献。到此，生物物理所的部分放射生物学的研究也就画上了句号。

1980 ~ 1992 年细胞生物学的研究工作，都是边建立新的技术方法，边开展研究，边成文交流和发表，由于当时国内尚未见有关研究和报道，所以生物物理所在这方面的研究工作处于国内领先，并达到同类工作的国外水平，这是国内外同行专家的共识。在此不详细叙述，有兴趣的同志可参阅 1980 年以后发表的相关研究资料。

作者简介： 马淑亭，女，汉族，副研究员。1932 年 1 月 3 日出生于河北省固安市，1954 年南开大学生物系毕业，被分配到上海实验生物研究所。1955 年随贝时璋教授迁北京，自 1958 年中国科学院生物物理研究所成立，一直在该所工作达 39 年，于 1992 年 1 月退休。

放射植物学组的七年历程

沈士良

一、建组接受电离辐射保藏粮食的营养卫生学研究任务

中国科学院生物物理研究所刚成立后的一个月，一室五组（放射植物组）就接受了原子能和平利用的一项研究任务——电离辐射保藏粮食的全国性大协作课题。当时中央提出"保粮保钢"、"农业为基础"和"一定要有储备粮"是全党全民的任务。粮食丰收后，稻麦容易长虫子、玉米容易霉变、马铃薯容易发芽，使粮食的保藏问题突显出来。当时国外用电离辐射保藏农产品和食品的研究刚开始没有几年，认为辐照农产品和食品是解决储藏问题的有效途径，估计不久将会批准辐照的农产品在市场上销售。但是受辐照的农产品和食品是否会产生有害因素，还是大家担心的问题。在国外研究工作的基础上结合国内形势需要，由粮食部粮食科学研究设计院提出，并与北京农业大学、中国农业科学院组成粮食线；由中国科学院同位素应用委员会负责组成照射线；由中国科学院昆虫所、真菌所和植物生理研究室组成防止昆虫、微生物线；由中国人民解放军军事医学科学院四所、中国医学科学院营养系，北京医学院公共卫生系和中国科学院生物物理研究所共同组成营养卫生线。由这4条线共同协作组成"电离辐射保藏粮食小组"。此小组开始由中国科学院同位素应用委员会领导，业务总领导是中国科学院原子能研究所冯锡璋研究员，营养卫生线则由军事医学科学院4所侯祥川教授领导。1961年起改由中国科学院原子核科学委员会领导，以后该小组又归属国家科学技术委员会领导。

该协作小组分配给生物物理所的任务有两项：①γ射线对稻谷、玉米、小麦及马铃薯中几种维生素含量的影响；②电离辐射保藏粮食的卫生学研究——长期饲喂小白鼠的试验。为此，生物物理所当即把此项任务交给了一室五组，由沈士良任小组秘书，组建班子、组织实施。初期由马顺福、任恩禄和高琳参加此项工作。

协作组营养卫生线要求我们在第一项工作中测定胡萝卜素、维生素 E、维生素 B_1 和维生素 C，北京医学院公共卫生系测定维生素 B_2 和维生素 PP。表 1 是测定样品的种类、照射剂量及维生素种类等。

表 1   实验用粮食的种类及照射剂量

粮食种类	品种	照射剂量/伦琴*	测定部分	测定成分	备注
小麦	"甘肃 96 麦"（春小麦）	96 000	全麦粉	维生素 B_1、维生素 B_2、维生素 E、维生素 PP	照射麦粒
大米	北京南苑粳稻	96 000	糙米粉	维生素 B_1、维生素 B_2、维生素 E、维生素 PP	照射稻谷
玉米	东北钱家店"三号黄玉米"	1 200 000	全玉米粉	维生素 B_1、维生素 B_2、维生素 E、维生素 PP 另加测胡萝卜素	照射玉米粒
马铃薯	"男爵"	5 000、10 000、15 000、20 000	全部	维生素 C	在 21℃，相对湿度 85% ~ 93% 条件下储藏 1 个月、5 个月和 8 个月后测定
马铃薯	"29220"	5 000、10 000、15 000、20 000	全部	维生素 C	在 21℃，相对湿度 85% ~ 93% 条件下储藏 1 个月、5 个月和 8 个月后测定

*伦琴为当时使用的剂量单位。

图 1   研究人员正在测定维生素 E

此项工作自 1959 年 1 月正式开始，在此前后研究人员曾到中国医学科学院营养系学习维生素 C 测定法，到军事医学科学院 4 所学习维生素 B_1 测定法；维生素 E 则从本室二组抽调助理研究员郑竺英协助建立方法并测定；维生素 B_2 和维生素 PP 由本组派高琳前往北京医学院公共卫生系，在营养卫生教研组讲师戴尧天领导下合作完成测定。图 1 是正在测定维生素 E。测定结果如表 2 至表 5 所示。

表 2   经过 γ 射线照射后玉米中胡萝卜素含量的变化

处理	胡萝卜素含量/(mg/100g)	照射后破坏/%	P
对照	0.11		
照射	0.08	27.3	<0.01

表3　经过 γ 射线照射后小麦、大米、玉米中维生素 B$_1$、B$_2$、PP 含量的变化

样品	维生素 B$_1$ 含量/(mg/100g)		维生素 B$_2$ 含量/(mg/100g)		维生素 PP 含量/(mg/100g)	
	照射	对照	照射	对照	照射	对照
小麦	0.67	0.66	0.22	0.23	4.8	4.4
大米	0.29	0.29	0.15	0.14	4.9	4.6
玉米	0.30	0.30	0.18	0.20	2.5	2.7

表4　经过 γ 射线照射后小麦、大米、玉米中维生素 E 含量的变化

样品	维生素 E 含量/(mg/100g)		照射破坏/%	P
	照射	对照		
小麦	0.28	0.26		>0.05
大米	0.15	0.16		>0.05
玉米	0.34	0.41	17.1	<0.05

表5　经过 γ 射线照射后马铃薯中维生素 C 含量的变化

样品	照射剂量/伦琴	总型/(mg/100g)			氧化型/(mg/100g)			还原型**/(mg/100g)		
		I*	II*	III*	I	II	III	I	II	III
马铃薯 "29220"	对照	37.0	32.0	23.0	18.0	14.0	13.0	19.0	18.0	10.0
	5 000	30.0	37.5	28.5	17.0	13.0	15.0	13.0	24.5	13.5
	10 000	35.0	36.5	31.0	17.5	15.5	14.0	17.5	21.0	17.0
	15 000	32.0	37.5	30.0	16.0	17.5	15.0	16.0	20.0	15.0
	20 000	28.0	24.5	24.0	15.0	12.0	13.0	12.5	10.5
马铃薯 "男爵"	对照	37.0	33.0	34.0	18.0	19.5	15.0	19.0	13.5	19.0
	5 000	38.0	38.0	30.0	15.0	19.5	14.0	23.0	18.5	16.0
	10 000	33.0	28.0	28.0	15.0	15.0	11.0	18.0	13.0	17.0
	15 000	35.0	36.0	33.5	14.0	14.0	11.5	21.0	22.0	22.0
	20 000	32.5	35.0	27.5	14.0	15.0	11.0	18.5	20.0	16.5

Ⅰ. 第一次测定时间，1959.8；Ⅱ. 第二次测定时间，1959.12；Ⅲ. 第三次测定时间，1960.3；照射时间 1959.7。

*表示三次不同的测量时间；**表示还原型为总型减氧化型。

实验结果表明，小麦、大米（稻谷）经过96 000伦琴，玉米经过 120 万伦琴 γ 射线照射后，对其中的维生素 B$_1$、B$_2$、PP 含量没有影响，对小麦、大米（稻谷）中的维生素 E 含量也没有影响，但对玉米中的二种脂溶性维生素——维生素 E 和

胡萝卜素有一定程度的破坏作用，分别减少了17.1%和27.3%。

两个品种马铃薯"男爵"和"29220"经过5000伦琴、10 000伦琴、15 000伦琴和20 000伦琴4种剂量照射，并先后经过1个月、5个月和8个月储藏后测定，维生素C（总型和氧化型）的含量没有看到显著性的变化。因此，从维生素角度来看，由电离辐射保藏粮食的方法是可以采用的。

第二项任务是对电离辐射保藏粮食的卫生学研究——长期饲喂小白鼠的试验，1959年4月21日开设了96 000伦琴小麦组，1959年6月13日开设了120万伦琴玉米组，1960年2月26日又开设了3万伦琴大米（稻谷）组。

用这种经过照射的粮食连续四代饲养小白鼠长达四年，观察其对小白鼠生长（体重）、生殖能力（胎数、每胎仔数及仔重）、哺乳能力（离乳时体重及幼鼠数）、体力（游泳时间）、寿命（半致死及全部死亡时间）及肿瘤发生率的影响。结果四代小白鼠的六项观测指标都没有看到不良影响。因此，从卫生学的角度同样说明，用电离辐射保藏粮食的方法是可行的。

在本实验进行过程中，我们多次参加相关会议、报告阶段工作总结、听取各方面意见。参加的全国学术会议就有：1960年香山放射生物学会议；1962年4月中国科学院原子核科学委员会在卫生部召开的放射生物学学术讨论会，本项工作阶段总结报告被收入《放射生物学学术讨论会论文汇编·第一集》；1964年3月参加全国同位素和辐射在生物学和农业上应用学术会议，在会议收到的502篇论文中，《电离辐射保藏粮食的卫生学研究——长期饲喂小白鼠的试验》一文被评为42篇典型之一，收入国国家科学技术委员会八局编印的《全国同位素和辐射在农业和生物学中应用学术会议论文选集》。本实验的小白鼠的体力测验结果在1961年年底由科学技术委员会以《原子能科学技术文献》原10069、生毒001号的文号印发。本项任务的第一项、第二项实验结果由沈淑敏研究员归纳撰写成稿（笔者已在

图2　1960年我组部分人员在实验大楼前合影

1968年归属航天医学工程研究所），以"原子能在农业上的应用——利用电离辐射保藏粮食"为题，以生物物理所支农小分队的名义发表在1976年《生物化学与生物物理学进展》第一期上。

在此期间先后还有李贵水、陈玉敏、张伟、樊蓉、范文英和王翠荣参加此项工作。图2是1960年我组部分人员在实验大楼前的合影。

以下是总结的几点体会和感想。

（1）服从国家需要，以任务为重。在

生物物理所成立之前，1958 年 4 月制定的生物物理所发展方向中的第一项就是原子能和平利用和防护问题，一室（放射生物学研究室）五组（放射植物组）方向就是研究利用适当剂量的射线照射植物，达到刺激生长以增产和研究通过辐照定向诱变、定向培育新品种。但是我组原定方向的工作尚未上马，就接受了此项大协作课题，这充分体现了生物物理所领导，特别是贝时璋所长服从国家需要，以国家任务为重的原则精神。

（2）电离辐射保藏粮食小组的任务以大协作的方式进行，分配落实到 10 多个科研、教学单位，并分别组成四条线，统一领导、分工负责，由当时的有关单位、有关专家教授参加业务领导。生物物理所由贝时璋所长接受任务、交代任务，定期听取汇报，提出指导性意见，并请一室一组徐凤早研究员、一室二组沈淑敏副研究员、一室三组陈德崇副研究员等多次参加协作组的有关会议，以及指导本组的实验工作。当时尚在化工冶金所的杨纪珂研究员指导实验数据处理工作。营养卫生线业务领导侯祥川教授委派该所助理研究员陈仁惇多次到我组视察指导实验工作，中国医学科学院营养系沈治平研究员、戴寅助理研究员帮助审查实验总结报告，这种大协作精神，使得本项工作能顺利进行，实验结果可靠可信。

（3）重在实践，边干边学，贵在虚心求教，在完成任务中成长。一室五组接受上述任务时，我刚从北京大学生物系植物生理专业毕业分配到生物物理所，在沈淑敏副研究员手下参加小球藻的培育工作。领导让我任组秘书，组建该组，开展维生素测定和动物饲养管理工作，制订实验设计。对我这样一个毫无经验的新手来说，心里真是有点害怕。这时我的第一个启蒙老师沈淑敏告诉我，在校学习主要是基础知识，更重要的是要在工作中学习，不要怕，有问题来找我，也可去找徐凤早、陈德崇、马秀权。她的一番话使我勇敢地接受了任务，在以后的工作中我敢于、肯于、勤于向各位老前辈请教，在完成任务中得到了成长。

（4）亲自动手与发动群众、依靠群众并重。接受这项任务的人员都是新手，我是研究实习员，其他都是见习员，因此在实验工作中，实验设计提出后，在实施过程中一定要亲自动手，建立方法，包括设计实验记录表格及实施细则，然后仔细交代给大家，依靠大家来按部就班地严格执行。还有在实验中依靠大家及时发现问题、解决问题。这样大家就能心情舒畅、自觉自愿、认认真真地去圆满完成任务。

（5）本研究在 1963 年结束时，当时国际上已经批准销售和正在申请的照射农产品和食品很少（表6）。从我们的实验结果来看，可以认为这些经过照射的粮食对小白鼠的健康状况不会产生不良影响，应该对人体健康也不会产生不良影响，因此，从营养卫生学角度来看，用辐照来杀菌、杀虫、抑制发芽、保藏农产品和食品是一项可行的措施。

表6　1963年8月前已批准销售和正在申请的辐照产品

名称	照射剂量	照射源	国家	批准日期	申请年月
马铃薯	1万伦琴		苏联	1959年	
马铃薯	1万伦琴	^{60}钴	加拿大	1961年	
腊肉		^{60}钴	美国	1963年3月	
腊肉		加速器5兆电子伏以下	美国	1963年8月30日	
小麦及其加工品	2万~5万拉德	2.2兆电子伏γ射线	美国	1963年8月21日	
马铃薯	0.5万~1万拉德		美国		1963年3月3日
马铃薯		加速器10兆电子伏以下	美国		1963年8月
橘子	25万拉德	^{60}钴	美国		1963年

但是由于当时照射源的能力及成本等问题，加上"三年困难时期"，课题组并没有多余的粮食，所以此项任务告一段落，未进入实用阶段的进一步研究。

1980年联合国粮农组织（FAO）、国际原子能机构（IAEA）和世界卫生组织（WHO）联合专家委员会提出了"用10千戈瑞以下剂量辐照的任何食品都没有毒理学方面的问题，没有必要进行毒理学试验"的建议，从而在世界范围内推进了辐照在食品加工中的商业化应用。这一建议也印证了我们的实验结果是正确的，因为我们的最高剂量玉米组用的照射剂量是120万伦琴，相当于114万拉德。

我国在1996年4月5日正式颁布了《辐照食品卫生管理办法》，从而保证我国食品、保健品、中成药辐照保藏走在卫生安全的轨道上。应该说20世纪50年代末至60年代初，电离辐射保藏粮食小组做出了历史性的贡献。

另外，既然现已证明直接接受辐照的杀菌食品是安全的，那么，经过辐照刺激生长和辐照育种及太空育种的农产品和食品也是安全的。

二、接受重核裂变产物^{90}锶、^{137}铯对农作物的污染及植物去污任务

1960年11月，一室五组又接受了第二项任务——重核裂变产物^{90}锶、^{137}铯对农作物的污染及植物去污，这一项国家任务来自二机部（核工业部）。为此，组里增加了从河北农业大学农学系毕业的刘爱竹和留苏归来的赵文（植物生理专业）。1961年的计划是文献调研、准备条件、建立方法，并开始水耕培养和土壤栽培水稻、荞麦、番茄、小麦、苜蓿、草木樨、蚕豆和豌豆等，观察不同植物、不同生长发育阶段对^{90}锶的吸收分布规律，土壤中^{90}锶含量与植物中含量的关系，进行降低吸收或增加吸收的植物去污研究。同时开展观察放射性物质对植物生命活动过程的作

用及影响的研究。

由于此项任务涉及面广，^{90}锶、^{137}铯半衰期很长，同位素实验室的建立要求很严格，工作量很大，为此从一室四组（放射生态组）调进了温天明（沈阳农学院土壤化学专业）、李凤章（见习员），又要来了新毕业的孙学康（南开大学生物系）、李应学（四川农业大学农学系）和吴瑞华（中山大学生物系植物专业），同时从正在进行辐照保藏粮食卫生学研究的人员中抽调李贵水、樊蓉、高琳等部分同志参加此任务。这时全组分成了 5 个小组，原来的粮食保藏动物饲养观察组、定钙钾组、定锶铯组、土壤理化性质测定组和植物栽培组，进行了大量的测定方法建立等实验条件准备工作。这时同位素温室尚未建立，只能借用一室四组同位素实验室进行少量的水稻、小麦和番茄水耕^{90}锶培养，然后取样测定和用放射自显影（得到郑若玄助理研究员的指导）观察吸收分布规律。因条件所限，实验样品量太少，无法得出有统计学意义的分布规律，只能作为练兵性质的预备实验。

在此期间，我们曾计划与东北林业土壤研究所协作。1961 年 4 月一室五组曾去沈阳洽谈，对方同意协作，但是后来因为有关上级不同意在中关村建立长半衰期同位素温室，只能作罢。在 1962 年的"三定"（定方向、定任务、定人员）中，生物物理所决定不再开展此项任务的研究（此项任务二机部同时交给了中国科学院原子能所、中国农业科学院和农业院校），而把方向转为电离辐射对植物生理生化的研究。图 3 是 1962 年一室五组部分人员的合影。

与生物物理所同时成立的中国科学技术大学生物物理系，1962 年要开设专业课，因为是院校结合，所、系对口教学，这样专业

图 3　1962 年一室五组部分人员合影

课放射生物学中的放射植物学部分就交给了一室五组，并把这一任务交给了 1960 年 10 月到组的留苏学植物生理专业的赵文。因此，他的精力主要就在查文献、收集资料、编写讲义及讲课上，应系里的要求，1961 年年底他就调至该系，不仅讲授放射生物学的放射植物部分，还讲授生物学的基础课。

三、转向放射生物学的基础研究，纳入学科规划

在生物物理所的建所规划中，1958 ～ 1962 年的四个发展方向中的第一项就是原子能的和平利用和防护问题。在原子能和平利用方面提出利用适当剂量照射经济

动植物，达到增产和培育新品种的目的，通过实际工作为研究定向诱变、定向培育创造经验，积累资料，这才是当初建立一室五组的初衷，而前述的两项任务是为支援农业和服务核爆试验的需要而接受的任务。在1962年的"三定"中，把一室五组的方向任务重新转到原定方向，纳入学科规划，进行放射生物学效应的基础研究。这样1963年一室五组的研究题目立为"电离辐射对植物生理生化影响的研究"，即寻找电离辐射对作物稳定的刺激作用，积累电离辐射对植物作用本质研究的丰富资料，供防护研究的应用，并为研究生命活动的调节控制积累科学资料。研究所要求1963年在文献调研的基础上，准备条件，利用蚕豆、豌豆、洋葱、紫鸭趾草和须霉等材料进行整体与离体培养照射，寻找不同生长周期中刺激生长和抑制生长的合适照射剂量、指标及其规律，并从细胞分裂、生长素、DNA代谢，观察受刺激或抑制剂量照射后，植物体内有关生长发育的生理生化和形态变化。

在1964年的研究计划中，又将1963年"电离辐射对植物生理生化影响的研究"分为两个题目：①电离辐射对植物生长发育影响的研究；②电离辐射对须霉的影响。

（一）电离辐射对植物生长发育影响的研究

本题目由温天明任负责人，刘爱竹和李凤章参加。1963年已开始观察电离辐射对蚕豆、豌豆、洋葱和紫鸭趾草的影响，在此基础上，进一步研究照射植物是否产生抑制生长发育、阻止有丝分裂的物质及其生理作用，用嫁接的方法研究照射胚和胚乳之间的相互影响及其生理作用。

1964年1～6月，中国科学技术大学生物物理系学生包承远在我组做毕业论文，题目是"X射线辐照对蚕豆生长的影响"，指导老师是温天明。当年9月宣布研究所大部分人员要参加"农村社教四清"工作队，由于本题目的3人全部参加而使这一题目被迫暂停，1965年夏参加完"农村社教四清"回所后，因一室五组撤销，刘爱竹和温天明调至宇宙生物学研究室密闭生态组。

（二）电离辐射对须霉的影响

1962年"三定"时贝时璋所长首次提出用须霉（*Phycomyces blakesleeanus burgeff*）作材料，进行放射生物学研究（图4）；1963年该题目纳入"电离辐射对植物生理生化影响的研究"课题内，主要研究小剂量即时效应。因为当时对小剂量即时效应的照射条件及观察反应的条件均未建成，便增加了作为放射耐受性研究的第一分题，即时效应研究作为第二个分题；1964年4月，为配合研究宇宙辐射（生物火箭）的需要，又增加了第三个分题，即小剂量γ射线长期照射对须霉的影响。这样，在1964年电离辐射对须霉的影响成为一室五组的第二个研究题目，又把此题设为三个分题：①X 射线对须霉的致死作用；②小剂量 X 射线对须霉孢子囊柄生长的即时效应；③小剂量 γ 射线长期照射对须霉的影响。本题目由沈士良任题目负责人，参加人员有吴瑞华、孙学康、李贵水。三个分题的实验结果简述如下。

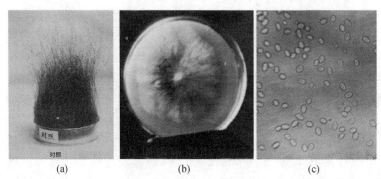

(a)　　　　　　　　　(b)　　　　　　　　　(c)

图 4　须霉的孢子囊柄(a)、菌丝体(b)和孢子形态(c)

1. X 射线对须霉的致死作用

本分题自 1963 年 3 月开始，到 1964 年 7 月基本结束，但黄系突变株的遗传效应观察了 44 个世代直至 1965 年 7 月结束。本分题的主要结果如下所述。

（1）5000 伦琴 X 射线照射菌丝体开始有较为明显的抑制作用，须霉菌丝的半致死剂量为 75 000 伦琴左右，这时菌丝体生长稀疏紊乱、弯曲，部分菌丝死亡，而部分菌丝则在 4 ～5 天后又恢复正常生长。由这种菌丝传种接代生长也属正常，形态上不再出现任何异常，说明须霉的辐射损伤恢复能力非常强。因此进一步研究其恢复途径及恢复能力强的原因，对研究动物甚至人体辐射损伤恢复、治疗及提高对辐射的耐受性可能有益。须霉菌丝的致死剂量在 100 000 伦琴左右。

（2）X 射线对须霉孢子囊柄的致死效应。正常孢子囊柄接种到培养基上，其两端均能再生出菌丝，有的还能直接长出新的孢子囊柄和孢子囊。实验表明，照射X 射线使孢子囊柄立即致死而不能再生出菌丝的剂量也很高，这与照射植物种子的情况相似。但是再生率明显随着剂量而变化，照射33 000 伦琴以下，似乎还能促进孢子囊柄菌丝的再生，55 000 伦琴以上明显抑制菌丝的再生，而且随着照射剂量的加大，菌丝的再生率逐步下降，直到143 000 伦琴时还有 10% 左右的孢子囊柄具有再生菌丝的能力。

从存活曲线来看，半致死剂量在 70 000 伦琴左右，致死剂量在 100 000 伦琴左右，这与直接照射菌丝时的情况相似。

（3）黄系突变株的出现。在我们的实验中，发现有一皿须霉在照射了77 000 伦琴以后，菌丝体颜色变成橙皮黄色，而正常菌丝体颜色为鱼肚白色，这种菌丝生长也极慢。10 天以上培养皿中菌丝体群直径才达到 8 厘米左右。经过 13 个月，传接 44 代菌丝体颜色仍然保持橙皮黄色，而且用不同方法接种（菌丝、孢子和孢子囊柄）均得到同样的菌丝体，可见它是 X 射线照射引起的突变株。这种菌丝很少能长出形态正常的孢子囊柄，而成绒毛状，更难形成孢子囊，所得孢子也与正常孢子形态不同。还有，致死剂量照射的菌丝和生长受到严重抑制的菌丝内均有比正常菌丝内多得多的黄色物质积累，这是一个值得进一步深入研究探讨的现象。

（4）生物对电离辐射是否会产生锻炼适应，产生抗性，这是人们长久以来很感兴趣的问题。在我们的实验中，用经过半致死剂量照射复活菌丝接出的菌丝经连续五代再照射后，没有看到锻炼适应和产生抗性，也未见到损伤有所加重。

2. 小剂量 X 射线对须霉孢子囊柄生长的即时效应

早在 1941 年，Forssberg 报道当布拉氏须霉仅照射 0.001 伦琴时，就能观察到孢子囊柄生长受到暂时抑制（Forssberg A，1941），而他认为须霉的这种辐射效应未必是细胞反应的典型，可能是独有的（Forssberg A and Novak R，1960）。为此，我们从多方面来研究须霉的辐射效应，研究须霉为什么对辐射极端敏感的问题是很有意义的。从 1963 年 6 月起，我们进行了小剂量 X 射线对须霉孢子囊柄生长的即时效应观测。使用的须霉必须是处于生长速率最快的 IV_b 期。结果观测到在其受到 0.9 伦琴照射后 1 分钟生长速率立即迅速下降，到 2.5 分钟时已经达到最低点，接着又迅速恢复到正常生长速率，随后有一个比原来的正常生长速率稍高的时期（简称超调），15 分钟左右后生长速率完全恢复正常。这说明须霉孢子囊柄的生长可能是一个有节律性的振荡过程。辐射刺激引起了一个特定的抑制反应。具有不同生长速率的孢子囊柄的辐射反应曲线类型是相同的，即它们都是衰减振荡过程。但是最大抑制百分率（振幅）不同，说明生长速率越快的孢子囊柄对辐射越敏感。

当用 $y = Ae^{-\lambda t}\sin(\pi t/T)$（由理论组汪云九帮助建立和计算）来逼近实验结果时，发现三组不同生长速率孢子囊柄辐射效应中的衰减系数（λ）不变，均为 $0.23 \sim 0.25$。但是，系数 A 随着本身生长速率的不同而明显地并且有规律地变化，当须霉孢子囊柄的生长速率是 20 微米/分钟时，系数 A 就接近于零，这样照射以后就不会有如上所述的抑制反应。处于阶段 I 的孢子囊柄，其生长速率刚好在 20 微米/分钟左右，在我们的实验中也确实没有看到辐射反应，当连续照射 10 分钟（条件相同）也没有看到辐射反应。这一结果更加说明须霉的辐射敏感性与孢子囊柄的生长速率直接相关。因此，这一现象的深入研究对阐明辐射敏感性问题极为有益，并有助于辐射刺激生长和辐射防护研究。

3. 小剂量 ^{60} 钴 γ 射线长期照射对须霉的影响

本分题自 1964 年 4 月开题，按照学科规划从另一个侧面深入探究。由于 1964 年 7 月计划发射我国第一枚生物探空火箭"T-7A（S_1）"，搭载的除了大白鼠和小白鼠外，还计划搭载 12 种生物和生物制品，须霉就是其中之一。7 月 19 日火箭成功返回后，未看到火箭发射过程对须霉产生影响。原因是须霉虽然对电离辐射非常敏感，但是生长的抑制效应在 15 ~20 分钟内即能完全恢复。所以，进一步观察小剂量长期照射对须霉有什么影响，如剂量多大、照射多久、什么阶段照射、对什么指标有影响、影响能保留多久等，以观察它能否作为剂量指示生物，如果在实验中能找到保留下来的影响，就能为研究宇宙辐射提供有用的实验生物材料。另外，也可为辐射的农业利用提供依据，如刺激生长、促进发育、解除种子休眠、提高种子和块根等的萌发率等。

由于条件的限制，特别是 1964 年 9 月起，本分题人员除我留组外，都参加了"农村社教四清"工作队，所以实验基本停止。在此之前得到的初步结果是，观察到剂量率为 27.8 伦琴/天的^{60}钴 γ 射线，照射 2 ~12 天均能促进须霉孢子囊的形成。

1965 年 1 月中国科学技术大学物理系生物物理专业学生孙学才和申庆祥到本组做毕业论文，使得这一分题又得以继续。这两位学生工作踏实、观察仔细、好学善思。在不到半年时间做了 24 批实验，因为是小剂量长期照射，每批照射时间在 4 ~7 天，他们合理安排时间，圆满完成了实验和论文的撰写及答辩。他们的实验使用了三个剂量率，即 19.8 伦琴/天、1.24 伦琴/天和 0.31 伦琴/天，观察了孢子囊柄生长长度、孢子囊形成速度和数量、孢子形态及孢子内核数量和孢子囊柄再生菌丝能力 4 个指标。实验结果如下所述。

（1）小剂量^{60}钴 γ 射线长期照射对孢子囊柄生长的影响。经数理统计方法处理，照射组和对照组之间无显著性差异。仅看到照射组孢子囊柄长度较对照组稍高的倾向。

（2）小剂量^{60}钴 γ 射线对须霉发育的影响。小剂量^{60}钴 γ 射线长期照射能使孢子囊提前形成。在剂量率为 0.31 ~19.8 伦琴/天时，效应随剂量率的增高而增大。在温度为 16 ~24℃时，正常须霉需要 8 ~10 天才能形成孢子囊，而在照射的情况下，能较对照组提前 1 ~2 天形成孢子囊。从形成孢子囊的数量来看，19.8 伦琴/天组和 1.24 伦琴/天组黑色孢子囊数分别为对照组的 846% 和 327%，黄色孢子囊数分别为对照组的 779% 和 368%，总孢子囊数分别为对照组的 835% 和 376%，它们都有显著性差异。

（3）小剂量^{60}钴 γ 射线长期照射对须霉孢子的形态和核的影响。在上述三种剂量率照射下，孢子形态未见明显变化，但是孢子中核的数量增加。正常孢子中核的数目以 3、4、5 为多，其中又以 4 个核的孢子最多，照射组则含 2 个、3 个、4 个核的孢子数相对减少，含 5 个、6 个核的孢子相对增加，且剂量率较大时这种现象更加明显。

（4）小剂量^{60}钴γ射线长期照射对当代孢子囊柄再生菌丝能力的影响。在前述三种剂量率照射下，均提高了当代上部孢子囊柄再生菌丝的能力，且与促进孢子囊形成相反，在剂量率为0.31～19.8伦琴/天时，处理效应表现为随剂量率的增加而减小。菌丝的再生与孢子囊柄中的核有关，小剂量的照射加速了核的分裂，因而增强了它的再生能力。0.31伦琴/天组所培养的那段孢子囊柄直接受到照射的总剂量只有0.7伦琴左右，但再生菌丝的能力较对照高得多，这再次证明了须霉孢子囊柄对辐射的异常敏感性。因此，孢子囊柄再生菌丝的能力有可能作为指示剂量的指标。

贝时璋所长在"三定"时提出，要一室五组用须霉做辐射生物学效应，经过我们二年多的实验证实，须霉确实是一种进行辐射生物学效应研究的好材料，值得进一步深入研究。遗憾的是一室五组在1965年夏撤销，全组人员转入宇宙生物学研究室，进行密闭生态生物小循环的研究，对须霉和其他植物的辐射效应的观察研究停止了。在对须霉的三个分题的研究观察中有以下几点值得在此一提。

（1）须霉孢子囊柄对普通光线的正向光性非常敏感，但对红光不敏感，在黑暗中孢子囊柄生长不直，当白光从下面照射（顶部及四周均用红纸或黑纸包围），则孢子囊柄可转弯向下生长。可见，须霉也是研究向光性的敏感材料。

（2）我们在实验中看到较老的菌丝能长出很多芽孢，芽孢内有很多脂肪颗粒。有文献报道，这种脂肪是多不饱和脂肪酸，须霉中的这种脂肪酸含量可高达16%，它是否可以提取开发利用还需进一步研究。

（3）同时，有报道说须霉中含有大量胡萝卜素，在我们实验中得到了一组"黄系突变株"，这种橙皮黄色是否显示它为一种胡萝卜素含量特别高的菌种，当时并没有测定证实，也没有留下使其随同其他正常须霉菌种一起交中国科学院微生物研究所菌种保藏组保存。

（4）在试验中还看到，当在孢子囊上标记有一段毛发，然后对IV_b期的孢子囊柄和孢子囊用自己改装的狭缝照相机显微照相，每隔1分钟照一张相，就能看到孢子囊柄在向上生长的同时，孢子囊在不停地沿顺时针方向自转（图5），旋转一周快者18分钟，慢者1小时，一般为30～40分钟。它为什么旋转，这种旋转特性是否与孢子囊柄向上生长一样对小剂量辐射有即时抑制效应，这一现象也有值得研究的意义。

图5　标记毛发的孢子囊旋转生长照片

四、启　示

回顾这段历程，令人感慨万千，当时到组的人员都是新分配来的大学生和新招收的见习员，都是初出茅庐的新手，能够顺利地克服困难开展工作，做出一点成绩，完成任务，我体会到有以下几点是非常重要的因素。

（1）靠着一股闯劲，敢想敢做，而不是只看到困难、顾前思后、怕这怕那。

（2）靠老一辈的帮扶，他们的指点让你少走弯路，上面提到的几位老先生都能无保留地教授。

（3）靠自己个人肯于刻苦学习，主动向所内外的专家、有一技之长的同事求教，多跑图书馆，向书本求教。

（4）无私奉献、不求回报、服从调配，接受国家任务二话不说。大家加班加点，力争提前完成任务。器材保证、图书资料提供、工厂加工都是紧密配合，大家拧成一股绳。

（5）同事之间不管先来后到，都能互相主动配合、取长补短、分工不分家。

参 考 文 献

Forssberg A. 1941. Acta Radiol. 22：252-259

Forssberg A, Novak R. 1960. In：Immediate and low level Effects of Ionizing Radiations. 205-216

作者简介：沈士良，男，1933 年生，江苏无锡人。航天医学工程研究所副研究员，北京银河实业总公司科技开发部研究员（1994～1996 年）。1952 年江苏宜兴农校农艺科毕业后留校任政治辅导员和农艺科助教。1954 年考入北京大学生物系植物生理专业，1958 年毕业分配到中国科学院生物物理研究所放射生物研究室，组建放射植物组并任组秘书，1964 年提升助理研究员。1965 年调任宇宙生物研究室密闭生态组组长。1968 年调入国防科工委航天医学工程研究所（现名中国航天员科研训练中心）从事"曙光一号"航天口粮的研制，20 世纪 80 年代转入骨代谢基础研究和保健食品研发，先后获国防科工委科技进步奖一等奖一项、二等奖三项、三等奖两项。1992 年开始"921 任务"载人飞船神舟系列"航天营养与食品分系统技术经济可行性论证"。1994 年 3 月退休，退休前文职 3 级、技术 5 级（正师级）。中国营养学会、中国食品科学技术学会、北京中国饮食文化研究会会员，曾任北京食品学会营养食品学组组长。1993 年起享受国务院政府特殊津贴。1996 年起参与北京东方红航天生物技术有限公司组建，任技术总顾问，研发"东方红 1 号"宇航口服液。先后在中外报刊、学术会议上发表论文 50 多篇。

关于辐射生物原发反应的研究

忻文娟

辐射生物原发反应的课题是敬爱的贝时璋先生直接命题的，贝时璋先生是我们在科学研究工作中的导师和引路人，他在科学上的高瞻远瞩和远见卓识令人无比钦佩。

50 多年前，由于国内研究基础和条件以及人才的缺乏，当时根本无辐射生物原发反应——自由基的研究，但贝先生早在 1957 年就选派年轻人去苏联最高学府莫斯科大学生物物理系学习辐射生物原发反应。他认为，由于原子弹的出现，我国必须重视发展放射生物学的研究，辐射对人体的损伤是连锁反应的损伤机理，如果要避免损伤达到保护的目的，必须在损伤原初阶段就能抑制阻止损伤的发展，才能达到更有效的保护目的；因此，对辐射损伤的原发机理的深入探讨是十分重要的课题。贝先生更强调辐射原发反应首先是物理反应，必须重视用物理技术探讨生物物理和生物物理化学的反应过程及机理，才能从根本上阐明问题，达到更有效寻找保护药物的目的。年轻人学成回国后，贝先生又指示要研究原发反应，首先一定要抓住自由基的研究不放，因此必须把自制的电子自旋共振波谱仪应用起来，才能深入研究原发的自由基反应过程，并逐步配合多种其他技术来取得研究成果。凡事起头难，当时根本无条件购买昂贵的进口仪器。只能先使用自制的尚未完全完工的 ESR 仪，并根据仪器的条件来制备各种各样的生物测试样品，从而协助 ESR 仪的进一步完善和性能的提高，同时也能获得对今后原发反应研究有价值的生物样品的研究资料，这是根据当时我国国内条件必须进行的最艰难的第一步。但我们确实深信只要我们坚持不懈、坚定不移地朝这个方向探索下去，总有一天这种理论性的研究能够给实际工作带来重大的指导和作用，给国家和人民带来利益。在贝先生的直接指导下，我们 5 个年轻人团结一致、刻苦努力，在短短三年后，辐射生物原发反应的研究较快取得了国内首创的成果，并发表于《中国科学》和《科学通报》杂志上。此后，经过多年的努力，自由基生物学和自由基医学的研究经受了很多严峻的考验，在理论联系实际方面做出了贡献，今天在全国已形成了力量，并在全世界占有一席之地。

对辐射生物原发反应的主要研究工作（1962～1965 年）阐述如下。

在 20 世纪 60 年代初期，我们首先研究了含硫化合物对氨基酸和蛋白质保护机制的电子自旋共振波谱，并从分子和电子水平上对其机制做了一些探讨。实验结果发现，巯基化合物能影响受电离辐射作用后的蛋白质与氨基酸中的自由基，而其氧化型衍生物及不含硫化合物则无此显著效应。当时美国学者 A. Norman 和 W. Ginoza 也进行了此项研究，但在电子自旋共振波谱的研究中并没有发现明显的硫信号，仅推测认为有能量转移的可能性。在 W. Gordy（美国）等发表的含硫化合物对某些蛋白质作用的实验中，也未观察到明显的硫信号。但根据我们的实验，明显地得到以下结果。

（1）谷胱甘肽与缬氨酸、半胱氨酸与缬氨酸的"分子混合物"的 ESR 波谱明显转变成硫信号。

（2）半胱氨酸与牛血清蛋白的"分子混合物"的 ESR 波谱随时间增加，低磁场部分硫信号增强。

（3）按不同摩尔比例混合的巯基化合物与氨基酸的"分子混合物"的 ESR 波谱，可以明显看到硫信号的逐渐出现。因此，根据我们的实验，我们认为定域在氨基酸、蛋白质大分子上的非偶电子转移到含硫化合物上，从而出现了硫信号。此外，我们也曾测定了胃蛋白酶的活性，发现半胱氨酸对胃蛋白酶确实具有一定保护能力。因此我们对某些巯基化合物具有显著保护效应的能量转移的分子机制做了进一步的阐明。以上工作刊登于《中国科学》和《科学通报》。

辐射生物原发反应项目组学术思想很活跃，畅所欲言，并能集思广益。能以国家任务为重，根据国内实际条件，集中兵力、分工合作、团结一致地攻克难点，因此工作效率较高。当时项目组有以下成员。

忻文娟：1954 年毕业于北京大学生物系。曾被派往苏联莫斯科大学生物物理教研室学习并从事辐射生物学原发反应——自由基的研究工作。1961 年年底回国，根据"专业要对口径"的中央精神调入生物物理所，接任"原发反应"重点项目负责人的任务。

章正廉：1961 年毕业于苏联莫斯科大学生物物理专业，根据"人才应相对集中使用"的中央精神，1962 年年底调入生物物理所"原发反应"组工作。

姚敏仁：1961 年毕业于苏联莫斯科大学生物物理专业，毕业后分配到生物物理所工作。

华庆新：1963 年毕业于中国科学技术大学生物物理系，在"原发反应"组完成毕业论文后，留本组继续工作。

金秀珍：实验辅助人员。

1965 年由于全组去农村参加"四清"运动，之后"文化大革命"开始，前后共 11 年无法进行原发反应的正常研究工作。

1977 年后，生物物理所整顿清理实验室，在辐射生物原发反应——自由基生物学的研究基础上正式开展了"自由基生物学和医学"的研究工作。

作者简介：忻文娟，中国科学院生物物理研究所研究员（教授），博士生导师，曾任国际自由基生物学、医学和化学学会亚洲理事和中国生物物理学会自由基生物学和医学专业委员会主任两届（1990～1998 年）。1954 年毕业于北京大学，1959～1962 年在苏联莫斯科大学生物物理系学习和工作，1984～1985 年美国霍普金斯大学（The Johns Hopkins University）生物物理系受聘为访问教授，1985～1986 年英国布鲁内尔大学（Brunel University）生物化学系受聘为访问教授，1996 年 8～12 月应英国皇家学会邀请赴伦敦访问和讲学。多年来主要结合具有中国特色的天然抗氧化剂来进行氧自由基的基础研究工作。在国内外著名杂志上共发表了 191 篇论文。负责完成中国科学院"八五"重点科研项目和多个国家自然科学基金项目，并完成国家"八五"自然科学基金重点项目。负责的中国科学院"九五"重点科研项目也取得重要成果。共培养了 40 多名博士生和硕士生（包括代培生）。获得中国科学院自然科学奖和科学技术进步奖等 8 项奖励。研制的低毒、低自由基香烟获成功，经鉴定达国际领先水平，并获得发明专利证书。

生物物理所 DNA 辐射损伤修复研究的回顾与思考

曹恩华

一、奇妙的 DNA 修复功能

当你在空中飞行、山间行走或海滨漫步，蓝天、白云、绿草、动物与人安详静谧，大自然似乎和美无垠。你想过吗？无论你在哪儿，人类无时无刻不在接受各种天然射线的照射，包括紫外线、宇宙射线及来自地球的各种射线。当你在参加科学实验、进行医学诊断、临床治疗时，还可能受到各种人工射线的照射。原子能的和平利用、核武器的发展都会涉及人类的健康与安全。虽然我们每天经历紫外线的照射或电离辐射，可能会导致细胞 DNA 的损伤，但并不一定会发展成为癌症，这种幸运很大程度上来自于奇妙的细胞的 DNA 修复功能。

20 世纪 60 年代，细胞 DNA 的修复功能正式被发现，这是放射生物学家的重大贡献。此后随着研究技术的进步，人们对 DNA 修复功能有了更深入的了解，参与修复的许多酶和蛋白质陆续被分离纯化，多种修复基因被克隆。那么，DNA 修复分子是如何高效率地工作？这一谜团的解开将有助于对癌症的预防和治疗，各国科学家们对此开展了广泛的研究。因此，DNA 修复研究一直是生命科学研究的热点、是辐射生物学研究的核心内容。

二、DNA 损伤类型与修复方式

根据辐射的作用方式可将辐射分为电离辐射和非电离辐射两类。高速带电粒子（如α粒子、质子等）、致电离光子（如 X 射线和γ射线）及中子等不带电粒子能够直接或间接引起物质的电离，它们所产生的辐射统称为电离辐射。而紫外线和能量低于紫外线的所有电磁辐射，一般不能引起物质分子的电离，只能引起分子的振动、转动或电子能级状态的改变，统称为非电离辐射。电离辐射和非电离辐射导致的 DNA 损伤有其不同特征和多种 DNA 修复系统。

DNA 损伤是指在生命过程中细胞 DNA 双螺旋结构发生的任何改变。外界环境（紫外线、电离辐射等）和生物体内部（活性氧化物）的因素，无论是射线的直接作用或间接作用都会导致 DNA 分子的损伤或改变。这些改变包括 DNA 大分子降解，核苷酸及其组分的破坏。常见的 DNA 辐射损伤包括碱基脱落、碱基破坏、嘧啶二聚体形成、脱氧核糖的破坏、单链断裂、双链断裂、DNA 链内交联或链间交联、DNA 和蛋白质的交联等。一般在一个原核细胞只有一份 DNA，在真核二倍体细胞中相同的 DNA 也只有一对。DNA 分子的"微小"损伤，如果得不到及时正确的修复，就可能影响其细胞功能、导致基因突变、诱导细胞凋亡、诱发细胞癌变，也可能影响到后代。

DNA 修复是细胞对 DNA 受损伤后的一种反应。在多种酶的共同作用下，DNA 修复反应可能使 DNA 结构恢复原样，重新执行它原来的功能；但有时 DNA 的损伤并非能完全被消除，因此细胞能够耐受 DNA 的损伤而继续生存，或在适合的条件下导致细胞凋亡、突变和癌变（图1）。在长期进化过程中，细胞或机体形成了多种 DNA 损伤的修复系统。对不同的 DNA 损伤，细胞可以有不同的修复反应，包括：①碱基切除修复；②核苷酸切除修复；③直接修复，即简单地把损伤的碱基回复到原来状态的修复，包括 O^6-甲基鸟嘌呤 DNA 甲基转移酶直接修复、光解酶复活、DNA 单链断裂通过 DNA 连接酶的重接而修复；④错配修复。

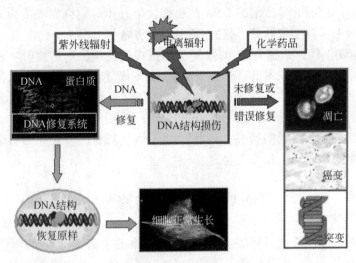

图1　DNA 损伤修复示意图

在正常生命活动中，细胞中 DNA 分子也可产生自发性损伤。据估计，在正常生理条件下，哺乳类细胞每个染色体组每天可因水解而失去 10 000 个嘌呤。在 DNA 复制中，每复制 10^{10} 个核苷酸大概会有一个碱基的错误。每个哺乳类细胞每天 DNA 单链断裂发生的频率约为 50 000 次，从而导致 DNA 分子产生自发性损伤和变异。因此，维护 DNA 分子的完整性对细胞至关紧要。DNA 损伤修复研究能使人们更好地理解生物在保持和传递遗传信息中维持稳定性的机理，了解突变与进化的分子过程。另外，DNA 修复与军事、医学、肿瘤学等密切相关，并涉及医学诸多领域，对于某些遗传病及肿瘤的发病与基因治疗的研究具有重要意义。

三、生物物理所对 DNA 损伤修复研究的发展过程

（一）放射生物学研究的早期发现

1958～1977 年，由徐凤早、马秀权等先生领导研究小组，以骨髓细胞、生殖细胞、血液、角膜细胞等为对象，针对辐射对细胞结构的影响，分别开展了电离辐射对细胞染色体结构及其畸变效应的研究、小鼠精巢中核酸含量的测定和电离辐射对大白鼠尿液中去氧胞嘧啶核苷排出量的影响。沈淑敏先生研究了核酸及其分解产物对射线的防护及其作用原理，并主持翻译出版了《放射生物学基础》（1965 年正式出版）。研究结果表明，细胞具有克服一定剂量辐射损伤的内在能力，暗示着修复机能的存在。1966 年"文化大革命"开始，放射生物学的部分研究工作停止。正是 20 世纪 60 年代后半期，放射生物学家做出重大贡献，在国外，细胞 DNA 修复机能被正式发现。

"文化大革命"结束后，研究工作得以恢复。结合国家任务的需求，我们观察了核爆炸受辐照狗及受γ射线辐照狗或大鼠的血清中微量核酸的变化。在此之前，原一室二组同志集体翻译出版了《分子放射生物学》，1975 年此书问世，书中介绍了 DNA 物理化学损伤及机理。

（二）DNA 损伤修复研究的深入与发展

1978 年后，开始了 DNA 分子修复机能研究，建立了密度梯度离心、微孔滤膜过滤和羟基磷灰石层析等检测 DNA 链断裂及其重接的方法。发展了用各种探针研究哺乳动物细胞 DNA 损伤修复的方法，以及观察细胞非预定 DNA 合成的放射自显影法和化学测定法，直至用原子力显微镜对 DNA 的损伤与修复进行直接观测。在这一系列工作中，探讨了影响链断裂及其重接的物理和化学因素、链断裂及重接与细胞辐射敏感性的关系、膜脂质过氧化产物等所致的 DNA 损伤及对 DNA 修复能力的影响等。在此基础上探讨了辐射防护剂、辐射致敏剂和肿瘤放射治疗过热效应的作用机理。

1980 年沈淑敏先生以"DNA 损伤修复"为题总结了国内外相关的研究进展，

该文章发表于《国际放射医学核医学》杂志。随后，陈去恶等撰写的"细胞对损伤DNA修复"文章对细胞DNA修复进行了系统介绍。该文编入《辐射生物学》一书（朱任葆等主编，1987年正式出版）。曹恩华等在《生物化学与生物物理学进展》等刊物上相继发表了《DNA辐射损伤和修复基因研究的一些进展》、《DNA组织对电离辐射引起DNA损伤的影响》、《基因水平的DNA修复研究》、《DNA的激光损伤和细胞遗传学效应》等DNA损伤与修复方面的综述。总结了国内外相关研究的进展，反映了生物物理所DNA损伤修复研究的成果。

在此期间，结合国家需求，DNA损伤与修复研究也从电离辐射发展到光辐射，开展了血卟啉衍生物和国产新型光敏化剂竹红菌甲素诱导的DNA损伤及修复机理的系统研究，并取得了一些有创新意义的研究成果，相关研究论文发表在 *Proceedings of the National Academy of Sciences*、*Free Radical Biology & Medicine*、*Biochemica and Biophysica Acta*、*International Journal of Radiation Biology*、*Nucleic Acids Research*、*Carcinogenesis*、*European Journal of Cancer* 和《中国科学》等国内外核心期刊上。其中部分工作分别在1978年获中国科学院重大科技成果奖；1988年获中国科学院科技进步奖一等奖；"竹红菌甲素的光敏化作用"、"血卟啉衍生物YHPD的某些基础化学与生物学研究"分别获1991年中国科学院自然科学奖三等奖。1985年在北京召开的国际光化学会议、1988年在英国召开的国际辐射研究大会、1992年在日本召开的第10届国际光生物学大会等会议上，生物物理所研究人员宣读了与DNA修复相关的学术论文，展示有关的研究成果（图2）。在此期间，研究课题得到了中国科学院、国家自然科学基金和国家"973"、"863"计划的资助。获得资助的课题和项目共有10多项。

图2 1992年7月，沈恂、曹恩华、马玉琴出席第10届国际光生物学
大会时在京都国际会议中心外合影

四、生物物理所 DNA 损伤修复研究的主要贡献

生物物理所放射生物学研究室从建立以来，研究人员就密切结合国家原子能事业的发展，临床治疗的需求，对 X 射线、γ 射线、高能质子、激光和光动力作用对 DNA 的单双键的断裂、碱基损伤、DNA 分子高级结构和染色体结构的改变，及其对细胞生物学效应的影响进行了研究。

（一）细胞辐射损伤修复的早期研究

建所初期，由徐凤早、马秀权等先生领导研究小组，分别开展了电离辐射对细胞染色体结构及其畸变效应的研究。1960 年前后，徐凤早等在研究中发现一次急性照射较分次照射对细胞结构的影响大，染色体畸变率提高。大白鼠在受低剂量长期照射过程中，随累积剂量的增加，损伤作用逐渐占优势。停照后半年的畸变率已接近对照组水平，存在损伤和恢复作用。将一定剂量的射线分成两次照射细胞，结果比一次照射的存活率高。沈淑敏先生等在研究核酸及其分解产物对射线的防护时，发现各种核酸产物提高了 X 射线照射后酵母菌及大肠杆菌等形成菌落的能力。1959 年，陈采琴等进行小鼠精巢中核酸含量的测定，并观察到一定剂量照射后小鼠精巢中 DNA 含量下降，一定时间后有恢复现象。上述的研究发现，细胞具有克服一定剂量辐射损伤的内在能力，初期的研究暗示修复机能的存在。

沈恂等研究了"反映修复特性的细胞存活曲线的数学模型及其计算机程序"，介绍了两种引入修复机理的细胞存活曲线的数学模型——不完全修复模型（IR）和致死–潜在性致死（LPL）模型的基本概念和公式，介绍了作者在 IBM-pc 计算机上建立的用这两种模型拟合存活曲线的程序。这两种数学模型将有助于细胞辐射敏感性和修复能力的定量研究。

（二）电离辐射诱导的 DNA 损伤与修复

1. 核爆炸受照狗血清微量的核酸的变化

1964 年 10 月 16 日我国第一颗原子弹爆炸试验成功，1965 年 5 月生物物理所组成了"21 号任务组"，承担了"核武器试验辐射对动物远后期效应"的研究任务。1970 年曹恩华等观察到狗经 300 拉德剂量照射后血清中去氧胞嘧啶核苷含量比照射前增加 1.8 ~ 2.4 倍，6 ~ 9 小时后接近正常。随后他们建立了用菲啶溴红测定组织中微量核酸的荧光方法。并用此方法观察核爆炸受照狗血清核酸含量的变化，对受照 3 个月 20 天的狗进行测定，时间为一年。结果表明，核酸含量的变化与受照剂量有关，照射各组高于对照组水平。受 190 拉德照射的组，有显著性差

异，而受 39.5 拉德照射组各点均无显著性差异。照射后 4 个月起急性照射组损伤已进入恢复阶段，与 γ 射线照射不同，核辐射的作用显示不同的特点。其测定结果收编于"核辐射对动物的远后期效应研究"（该项目 1988 年获中国科学院科技进步奖一等奖）。"荧光分光光度计的研制和荧光染料菲啶溴红"1978 年获中国科学院颁发的重大科技成果奖。

2. 高能质子对水溶液中 DNA 空间结构的微观损伤特征

许以明等以中国科学院高能物理研究所高能质子加速器为辐射源，采用可同时获取 DNA 空间结构（磷酸骨架、脱氧核糖、碱基、碱基之间氢键和 B 型构象等）信息变化的激光拉曼光谱技术，研究了高能质子（27.9 兆电子伏）对水溶液中 DNA 空间结构的微观损伤特征，观测到：①维系双螺旋结构的碱基氢键部分断裂；②4 种碱基均被损伤，其中腺嘌呤环的破坏最重；③脱氧核糖发生了明显变化；④骨架磷酸离子（PO_2^-）和磷酸二酸（PO_2）的损伤严重，并出现单双键的断裂，DNA B 型结构的数量显著减少。陈凤英等采用激光拉曼光谱，探讨了 γ 射线照射对水溶液中 DNA 空间结构的微观损伤特征。

（三）DNA 的光氧化损伤与修复

1. 血卟啉衍生物诱导的 DNA 的光氧化损伤与修复

20 世纪 80 年代，国内外对光动力治疗癌症的研究非常活跃，应用最多的光敏剂是血卟啉衍生物，1963 年光动力治疗癌症被列入国家"六五"攻关项目。生物物理所曹恩华等全面系统地研究了我国产的血卟啉光敏所致 DNA 的光氧化损伤与修复特点。对 HeLa 细胞的 DNA 单链断裂定量测定表明：与 γ 射线相比，其断裂的修复能力低于电离辐射引起的单链断裂的重接能力，并发现了一种与细胞损伤相关的新的光产物，其荧光发射波长 460 纳米，激发波长 370 纳米，无论在离体蛋白质系统还是在细胞和人癌组织中均可产生，并证实在临床治疗的癌组织中存在同样的规律。利用 ESR 新方法，不仅观测到单线态氧（$^1O_2$）的产生，还观测到超氧阴离子、˙OH 及非氧阴离子自由基。证实光敏作用是单线态氧、超氧阴离子，˙OH 和非氧自由基作用的多重作用机制。

2. 竹红菌甲素诱导 DNA 的光氧化损伤与修复

竹红菌甲素是一种红色粉末状苝醌衍生物，是中国科学院云南微生物研究所的科学工作者首先发现的一种新型光敏化剂。这种天然产物在我国资源很丰富，但其光疗机理尚不清楚。生物物理所首次开展了竹红菌甲素光敏作用对细胞 DNA 损伤与修复的研究，曹恩华等证明甲素可诱导 HeLa 细胞 DNA 的链断裂损伤，并具有碱基的特异性和细胞修复能力较低的特点，通过光敏反应诱变，观察到竹红菌甲素光敏反应诱导中国仓鼠卵巢细胞 Na^+/K^+ ATP 酶基因突变。研究表明可见光在内源性或外源性光敏剂存在下，通过光敏反应，跨膜损伤 DNA 可能是引起 DNA 损伤、基因突变的重要原因之一。

3. 高强度激光引起的 DNA 链断裂及致癌产物形成

核酸的光生物物理学研究初期主要用 254 纳米紫外激光对 DNA 进行研究。曹恩华等研究观察到 193 纳米紫外激光引起的 DNA 链断裂产额 10 倍于 266 纳米紫外激光，而二聚体产额低 1000 倍。193 纳米、266 纳米紫外激光辐照可以诱导 DNA 碱基损伤，其中嘧啶碱基要比嘌呤敏感 10 倍，在 DNA 分子中胸腺嘧啶碱基最敏感。而光动力学作用主要是破坏鸟嘌呤碱基，在血卟啉衍生物存在下，用 632 纳米可见激光照射 DNA，观察到鸟嘌呤的损伤是腺嘌呤、胞嘧啶和胸腺嘧啶的 5～12 倍，其拉曼光谱也表明嘌呤碱基损伤较嘧啶碱基严重。用高强度 532 纳米可见激光，在冰冻条件下照射胸腺嘧啶、DNA 水溶液，用高效液相色谱（HPLC）观察到嘧啶二聚体（一种致癌产物）的形成，对于揭示高强度可见激光的辐射生物遗传学效应提供科学依据。

（四）DNA 损伤的直接修复

1. DNA 单链断裂修复

陈去恶等建立了一种简化的检测细胞 DNA 单链断裂及其重接修补的 Kohn 碱液洗脱法。他们发现：①过热处理对人类食管癌细胞及中国仓鼠细胞 DNA 修复能力有抑制作用。人类食管精细胞 Eca-109 在受 8000 拉德γ射线照射前或照射后，用 44℃处理 30 分钟，会完全抑制随后在 37℃保温 1.5 小时内的 DNA 断链重接修复。仓鼠细胞 CHO-K1 在紫外线照射前在 44℃中处理 30 分钟，同样会完全抑制照射后 37℃保温 3 小时内的 DNA 切除修复。②人类肝癌细胞的质膜额外损伤与辐射引起 DNA 断链的重接修复无关。人类肝癌细胞质膜受到敏化剂 XI 的额外损伤后，其 DNA 断链重接修复能力没有被消除。此外，他们证明分裂中期 CHO 细胞对其染色体 DNA 紫外损伤缺乏修复能力。发现 Eca-109 细胞受 5 毫摩尔/升丁酸钠处理 3 天，出现广泛"分化"之后，DNA 断链的重接能力没有明显降低；并证明 DNA 切除修复能力与其核内非组蛋白含量有关。

曹恩华等采用羟基磷灰石离心法对竹红菌甲素光敏作用所致的 HeLa 细胞 DNA 的单链断裂进行荧光定量测定，以单链 DNA 的含量变化衡量 DNA 链断裂程度及其修复活性，并与γ射线的作用进行了比较。细胞经γ射线和甲素的光敏作用后，DNA 产生单链断裂。当细胞存活率为 0.1 时，两者之比为 2.8。当最初的单链断裂频率相等时，γ射线处理的细胞其 DNA 单链断裂重接能力高于光敏作用的细胞。这说明细胞修复能力与产生的单链断裂的化学性质有关。

2. DNA 的烷基化修复

O^6-甲基鸟嘌呤 DNA 是某些烷化剂直接或通过酶转化后与 DNA 反应生成的一种有致死、致突及致癌作用的产物，它是癌肿始发的重要分子基础。曹恩华等用 H^3 制备 O^6-甲基鸟嘌呤 DNA，并以此为底物建立了一种体外测定受体活性的新方法。证明细胞内的 O^6-甲基鸟嘌呤 DNA 甲基转移酶能有效地去除这种损伤，经氨基酸分析表明，甲基基团从 DNA 鸟嘌呤第六位氧原子上特异地转移到受体蛋白的半胱氨酸的残基上，反应产物是 S-甲基半胱氨酸。此反应具有定量快速、一次性特点。O^6-甲基鸟嘌呤的修复过程所完成的是一种无错的修复，它可能与减少肿瘤的发生有关。用我们建立的一种体外测定受体活性新方法，与中国医学科学院合作分析了来源于临床的胃癌、乳腺癌、肠癌、肝癌等样品的甲基转移酶水平。对 10 种癌组织、34 份样品的分析表明它们的转甲基酶的平均水平不同，不同人之间有差异，但与年龄和性别无关。发现人乳腺癌组织对 O^6-甲基鸟嘌呤 DNA 具有较低修复能力，为解释乳腺癌发生机制提供了新思路。

N-甲基-N'-硝基-N-亚硝基胍（MNNG）可使 DNA 甲基化，生成 O^6-甲基鸟嘌呤 DNA，我们的研究表明：γ 射线和 MNNG 两种因素结合，较单一因子增加细胞死亡并使 O^6-甲基鸟嘌呤 DNA 甲基转移酶活性丢失，提示两者有协同作用。在对用 MNNG 处理后的食管癌、淋巴癌、宫颈癌、鼻咽癌等 10 多种细胞株修复能力的分析表明，细胞分为三种类型：①有较高的修复活性、较高的存活率及酶蛋白的再合成能力；②有较高的修复活性，中等的存活率和较低酶蛋白的再合成能力；③无修复能力，存活率很低。

在美国布鲁克海文国家实验室工作期间，曹恩华等还发现人淋巴细胞对这种特异性的 DNA 损伤能做出快速的修复响应，证明细胞修复 O^6-甲基鸟嘌呤的能力与受体蛋白的再合成能力有关。上述结果发表在 1982 年《美国科学院会刊》上，并第一次报道了抽烟者肺巨噬细胞去除 O^6-甲基鸟嘌呤的能力明显低于正常人，为研究抽烟与肺癌的关系提供了科学依据。

（五）辐射诱导的 DNA 损伤修复相关机理

1. 脂质过氧化作用

在生物物质中都会有大量的不饱和脂肪酸，它们主要在膜脂质中，使各种细胞膜对外界电离辐射、光辐射及各种氧化剂等理化因素具有高度敏感性，从而导致脂质过氧化链式反应发生，产生多种脂类自由基和活性产物。重要生物大分子的活性部位与功能团几乎都处于疏水环境，而脂类自由基寿命较长和疏水等特点，使其更易直接与核酸作用。

在对亚油酸体系、细胞核、肝细胞中脂质过氧化反应的研究中发现：脂质过氧化可以引起 DNA 损伤，具有碱基特异性，在四种碱基中，鸟嘌呤损伤最严重。同时利用原子力显微镜（AFM）直接观察到了交联 DNA 的生成。多种自由基清除实验表明：脂质过氧化所产生的羟基自由基和单线态氧可能是引起 DNA 氧化损伤的重要因素，指出脂质过氧化在细胞膜和细胞核损伤中起着重要的作用。

曹恩华等通过上述研究发现在脂质过氧化过程中生成一种荧光物质，其最大激发波长为 315 纳米、最大发射波长为 410 纳米，并随氧化时间的增加而增加。此加成物的生成导致 DNA 损伤，影响基因结构改变，其损伤难以修复，并引起细胞毒性增加。丹参酮对此加成物有明显的抑制作用。该结果分别发表在 *Biochemica and Biophysica Acta*（1995）、*Redox Report*（1996）和 *Free Radical Biology and Medicine*（1996）上。

同时，他们利用 $CuSO_4$-Phen—Vc-H_2O_2-DNA 化学发光体系，建立了一种新的测量抗氧化剂的方法，并将该体系用于 DNA 的损伤及抗氧化剂的测定。该方法既快速简便，又灵敏度高，目前已广泛应用于中药抗氧化剂的测定，已收录在《现代药理方法学》一书中（张均田主编，1997 年出版），对 DNA 损伤防护和药物开发研究具有重要的意义。

2. 与细胞 DNA 损伤修复有关的蛋白质

PIG11 蛋白。PIG11 蛋白是 p53 高表达所诱导而表达的蛋白质之一，作为一种新的蛋白质其功能尚不清楚。曹恩华研究组首次发现 PIG11 蛋白在体外具有与 DNA 结合的能力，利用原子力显微镜直接观察到 PIG11 蛋白能够与不同长度、不同构象的双链 DNA 相互结合，形成串珠样复合物，且这种结合不具有序列选择性。同时发现 PIG11 基因能产生或应答氧化应激的蛋白质，参与自由基的产生和控制。PIG11 基因过表达可提高细胞内活性氧水平，增加了 DNA 损伤断裂程度，显著提高了三氧化二砷诱导的细胞凋亡率，这可能提高细胞对传统肿瘤药物或放疗的生长抑制效果。

端粒蛋白 TRF2。TRF2 是双链结合蛋白，是维持端粒结构和功能最重要的蛋白质之一。曹恩华研究组首次运用原子力显微镜发现 TRF2 更多定位于端粒 3′-G 链悬突与双链的结合点附近或者在 T-loop 结构的环–尾结合部位。并发现当细胞内端粒 DNA 受到氧化损伤可产生端粒单链悬突丢失和端粒 DNA 双链断裂，生成一种平端端粒 DNA，也可氧化产生 8-HOG 等损伤产物，导致 TRF2 与端粒 DNA 结合减少。细胞内 TRF2 蛋白也可能通过一种错误装配使损伤 DNA 重新形成一种无功能的 T-loop，导致端粒功能异常。他们还观测到砷刺激后活性氧和端粒结合蛋白 TRF2 表达显著增加，TRF2 蛋白的分布也发生改变，TRF2 不再定位于浓缩的染色体上，而是分散在整个细胞中，不与染色体重叠。发现 DNA 损伤后端粒结合蛋白 TRF2 位于双链断裂处，可能参与 DNA 修复。TRF2 蛋白增加、端粒丢失和错误端粒结构生成作为端粒 DNA 损伤的早期应答，是引起基因不稳定性和细胞功能改变的重要原因之一，其中 TRF2 蛋白起着决定性的作用。

五、几点思考：优势、不足与希望

放射生物学研究室是 1958 年生物物理所建立初期成立的"第一研究室"。1962 年，贝时璋所长指出医学放射生物学、放射医学的研究在我国历史很短，基本上是从 1958 年才开始的。辐射生物学作为新兴的边缘科学，它所包含的内容，当时尚未形成一个公认的体系。生物物理所辐射生物学的发展，在 20 世纪 50 ~ 60 年代是一个兴盛时期。当时对辐射生物学的重视有多种原因，与国家的需求、也可能与存在爆发核战争的危机这种推测有关系，又与原子能的利用和核工业发展相联系。建所初期科技档案显示，生物物理所建所初期辐射生物学的研究开端于辐射对细胞结构的影响、放射损伤与防治研究。我们的工作曾一度都致力于抗辐射药物的研究，希望能研究出一种药物，可以有效地防护辐射损伤。60 年代后半期细胞 DNA 修复机能的正式发现，与国外同一时期的工作相比较，他们更多地重视对放射损伤原理和修复机理的研究，并在这个基础上做了大量损伤防治工作，这也是我们与国外在 DNA 辐射损伤修复的研究工作上没有平行发展的主要原因。70 年代以来，我国辐射生物学的发展大有停滞不前的趋势。由于 DNA 修复在电离辐射研究领域，特别是分子生物学、分子遗传学的发展，以及 DNA 序列分析、基因克隆及重组等技术的应用中处于十分重要的地位，在许多国家，DNA 辐射损伤修复的研究并没有停滞，各种修复途径被确定，多种修复基因被发现，大量哺乳类细胞修复缺陷突变株不断被分离出来，DNA 修复研究尤其在基因水平上的工作，已经在国际上迅速开展。如今的 DNA 损伤修复已成为生命科学的重大课题，与人类健康也息息相关。回顾我所充满艰辛和喜悦而又不平凡的研究历程，不禁思绪万千。

从 1958 年放射生物学研究室建立、1998 年细胞生物学研究室结束直至现在，与 DNA 辐射损伤修复相关的研究工作在生物物理所已进行 50 年。在此期间，研究室分分合合，研究人员也随之流动，生物物理所 DNA 损伤修复研究也在不断丰富和发展，从研究结构损伤起步逐步深入到基因修复及其参与修复的许多酶和蛋白质。面向临床治疗，DNA 损伤与修复研究的重点也从单纯的电离辐射效应发展到非电离辐射效应（光辐射等）。在中国科学院和国家自然科学基金及国家"863"计划的资助下，1983 年以来，生物物理所在光生物学方面较深入地开展了 DNA 的光氧化损伤与修复的研究。

1978 年我国实行改革开放政策，科技界迎来了科学的春天。我们与国外同行的学术交往日益增多，国际上的一些著名学者应邀访问我室。在研究所领导支持下，我室先后派出沈恂、马海官、曹恩华、张志义等同志赴英国、美国、日本等国家著名实验室深造，向顶尖科学家学习。这些同志回国后担负起各课题组组长的职务，有的担任所室的领导职务，有的担任国内外相关学术团体的领导职务。记得1979年秋天我幸运通过了教育部的出国资格考试后，沈淑敏先生非常高兴，当谈到出国学什么时，沈淑敏先生指出 DNA 损伤修复研究很重要，并推荐三个在 DNA 损伤修复研究方面的著名实验室供我考虑，最后我选择了美国布鲁克海文国家实验室的 R. B. Setlow 院士领导的研究组（R. B. Setlow 教授因在 DNA 修复方面的突出成绩曾获美国总统奖）。虽然在研究的过程中有很多曲折，但30年后的今天，我感到这个方向选择是有战略眼光的正确选择，也感谢沈淑敏先生的指导。我从美国布鲁克海文国家实验室回国后也一直从事与 DNA 损伤修复有关的工作。改革开放以前，研究室的科研经费主要是纵向拨款，数量极少；改革开放以后，国家自然科学基金委员会的建立，改变了科研经费的拨款办法。我回国后抓住时机立即申请，得到了刚建立的国家自然科学基金委员会的资助，得以进行"在辐射与化学致癌过程中 DNA 修复的分子机理研究"。

一切历史都是当代史。我们站在当下，回望过去经历的每个瞬间，一条自20世纪50年代开始的生物物理所辐射生物学研究之路就呈现在我们眼前。科学的发展，经过一个高潮之后自然会进入一个低潮，辐射生物学的情况就是如此，但在低潮中又孕育着另一个高潮的来临。目前，我所针对辐射生物学的专门研究室已消逝，但 DNA 修复研究与细胞突变、癌变、衰老，遗传病诊断以及基因治疗有着密切关系，它的意义早已超出放射生物学的范畴。生物物理所近几年引进的大批人才，其中就有不少长期从事 DNA 修复研究的专家，因此，摆在我们面前的发展前景是广阔的。但愿我们能够从这些逝去的瞬间中回眸当时的中国与世界，并以此为鉴，在走向创建现代研究所的道路上继续阔步前行。

作者简介：曹恩华，见本书118页。

生物物理所的放射生物学剂量学 50 年

张仲伦

1958 年生物物理所建立初期就成立了放射生物学研究室（一室），贝时璋所长即提出进行"组织剂量学的研究"，中国科学院还下达了电离辐射组织剂量学的研究任务。

一、任务带学科——放射生物学剂量学研究工作的建立

1958 年 10 月，根据贝老的部署，放射生物学研究室内设立了辐射对动植物机体的急性和慢性辐射效应、辐射防护、辐射剂量和放射生态几个研究组。剂量组由江丕栋筹建，1961 年王曼霖、张仲伦从清华大学分配到生物物理所剂量组工作，与原来组内各同志一起开始了放射生物学剂量学的技术和研究工作。

1961 年 10 月，国务院第二机械工业部（二机部）下达"外照射组织剂量"研究任务。根据任务要求，提出并建立了"钴-60 强 γ 射线照射源的设计、安装和剂量标定"课题，由王曼霖同志负责，张仲伦、丰玉璧等同志参加，进行钴源的设计并完成建造任务，任务要求到 1965 年 12 月完成。

根据"外照射组织剂量"研究任务要求，生物物理所于 1964 年 2 月 6 日又提出并批准了"组织材料内吸收剂量的研究和照射条件的确定"课题。课题编号为生放剂字 64-134，题目负责人是张仲伦。

二、放射生物学剂量学的内容

放射生物学是生物科学的分支学科，它研究放射性对生物系统产生的影响。生物系统包括动物、植物和微生物，人当然是研究的重点对象。放射性是指放射性同位素，以及由它们放射出的射线。如果放射性同位素进入生物体内，就形成内照射；如果放射性同位素处在体外，就考虑射线外照射的作用。1959 年，生物物理所放射生物学研究室设立了内照射生物效应研究组，而其他动植物急慢性辐射效应

和辐射防护的研究都是以外照射效应为指标的。

放射生物学作为定量科学，就必须要对生物学效应的大小和放射线对生物系统的作用大小进行定量表述和测量。放射线对生物系统的作用大小的定量表述就是辐射剂量。

之所以使用"剂量"一词来表述放射线对生物系统作用的大小，是源于医学治疗学。治病时给患者用药，药物的定量就用"剂量"表述。利用电离辐射治疗肿瘤时，要将电离辐射对人体组织系统的作用大小进行定量，就用辐射剂量来表述。电离辐射对生物系统产生效应，就如同药物或辐射治疗的射线束对患者的病理指标产生治疗效应一样，所以电离辐射对生物系统的作用大小也用辐射剂量来表述。

在医学治疗中，有些药物，如生物制剂、抗生素等以其药物的常用重量及容量单位不能表示其药理效价，就以药理作用效价单位来表示其剂量，即采用特定的单位（u）来计量或国际单位（iu）来计量，虽然已有许多维生素已改用重量表示，但截至目前还有维生素 A 和维生素 D 仍然沿用国际单位。在放射治疗和放射生物学研究中，辐射剂量的单位开始采用伦琴，后来用吸收剂量单位拉德。但是，实践发现，许多情况下如同有一些药物的情况一样，辐射剂量的数值也不能准确表示其治疗效果和放射生物效应大小，如同样吸收剂量大小的中子辐射和 γ 射线产生的治疗效果相差很大。所以，人们就如对维生素那样，想寻找一种能够反映电离辐射治疗效果或辐射对生物系统产生效应大小的剂量单位。为此贝时璋所长提出在放射生物学中使用"组织剂量"的概念，强调要进行组织剂量学的研究。

放射生物学剂量学的研究范围是哪些呢？从学术上讲，它是指在放射生物学研究中，对生物组织接受电离辐射作用进行定量研究的工作。而从广义上讲，它还包括在放射生物学研究中电离辐射的产生，即辐射源的建立；生物组织如何接受电离辐射的照射，即照射方法的研究；也包括为了确定组织内的剂量对所使用的仪器和方法的研究。

建立辐照源，要考虑源的类型，发射哪种射线，能量多少，射线能谱分布如何（这些因素决定了辐射进入生物体内的程度）；辐射源的半衰期是多长时间；辐射源的强度要多大；辐射场的大小和形状；辐射源的几何排列；工程建造的经费、工期等。

研究照射方法，重点要考虑辐射剂量在生物体内的分布是否符合要求，要确定体内的剂量分布。由于不能破坏生物活体，就要选择或设计制造用来测定剂量的模型材料。

研究剂量仪器和方法就要考虑测量体内剂量的剂量计对生物体内辐射场的干扰、剂量计所用材料的组织等效性、剂量计的剂量线性和测量量程等。

三、钴-60 辐照源装置的设计与建造——放射生物学研究的前提

从建所初期到钴源建成这段时间，生物物理所放射生物学的研究用源基本上使用 X 射线机。当时所里有一台苏联制造的 250KVP-PyM-11 深部治疗机，使用它照射大量的动物、植物样品；还有一台 400KVP 的 X 射线机运转一直不正常，很少使用；再有一台 140KVP 的诊断用 X 射线机，由于穿透力不够，仅少量用于对浅层样品的照射。1961 年我到所后，曾管理 X 射线机的照射工作，为全所服务，也经常为了"照射得准还是不准"与各研究组同志们争论不休。因为，机器照射条件相同、时间相同，两组动物死亡率会有很大差别。其实在放射生物学中，剂量与效应的关系研究是一项很复杂的工作。生物物理所放射生物学室的全体研究人员为此工作了几十年，贝时璋所长领导大家进行了多年放射生物学基本设施建设与深入的研究工作。

（一）钴-60 强 γ 射线照射源的设计、安装和剂量标定

钴源建设是 20 世纪 60 年代初，国务院第二机械工业部下达生物物理所的任务，如"电离辐射组织剂量学研究"、"电离辐射原发反应机制研究"、"电离辐射的防护"等项课题，以及生物物理所放射生物学各实验室关于放射生物效应的研究工作。这些研究工作都迫切需要建立钴源照射条件。生物物理所在 1961 年 4 月 25 日报给中国科学院新技术局的《请示钴源报告》中提出，需要 1400 克镭当量或 11 200 克镭当量的钴源。1961 年 5 月 4 日又向新技术局五处提出关于"申请钴源照射室用地"的报告。1961 年 12 月 1 日向新技术局提出需要建造大中小三个钴源和 X 射线辐照室，共计 500 平方米的基建面积的报告。1962 年 6 月 25 日正式向国家科委八局申请 1600 克镭当量钴源。1962 年 7 月 19 日正式向新技术局申报 500 平方米的钴源基建面积。1962 年 8 月 3 日新技术局 〔（62）04 五字第 71 号文〕同意修建 500 平方米、投资 6 万元的钴源室项目。1962 年 8 月生物物理所成立钴源建设选厂小组，由中国科学院生物学部办公室主任葛俊傑、生物物理所办公室主任聂绍华、计划科科长韩兆桂、微生物所办公室魏主任以及研究技术人员江丕栋、王曼霖、张仲伦和丰玉璧组成，成立了剂量研究组，设立三个研究课题（"组织材料内吸收剂量的研究"、"强钴源及小剂量照射室的建立"和"生物特性和物理因素对辐射生物效应的影响"）保证钴源辐照室的建设、照射条件设计、剂量测定工作的进行。1963 年 6 月 14 日北京市卫生防疫站下达了《关于钴源试验室的预防性卫生审查》意见〔（63）卫防射字 48 号文〕。北京市公安局于 1963 年 6 月 21 日下达了

《关于同意中国科学院生物物理研究所在西郊中关村修建钴源实验室的批复》
〔（63）局治字第24号文〕。1963年9月2日新技术局调整基建任务，将面积从
500平方米改为780平方米。1963年9月生物物理所请新技术局参加，与物理所协
商讨论了钴源建设方案，确定按照生物物理所设计要求建造钴源，留600平方米给
物理所。1964年1月7日调整面积为1380平方米，包括物理所化学实验室〔（64）
04基字第3号文〕，投资34.6万元。

根据研究任务的需要，各研究室提出照射样品的种类有猕猴、大白鼠、小白
鼠、青蛙精子、家兔、豚鼠、酶溶液和酶干晶、农产品种子、大肠杆菌、须霉、氨
基酸、蛋白质、线粒体、血液等。照射的剂量从几百拉德到1000万拉德。

根据各项研究任务的要求和剂量学的设计，钴源辐照室的总体布局设计为包括
一个强钴源照射室、一个长期累计小剂量照射室、两个X射线机照射室。强钴源
的强度，开始设计为2080克镭当量，并且已经订购。后来根据需要又增加了一组
1万克镭当量的钴源。强源照射室内部面积5米×7米，墙厚1.7米，室内高4.5
米，顶厚1.6米。室内水井面积2米×2米，深4米，并且井底装有一个铅井，直
径90厘米、深1.2米。两组强源都于1965年卸装于井下。

1964年钴源完成土建（图1），1965年装源，测定剂量，投入运行。

图1　建成后的钴源院内
图中间二层建筑为实验楼，左面建筑为小剂量辐照室，右面建筑为强钴源辐照室

数年中，在强源照射室完成了电离辐射防护研究中各种药物对各种动物辐射效
应的防护功能的研究，照射了大量大白鼠、小白鼠。进行了辐射原初反应机理研

究，照射大量氨基酸等生物化学的样品。

20世纪70~80年代，随着国家任务的完成，放射生物学的研究也逐步向微观水平发展，整体动物的照射工作逐渐减少。在此时期，除了继续进行细胞和分子水平的辐照实验外，又开展了诸如辐射保鲜等具有直接实际意义的研究课题，进行水果的辐照实验，并且结合国内辐射加工事业的发展，开展了辐射加工级别的大剂量测量方法的研究，如"自由基剂量计的研究"、"晶溶发光剂量计的研究"、"辐射加工中的化学剂量计的研究"、"热释发光剂量计的研究"等课题，并获得了科学大会的奖励。

20世纪80年代，中国科学院开始"一院两制"的试点，号召各所进行开发课题研究。为了充分利用已经建设多年的钴源装置，生物物理所开展了钴源的开发利用。中药及医疗器械的辐射灭菌成为钴源照射的重要任务。与此同时，又开展了辐射加工产品的研制。热收缩材料的辐射加工、印染工业中的黏合剂辐射加工在80年代后期和90年代得到了发展，最后形成了以此为主要经营内容的伽玛公司。在改革开放的年代，钴源装置还为中国科学院的各个研究所和航天研究院等单位辐照了各种重要的原材料和科学仪器部件。

在钴源的设计和建造过程中，有一些事给我留下比较深的印象。

开始做防护设计都是按照当时苏联的标准进行的，计算防护墙的厚度要考虑5倍安全系数，我们的钴源室墙厚1.7米。后来了解到英国、美国等西方国家只用2倍的安全系数，他们的论据是要对整个社会利益考虑最优化选择。如此我们设计1万克镭当量源强，照射室墙就显得厚太多了。可是到了后来，随着科研和开发的发展，要装入3万克镭当量的源，墙的厚度就正好可以满足了，而这对于后来开展钴源的开发利用是很有好处的。

在建设钴源的过程中，最初真正接触强辐射时就是倒装源的过程。当时正值1964年"四清"运动，组里的领导都去参加"四清"，我和丰玉璧在京留守，负责倒装源之事。根据设计，装有强钴源的容器要从钴源室东墙预留的通道进来，开始留的尺寸不够大，后来又进行了扩大，打掉一层水泥才够尺寸。反复演练很多次才进行实际操作，人员蹲在一座铅砖筑起的防护墙后面，拨动容器顶部的一个杠杆，源棒自动落入水井中。落下的一瞬间，源棒从容器下口出来进入水面之前是在空气中下落，剂量很大，可是时间很短。最怕的是当源棒出口时卡在出口处，剂量很高，又不能直接操作源棒，那将是很糟糕的事情，幸好没有发生这种事，而是顺利地将五颗源棒逐一卸下源井（图2）。

为了清洗源井，要把源棒放入井下的储源铅井。平时储存在储源铅井中的几个500克的钴源放在一个有机玻璃架子上。储源铅井有一个很厚的上盖，有一次当我们将上盖拉起后，突然见到一块黄色东西带着气泡在水中浮上来，有人喊道："不好！快出去！"我和丰玉璧、孟香琴等赶快跑出钴源室，然后再用计量仪器从迷宫通道一点点测量进来，结果并没有大的剂量，估计是钴源棒并没有浮上来的缘故。进去后经过仔细检查，发现上来的是一块泡沫状的塑料，估计是有机玻璃被照射后形成的状态。如果源棒粘在这块塑料上，那就可能随之上浮到达水面，造成对人的近距离照射。

图 2　强钴源倒装现场
2 米×2 米水井上方，椭圆形钴源运输容器，
操作人员在铅砖防护墙后面进行倒装的操作

为了把源棒装到源架子上，必须在地面用工具操作井下的源棒，丰玉璧同志专门设计了一个 4 米长的工具，很是灵活好用。操作时要观察井下的放射源，就要装上井下照明灯光。我们在井的四角安装四根有机玻璃圆筒，筒中装有日光灯，以便照明。安装好了之后，发现井的四角剂量很高。得知是因为射线经过中空的圆筒没有水的吸收而散射出来，才造成较大的剂量。

装好强钴源后要标定室内的辐射场，由于剂量计的引线不够长，二次仪表只能放到迷宫通道中。工作人员在放射源处于井下位置时可以进入室内安装剂量计的探测器，测量中途，还要进入调整探测器位置。由于升源、降源很多次，就有些乱，一次我和马海官在里面调整探测器时，见到钴源架子竟然还在水面上的辐照位置！我们赶紧跑了出来。后我们经过到军事医学科院放射医学所医院检查，计算受到的剂量在 1 拉德左右，没有明显的医学上的指标异常。

（二）小剂量照射源的设计与安装

小剂量照射室面积为 8 米×8 米、高 4 米，屋顶有两排具有天窗的钢筋水泥室。房屋中心和四角有 5 个四米深的管式源井，每个源强近似为 8 克镭当量。1965 年 5 月实际测量每个源强为 5.76 克镭当量，分日夜两批照射，猕猴、家兔、豚鼠白天进行对角双点源照射，大白鼠、小白鼠夜间进行四角分别单点源照射。

在小剂量照射室完成了对长期小剂量照射下各种动物的血液、各种组织等的细胞学、生物化学各种指标的测定，为我国放射性工作人员防护标准的制订提供了科学依据，完成了二机部的研究任务，获得中国科学院和国家的多项重要奖项。

5 个小剂量照射源，每个是由 18 个小粒钴源组成，吊在一个铅棒下，再用尼龙绳系住，放入源井中。小粒钴源用铅罐装来，我们要将其一个个取出，分别放入小盒当中。每一个小盒内有 6 个小圆筒，每个筒中有三粒钴源，每装入一个钴源粒都要用剂量仪表监测、记录、确认。

由于起降源使用的是尼龙绳，时间长了会有断股现象，几次源绳卡在导向滑轮狭缝里不能降源，只好人员进去用手工排除故障。

四、照射方法的设计研究——放射生物学剂量学研究的基础

（一）X 射线机照射条件的设计与剂量测量

从建所初期开始到 1965 年钴源建成，放射生物学研究用辐照源，在所内主要是 X 射线治疗机。为了改善 X 射线照射剂量的重复性和准确性，我们进行了一系列 X 射线机照射条件的设计。早期照射只是控制 X 射线机器的电压、电流和照射时间，由于很多因素的影响，X 射线给予生物体的辐射剂量会有较大的波动和偏差。比较系统地进行 X 射线照射方法研究是在 1963 年和 1964 年，主要进行大、小白鼠和微生物与生化样品两类照射方法的设计，使用的剂量计是电离室剂量计和硫酸亚铁化学剂量计。1963～1964 年中国科学技术大学生物物理系要求生物物理所里的研究人员去讲课，我虽然刚到所工作（26 岁），也被要求担任剂量学的授课工作，真有些"赶鸭子上架"的样子。与此同时，我还指导了中国科学技术大学生物物理系的学生赵兆平、王荫亭、蒋巧云和马海官 4 人两年的毕业设计，分别进行了 4 个照射条件课题的研究，即"X 射线照射条件下的小体积生物体系的吸收剂量的确定"、"应用 $FeSO_4$ 化学剂量计测定生物样本内吸收剂量"、"200KVP X 射线机大白鼠照射条件的标定"、"类组织介质——水模内的伦琴测量"。

照射微生物与生化样品的特点是辐照剂量率高，样品体积小。使用 X 射线束照射，就需要距离很近，而此时样品体积内的深部剂量变化很大，并且照射场内的剂量非常不均匀。为此我们设计了各种照射装置和旋转照射方法：照射时将样品放在一个类组织材料块的内部，处于深部剂量变化较小的区域，这样就使样品体积内剂量均匀性要好许多；旋转照射是为了克服照射场内的剂量不均匀性，将样品成圆周排列，并绕射线束中心轴旋转样品盘，如此每个样品的平均剂量就是一样的。1963～1964 年，我们设计了细胞线粒体、胰蛋白酶溶液和大肠杆菌悬浮液的照射装置和方法。由于线粒体样品要求在 0～4℃环境下照射，所以就使用冰水做散射材料。而对大肠杆菌照射时，要求室温、干冰温度和 50℃高温的环境。又由于大肠杆菌必须盛放在安瓿瓶中照射，为避免安瓿瓶封口对射线的吸收，采用了射线束

从下向上的照射方式。

由于照射剂量率比较高，超出了电离室剂量计的剂量率适用范围，我们选用了比较成熟的硫酸亚铁剂量计，这种剂量计剂量率范围合适，并且由于是水溶液，组织等效特性比较好。但为了更为接近组织的等效原子序数，必须调整剂量计溶液的硫酸浓度，而硫酸浓度变化后，要重新测定化学剂量计的 G 值，即单位吸收能量产生的铁离子浓度。为标定吸收能量，要用电离室剂量计测定照射量，转换成吸收剂量。为提高测量灵敏度，我们选择 224 纳米波长代替 304 纳米波长测定硫酸亚铁剂量计三价铁离子的消光系数。研究结果表明，测定出的消光系数值和 G 值都与文献报道一致。

研究所初期对大白鼠、小白鼠的照射方法是简单地将动物放在桌子上的木盒中，动物成辐射状排列，但测量表明，剂量不均匀度比较大，体内剂量不均匀度竟可达到 25%，为此我们新设计了几种照射方法。其一是减少表面电子平衡层造成的剂量不均匀，使用有 12 个间隔的有机玻璃盒子装填动物，空格里补填米袋以保证散射条件相同。其二是在盒子底下放置水箱，以改善体内剂量均匀度。其三是漫散射装置再加上倒边双面照射。实验数据表明，第三种方法的体内剂量不均匀度可以降到 6.8%，满足了放射生物学的要求。

为了确定动物体内的吸收剂量，使用伦琴刻度的电离室剂量计先测出伦琴值，再换算成吸收剂量拉德。换算因子与 X 射线的能量及其能谱分布有关，并且受到一些因素影响，如电离室的探测部分与电缆接头受照射后的漏电、组织介质被电离室空腔代替的空腔效应、电离室灵敏度的各向异性和能谱响应等。

为获得 X 射线束的能谱数据，我们测定了 PyM-11 X 射线机初级束的半价层，有了这个数据就可以查出修正因子的数值。为此我们详细研究了 X 射线铜的吸收曲线的实验测定方法，得出的结论是为了表述 X 射线束的能谱情况。除了 X 射线峰值电压之外，还要给出半价层和 1/4 价层等参数，这样才能较为确定地表述 X 射线的能谱情况，并且根据这几个参数计算出近似的能谱图。

但能谱修正数据还与介质的等效原子序数有关，最好的实验办法是用一种固体的与组织等效的材料来进行体内深部剂量测量。我们研制了一种由石蜡和聚乙烯塑料混合的等效材料，为了使等效性好，又加进了一种氧化镁粉末，经加热、搅拌后成型，再制作成各种形状，模拟动物或人体组织器官。在其中放入电离室型剂量计，进行剂量测量。

在 X 射线照射条件和剂量测量的研究中，必须在保证各个实验室的照射任务情况下进行。1962～1964 年，照射任务非常繁重，我们剂量组还要管理照射时间的安排，每周先是各个研究组登记，然后排列时间顺序。因为有的实验注射药物有一定时间要求，必须配合照射的时间，就有可能出现两个或三个组的要求互相冲突。为了安排好照射计划，很是费脑筋。X 射线机的运行一直处于超负荷状态，所以照射条件的实验和剂量测量都要抽空进行，有时要从下班开始直到晚上结束。操作 X 射线机的凌寿山，家住城里，经常要加班和我们一同实验。后来，X 射线机在钴源建成后搬到钴源新址，凌寿山同志曾经在钴源院里值班，因院区建设初期，蚊蝇较多，他感染了急性脑炎，不幸病故。我在一天早上从八宝山陵园请回了他的骨灰，送回他城里的家中。

（二）长期小剂量 γ 射线照射条件的设计

1961 年中国科学院和二机部就向生物物理所下达了"小剂量电离辐射损伤效应的早期诊断研究"课题，在钴源建设计划中已经考虑了小剂量照射任务的要求。1965 年钴源院区建成后，设计长期小剂量照射条件和方法就提到日程上来。照射室内安排了四角四个源和中心一个源，如何充分利用这几个源和照射室 6 米×6 米的面积，满足对大量动物每日进行的长期小剂量照射，这不只是一个照射方法的设计问题，还是一个需大量协调、组织安排的工作，所以从室领导到所领导都很重视。

在建源的同时，我们剂量组就开始了小剂量照射条件和方法的设计工作。于1965 年 2 月 19 日，在贝时璋所长的亲自主持下，有科技处韩兆桂处长、唐品志，放射生物学二室主任李公岫、秘书蓝碧霞，放射生物学一室秘书尹虎英，以及三室的领导和各组参加实验研究的人员参加会议，经过长时间的讨论和争论，最终由贝所长敲定使用"两班倒"的办法，每日分白天和夜里两次升源照射两批动物。对猕猴进行白天双点源双面照射，对大白鼠、小白鼠、豚鼠等小动物进行夜间单点源圆周排列照射。

会议讨论的主要争论点是如何既保证大量动物的照射量，又要满足剂量的均匀性，还要实际可行。尤其是两班倒的方案，就有动物的饲养、存放、运输、人员数量和休息倒班等问题。在 20 世纪 60 年代，生物物理所小剂量照射室的照射条件和方法是当时国内独一无二的，也是世界上少有。每日可以照射猕猴 16 只、豚鼠186 只、大白鼠 654 只、小白鼠 860 只、兔子 20 只；放射源每日运行 15.5 小时，加上动物和动物架的出进运输、源室的清洁消毒、动物的饲养，照射室和运行管理人员都在满负荷工作。一开始，研究人员也参加动物的搬运、上架等工作，把猕猴连带笼子从地面抬到一人多高的照射架上很是费力，尤其对于我们没有经过什么锻炼的学生来说，更是一项考验。此项工作从开始照射第一批动物到最后实验结束，前后进行了 20 年。

对猕猴照射选取双面照射，主要是考虑大动物体内剂量均匀度。根据我们的计算和小剂量照射室的源强和房屋形状大小，比较了单点源、双点源和四点源几种照

图3　长期小剂量照射实验用的小动物圆形照射架一角

射方案，确定了照射方法的设计指标：动物笼内照射量不均匀度不大于±15％；动物体模内吸收剂量不均匀度不大于30％；每天在6~8小时内照射2~10伦琴；每天需要照射大小白鼠各500~1000只、豚鼠100只、兔20只、猕猴12只。

　　经过估算，单点源情况，为使50厘米内空气剂量不均匀度在15％内，要将动物放在4米以外；双点源对角照射，可以在对角线上形成较大的双瓣形均匀区；而四点源照射，则形成十字形的均匀地区。

　　但是，实际照射还需要考虑动物及其笼架互相遮挡的效应。大动物照射也要考虑体内吸收剂量的均匀度。单点源照射时体内不均匀度最大，双点源有很大改善，四点源更好，但考虑到射线的遮挡和动物照射时处于活动状态，因此，选择双点源对角照射方案最好。对于小动物，笼子长度30厘米、放在2.2米远（图3），单点源照射就能达到15％不均匀度的要求，而体内吸收剂量的不均匀度由于身体活动频繁，实际照射是多方面的，可以满足不大于30％不均匀度的要求。实际测量说明，猕猴照射的剂量不均匀度是4％，小动物照射的剂量不均匀度是15％。

（三）钴-60 强 γ 射线照射源照射条件的设计

　　生物物理所的强γ射线照射源建成时，装源强度是1万克镭当量，由5个直径26毫米、高26毫米的圆柱状源排列成竖直棒状源，源棒装于伸出30厘米长的直臂托架上。对于近距离来说，照射源近似线状，而对于远距离照射，照射源则可以视为点源。因而，多数情况下必须采用倒边双面照射的方法。

源强加大，主要目的之一是满足放射生物学原初反应过程的研究需要，因而必须进行近距离照射。照射的样品多数是溶液状态且装在试管中，这样不仅要考虑径向的剂量不均匀度，还要注意沿源棒轴向的辐射场不均匀度。我们通常是在照射一半时间的时候，由操纵人员进入照射室，将每一根试管相对纵轴转动180°；或是在允许情况下，摇动溶液以便混合，使受照射的分子位置随机变换，达到剂量均匀的效果。

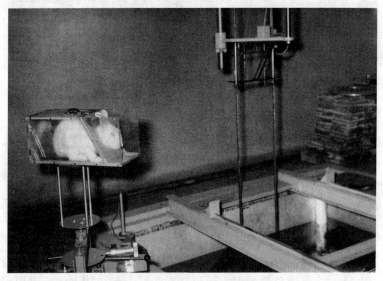

图4　强钴源照射兔子的照射盒

除此之外，强源的照射场剂量率范围可以进行小动物致死剂量的照射。由于钴-60γ射线的表面电子平衡层比较大，所以动物照射盒的壁厚要设计成5毫米以上。例如，我们设计了一个兔子的照射盒，壁厚10毫米，用一个带两个半圆孔的插板固定兔子的头部。盒子置于一个可旋转的台板上，照射一半时间，旋转180°，照射另一面（图4）。对于大白鼠、小白鼠，由于照射数量较大，将照射盒围绕辐射源排成圆弧形，待照射一半时间后，由人员进照射室翻转照射盒。

五、人体剂量监测仪器与方法的研究

在20世纪60年代，为配合放射生物学研究，剂量学研究的任务除了运行X射线机、建设钴源和设计照射方法之外就是完成剂量的测定，同时研究如何准确地给出与放射生物学效应有很好联系的剂量数据和表述方法。在标定 X 射线机时主要使用了笔式电离室剂量计、硫酸亚铁化学剂量计和电离室伦琴计，在小剂量照射室的剂量场标定中也采用了笔式电离室剂量计，电离室剂量计测定的是照射量（伦琴）和吸收剂量（拉德）。我们的主要工作是对剂量计进行刻度和现场测量。

20 世纪 70 年代以后，除了配合放射生物学研究实验，进行剂量测量工作之外，我们结合当时的国家任务，如核试验及核矿山相关的剂量问题和社会上辐射治疗的发展趋势，进行了一系列剂量仪器和方法的研究。概括以下几个方面：全身测量计数器；热释发光剂量计；中子-γ 射线混合场吸收剂量探测器；微剂量学仪器与方法；晶溶发光剂量计；自由基剂量计等。

（一）阴影屏蔽式全身计数器研究

此项工作最早开始于 1966 年，由于我国核试验后，对落下灰的监测、对裂变产物对人体内照射的生物效应的研究，都要求了解和测定体内的各种核素的沉积量。在这种背景下，生物物理所下达了"全身计数器"的研究任务，由于其他原因该任务至 1968 年暂停。此段时间内主要进行了 3 英寸探头的屏蔽实验，并购置了 8 英寸探头。1971 年 11 月开始继续进行阴影屏蔽式全身计数器研究；1973 年又订购了 9 英寸探头；1974 年订购了 γ 射线能谱测量数据获取与处理系统。恢复研究工作之后，建立了阴影屏蔽室，设计加工安装了扫描床及其控制器（图5），进行了人体模型的调查和设计并进行标准同位素 γ 射线能谱的刻度实验。仪器初步建成后，进行了近 300 人次的人体测量，并进行了多元素能谱分析计算的研究工作。

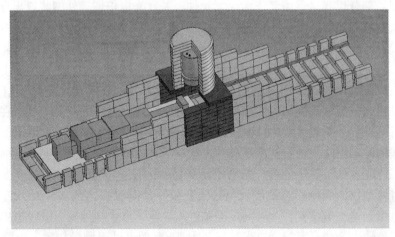

图5　阴影屏蔽式全身计数器结构图（原图为彩图——编者注）
灰色铅砖组成屏蔽墙，橙色圆柱体表示探测器，黄色平板是扫描床，粉色方块组成人体模型箱体

^{40}K 是钾的一种同位素，发射 γ 射线，使用全身计数器测量比较准确，而且 ^{40}K 在天然钾中的含量比例较为恒定，所以校验全身测量计数器多使用 ^{40}K 测量结果。我们应用此台全身计数器测量了 109 人次男性公民的全身钾含量。结果显示：我国 30 余岁的男性公民每千克体重的钾含量是 2.0 克，与医学数据基本符合。世界上有一些地区的居民在核试验之后有 ^{137}Cs 含量增高的现象，而核试验过后逐渐减少。我们测量了 100 余人体内的 ^{137}Cs 含量，战士组和工作人员组没有明显差别，都是 1.0 纳居里水平。1975 年 12 月 15 日测量了一名 ^{137}Cs 污染人员，污染时间是 9 月 5 日，相距 3 个月后仍有明显 ^{137}Cs 存留，估计为 70 毫微居里。我们还测量了 ^{203}Hg 体内污染人员的 ^{203}Hg 含量，其中一人的 4 次测量表现出有效排出的衰减曲线，此人的 ^{203}Hg 体内含量最高达到 600 毫微居里。

（二）热释发光剂量计

此项工作从 1971 年开始，先后进行了 7 年，在 1978 年 6 月召开的北京地区单位座谈会上对此项工作进行评价。对我所能从实际出发，研制测试仪器，考虑比较全面，试制新材料，解决硫酸钙成型等方面给予较好评价。同年热释发光剂量计获得中国科学院重大科研成果奖状。

我们进行了热释光测量装置的研制。本装置由探测器和控制电路组成，控制电路包括加热控制、主控电路、光电信号变换及显示记录 4 部分，加热盘底部焊接热电偶，测定盘的温度，由热控电路控制加热盘的温度按照预设函数调整，函数形式为线性升温、恒温、线性升温、再恒温 4 个阶段，升温速度和恒温温度可以设定，光电倍增管输出电流信号经过 I-f 变换，输出脉冲串，给计数单元记录。

探测器部分以光电倍增管作为探测元件，并在光电倍增管外围装置半导体制冷器，降低并恒温控制温度到 10℃，保证噪声足够低。光电倍增管横卧放置，光阴极前面置一个 45°角的反光镜，将光路轴心线变换一个直角方向。下方为装在一个可以推拉的抽屉当中的加热盘，剂量计元件放于盘中加热。在加热盘抽屉上方有一个滤片抽屉，可以放入滤热玻璃或各种波长的滤光片。在加热盘小室中有气体通道，可以通入氮气等惰性气体，以消除剂量计片加热时发出的杂散荧光。在加热盘抽屉的后部放置一个碳-14 塑料闪烁体光源，这种光源发出的光非常稳定，采用负反馈原理的控制办法来稳定整个系统的灵敏度。在仪器待测状态，加热盘抽屉位于拉出状态，光源处于测量位置，光源计数率变换的信号电压水平如果发生变化，反馈电路将调整仪器高压使灵敏度恢复到设定值。要测量样品剂量片时，将抽屉推入，加热盘到达测量位置，此时高压电源进入保持状态，样品发光信号输出给光电线路，变换输出。测量完毕，拉出抽屉，碳-14 光源又处于测量位置，电路又进入高压调控状态，灵敏度的调控由主控电路完成。

我们在剂量探测元件的研制方面也进行了有效的探讨，共研制了三种剂量计材料：硫酸钙、硼酸锂和硼酸镁，其材料都在本实验室制备。硫酸钙分别用聚四氟乙烯或硅胶两种材料压制成片状。硫酸钙的剂量响应为 1 毫伦琴到 1000 伦琴，很适用于小剂量测量。由于硫酸钙的等效原子序数比较高，所以采取能量补偿方法，在剂量片外面包上铜和铅的薄层并开有小孔，大大改善了能量响应。硼酸锂和硼酸镁是模压成型烧结片，硼酸锂的剂量响应可从毫伦琴到千伦琴，有比较好的组织当量性，所以能量响应较好；而硼酸镁的剂量响应同样可以从毫伦琴到千伦琴，但是能量响应在低能时比组织高 2 倍，并且在常温下有比较明显的衰退，受到光照后更加严重。

我们在热释光测量方法的应用方面使用通用的氟化锂剂量计，在中国 1987～1990 年科学实验卫星中测量了空间辐射剂量。为了提高探测灵敏度，选择氟化锂（镁、铜、磷）剂量计。测量发现，各次飞行卫星内的日平均剂量为 6～20 毫拉德，较地面本底辐射剂量高 30 倍左右，我们并使用了反卷积方法，分析发光曲线；还利用硫酸钙剂量计对重离子敏感的特性，曾经发现有部分剂量计发光曲线的 2 峰峰高明显增高，说明这些探测器受到高传能线密度（LET）辐射的轰击。

我们还将氟化锂剂量计应用到辐射加工剂量测量中，所涉及的剂量范围为 $10^2～10^6$ 戈瑞高剂量区。目前在此领域中采用的多为一次性使用的剂量体系，存在剂量计材料损耗的缺点，因而要寻求一种能够重复使用、读数准确的剂量体系。氟化锂具有较好的剂量特性，灵敏度高、物理化学性能稳定，可重复使用，尤其对它的发光特性及其与各种因素的关系研究得比较透彻。实验发现，当剂量较高时，氟化锂的高温发光峰 6～9 峰随剂量较迅速地增长，为了寻求某种参数能获得单调增长且光滑的剂量响应曲线，试验了高温峰面积与主峰面积之比值随剂量对数的变化。7 峰、8 峰与 5 峰的比值在剂量超过 5000 戈瑞之后呈现出迅速增长趋势。例如，8 峰与 5 峰面积比值为 1.625 时，应用其方程计算出的 D 值为 65.29 千戈瑞，与辐照剂量值 63.07 千戈瑞相比相差 3.5%。

六、微剂量学、中子剂量和高剂量测量方法研究

生物物理所于 1979 年 2 月给我们下达了关于辐射剂量与微剂量的研究课题。主要考虑社会的需求、核战争中存在中子弹的使用威胁、核电站建设已经开始，以及生物物理所放射生物学研究的需要，对中子治疗开始实验研究。在《全国放射生物学科研规划》和《全国辐射防护科研规划》中也都明确要求开展辐射剂量学、中子剂量学、微观能量沉积与生物效应关系的研究课题。

本课题的设计内容包括：微剂量学研究；中子剂量测量技术研究；新的化学剂

量体系研究。

（一）微剂量学与放射生物学效应

按照一般剂量学的概念，剂量值应反映效应或与效应关联密切。但由于电离辐射和生物组织相互作用的特点，吸收剂量还不能完全决定效应的大小和特性，出现了相同吸收剂量作用下不同射线的生物效应有较大差别的情况，即"相对生物效应"概念被提出。人们了解到当辐射吸收剂量、吸收剂量率和分次照射的分次比例保持恒定时，辐照效应明显受到辐射能量沉积的微观空间分布特性的影响，因而出现了微剂量的概念，而能量沉积事件的空间分布正是微剂量学所表征的主要内容，从而发展了微剂量的测量方法和仪器。

在经典剂量学或宏观剂量学中所用的量是非随机量，而在微剂量学中却使用了随机量，微剂量学中两个主要的量是"比能"（z）和"线能"（y），z 和 y 都是随机量。所有的电离辐射在同一介质中通过电离与激发产生的初始产物是相同的，且每沉积单位能量产生的这种产物数目大致相等。所以，在辐射效应上的差别必定是由于在带电粒子径迹中沉积能量的空间分布不同所造成的。

按照微剂量学的观点，辐射品质就是由产生的离子对、激发态原子和分子的位置分布决定的。这种分布对特定的放射生物学效应至关重要，因而人们提出了"双元辐射作用理论"：电离辐射对高等生物的体效应是由一对亚损伤引起的，也就是说，细胞内两个敏感位点上的亚损伤经过相互作用才造成体效应；只损伤一个位点，或第二个位点损伤时第一个位点已经修复，均不能造成体效应。

例如，在剂量与效应的关系上，对于高 LET 的辐射，单次能量沉积事件的比能的剂量平均值比较大，在中等或小剂量照射时，效应发生率与吸收剂量呈正比关系，即一次方关系；对于低 LET 辐射，单次能量沉积事件的比能的剂量平均值比较小，效应发生率与吸收剂量的二次方呈正比，剂量较小时，可表示为吸收剂量的一次方和二次方的叠加。

另外，剂量率效应被解释为是由于亚损伤的修复，此修复将引起失活率减少，这个失活率是形成两个亚损伤的时间间隔的函数。高 LET 辐射，一个粒子同时击中两个敏感位点的概率很大，效应的发生率对剂量的依赖性不大；低 LET 辐射，因电离密度小，生物效应是由短时间内两次击中事件引起的，因此要求高剂量率。

按照比能和线能这两个物理量的定义，要得到微观尺度小组织元内的线能或比能的分布，借助于直接测量是困难的，从而发展了模拟测量方法。对于微米量级尺度空间，大多采用正比计数管模拟方法。早期主要发展了球形和圆柱形组织等效壁正比计数管。

因此在为模拟生物体内各种棒状结构物内的微剂量测量中，我们特别设计制造了圆柱形组织等效壁正比计数管，它适用于放射生物学及辐射防护范围内的线能分布的测量。

在微剂量测量中，用正比计数管作为探测器模拟所要研究的生物材料小组织。在正比计数管内充以组织等效气体（以下简称为 T. E. 气体），气体压力可变，所要模拟的单位密度组织球的直径 $d = \rho \cdot dc$，ρ 为气体密度，dc 为球形计数管直径（对于圆柱形计数管，d 和 dc 分别对应于所要模拟的圆柱形小组织和计数管的高或直径）。因此把这种体积较大，而所充气体密度较小的正比计数管放在与生物材料相同位置上时，测到的能量沉积分布可代表密度大而体积很小的生物材料小组织中的分布。

染色体是细胞中对辐射比较敏感的部分，而它的形状类似棍棒状。我们为模拟诸如染色体等圆柱状小组织受照射时的辐射能量沉积情况，设计并制作了用组织等效导电塑料（以下简称 T. E. 塑料）为壁材料的圆柱形正比计数管。

用自制的圆柱形正比计数管测量了 ^{60}Co、^{137}Cs、^{226}Ra 三种 γ 射线、^{241}Am-Be 中子源和加速器上产生的 14 兆电子伏中子的微观能量沉积谱。对三种 γ 射线是在同一个增益上测量的，对 ^{241}Am-Be 中子源和加速器上产生的 14 兆电子伏中子是分别在 3 个和 4 个不同增益上分段测量再连接而成的。对这几种射线都测定了在不同模拟体积时的能量沉积谱。

三种 γ 射线的能量沉积谱极为相似，它们的分布处于 0.06 千 ~ 15 千电子伏/微米的低线能区，15 千电子伏/微米以上的能量沉积事件完全没有。^{241}Am-Be 中子的 y 分布在 0.46 千 ~ 580 千电子伏/微米，而 14 兆电子伏中子的 y 分布在 0.03 千 ~ 930 千电子伏/微米。几种射线的 y_D 平均值为 ^{60}Co-γ 射线是 1.70，^{137}Cs-γ 射线是 1.82，^{226}Ra-γ 射线是 1.87，^{241}Am-Be 中子是 45.3、14 兆电子伏中子是 66.4。γ 射线和中子的微观能量沉积情况截然不同，γ 射线线能分布在十几千电子伏/微米以下的低线能区，因此剂量平均线能 y_D 很小；中子的 y 在很宽范围内都有分布。10 千电子伏/微米以下的线能是由中子源的 γ 射线产生的次级电子造成的，10 千 ~ 100 千电子伏/微米的 y 主要由次级质子造成，而高于 100 千电子伏/微米的部分则是由于中子与核作用后产生的 α 粒子等重核造成的，因此中子的 y 要比 γ 射线高几十倍。

（二）中子-γ 射线混合场吸收剂量测量系统

中子治疗肿瘤的研究推动了中子放射生物学和中子剂量学的研究工作。而由于中子与生物材料的相互作用的复杂性，致使中子吸收剂量的测量较之 γ 射线困难得多。到目前为止，仍普遍认为使用组织等效均匀电离室和中子不灵敏探测器组成的双探测器系统来测定混合场中的中子与光子剂量，是最实用的方法。

我们建立了 BP 型快中子剂量测量系统，主要由三部分组成，主探测器系统、监测器系统和电信号记录系统。主探测器包括三种形式的组织等效电离室、非氢电离室与微型 GM 计数管剂量计，以及用于微剂量参数测量的正比计数管；监测器包括透射式组织等效电离室和带有屏蔽层的 GM 计数管；电信号记录系统主要由静电放大器、V-f 变换器、计数器及打印机组成。微剂量谱测量系统主要由前置放大器、线性放大器、多道分析器组成；总剂量监测器和成对电离室三路电离电流用同一型号静电计同时测量、每路静电计后面接有一变换电路和三路同步控制计数器，可同步获取数据；壁材料是生物物理所研制的导电塑料，Mg、Al 都是高纯金属，C 是核纯石墨；所有电离室均采用三电极结构，并且是流气式的，配有稳定流量的气流控制系统；组织等效气体是专门配制的。

BP 型 TE 电离室在 γ 射线场中有较小的饱和修正值（120 拉德/分钟时为 0.05%），并且受气流影响，响应的方向依赖性和电离室柄的散射影响等因素都较小，只有极性效应偏高（0.5%），中子场中的饱和修正偏大（0.7%）。BPS 型 Mg-Ar 电离室在 γ 射线场中的饱和修正值很小（0.003%），对中子不灵敏电离室的相对中子灵敏度值应用 Hough 提出的改进铅减弱法进行了测定，结果是 Mg-Ar 电离室的 Ku=0.193，Al-Ar 电离室的 Ku=0.160。BP 型几种 Mg-Ar 电离室形状与结构不同时，Ku 值有所差别（0.149~0.193），而其范围与其他实验室对其各自 Mg-Ar 电离室所测定的 Ku 值范围相近。

我们设计并装置了微型 GM 计数管剂量计，主要用做中子不灵敏剂量计，同时也可用于光子场剂量测量，它体积小，相对中子灵敏度较低，适用于混合场的测定，其 γ 射线刻度因子为 6.9×10^{-7} 拉德/脉冲，测量死时间为 22 微秒，实测的对 14 兆电子伏中子的相对中子灵敏度为 2.5%。

使用 BPS 球形 TE-TE 和 Mg-Ar 电离室对 FZ-300 中子发生器的加速粒子方向，距靶点 15 厘米处的组织中吸收剂量进行了测量。总剂量监测室置于靶点前方 2 厘米处。结果表明，Dn、Dg 与中子产额之间呈极好的线性关系（相关系数 $r > 0.999$），据此两直线斜率可推出 Dg/Dn 为 0.05。

我们设计制造了总剂量透射式圆盘形电离室，GM 计数管剂量计和三氟化硼有机玻璃慢化块辐射质监测器。总剂量监测电离室 γ 灵敏度为 1.2×10^9 伦琴/库，与静电放大器、V-f 变换器组成总剂量监测系统，其响应在 7 小时内变化的偏差为 0.1%。用 ^{137}Cs 源测定此监测器的计数稳定性，2 个月内取样测量 86 次，测量值相对标准偏差为 0.3%。

本系统各探测器的主要性能指标均能满足中子放射生物学实验的要求。各探测器的基本性能与国际通用的同类探测器相近。

1. 快中子治癌束剂量特性的研究

世界各国在 20 世纪 80 年代开始了快中子治癌的临床应用。我国第一台快中子治癌装置就是应用质子直线加速器，利用 35 兆电子伏质子 P+Be 反应得到脉冲快中子束。1991 年开始该装置已进行了实验性治疗，取得了好的治疗效果。为保证治疗的质量而建立了快中子剂量控制与测试系统。生物物理所经过中子吸收剂量与微剂量研究课题的技术，准备积极参加了由中国科学院高能物理研究所组织的快中子治疗临床实验研究，这是一个很大的协作组，其中分为临床组和物理组，由谷铣之、殷蔚伯任指导，临床组集中了北京各个放射治疗力量较强的大医院的主任大夫，物理组主要有中国科学院高能所的剂量组和中国科学院生物物理所剂量组参加。

在临床应用中，使用监测器给出的监测电荷归一所有测量值。为了经常校准中子束轴上距靶固定距离处的吸收剂量值，设置了组织等效材料固体体模，校准后即可得到监测室积分电荷与中子吸收剂量校正因子；采用双探测器系统测定中子、γ射线混合场中的中子与光子剂量；系统中使用美国远西公司的球形组织等效电离室和中子不灵敏镁壁电离室和碳壁电离室剂量计；剂量计全部经过中国计量科学院国家标准装置标定，测量值在±1.7% 内符合，测定出该中子束 γ 射线剂量与中子剂量的比值小于 3%。每日进行监测室电荷与中子剂量校正因子的测定，6 个月内测定 20 次相对标准差±0.63%，与美国费米实验室结果相近。

使用水模体和三维电离室活动支架，测量了中心轴深部剂量曲线，结果表明，小射野时比大射野时深部剂量减弱迅速。深部剂量离轴比的测量说明，深度越浅边界越清楚。将该中子束的深部剂量特性与费米实验室中子束进行比较：中国科学院中子束 10 厘米深部剂量为 52.2%，美国费米中子束为 63%，中国科学院中子束离轴 5.5 厘米处深部剂量离轴比为 10.5%，费米中子束离轴 6.0 厘米处离轴比为 14%，具有同一水平。

"快中子治癌研究装置及应用研究"项目 1993 年 10 月获得中国科学院科学技术进步奖二等奖，1995 年 12 月获得国家科学技术进步奖三等奖。生物物理所参加此项研究工作的人员有张仲伦、刘成祥、苏震、郑雁珍。

2. 化学剂量计在中子剂量测量中的应用

我们研究了硫酸亚铁苯甲酸二甲酚橙（FBX）化学剂量计在中子、γ射线混合场中的应用。由于 FBX 剂量计较之经典的硫酸亚铁剂量计有着消光系数高、G 值高的特点，其在 γ 射线场中或在中子、γ 射线混合场中都可以得到很好的应用。体 FBX 体系的组成为硫酸亚铁 0.2 毫摩尔/升、二甲酚橙三钠 0.2 毫摩尔/升、苯甲酸 5 毫摩尔/升及硫酸 0.05 摩尔/升。

由硫酸亚铁体系在 304 纳米测量得到光密度–三价铁离子浓度曲线，算得其摩尔消光系数是 2202/摩尔·厘米。再测出 FBX 体系在 545 附近测得的光密度–三价铁离子浓度曲线，经计算得到其摩尔消光系数为 1.55×10^4/摩尔·厘米，以上两个体系所得消光系数均为校正至 25℃ 时的值。由此可见，消光系数提高了很多。在 5 ~ 25℃ 辐照时的温度对测量结果的影响不明显。在 250 拉德/分钟以下时，看不出有明显的剂量率效应。当剂量率超过 250 拉德/分钟时，随着剂量率增高，辐射响应明显下降。FBX 体系主要成分是水，仅含有少量铁、碳、硫、钠、氮等元素，所以它与生物组织的有效原子序数相近。因而，体系对 γ 射线及低能 X 射线的响应与生物组织相一致，适于测定生物材料的吸收剂量。若该溶液置于冰箱内 4℃ 以下保存，结果表明，在 10 天内未见明显变化。我们对 FBX 体系的 ^{60}Co-γ 射线的 G 值进行了测定，结果为 61.2。实验发现，溶液中二甲酚橙与铁离子的络合物随铁离子的浓度增大，光密度吸收峰位置由 545 纳米红移至 590 纳米左右。如果固定波长 545 纳米进行光密度测量，剂量响应曲线呈现非线性，线性部分只到 400 拉德。而取光密度曲线的峰值做出剂量响应曲线，则当剂量高达 3300 拉德时仍可保持直线关系，且相关系数可以达 0.9999。

在 15 兆电子伏中子辐射场中还测定了 FBX 的中子 G 值，中子和 γ 射线的吸收剂量应用双电离室方法进行测量。在 0.3 ~ 3 戈瑞剂量进行三次平行测量，测得 FBX 剂量计体系的 G 值为 40.6。FBX 剂量计的化学成分简单，配制容易，使用方便。当其 G 值确定后，只要有一个对中子不灵敏的剂量计配合使用，就能测定中子-γ 射线混合场中生物组织内的中子吸收剂量。

我们还对葡萄糖–氯化钠晶溶发光剂量计用于中子-γ 射线混合场剂量测量的方法进行了探讨。

（三）辐射加工级高剂量测量方法研究

1983 年生物物理所下达了 "水果和蔬菜电离辐射保鲜技术的研究" 课题。根据课题要求，需开展辐射加工级的剂量仪器与探测器的研究。我们主要进行了自由基剂量计的探讨研究。自由基剂量计的测量方法有电子顺磁共振波谱方法和晶溶发光方法。

1. 晶溶发光剂量计

我们从 1983 年开始研制晶溶发光仪器的测量装置，最初只是使用了一套木制的探测器样品室，后来改成铁制的，但比较笨重。测量电路也是先使用了现成的微电流测量仪，用电位记录仪画出曲线，以测量发光峰的高度来衡量发光强度。后来制作了电压–脉冲频率变换电路，即 V-f 变换器，将脉冲串送给脉冲计数器，可以实现发光量的积分。最后研制出计算机接口电路，将脉冲串输送给计算机，通过程序对数据进行处理。

探测器样品室具有光快门和上盖连锁机构，保证了不漏光。

晶溶发光剂量计元件的粉末要与水混合才会发光，我们设计了将粉末装入小勺，翻转小勺倾倒粉末的方式混合。为了迅速溶解，加装了搅拌电机，旋转叶片使剂量计粉末很快溶解，提高了测量重复性。

计算机软件最初是用 C 语言画出界面，在 DOS 系统运行。后来 Windows 系统兴起，更改成 Windows32、Windows98、Windows2002 和 Windows XP 系统的版本。

晶溶发光测量仪在 20 世纪 90 年代初基本成型，达到比较实用的程度。我们对探测器光通路上器件的光谱特性进行了测试，结果表明，在 380 纳米以上有很好的光谱响应，而且与光电倍增管的光谱响应比较匹配。在电信号处理方面，测试了 V-f 变换电路的频率响应特性，5 台变换器的测试结果说明线性相关系数好于 0.9999，8 小时测量稳定性，测量值的标准偏差好于 1%。

2. 谷氨酰胺与几种糖类晶溶发光剂量计性能研究

我们使用的谷氨酰胺为 L 型、层析纯，谷氨酰胺剂量为 $10^2 \sim 10^4$ 戈瑞，其响应是线性的。在每一个剂量点上都是由 7~10 个样品测得的平均值，其标准偏差在 ±5% 之内。随着溶剂温度的升高，谷氨酰胺产额下降。在 20~57℃ 温度修正系数为 -1.2%/℃。改变样品的质量从 3 毫克直到 80 毫克观察质量影响，将实验数据做回归处理，直线的相关系数达 0.996。实验结果表明，必须控制样品质量的相对误差。当样品为 20 毫克时，则 0.2 的偏差将造成 1% 的相对偏差。在 9℃ 存储的样品，10 天之后光产额增加最大达 15%，以后不再增加。经过 114℃ 热处理的剂量计在室温下存储 20 天，光产额的变化仅为 ±2%。所以用谷氨酰胺做材料而制成的晶溶发光剂量计，适于 $10^2 \sim 10^4$ 戈瑞的 γ 射线剂量测量。对于材料的质量、溶剂的温度加以控制，可使该剂量计的测量偏差达到 5%，满足当前辐射加工工业的要求。

我们应用谷氨酰胺晶溶发光剂量计测量了花篮式源中心的剂量率；参加了辐射加工用剂量计的国际和北京市比对；测量了辐射保鲜红香蕉苹果辐照剂量分布；还测定了辐照羊毛包中的剂量分布。

我们还研究了 6 种糖类的晶溶发光剂量计的主要性能，其中 3 种单糖为葡萄糖、果糖、甘露糖，3 种双糖为海藻糖、蔗糖、乳糖。为了提高光产额，采用了鲁米纳水溶液，配制好的溶液在黑暗中放置后，仍可测到自荧光计数，此光强随时间衰减，其衰减规律近于指数形式。另外，应将常规使用的溶液浓度选定在近饱和区，考虑到溶液自荧光随浓度增加而增加的问题，将溶液浓度定为 $7×10^{-8}$ 摩尔/毫升为适宜。糖类样品辐照后的晶溶发光产额随溶液温度的升高而降低。6 种糖的相对辐射灵敏度相差比较大。海藻糖灵敏度最高，甘露糖灵敏度最低，相差几十倍。从高到低的次序为海藻糖、蔗糖、乳糖、葡萄糖、果糖、甘露糖。辐照后进行 80℃ 热处理，对各个糖样品的发光值有着不同的影响，一般热处理后产额下降，海藻糖处理后下降近 20 倍，对蔗糖、乳糖、葡萄糖的影响不明显，而果糖和甘露糖则下降 20% 左右。对剂量响应，海藻糖有较宽的线性范围（0.5~50 戈瑞）；蔗糖在 1.0 ~ 25 戈瑞线性较好，在 100 戈瑞时出现亚线性区域，而乳糖则在低于 3 戈瑞直到 100 戈瑞都有较好的线性；葡萄糖的线性范围则在高于 10 戈瑞区间，到 100 戈瑞就开始亚线性。对辐照后的材料进行热处理是希望能清除某些不稳定自由基，使样品的储存性能更佳，目前所得结果表明，未经热处理的样品与热处理样品在长期稳定性方面并未显示明显差别，意味着这几种糖类样品中不稳定自由基的数量还不足以影响晶溶发光产额的衰退速度。

3. 自由基剂量计

1）自由基剂量计的原理

电子是具有一定质量和带负电荷的一种基本粒子，它能进行两种运动：一种是在围绕原子核的轨道上运动，另一种是对通过其中心的轴所作的自旋。由于电子的运动产生力矩，在运动中产生电流和磁矩。在外加恒磁场中，电子磁矩的作用如同细小的磁棒或磁针，电子在外磁场中只有两种取向：一与外磁场平行，对应于低能级；一与外磁场逆平行，对应于高能级。若在垂直于外磁场的方向加上一定频率的电磁波使其恰能满足一定条件时，低能级的电子即吸收电磁波能量而跃迁到高能级，此即所谓电子顺磁共振。对自由基而言，轨道磁矩几乎不起作用，总磁矩的绝大部分（99% 以上）的贡献来自电子自旋，所以电子顺磁共振也称为"电子自旋共振"（ESR）。ESR 谱仪是检测"电子自旋共振"的专用仪器。自由基是在分子轨道中出现不配对电子（或称单电子）的物质，是 ESR 谱仪主要检测对象之一种。

在检测中，共振时电磁波被吸收的最多，由吸收系数对磁场强度作图可以得出微波吸收曲线。吸收曲线下所包围的面积可从一次微分曲线进行两次积分算出，与含有已知数量的单电子的标准样品作比较，可测出试样中单电子的含量，即自旋浓度。对检测自由基的样品，此自旋浓度即是自由基浓度。

而由于 ESR 谱仪通常采用高频调场以提高仪器灵敏度，记录仪上记录的不是微波吸收曲线本身，而是它对磁场强度的一次微分曲线。吸收曲线线宽通常用一次微分曲线上两极值之间的距离表示，此距离也可作为对单电子的一种检测指标。

我们研究了 DL-丙氨酸 ESR 剂量计的剂量学特性。DL-丙氨酸有 L-、D-、DL-三种构型。对于这三种构型的丙氨酸，辐射诱发自由基的灵敏度的相对比值为 1.00 : 0.85 : 0.7，差别并不十分显著。然而其商品价格却有较为悬殊的差异，其相对比值为 1.00 : 6.9 : 0.04。根据这两方面的考虑，我们选择 DL-丙氨酸来制作剂量计元件。因为按照单位价格的灵敏度，以 DL-型最高，这对不能重复使用的剂量计元件来说是很有意义的。

剂量计的信号（一次微分曲线上最高峰的峰-峰幅度值）可以线性地用于 ^{60}Co-γ 射线从 50 ~ 20 000 戈瑞剂量的高剂量测量。此剂量系统的测量重复性检验是在剂量计元件每次测量信号幅值之后，从谐振腔中取出再插入的情况下进行的，其相对标准偏差为±0.83%。对照射以1000戈瑞的一组元件信号幅值分散性也进行了检验，其相对标准偏差为±1.4%。我们测定了刻度曲线的长期稳定性，在一般实验室条件下，3个月内没有发现明显的变化。我们研究了各种影响剂量计测量精密度的因素：元件在腔中的位置、元件的制备工艺、辐照温度、储存温度及储存期间的湿度对剂量计的响应都有影响。在四台ESR谱仪上得到了刻度曲线，曲线参数上的差别是明显的，这说明在精密的剂量测量中，谱仪的性能也是一项重要的因素。

我们研究了D-葡萄糖ESR剂量计的剂量学特性。葡萄糖容易得到它的多晶粉末，价格便宜、组织等效性好，且其谱容易分辨、自由基产额高、寿命长，是比较理想的剂量计材料。它在$1\times10^{-3}\sim1\times10^{4}$戈瑞的宽范围内有很好的线性响应，并且剂量响应曲线的相关性很好，$r>0.999$。实验还表明在100戈瑞/分钟剂量率以下，对DL-葡萄糖自由基剂量计而言，剂量率的影响可忽略。DL-葡萄糖自由基剂量计在4℃、干燥环境中稳定性相当好，8个星期内信号几乎没有改变。6次测量的相对标准偏差为2.0%，落入测量误差范围之内。

2）乳糖自由基剂量计

我们选用三种单糖葡萄糖、果糖、半乳糖和三种双糖麦芽糖、蔗糖、乳糖作为实验原材料，结果证明乳糖具有较好的精度和稳定性。乳糖样品信号稳定性及湿度对其影响的实验数据表明，无论是干样品还是湿样品稳定性在50天内都达到标准差的1%~2%。

乳糖样品的剂量响应分散度为1.3%。剂量响应的线性范围为100~10 000戈瑞。间隔一年测定剂量刻度曲线的参数变化极小，两次曲线斜率b为0.965 53和0.965 60。可以使用于辐射加工的剂量测量。

4. 蔗糖溶液剂量计

我们对蔗糖剂量计进行研究发现：蔗糖溶液受照射后引起旋光度、光密度及pH的变化，在1~12毫拉德剂量，这些变化与所接受的剂量都是线性关系，而且都比较稳定。经过刻度，用任何一种方法测旋光度变化、测光密度变化、测pH，以及滴定所形成的酸都能达到测量吸收剂量的目的。

蔗糖是碳水化合物，其有效原子序数非常接近于生物组织、水果、粮食等，它的剂量测量范围从几十万到几百万拉德，材料易得、操作方便，因此，将蔗糖水溶液化学体系用于食品辐射保藏中的剂量测量是可行的。蔗糖溶液的辐射响应有浓度效应，因此，用于刻度时的浓度和使用时的浓度应保持一致。

七、^{60}Co辐照源院区的退役

从20世纪60年代开始，随着我国原子能事业的不断发展和中国科学院科研

事业的不断进步，生物物理所的钴源实验室从开始筹建经过一步一步的艰苦工作到建成投入运行，在科研和开发工作当中发挥了许多其他设备或实验室所无法发挥的重要作用。它为生物物理所、为科学院、为我们国家的科研事业和国防建设，为国民经济的发展，为改革开放都立下了汗马功劳。它培养了一批放射生物学和辐射剂量学的专家学者。它几十年来一直为我国的辐射研究做着贡献。

为了今天国家飞速发展的事业，为了中关村的长远规划，生物物理所钴源实验室将退出历史的进程，它既要适应国家需求光荣地开始，也要适应国家需求光荣地退休，它的退役工程也像它的建设一样，已经顺利、安全、高水平地完成了。

（一）退役工程的六大阶段

本退役拆除工程分步方案由以下六大阶段组成。

（1）第一阶段：初步对环境及放射性工作场所进行特性调查和源项调查。

（2）第二阶段：放射源回取、核查、整备、储（暂）存以及清（去）污产生的污染废物整备、暂存，即再用源经核查整备后在中国原子能科学研究院暂存；放射性废源与经整备的放射性固体废物一起送天津城市放射性废物库储存。

（3）第三阶段：放射性场所检测并在需要清（去）污的地方清（去）污，使设施完全达到允许进行拆除施工的辐射水平。

（4）第四阶段：放射性操作场所及其他建构筑物和辅助设施的拆除。该阶段包括装置、设备和管道等拆除和土建建构筑物拆除两方面内容。

（5）第五阶段：场址环境检测和局部清污直至达到向公众开放标准。

（6）第六阶段：主管部门退役竣工现场验收。

（二）退役工程执行的时间节点

2004年8月13日生物物理所、中国原子能科学研究院相关领导和人员举行了第一次会议，共同确定由原子能院在生物物理所的配合下尽快委托中国核工业第四研究设计院编写《可行性研究报告》。环境影响报告由生物物理所提供资料，原子能院调查研究与编写报告，质量保证，安全第一，还一块干净的场地。

2004年8月17日成立工程领导小组。

2005年4月27日决定《可行性研究报告》，5月18日拿出初稿，23日到原子能院讨论。6月10日把《钴源院区退役拆除工程可行性研究报告》交报中国科学院审批，7月份全面开始实施。

2005年8月5日生物物理所召开钴源院区放射源退役有关情况座谈会。

2006年11月16日生物物理所与中国原子能科学研究院关于"钴源院区退役拆除工程"合同正式签字，地点在生物物理所一楼会议室。

2007 年 7 月 24～25 日进入钴源院区准备，低冷试验。北京市主管部门环保、公安、卫生部门同意了我们进行放射源回取操作，货包表面污染及辐射水平由北京市辐射安全技术中心监测发证，北京市公安局发了运输证，并用警车开道送至杜家坎收费站。

2007 年 8 月 8 日生物物理所和原子能院研究小干井源房的问题，因干井源地下储源管长度在 5 米以上，而房顶高度 3 米多一点，必须拆房才能用机械拔出储源装置而回取小放射源（毫居里级的 ^{60}Co）为防止拆房时泥土进入储源管增加放射性污染物，决定在储源装置口上焊一罩盖后再拆除房体。

2008 年 1 月 18 日，李雪真传真"（京辐照）环检字 R 第 200800 号第 12、13 页"，数据显示大钴源房和南楼拆除的建筑垃圾 γ 辐射为 0.07～0.11 微西弗/小时，与拆除前取样一致，未见异常（图 6），只有钴源井水排放管内沉淀泥土（2008 年 1 月 16 日）有 ^{60}Co 核素，比活度为 36.5 贝克/千克；7 号井沉淀泥（2007 年 1 月 17 日）发现 ^{238}U 75.7 贝克/千克与 ^{235}U 6.91 贝克/千克（一般样品它们均在 50 贝克/千克以下），后经张副所长等回忆，钴源井首次装源时，在水井排入泵房外开了一个临时井与排水铸铁管接通，用此井冲洗过运输强 ^{60}Co 源的屏蔽容器，因此会有一点污染，后将此井填埋了。7 号井是喂养过首次核爆（^{235}U 弹）和辐照 ^{238}U 靶溶液试验动物排泄物的下水第一井。

图 6　生物物理所钴源院区内全部钴源建筑拆除工作完成后
（左为东部图，右为西部），经检测其终态环境影响很小，是完全可以接受的

2008 年 3 月 12 日原子能院与生物物理所等在昌平龙泉宾馆召开"中国科学院生物物理研究所钴源院区退役拆除工程档案总结交流会"。

2008 年 5 月 12 日北京辐射安全技术中心办妥终态检测报告。

（三）环境影响结论

通过对中国科学院生物物理所钴源区退役拆除工程和终态的环境影响分析可以得出以下结论。

（1）本退役拆除工程是必要的，也具有重要的现实意义。为加快中国科学院研究生院中关村科技园区的基础设施建设，从办大教育的理念出发，中国科学院生物物理研究所钴源区退役拆除工程符合总体发展规划要求，拆除工程势在必行，也是非常必要的。

（2）对本工程的放射源和对环境污染源项调查，测量结果是可信的。同时，本项目在环境检测方面已经做了大量工作。完成了源项调查和周围环境监测，以及放射性废源库内的废物和放射源整备包装工作，为项目的退役和改造创造了良好的条件。

（3）本项目退役改造工程的实施方案：从放射源以及放射性废物回取、整备、核查、运输整个过程基本上是可行的，能够达到预期的目的。

（4）本项目退役过程中最大个人剂量出现在200米处的成年人，远小于对公众的管理目标值。

（5）经过本工程的清污、拆除、退役、整治后，其终态环境影响很小，是完全可以接受的。

本工程所采用的退役方案是适宜的，可以确保开放后的剩余放射性水平极低，完全满足国家相关法规的要求。

至此，生物物理所放射生物学剂量学工作前后经过50年的历程，建立、发展、贡献，最后以钴源院区的退役圆满结束。为了国家的需要、为了科学的发展，我们生物物理所的剂量研究人员尽力了。为了中关村的发展、北京的前途、中国的腾飞，我们奉献了自己的全部心血。

生物物理所参加剂量研究人员名单（按姓氏汉语拼音排序）：蔡维屏，陈景峰，崔书琴，丰玉璧，葛兆华，侯桂珍，侯晓东，江丕栋，郎淑玉，李凤章，李心愿，李忠，林桂京，凌寿山，刘成祥，路敦柱，马斌，马海官，孟香琴，庞素珍，任恩禄，沈恂，宋健民，苏震，唐德江，万红，王桂华，王曼霖，徐珊梅，薛良琰，于宪军，张秀珍，张宗耀，张月敬，张志义，张仲伦，赵克俭，郑雁珍，周广德，朱诏南。

作者简介：张仲伦，男，1937年出生，研究员。1961年清华大学工程物理系毕业，在中国科学院生物物理研究所40余年一直从事放射生物学剂量学研究工作。1987～1999年担任生物物理所业务副所长和所务会成员。1979～2003年，先后担任中国计量学会电离辐射专业委员会委员、北京核学会理事、中国辐射防护学会常务理事、中国辐射研究与辐射工艺学会理事等职。1994～2003 年担任中国载人航天应用系统生命科学分系统指挥。1980 年以后，以第一作者和通讯作者发表论文 41 篇，与他人合作发表论文 23 篇。通过所级鉴定和奖励项目三项（热释光测量方法、全身计数器、自由基剂量测量方法）。取得较大进展项目有：高剂量辐射测量方法研究获核工业部科技进步奖三等奖（第一名），快中子治癌研究装置与应用研究获中国科学院科技进步奖二等奖（第五名）和国家科技进步奖三等奖（第八名）。进行微弱光辐射测量技术及仪器的研制并开发推广，获得良好社会效益和经济效益。

生物物理所昆明工作站和放射遗传学研究

江玉栋

生物物理所建所 53 年来，共成立过两个分支机构。第一个分支机构是 1958 ~ 1962 年的昆明工作站，第二个是 1976 ~ 1985 年的林县小分队（肿瘤研究基点）。

生物物理所的第一个分支机构是 1955 ~ 1962 年中苏技术合作项目之一，建立了一个猕猴饲养场，主要是为放射遗传学研究创造条件和建立实验动物基地，后移交给中国科学院云南分院与昆明动物所合并。在其基础上经过逐步发展，目前已经成为"中国科学院昆明灵长类实验动物中心"，是中国科学院三大实验动物基地之一。

一、昆明工作站的起因

在 1958 年 8 月的《北京实验生物研究所改建为生物物理研究所的草案》中提到，"对于 1958 ~ 1962 年的发展方向，根据以任务带学科的方针，在研究工作方面提出下列四项任务；在完成任务同时，建立与发展生物物理学科。"这四项任务就是："①原子能和平利用和防护问题；②高空探测中的生物学问题；③生物体基本物质——核酸、核蛋白的研究；④为进一步提高农业生产，为农业工业化开辟途径，小球藻的综合利用问题。"[①]

在"原子能和平利用和防护问题"中，包括：①原子能和平利用方面；②原子能和平利用的防护方面。研究工作分两方面进行：①猴子本代经射线照射后的影响；②猴子经射线照射后对后代的影响。[①]可以看出，在开始发展放射生物学时，就对放射线对动物的遗传效应给予了足够的重视。除积极开展射线对生物及人体的各种影响及其规律的研究、寻找药物防护的方法、对环境放射性的调查及监测等方

---

① 生物物理所文书档案《北京实验生物研究所改建为生物物理研究所的草案》（1958/10/31）【中国科学院档案馆 A020-9，58-01-001】

面之外，还在探讨射线照射对人体的遗传效应及对后代的影响。

一般来说，动物所处的进化阶段越高，其功能、结构、反应也越接近人类，如猩猩、猕猴、狒狒等灵长类动物是最类似于人类的。它们是胚胎学、病理学、解剖学、生理学、免疫学、牙科学和放射医学研究的理想动物。猿猴在分类学上与人同属灵长类，因此当时也认为它是进行人类遗传学研究的重要实验对象。当时苏联的放射遗传学已经利用猿猴开展了研究。

我国南方和印度生产的猕猴有很多特性与人相似，但非人灵长类动物属稀有动物，来源很少，又需特殊饲养，因此选用有很大困难。

为此，在 20 世纪 50 ~ 60 年代我国为发展工业和科学技术而奠定基础所采取的重大措施——1955 ~ 1962 年中苏技术合作项目中，为我国的医学科学及放射遗传学的发展部署了建立猿猴站这项基本建设性措施。1958 ~ 1962 年中苏科学技术合作项目第 22 项 6 条规定："在 1958 ~ 1959 年，在中国组织猿猴站以供中苏两国科学家共同进行猿猴放射遗传学及其他生物学及其他实验病理学问题的研究。"苏联方面认为，在当时的社会主义阵营中，只有中国具有最理想的建立猿猴站的条件。

作为 1955 ~ 1962 年中苏技术合作项目之一，苏联专家将于 1958 年 10 月来华从事研究工作。原来按照国家科委安排，由医学组负责筹建，但由于其拖延未见行动，不能够适应中苏合作项目的进行。中国科学院生物学部于 1958 年 7 月报请中国科学院，采取紧急措施，批准生物物理所的方案，完成中国科学院承担的建站的第一期任务。根据生物物理所提出的昆明工作站筹建方案，在 2 ~ 3 个月内（10 月前）完成猿猴站第一期建站任务，包括 100 只猕猴。[①]

1958 年 7 月 29 日，中国科学院第九次院务常务会议通过将北京实验生物研究所改建为中国科学院生物物理研究所；同一会议批准以"中国科学院（58）院厅秘字 303 号文"，就筹组生物物理所昆明工作站事致函云南省委和云南分院请求协助。该工作站的日常政治思想及行政领导工作由云南分院负责，业务领导由生物物理所（原实验生物研究所改名）负责。工作站的任务主要是通过研究猕猴进行放射性对生物，特别是人体的影响及其防护工作问题的研究。

二、苏联放射遗传学专家的来华合作，放射遗传学工作的开始

猴子放射遗传学这门学科过去在我国基本上是个空白点。但是这门学科在人类已进入原子时代的情况下，不论对国家经济建设、国防建设，还是对人民健康和人

---

① 中国科学院生物学部（58）生发字 176 号文

类久远的生活都有着很重要的意义。

在北京，生物物理所做着开展放射遗传学和迎接苏联专家的准备工作。郑竺英先生在 2008 年回忆并写道："记得 1958 上半年，贝先生让我和沈淑敏先生布置一间实验室，为和当时苏联一位遗传学家合作放射遗传的工作。""我和沈先生在化学五楼正对楼梯的一间房里布置了实验台，等等"，"专家到的那天就让杜若甫（原子能研究所七室的）来和他见面。因杜曾去苏联进修，会俄文"，"苏联专家要用猴子做材料，于是第二天杜就和专家去了昆明……"[①]

苏联科学院生物物理研究所阿尔辛尼娃和巴契洛夫于 1958 年 10 月 26 日来华，1959 年 1 月 6 日返回，共停留了 73 天。[②] 杜若甫和北京大学的助教吴鹤龄一起陪苏联专家到昆明考察，云南省省委书记宴请一次。专家到工作站去考察，并做过报告，几天后离开昆明，赴上海在复旦大学做过报告，回到北京后还在生物物理所做过实验。

阿尔辛尼娃和巴契洛夫又于大约一年后再次来华，执行合作计划。

阿尔辛尼娃和巴契洛夫的来华，推动了我国开展猴子放射遗传方面的研究工作。

（1）苏联专家在生物物理所先后做了四个报告：①电离辐射对哺乳类卵巢作用的某些问题与猕猴卵巢的正常结构；②电离辐射对组织培养条件下的组织影响；③电离辐射影响下猴子精巢的组织及细胞变化；④人类放射遗传。苏联专家还对昆明的猴子站提出了一些问题。这些对我们的工作都有很大帮助。

（2）此外，苏联专家在华期间还参观访问了一些学校和科学研究单位，对工作的改进提供了许多宝贵意见。阿尔辛尼娃、巴契洛夫还访问了动物所遗传组、北京大学生物系、上海实验生物研究所、复旦大学生物系等地，并在复旦大学做过报告。经过苏联专家两个多月的活动，促使生物物理所、动物研究所、北京大学、复旦大学等单位建立了放射遗传学教研室或其他进行专业活动的组织，开始在中国进行放射遗传学的研究工作和人才培养。[③]

（3）苏联专家在昆明工作站期间组织各种形式的学术报告及谈话约 20 次，使中方人员进一步了解了进行放射遗传研究工作的意义和迫切性。

（4）苏联专家到昆明工作站执行合作计划。研究内容有两项，都属于"半胱

---

① 郑竺英 2008 年 11 月 20 日来信

② 生物物理所文书档案《北京实验生物研究所改建为生物物理研究所的草案》（1958/10/31）【中国科学院档案馆 A020-9，58-01-001】

③ 生物物理所文书档案"关于苏联专家史梅列夫、阿尔辛尼娃、巴契洛夫来华工作总结"（1959-06-30）【中国科学院档案馆 A020-13 58-03-002】

氨酸（药物）的辐射防护作用"课题：一是 X 射线局部照射对猕猴卵巢的损伤效应，由巴契洛夫主持；另一项是 X 射线局部照射对猕猴睾丸的损伤效应，由阿尔辛尼娃主持。以猕猴为实验对象，观察生殖系统和骨髓细胞的染色体畸变率。在实际工作中使工作站的很多同志了解和掌握了在猴子身上做放射遗传研究的知识、方法，进一步了解了剂量学与猕猴的生殖腺组织中的细胞敏感性的关系、照射（直接和间接的）猕猴的技术、关于进行细胞学的研究方法、卵巢组织学研究方法，以及对其结果分析的程序问题等。经过短短两个月就打开了这项研究工作的大门。

在苏联专家回国后，由工作站人员继续进行电离辐射对猕猴雄性生殖细胞影响的细胞学研究，以及对猕猴卵泡影响的研究，于 1960 年 1~3 月完成了在工作站的实验部分。

汪安琦、陈去恶等参加了合作研究。生物物理所马秀权、复旦大学张忠恕也间接参加了合作研究。

三、工作站的建立及开展的工作

昆明工作站主要是对猿猴进行研究，以及作为猿猴的饲养繁殖场所。猿猴在分类学上与人同属灵长类，在它们的解剖和生理上，比较起其他动物来，有与人类更多的相似性。因此，在某些医学和生理学的研究中，它是一种珍贵的实验材料。随着实验医学和生物学的发展，在科学研究中对猿猴的需要正在日益增多。猿猴是一种野生兽类，在研究中所利用的猿猴一般均系刚从野外捕来，或只经过了短时期的家养，有关猿猴生物学的资料还积累得不多，人们对猿猴的了解远不如像小白鼠、兔子和其他实验动物那么清楚，因此，在使用这一实验动物时增加了不少困难。我国产猿猴有 10 多种，在云南产有 7~8 种，昆明气候温和，四季如春，对于猿猴的采集、饲养和繁殖都较适宜，在昆明近郊选择建站地址是恰当的。

工作站最初拟选址于滇池边，后被云南省领导否定。最终定址于昆明市西山区玉案山花红洞，一处在西郊 20 公里、海拔为 2189 米的山上。房屋建筑在一片口袋形的山坳之中，山坳之口朝东，背靠的玉案山是佛教圣地筇竹寺的所在地，面向 3 公里外的道教圣地棋盘山。

猴房是一层宽大的建筑物，朝东背西。背面和两侧三面为山峦所环抱，前面正对着山口，中央一片平地，面积达 20 多亩，常年种植各种蔬菜和庄稼，平地之间有一个大的水池和细小的溪流。猴房内有一条长的内走廊，墙上按有玻璃窗户，在每间房子的外面相应有个高大的露天铁丝笼做成的"运动场"，运动场与住房之间有小门相通，环境很好。

1958 年 11 月购进和自捕得来的第一批猴子寄养在昆明市园通山公园，1959 年

7 月正式移来昆明站饲养。据不完全统计，至 1962 年共有各种猴子 604 只，4 个品种，包括恒河猴、熊猴、豚尾猴和红面猴。

昆明工作站的业务人员除了进行建站，收集、饲养、管理猴子，对猕猴形体特征的调查和测量，以及猕猴正常生理指标的检测等基础性工作外，在苏联专家来站合作研究期间还学习和协助进行放射遗传研究工作。苏联专家回国后，他们继续完成或重新逐步开展放射遗传研究工作。

研究工作所用的放射源，苏联专家在时使用的云南省第一人民医院（昆华医院）放射科的 X 射线治疗机。苏联专家离开后，工作站购进了 X 射线治疗机，并用此机开展了实验研究工作。与昆明动物所合并后，新建了大剂量的钴源室，并投入使用。原在工作站已建好的小剂量钴源室打算作小剂量慢性电离辐射对猴子后代的影响的研究，因钴源未到位，从未使用过。

昆明工作站的早期人员情况如下：罗丽华、叶智彰于 1958 年 8 月由中山医学院毕业，分配到生物物理所昆明工作站，9 月到云南分院报到。先期由生物物理所联系，到北京协和医院放射性同位素实验室和北京医学院附属医院放射科进修。

1959 年年初，云南分院任命刘兆辉为工作站主任；生物物理所调去器材人员金安礼和大学毕业生曾中兴，又派去科研人员陈去恶、陈元霖，实验辅助人员张建章、梁凤霞、程学周、刘登伍，以及两名动物饲养员；云南分院调去医士刘惠莲和一名饲养员，这是在苏联专家到来之前的 15 位工作人员。后来还增加了几名饲养人员和新毕业的兽医侯意谛（1960 年）和遗传专业毕业生刘明哲（1961 年）。共约 20 名工作人员。

（一）昆明工作站 1959 年制订的七年计划草案[①]

在 1959 年 3 月，昆明工作站制订了《1959 ~ 1966 年研究工作计划草案》，主要为三项工作。关于放射遗传学研究工作，计划在 1959 ~ 1960 年进行：小剂量累积对猕猴的遗传效应；正常猕猴血型及种群遗传的问题的研究。

1. 研究电离辐射的小剂量累积对猕猴的遗传效应

目的是了解小剂量累积对猕猴遗传变异效应的一般规律和为和平利用原子能及防护方面提供资料。工作内容包括 X 射线和 γ 射线。照射剂量分为三种情况：①每周照 1 伦琴，一年累积 50 伦琴；②每两周照 1 伦琴，一年累积 25 伦琴；③一次照射 10 伦琴。实验观察指标有照射后子代生活力（病变、抗性等）、生殖率（死胎、畸形），以及用生化方法分析上述指标，性器官 DNA 和 RNA 的变化。实

---

① 生物物理所科研档案《昆明工作站资料》（01000/65090 立卷人：陈去恶）

验对象为猴子，年龄为：①成熟前（2～3 岁）；②5～6 岁。照射组共分 6 组，每组雌猴 20 只、雄猴 10 只，共 180 只。对照组：雌猴 70 只、雄猴 30 只，共 100 只。本实验共计用猴 280 只（雄 90 只、雌 190 只）。

2. 研究正常猕猴血型及种群遗传的问题

目的是了解正常猕猴的血型，进而探讨血型与种群遗传的关系。此项工作属于放射遗传工作的一部分。但研究猕猴的种群关系，必须预先探讨自然条件下的猕猴血型，在此基础上探讨电离辐射对猕猴血型的影响、遗传变异的关系问题。

指标：本工作拟采取国际血型分类法，是以血细胞中含有 "A" "B" 为代表同类的凝集原反应。方法：①先以已分类的人的标准血清来定猕猴的血型；②制备猕猴的数种血清来互相定其血型。对象：猕猴为 6～12 岁的雄猴；数量：共做 200 只。

此外，为提供实验动物的稳定供应，还计划进行第三项工作。

3. 建立基本猴群及繁殖计划

（1）工作站在 1959 年上期的主要任务是搞基础建设和实验室的筹备工作，与此同时可开展目前能够做到的研究工作（血型种群之间调查工作）。

（2）建立基本猴群的计划。在 1959 年上期的猴子要达到 100～150 只，当年下期达到 300 只左右。

（3）繁殖计划：1959 年上期选择较优良的种（头、眼、身、四肢、尾部、毛发等正常的）作为配对的预备对象。当年下期要求能有 100 只雌猴和 50 只雄猴进行配对繁育。到 1960 年要求能生下 50～100 只小猴，4 年后作为放射遗传的基本材料。

到 1962 年本站的猴子数量要经常保持在 1000 只左右。1960～1966 年要求能有 200 只雌猴、100 只雄猴进行配对繁殖。

（二）1960 年昆明工作站的工作[①]

在昆明工作站 1960 年的实验室工作总结中，列出的已完成的研究工作如下所述。

（1）1960 年 1～3 月完成中苏合作两个项目的实验工作。电离辐射对猕猴雄性生殖细胞影响的细胞学研究；电离辐射对猕猴卵泡影响的研究。后一项工作还附有经过半胱氨酸保护后的受照射卵泡情况的对比组。

---

① 生物物理所科研档案《昆明工作站资料》（01000/65090 立卷人：陈去恶）

（2）猕猴外形性状调查。工作站与遗传研究所协作，以本站为主，共测量 340 只猕猴的外形，做出比较分析的讨论，写出报告。

（3）电离辐射对猕猴卵泡的影响。中苏合作项目的工作完成后，实验材料分为两组，一份由苏联专家带走，一份留本站。留站的一份材料于 1960 年 10 月下旬开始观察，年底完成报告。

（4）某些药物在培养基上对猕猴痢疾杆菌抑制的实验，并写出了报告。

（5）猕猴杆菌（细菌性）痢疾一年来治疗经验总结报告。经过在实际的治疗工作中的多方苦心摸索，已有初步的比较有效的经验。

在 1960 年的研究工作计划中，未完成的有下面几项：正常猕猴血型调查工作；猕猴种猴的收集选择和配种工作；其他有关猕猴的放射遗传工作。

本站还完成了其他业务工作，作为当时困难时期的"支援农业"的活动。例如，提取叶蛋白，提取淀粉和链孢霉培养工作。

工作站是新组建单位，对新来的各类人员组织了学术活动及各方面的业务学习活动，包括站上青年科学工作者自己的学习报告、技术介绍及经验交流；实验室人员为动物管理组人员开课，包括初中化学、中专解剖生理学和专题报告及外文学习。

（三）1961 年昆明工作站原来打算进行的工作①

（1）常规性的实验动物饲养管理经验的积累和疾病的防治工作。包括选择、检疫、治疗、营养、改善动物生活环境、动物的生活及生理活动的观察、育种等。另外，还打算进行猕猴及小白鼠的放射遗传实验。

（2）猴的放射遗传工作，这是工作站的主要工作任务。拟于 1961 年初步开展，先做雄性的。主要内容：①以 X 射线照射雄性猴，用两种剂量，都分为单次或分次照射，共 4 组；②以正常的雌性猴给予交配；③检查当代实验猴血液的血象和生化变化，并观察其生活力；④希望到年底有部分交配的雌猴怀孕。

主要措施：①动物数量及照射方式，以 50 伦琴（1 次及分 5 次）、100 伦琴（1 次及分 10 次）照射，共计四组条件，每组 5 只，共计 20 只雄猴；②交配方式，每组选 2 只各与 5 只雌猴交配；③当代实验猴的血液检查，包括白细胞、红细胞和血小板的计数，白细胞分类，血液生化检查包括蛋白质和磷的定量；④饲养、保护工作及育种工作等。

（3）小白鼠放射遗传工作。小白鼠繁殖快，可在较短时间得到结果；作为一

---

① 生物物理所科研档案《昆明工作站资料》（01000/65090 立卷人：陈去恶）

种哺乳动物的放射遗传研究，也是为猴作参考。

主要指标：第一，4 种 X 射线剂量，分次照射对雌、雄两性小白鼠遗传的影响和观察。1961 年观察出第三代（子2），争取至第四代（子3）。第二，生物学方面的观察，包括①生活力；②生殖力；③畸形的出现。第三，病理学方面的观察，包括①血系病；②癌瘤；③白内障。第四，找出在本站饲养条件下小白鼠的 X 射线半致死剂量。

主要措施：第一，照射剂量及照射方式：雄性，两组（每天 1 次 10 伦琴，20 次或 40 次）各 10 只。雌性，两组（每天 1 次 5 伦琴，5 次或 10 次）各 10 只。2 个月内照射完毕。第二，照射后每组选出 3 只（最接近平均体重的）和正常异性鼠交配，后代能配对的则全部再配对当代，不加淘汰。另备正常的 3 对，同样传代作为对照。第三，生物学方面的检查包括①生活力：体重、寿命；②生殖力：各胎仔数、全部胎数、各胎相距时间；③外部畸形的检查。第四，病理学方面的检查包括①白细胞、红细胞、血小板计数；②白内障；③癌瘤、骨髓、生殖腺、乳腺等。

（四）调整后昆明工作站的 1961 年工作计划[①]

根据"调整、巩固、充实、提高"的精神，生物物理所向昆明工作站正式下达了 1961 年研究任务计划，主要是进行猕猴的饲养、育种方面的基础性工作，将放射遗传学研究暂时放在次要地位。任务计划包括两个所管项目和一个工作站自行安排的项目。

第一个项目：猕猴的育种（编号0206-3-1）。要求指标是：选择合乎要求的种猴雌性 30 ~ 50 只、雄性 6 ~ 10 只，使猕猴交配怀孕率达到40% ~ 60%。

第二个项目：猕猴的病状调查防护和医治（编号0206-3-1）。要求指标是：①保证实验猕猴在不同天气条件下基本正常生活和生长，找出一套检疫方法，并对严重危及猴子生命和健康的主要疾病寻找有效控制办法；②进行天气对饲养条件下猕猴生活的影响研究；③总结猕猴饲养、管理、防护和医治的经验。

另外还有一个自行安排的项目：小白鼠的放射遗传工作。此项工作可由工作站根据人力给予安排，但首先要保证前两项工作能够很好完成。

关于"动物的育种"任务，其来源是因为要解决在人工饲养条件下的猴子的繁殖和育种并不容易，必须要作为重要研究项目，集中相当力量予以解决。

要达到任务指标要求，需要采取多方面的措施。①饲料的改进；②猴生活条件的改善，包括猴房设施、温度等；③改进管理方法；④必要时适当应用药物，如维

① 生物物理所科研档案《昆明工作站资料》（01000/65090 立卷人：陈去恶）

199

生素、性激素等。

此项目的负责单位：生物物理所昆明工作站（昆明动物所生物物理室）。承担人员有：陈去恶、陈元霖、李涞泉、高士祥、宁太芝、陈立秉（兼）。

关于"猕猴的病状调查防护和医治"任务，其提出依据是因为猴子由野外生活转为人工饲养，变化很大，生活、生长不好，疾病及死亡甚多；采取不少措施都未能解决。这是很大的困难，需要作为重要研究项目，集中力量进行研究解决①。

工作的简要内容，即包括项目要求指标的三个部分。

为在 1961 年内进行上述三部分工作，主要措施有：①饲养管理的改进，包括饲料的改进、猴生活条件的改善、改进管理方法、猴活动情况的观察和分析、天气变化情况的记录；②疾病的预防和治疗，先解决最严重的细菌性痢疾（占死亡总数的 90% 以上），需要进行的工作包括严格检疫、日常卫生、免疫的研究和应用、传染病学研究、疾病的治疗等；③总结经验，分析经验。

负责单位：生物物理所昆明工作站（昆明动物所生物物理室）。承担人员：罗丽华、叶智彰、侯意谛、刘惠莲、张建章、陈立秉（兼）、程学周（兼）。

四、昆明工作站的体制调整

建立工作站之前，生物物理所曾派负责器材条件的陈启瑞前去昆明进行工作站的选址工作。建立之后，生物物理所的副所长康子文书记曾经到工作站指导工作。

1962 年，国家经历了"三年困难时期"后提出"调整、巩固、充实、提高"的国民经济发展方针，也由于中苏关系的变化，在 1961 年下半年，中国科学院决定将昆明工作站划归中国科学院西南分院，与昆明动物所合并。1961 年上半年，昆明动物所已经由昆明市护国路昆明分院大院内搬到位于昆明市西山区玉案山上的花红洞，并代管昆明工作站。

原本生物物理所要把工作站人员撤回研究所。由于动物所科研力量单薄，昆明分院领导希望能够把科研人员留下，并保证原来研究方向不变。

1961 年，生物物理所派负责人事工作的任建章赴昆明，办理工作站移交昆明动物所的有关事项。生物物理所当年派去并负责工作站业务的陈去恶，在体制调整时返回生物物理所，其余人员全部留在了昆明动物所。

陈元霖 1957 年由南京大学毕业分配到实验生物研究所北京工作组，1959 年 12

---

① 大约是在 1959 年夏天，在猕猴群中暴发疾病，约 300 只猕猴几乎遭到"全军覆没"。据此，生物物理所指示：工作站的中心任务是"管好、养好、繁殖好"猕猴。经过一年多的努力工作，猴群状况根本改善，1961 年除夕猴场内还出生了第一胎子猴

月 10 日从北京调到昆明工作站工作，并参加执行中苏合作计划的工作。体制调整时留在该处，到了昆明动物所。1960～1964 年在生物物理所昆明工作站和中国科学院昆明动物研究所进行猕猴生物学和放射生物学的工作，1981 年调至厦门大学①。

合并后的昆明动物所只有两个研究室：脊椎动物分类区系研究室（原昆明动物所研究班子）和生物物理研究室（原工作站的研究班子）。1963 年由生物物理研究室分出一部分业务人员，成立猕猴生物学研究室，从此可以专心地开展放射生物学方面的研究工作。

所以之后作为昆明动物所两个主要研究方向之一的原工作站的科研工作没有中断过，并得到很大的发展，即以灵长类生物学研究、辐射遗传学、细胞遗传学和分子遗传学研究为中心，发展成昆明动物所的研究工作主流，包括①养猴场，完全解决了猕猴生长发育繁殖问题，每年繁殖出大批新生代猴子，今已成为中国科学院昆明灵长类实验动物中心；②细胞遗传学和分子遗传学研究成为昆明动物所研究主流，出了两位中国科学院院士，一个是原所长施立明，另一个是现所长张亚平；③神经生物学（脑）研究，主要用猴子作研究材料；④生殖生物学研究，也主要用猴子作研究材料；⑤免疫学研究，也以猴子为研究对象，如猴艾滋病的研究；⑥灵长类形态与进化研究，全部用不同的猿猴类种类作研究对象。这是叶智彰主要从事的研究工作，已出版《长臂猿》、《猕猴》、《金丝猴》、《叶猴》、《树鼩》5 部科学专著和一大批研究论文及科研成果。②

花红洞原工作站养猴场以后进一步扩建为现在的中国科学院昆明灵长类实验动物中心。原来昆明动物所的脊椎动物室，现在包括脊椎动物区系分类研究室和标本馆（昆明动物博物馆）。连同原工作站基础上发展起来的整个科研所已于 1993 年迁至北郊北教场新建所址。

我国第一个以实验研究为目的建立的大型猕猴养殖场，面临建场初期最困难的局面，但在缺乏资料和经验的条件下，通过努力并采取切实措施，使猴场转危为安，走上了健康发展的道路。这些经验和研究成果不仅保证了昆明动物所养猴场的生存和发展，也对我国养猴业的兴起和发展起到了重要的促进和指导作用。

经过约 40 年的发展，该处现在已经发展为中国科学院昆明灵长类实验动物中心，是中国科学院三大实验动物基地之一。目前，以该中心为依托建立的"中国科学院昆明灵长类研究中心"等正在建设之中。

---

① 陈元霖论文选集自序，《陈元霖论文选集》，知识产权出版社，2006 年 6 月第一版，（由陈元霖夫人桂慕燕通过陈楚楚赠送生物物理所）

② "科研工作历程"，《叶智彰论文集》

作者简介：江丕栋，男，1958 年毕业于北京大学物理系。曾任中国科学院生物物理研究所研究员，生物工程技术研究室主任，研究所学术、学位委员会委员，中国载人航天工程应用系统空间生命科学分系统副主任设计师，国家科学技术委员会生物医学工程学科组组员，国家科学技术进步奖评审委员会医药行业评审组组员，国家医药管理局医疗器械新产品评审专家委员会专家审查员，全国自然科学名词审定委员会生物物理学名词审定委员会委员，国家自然科学基金委员会生物物理学科发展战略研究组组员，国家自然科学基金委员会生物物理与生物医学工程学科组组员、组长，中国生物物理学会理事，生物物理仪器与实验技术专业委员会主任，中国核电子学与核探测技术学会理事，液体闪烁探测技术专业委员会主任，中国生物医学工程学会副理事长，北京生物医学工程学会常务副理事长。获中国载人航天工程第三次飞行试验重要贡献奖牌。获生物物理所"建所 50 周年突出贡献个人和集体"表彰。40 余年从事生物物理仪器技术科研及组织工作。20 世纪 60 年代从事 β 放射性高灵敏探测技术研究。70 年代研制成我国第一台自动化液体闪烁谱仪。80 年代发展跟踪活细胞内生命过程的动态显微技术。90 年代起主持研制多种空间生物学仪器。获国家及中国科学院奖励 8 项；获国防科学技术奖三等奖。主编《空间生物学》、《小狗飞天记》、《生物物理研究所与生命科学仪器技术》、《液体闪烁测量技术的进展与应用》。《开启创新之门》。参加编写《同位素技术及其在生物医学中的应用》、《生物物理学科发展战略研究》、《分析仪器手册》、《空间科学与应用》。

一种新型光敏化剂：竹红菌甲素

程龙生

1978 年经生物物理所决定，由原放射生物研究室部分同志另组建成辐射生物学研究室，开展电离辐射作用于生物体系的原初过程（包括物理、化学），辐射对生物大分子物理、化学性质的影响和辐射剂量学三方面的研究。我们组开始研究 γ 辐射对红细胞膜的影响，后来考虑到要理论联系实际，又转向光辐射的研究。

当时国际与国内对光动力治疗癌症的研究非常活跃。光辐射治疗就是在光敏剂和有氧的条件下，用激光作为照射光源，使有机体、细胞或生物分子发生机能和形态的变化，甚至使它们受伤或死亡，达到治疗肿瘤的目的。这种光辐射作用过程，在化学上称为光敏氧化作用，在生物学或医学上称为光动力作用。它与应用放射性同位素和 X 射线的放射治疗在机制和效应上是完全不同的。在实验及临床应用中发现，光敏剂进入生物体后，与正常细胞相比，敏化剂在肿瘤细胞中滞留时间较长、浓度较高。经激光照射后，敏化剂吸收光能后产生一种单重态氧$^1O_2$，它是一种瞬间存在的强氧化剂，能使肿瘤细胞受到破坏，乃至死亡，从而能达到治疗肿瘤的目的，这就是光辐射治疗，也称为光动力治疗。

国内外用于治疗恶性肿瘤的光敏化剂很多，而应用最多的是血卟啉衍生物，它从血红蛋白中提取，在注入动物体内后，经过一段时间，它在不同组织中的含量发生变化。在正常组织的实质细胞内血卟啉衍生物大多消失，只有在网状内皮系统的细胞及结缔组织中仍残留一部分，但肿瘤细胞内血卟啉衍生物潴留时间可长达数天之久。由于血卟啉衍生物在正常细胞及肿瘤细胞内潴留时间有差异，为光动力治疗恶性肿瘤提供了有利条件。因此，这种方法受到国内外科研人员及医务工作者的青睐。虽然血卟啉衍生物确实是一种非常有效的光疗药物，也是一种很好的光敏化剂，但我们有责任从我国的资源中开发出更多更好的光敏化剂。

竹红菌甲素（*Hypocrellin A*）是中国科学院云南微生物研究所的科学工作者首先发现的一种新型光敏化剂。它是从寄生于箭竹上的一种真菌——竹红菌中提取分离而得到的一种菲醌衍生物，呈红色粉末状。这种天然产物在我国资源很丰富，最早民间用于治疗胃病，后发现它有光敏活性，成功地用于治疗妇女外阴白色病

203

变、软化皮肤疤痕疙瘩和白癜风等病症，均有显著疗效，但它的光疗机理尚不清楚。20 世纪 80 年代对竹红菌甲素的光化学和光物理性质的研究较多，而对生物体的光敏特性和作用机理没有开展研究，因此我们认为，深入研究竹红菌甲素对生物体的光敏化作用及其光敏化机理是具有理论和实际意义的。在中国科学院和国家自然科学基金委的资助下，1983～1988 年年底，我们在光生物学方面较深入地开展了竹红菌甲素光动力作用的研究，现在分下列几个方面作简单介绍。

一、甲素的特性

（一）具有宽的吸收谱带

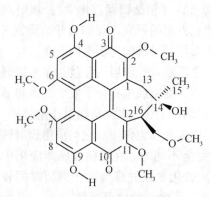

图 1　竹红菌甲素的结构

甲素是从竹红菌中分离提取出来的色素，经测定确定其结构为茈醌衍生物，命名为竹红菌甲素（以下简称为甲素或 HA）。其结构式如图 1 所示。在二甲基亚砜溶剂中，它在可见光区有三个吸收峰，其波长分别为 475 纳米、545 纳米和 585 纳米，其中 475 纳米处的吸收值很强。在 605 纳米处有一个荧光发射峰。由于其吸收峰均在可见光区，从 420～620 纳米的吸收谱带，其消光系数的对数值几乎均在 4 以上，这是一般敏化剂不具备的，这个特点对基础研究和临床应用是非常有意义的。

（二）优良的溶解性能

甲素在一般的有机溶剂中（如酮、酸、酯、醚、苯、氯仿、四氯化碳、醇和腈中）都具有良好的溶解性能，还能溶解在胺、烯等溶剂中，这也是一般常用的敏化剂（如虎红、亚甲蓝）所不能媲美的。甲素在不同性质的多种溶剂中均能溶解的这一特点，对甲素光敏氧化的基础研究和应用具有重要的意义。

（三）必须在有氧条件下，光照才能进行光敏化反应

甲素是一种光敏化剂，它的光敏化作用必须在有氧条件下光照才能进行，如果无氧（O_2）或通氮气（N_2）进行光照，或者是在有氧的情况下不光照，都不能产生光敏化反应，光和氧二者缺一不可。凡是需氧参与和光照的光敏化剂均属于光动力型敏化剂，甲素就是这种类型的敏化剂。

二、甲素对红细胞膜的光损伤特性

我们在实验中发现，甲素进入细胞后，主要富集在细胞膜和细胞质中，而进入细胞核的量很少。由此可以推断，甲素对细胞光动力敏化作用的"靶"主要是细胞膜。因此，我们选用从人血液中提取的红细胞膜作为研究对象，研究甲素对红细胞膜的光敏特性。实验时我们将一定浓度的甲素溶液加入到红细胞膜的悬液中，然后在有氧的条件下，用250瓦碘钨灯光照射，经过不同时间的光照，红细胞膜受到光损伤，膜的组分产生下述一系列变化。

（一）膜蛋白巯基含量的变化

膜蛋白巯基（SH基）受光照后被氧化，其含量随光照时间的增加而下降，但光照超过一定时间后，SH基的含量不再减少。甲素在稀的膜溶液中引起膜蛋白SH基的光损伤比在浓溶液中显著。

（二）膜蛋白中氨基酸的变化

红细胞膜经光照后，甲素能引起膜蛋白中敏感的、易氧化的氨基酸残基，组氨酸、半胱氨酸和色氨酸含量显著降低。

（三）膜蛋白光聚集作用

含甲素的红细胞膜经光照后，能使膜蛋白发生光聚集作用。膜蛋白中的收缩蛋白较其他蛋白减少得快，随光照时间的延长，收缩蛋白逐渐减少乃至消失，而形成另一种新的产物，这种光聚集物就是膜蛋白光氧化后形成的交联产物。

（四）类脂过氧化作用

类脂过氧化反应会产生丙二醛，根据丙二醛生成量的多少，可以衡量不饱和多聚类脂的过氧化程度。甲素光照能使膜类脂过氧化产生丙二醛，丙二醛的生成量随光照时间的延长而增加。

（五）膜上酶的光敏失活

膜上酶是红细胞发挥正常生理功能必不可少的，其中三磷酸甘油醛脱氢酶（GPDH）是位于膜胞质面的外周酶，该酶不仅是糖酵解中的关键酶，而且它的催化产物还原型辅酶 I（NADH）是将高铁血红蛋白还原成血红蛋白的酶促反应的底物。乙酰胆碱酯酶（AchE）、Na^+-K^+三磷酸腺苷酶（Na^+-K^+ATP 酶）、Ca^{2+}-Mg^{2+}

三磷酸腺苷酶（Ca^{2+}-Mg^{2+}ATP 酶）均为膜内酶。这些酶在红细胞中能维持胞内乙酰胆碱浓度，防止细胞溶血等功能。红细胞膜上的 Na^+-K^+ATP 酶、Ca^{2+}-Mg^{2+}ATP 酶、AchE 和 GPDH 酶的活性随光照时间延长，均迅速下降，甲素的光敏失活速率程度依次为 Ca^{2+}-Mg^{2+}ATP 酶>Na^+-K^+ATP 酶>GPDH>AchE。

（六）膜蛋白结构的损伤

（1）园二色谱分析，光照后甲素能使红细胞膜及收缩蛋白园二色谱峰位红移，峰值下降，说明膜蛋白的构象发生了变化。

（2）内源荧光的分析，膜的内源荧光主要是由色氨酸及酪氨酸生色团所贡献的，测定内源荧光的变化，可反映色氨酸、酪氨酸的变化，以及它们所处环境的改变，从一个侧面也反映了膜蛋白构象的变化。甲素光照后引起膜蛋白内源荧光立即下降，说明膜蛋白构象发生了改变。

（七）膜类脂和膜蛋白运动状态的改变

膜的流动性反映了膜上类脂和蛋白质的运动状态，是反映细胞生理活性的重要指标。我们应用下列两种技术来了解甲素对膜类脂和膜蛋白流动性的影响。

1. 电子自旋标记法

使用三种脂肪酸自旋标记物，即 5-氮氧自由基硬脂酸（5NS）、12-氮氧自由基硬脂酸（12NS）及 16-氮氧自由基硬脂酸（16NS），将它们分别掺入到不同深度的膜类脂区（5NS、12NS 及 16NS 标记物分别反应膜类脂表层、中层和深层的状态），观察甲素光敏作用后红细胞膜流动性的变化。

实验结果表明，甲素对不同深度的膜类脂流动性影响是不同的，16NS 标记的样品变化显著，而 5NS、12NS 标记的样品变化无显著性差异。说明甲素对膜类脂的光敏作用主要表现在类脂深层，也因为甲素是一种脂溶性光敏剂，倾向于疏水，它能深入到膜脂双层深处，在光的作用下能引起光敏反应。

膜蛋白的运动状态可用马来酰亚胺氮氧自由基（MSL）标记的膜蛋白巯基运动来表示。MSL 和膜蛋白巯基专一性结合，产生弱固定化和强固定化两种电子自旋共振（ESR）谱线，分别反映膜表层结合的自旋标记物和膜内部结合的自旋标记物的运动状态，实际 ESR 谱为二者的叠加。通常用旋转相关时间 τ_c 来表示膜蛋白巯基运动的快慢。

甲素结合的红细胞膜经光照后，膜蛋白巯基旋转相关时间 τ_c 值随光照时间的延长而逐渐上升，尤其是光照开始时 τ_c 值上升较快，这表明红细胞膜受甲素光氧化膜蛋白运动变慢，流动性降低。

2. 荧光探针技术

应用 n-（9-蒽甲酸基）脂肪酸荧光系列探针掺入到不同深度层次的膜中，通过测量膜荧光偏振度的变化，可了解甲素光敏作用对红细胞膜流动性的影响。作用后荧光偏振度增加，膜的流动性降低，反之流动性增加。

甲素对完整的红细胞膜光照后，膜深层的荧光偏振度是增加的，表明膜流动性降低。随光照时间的延长，膜深层的荧光偏振度逐渐降低，但膜表层和中层荧光偏振度变化不大。然而，脂质体（是从红细胞膜中抽提出的磷脂所制成的）的情况则不同，甲素光照立即引起脂质体荧光偏振度快速下降，而后偏振度变化较小。红细胞膜与脂质体的光敏效应是截然不同的，两者的区别主要在于红细胞膜中有膜蛋白和膜类脂及其他组分，而脂质体仅含磷脂。红细胞膜的光敏损伤较复杂，涉及膜蛋白和膜类脂的相互作用。

三、生物体内的甲素光敏作用机理

一般的光敏化反应需要氧分子（O_2）参加，敏化剂与 O_2 作用方式主要有两种。一种是在光的作用下，敏化剂分子吸收了光子能量成为三重态敏化剂，然后通过能量传递过程，将能量传给氧分子，使氧分子处于激发单重态氧（$^1O_2$），$^1O_2$ 再与底物分子作用，这种反应称为第 II 类光动力反应。另一种是光敏化剂与 O_2 分子之间通过电子转移，将敏化剂的电子传给氧分子而形成超氧阴离子自由基（$^\bullet O_2^-$），此活性自由基再与底物进行反应，这种反应称为第 I 类光动力反应。

在我们组开展甲素的光生物反应的机理研究以前，国内已开展了甲素的光化学研究，研究证明甲素在自敏光氧化反应中，是通过激发态甲素与基态 $^3O_2$ 直接作用而生成甲素过氧化物的。ESR 的研究证明，甲素在光照后产生超氧阴离子自由基（$^\bullet O_2^-$）、羟自由基（$^\bullet OH$）和甲素自由基（$^\bullet HA$）等"活性氧"，这些"活性氧"再与底物作用。然而，在生物体内光敏剂又是通过什么途径作用呢？没有人研究过。我们从以下三个方面探讨甲素的光生物反应机理。

（一）利用猝灭剂证明 $^1O_2$ 在生物体内起作用

使用单重态氧 $^1O_2$ 猝灭剂叠氮钠（NaN_3）和 1.4-偶氮［2，2，2］双环辛烷（DABCO），超氧阴离子自由基猝灭剂超氧化物歧化酶（SOD 酶）。在含甲素的细胞膜体系中分别加入这些猝灭剂进行光照，实验结果说明 $^1O_2$ 在反应中起一定的作用，但 $^1O_2$ 或超氧阴离子并不是唯一决定光氧化反应的活性态氧，可能还有其他形式的活性中间物存在。

(二) 利用重水证明$^1O_2$在生物体内起的作用有限

已知$^1O_2$在重水（D_2O）中的寿命约为30微秒，比在普通水（H_2O）中的寿命（约3微秒）长得多，如果是$^1O_2$是在D_2O中反应，那么甲素对红细胞膜的光损伤应该比在水中反应要严重得多，但实验结果并非如此。红细胞膜在D_2O中，甲素对其膜蛋白损伤并不大，D_2O的效应并不明显，这说明$^1O_2$在反应中起的作用是有限的。

(三) 在生物体内也形成甲素过氧化物

已知甲素在自敏光氧化反应中生成甲素过氧化物。那么在生物体内是否也有过氧化物生成呢？

（1）我们做了两组实验，第一组实验将甲素光照不同时间后，立即加到红细胞膜中进行反应。第二组实验将含甲素的红细胞膜溶液去光照。这两组实验均能引起膜蛋白损伤，而且它们对膜蛋白的光氧化程度相近。既然甲素光照能产生甲素过氧化物，由此可见在生物体系中，光照也能生产甲素过氧化物。

（2）为进一步验证甲素过氧化物的作用，将光照过的甲素放置不同时间后，再加到膜溶液中，发现也能引起膜蛋白过敏反应，放置时间长达2小时后，再加到膜溶液中，仍能使膜蛋白光氧化，这现象充分地说明不是单重态氧$^1O_2$或超氧阴离子和其他自由基的直接作用（因它们的寿命是很短的），而是甲素的过氧化物在作用。

甲素的光动力学反应机理是比较复杂的，尤其在生物体系内的反应更复杂。甲素对红细胞膜的光敏氧化作用，其中可能涉及$^1O_2$或超氧阴离子自由基（$^\bullet O_2^-$）和甲素自由基（$^\bullet HA$），还可能有活性中间物在起作用。我们研究的内容只是一个方面，要弄清其机理，还有待于深入研究。

四、结 束 语

整个课题的研究是从1983年开始到1988年年底结束，历时6年整，全组人员同心协力、夜以继日地钻研，尤其是4位硕士生刻苦努力，使这一课题得以较系统和较深入地完成。后来人员调离，研究生相继毕业，陆续申请出国深造。我本人也因获得英国"国际癌症研究协会"（Association for International Cancer Research）基金的资助，到挪威奥斯陆癌症研究所生物物理研究室进修，同时也获得Toledo大学Alan R. Morgan教授的资助到美国进修，前后共两年。竹红菌甲素的研究就此结束。

由于大家的辛勤努力，这项研究取得了很好的成绩，反映在学术会议报告、期刊论文的发表及获得多种基金的资助上。我先后参加了 1983 年日本京都第 26 届辐射研究会议、1985 年北京国际光化学会议和 1988 年北京国际生物和医学自由基国际会议，在会上宣读了论文，得到一致好评。我们在国内外期刊上共发表了 15 篇论文。这项研究成果在 1986 年获生物物理所优秀论文奖，在 1991 年获生物物理所科技成果奖二等奖，同年还获得中国科学院自然科学奖三等奖，在 1984 年获云南省科委基金资助，1985 年获中国科学院和 1988 年全国自然基金资助，1989 年获英国"国际癌症研究协会"个人基金资助。

参加此项研究的人员有程龙生、王家珍、唐祥、郑建华、孙继山、杜健、刘萱、秦静芬、张莉、张秀珍、徐国瑞、唐德江、贺宝珍、傅世樀等。

竹红菌甲素是我国特有的一种新型光敏剂，不仅有广阔的应用前景，而且仍然有深入开展基础研究的价值。如果有化学、物理学、生物学、医学、药学和临床医学等多学科的交叉和协作，会结出更丰硕的成果。

除我们组外，我室还有一些同志开展了竹红菌甲素的工作。例如，曹恩华同志在甲素对 DNA 的光氧化作用方面做了大量的研究；郭绳武等同志在甲素对中国田鼠卵巢（Chinese hamster ovary，CHO）细胞的光敏作用也做了很多研究，均取得很好的成果。此外孙继山、庞素珍等还研究了竹红菌乙素，他们的研究成果均未总结在内。

作者简介：程龙生，见本书 134 页。

高能质子空间辐射生物效应

张志义

空间辐射是人类探索空间所面临的一个危险的因素，空间辐射的来源和成分非常复杂，是威胁航天员健康和生命安全的主要因素。同时，微重力还能加重其辐射效应。在航天飞行时，已进行了空间辐射对人体损伤的生物学实验并获得了某些有价值的结果，但是，目前还不能实现真实的空间辐射环境的生物效应研究，如何应对空间辐射的问题，至今尚未解决。因此，地面模拟空间辐射环境，研究相应的效应规律和机制，可为空间辐射健康危害评价和防护措施的研究提供重要依据。

高能重粒子是空间辐射的重要组成部分，具有主要的潜在危险性。但是，高能质子辐射也应受到重视：其一，它占空间辐射通量的85%左右，是空间辐射的主要成分；其二，经常发生的太阳耀斑，又称质子事件，一旦爆发会释放大量高能质子，其辐射剂量可高达10戈瑞。据计算，空间中高能质子和高能重粒子的相对生物效应值各占40%左右，因而，研究高能质子生物效应对揭示空间辐射对人体损伤的生物学特征，显然也是具有重要意义的。

辐射对多细胞体的杀伤是通过伤害机体细胞实现的，至今所知道的各种电离辐射引起的主要伤害致死、突变（包括癌变）及永久功能缺陷都是通过对细胞遗传物质DNA分子结构损伤引起的。DNA分子的"微小"损伤，如果得不到及时正确的修复，有可能导致各种严重结果，因此DNA被公认为辐射作用的要害靶分子，对DNA结构的损伤研究，一直是辐射生物效应的核心内容。

鉴于空间辐射等因素的复杂性，国际上关于空间辐射生物效应的研究已将重点转向地面实验研究。目前，高能质子空间辐射生物效应的研究仅限于少数几个有高能质子加速器的国家，但有关高能质子对DNA微观结构损伤的研究，至今尚未见报道。

张志义、许以明等以中国科学院高能物理研究所的高能质子加速器为辐射源，采用可同时获取DNA空间结构（磷酸骨架、脱氧核糖、碱基、碱基之间氢键和B型构象等）信息变化的激光拉曼光谱技术，研究了高能质子（27.9兆电子伏）对水溶液中DNA空间结构的微观损伤特征。

采用小牛胸腺DNA为样品，将其溶于二甲砷酸钠的缓冲溶液中（pH为7.0，浓度为4%），并经高能质子照射后测量其拉曼光谱。

高能质子辐射，其照射源为高能质子加速器，它能产生35兆电子伏的质子流，在击出靶的正前方加厚度为2.25毫米的铝吸收板，使质子能量减少至27.9兆电子伏，辐射剂量用丙氨酸/ESR剂量计测定，对DNA样品的辐射剂量分别为14.6戈瑞、4.83千戈瑞和2.98千戈瑞。

激光拉曼光谱测量，测试在法国JY-T800型光谱仪上进行，用美国NJC-1180计算机进行控制和数据处理。激光器为美国光谱物理公司生产的164型氩离子激光器，激发线波长514.5纳米，激光功率为160毫瓦，扫描范围为400~1750/厘米，在室温（19±2）℃下测定。

随着高能质子辐射剂量的增加，被照小牛胸腺DNA骨架的磷酸基团（PO_2^-和PO_2）和B型构象减少，碱基之间部分氢键断裂并且存在单-双链的断裂，构成了生物学上的重要损伤。与此同时，碱基和脱氧核糖的损伤也很严重，其中损伤最严重的是腺嘌呤环，其次是鸟嘌呤和胸腺嘧啶环。这样，均匀的小牛胸腺DNA分子已变成混合的、不均匀的分子，其含有比天然小牛胸腺DNA短的B型DNA、单链DNA和多核苷酸，有的DNA还可能缺少某种碱基或脱氧核糖，因此，激光拉曼光谱为受高能质子辐射的DNA分子的空间结构与微观损伤提供了直接的证据。实践证明，用拉曼谱线的强度变化率来衡量DNA分子各个基团损伤的程度是比较准确的。这样我们不仅可以比较受不同剂量的高能质子辐射的DNA损伤的程度，还可以比较DNA各基团在同样条件下（包括辐射剂量、温度和pH等）的损伤程度。

上述DNA的变化一般是由于高能质子辐射的直接作用（即能量从辐射传递到DNA）和间接作用（即受损伤的DNA分子邻近的辐射所产生的自由基的化学作用）造成的。在这些作用下会引起DNA分子一系列的化学作用，如脱氨作用、脱羟基作用、碱基-糖键的断裂、糖的氧化或磷酸酯的释放等，这会导致DNA各基团的拉曼特征频率

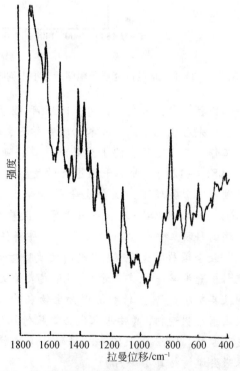

图1 未经辐照的天然小牛胸腺DNA（4%）的
拉曼光谱（400~1750/厘米）

和强度的改变。图1和图2分别为未经辐照的天然小牛胸腺DNA和经4.83千戈瑞的高能质子辐照后，小牛胸腺DNA（4%）的拉曼光谱，从中可以看到高能质子辐射对小牛胸腺DNA的损伤。

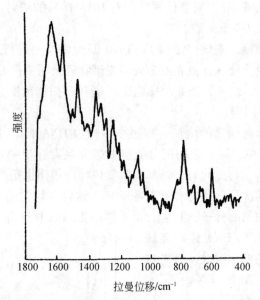

图2 4.83千戈瑞的高能质子辐照后，小牛胸腺DNA（4%）的拉曼光谱（400～1750/厘米）

作者简介：张志义，男，1935年12月生，山东省武城县人。1956年考入北京大学，先后在化学系、技术物理系学习，1962年毕业。一直在生物物理所从事科研工作，任研究员、博士生导师。曾任业务处副处长、研究室主任。1980年1月至1981年12月在日本北海道大学放射生物学实验室进修。曾兼任中国空间科学学会理事、常务理事，该会生命科学专业委员会副主任；中国生物物理学会理事；《感光科学与化学》及《航天医学与医学工程》编委。主要从事辐射与光生物物理领域的科研工作，参与了多项国防科研任务，其中，"我国放射性低本底调查研究"获全国科学大会奖；"我国核试验对动物辐射远后期效应的研究"获中国科学院科技进步奖一等奖。近10多年发表论文60余篇，《含竹红菌甲素生物农药杀虫剂及其制法》、《含竹红菌甲素生物农药杀虫剂原药的制法》作为首席发明人获两项国家发明专利，《胺基取代去氧基竹红菌素及其制法》作为第二发明人获得国家发明专利。1992年获国务院科研特殊津贴。同年根据中日有关协议，应日本学术振兴会邀请访日1个月。

放射免疫分析研究工作的回顾

宋兰芝

一、放射免疫分析研究工作填补了国内空白

放射免疫分析（radioimmunoassay，RIA）研究是放射性核素在生物学、医学示踪技术研究的重要组成部分，由于其研究工作的建立与发展，又极大地扩展、推动了放射生物学与核子医学的研究。1959 年 Yalow 和 Berson 开展放射性核素在免疫学的应用，建立了胰岛素的放射免疫分析方法，他们开创性的放射免疫分析研究，荣获了 1977 年的诺贝尔生理学或医学奖。20 世纪 70 年代，国内的放射免疫分析研究尚未起步。生物物理所内照射组开展了模拟核爆炸落下灰对机体生物效应的研究，涉及核裂变产物放射性碘聚积于甲状腺，形成"内照射源"引起系列放射生物效应，着手 ^{131}I 甲状腺素的微量分析。1977 年，正值生物物理所同位素实验室建立，并确立放射免疫分析为研究课题，从而也开始了我国放射免疫分析的研究。实验室首先建立了人血清甲状腺素（T4）竞争性蛋白质结合分析法，同时进行甲状腺素的纯化与载体蛋白耦联，合成完全抗原并免疫新西兰大白兔，使其产生高滴度的抗体，请原子能所（"401"所）用 ^{125}I 标记 T4，随后建立了 ^{125}I-T4 放射免疫分析，并开展了甲状腺放射免疫分析的系列研究和人血清肌红蛋白（Mb）等多项放射免疫分析研究。在此期间，经二机部协调，成立了"北方放射免疫研究协作组"（简称"北方协作组"），以生物物理所为主研单位和实验基地，另有军事医学科学院、原子能所、解放军总医院从不同的研究方面参加协作组工作，并由二机部予以研究经费资助。最终形成了放射免疫分析原材料（试剂）的研制和放射免疫分析方法的建立—^{125}I 标记抗原—临床试用—药盒组装及供应市场等一条龙的协作研究，工作进展顺利。北方协作组承担了国内放射免疫分析的研究和药盒的生产。至此，可以说，我们的放射免疫分析研究工作代表了我国当时放射免疫分析研究的水平，以及将药盒应用于科研与临床的状况。

213

二、放射免疫分析研究的原理与研发内容

放射免疫分析的原理是将放射性核素示踪技术高灵敏性的可测量性与抗原-抗体高度特异性结合反应，使两方面的特点相结合建立的一种灵敏度高、特异性强、应用范围广、操作方法简便等优点的超微量分析方法。其生物样品的最低检出量可达 $10^{-15} \sim 10^{-9}$ 克，是一般生化分析的 $10^3 \sim 10^6$ 倍；凡一切有生命活性的、能特异性结合的物质都能被放射免疫分析方法检测出，如抗原-抗体、激素-受体、酶-底物、蛋白质-蛋白质等。集以上的优点，放射免疫分析广泛地应用于生物学、医学研究及临床治疗。但要进行放射免疫分析研究及药盒应用，其前期的研究工作是极其艰巨、繁杂的，是一项涉及多学科、多技术、多种条件和设备的研究工作。放射免疫分析工作原理如图 1 所示：

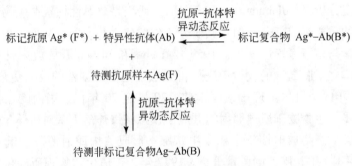

图 1　放射免疫分析工作原理示意图

即定量的核素标记抗原 Ag^*（F^*）与待测抗原 Ag（F），其物理、化学、生物学性质相同，二者对限量的特异性抗体进行竞争性结合反应，生成各自的抗原-抗体复合物（B^* 和 B），将 B^* 和 F^* 分离后，放射性测量 Ag^*-Ab（B^*），再从绘制的标准曲线图上查找，就可得到待测样品 Ag（F）的精确定量。

由图 1 可见，为完成以上放射免疫分析测定的全过程，必须完成一系列的前期研究工作。现以人血清肌红蛋白放射免疫分析（^{125}I-Mb RIA）研究为例，作简要介绍。此项研究中，除 ^{125}I 标记工作外，全部以生物物理所为主研单位。1979 年年初，我们仅在《临床化学》（*Clinical Chemistry*）上看到一条广告性报道，称肌红蛋白（Mb）可作为心肌梗死的早期诊断指标，并可用放射免疫分析方法检测。我们要建立 Mb RIA，只能从零开始。①由于 Mb 有生物种属特异性，要取得人的Mb，需从健康人的骨骼肌、胸大肌中提纯，经系列提取纯化、检测得到电泳单一条带的人 Mb（Ag），相对分子质量为 16 000 ~ 17 500，与相似蛋白无交叉反应。

②将纯化的人 Mb 作为免疫原，直接免疫新西兰大白兔，得到抗体（Mb-Ab），滴度可达 8×10^3，分装冻干。③用纯化的人 Mb 经 Boltem-Hunter 结合法，标记 ^{125}I，得到核素标记抗原 Mb-Ag*。④取得以上试剂后，进行 MbRIA 方法的研究，对关键的步骤逐一调试。例如，选择适当的 Mb-Ab 浓度；Mb-Ag 与 Mb-Ab 结合反应的最适条件，包括反应浓度、温度、时间；结合反应后复合物（B）与未结合游离物（F）的分离方法与沉淀剂的选择；标准曲线的绘制等。⑤对所建立方法进行质量鉴定，对零标准（最高）结合度、取代比率、精密度、健全性、灵敏度（最低检出值）、稳定性等做出可靠评定。⑥测定出我国人血清中 Mb 的正常值范围和心肌梗死患者 Mb 值的界定及与其他临床指标的符合率，评估用于临床诊断的价值。⑦举办北京地区试用学习班，即多家医院、科研单位在同一试验场所、用同一药盒检测相同人血清样品的 Mb 值，以期检验不同人员的操作误差，保证临床诊断的可靠性及可操作性。⑧举办全国性研讨会、学习班，检验药盒在不同时间、地域、温差等条件下的稳定性与可靠性。⑨撰写研究论文：《人血清肌红蛋白放射免疫分析的研究——心肌梗死早期诊断指标》、《血清肌红蛋白放射免疫测定对诊断急性心肌梗死的初步评价》、《用放射免疫法测定血清肌红蛋白对诊断急性心肌梗死的意义》及甲状腺素系列 RIA 论文，分别在《生物化学与生物物理进展》、《北京医学》、《北京医学院学报》、《中华核医学杂志》等刊物发表。⑩将研究结果、数据、检测标准等写入鉴定报告，提交到由二机部、卫生部、国家科委、中国科学院、解放军总后勤部，以及参加研制单位的领导、专家组成的鉴定评审团，检查、评审并代表国家级批准药盒合格证书，进而批准可组装药盒投产、供应全国市场，推广应用。

三、放射免疫分析研究在生物物理所的兴衰

我们自主研发的放射免疫分析药盒或相关技术，先后有如下几个方面：人血清甲状腺素竞争性蛋白质结合分析（^{125}I-T4 CPBA）、人血清肌红蛋白放射免疫分析（^{125}I-MbRIA）、人血清甲状腺素放射免疫分析（^{125}I-T4 RIA）、三碘甲腺原氨酸放射免疫分析（^{125}I-T3 RIA）、反三碘甲腺原氨酸放射免疫分析（^{125}I-rT3 RIA）、血清雌二醇放免分析（^{125}I-E2 RIA）、血清铁蛋白放免分析（^{125}I-Ferritin RIA）、血清 T3 固相放免分析、时间分辨荧光免疫分析、生物发光免疫分析及 ^{3}H-cAMP 的研究与应用等。发表相关论文 10 余篇、编写相关著作 2 部、翻译著作 1 部。早期经国家级鉴定药盒三项。RIA 研究分别获得 1980 年和 1982 年中国人民解放军总后勤部等颁发的二等奖及四等奖等共三项。

放射免疫分析的研究在国内经历了"轰轰烈烈"的阶段，引领了 20 世纪 70～80 年代放射免疫分析研究的新潮流，取得了极大的成果。以此为基础，延续至今，

在原北方协作组中的原子能所成立了"北方同位素公司",中国人民解放军总医院及军事医学科学院都成立了相应的机构,研发放射免疫分析药盒(RIA-Kit)供应市场在经济效益和社会效益方面都获得极大丰收。编写、发表了一批专著与论文,更主要的是培养、造就了一大批放射免疫研究人才,并以其在医学中推广、应用为基础,解放军总医院申报、获得1985年度的国家科技进步奖三等奖。但是,也不应回避放射免疫分析研究在生物物理所的遭遇,虽然生物物理所是放射免疫分析研究的创始单位和研究基地,但我们克服了多方面的困难,仍然坚持研究出几种药盒,贡献给社会,服务于民生。正当我们努力深入研究时,由于生物物理所研究课题调整为基础研究,不得不退出"北方协作组",退还二机部资助的经费,因此放射免疫分析研究工作被迫停止。大批量纯化的人肌红蛋白及抗体、甲状腺素及抗体因无处移交和储存,不得不处理掉了。在实验室仅存的抗原与抗体,也随着工作人员的退休,失去经济和社会效益,我们感到十分痛心。而当时曾赠送给军事医学科学院等单位的部分T3、T4抗体,他们一直沿用至今。

同位素实验室虽然之后又进行了"时间分辨荧光免疫分析"、"酶免疫分析"、"生物发光免疫分析"、"固相免疫分析"等方面的研究,但都旨在原理与方法的研究。后又转向"溶菌酶生物工程"研究及中草药生物制剂等药物的研发。

四、放射性工作凝集了我们的心血与希望

1977年开始放射免疫分析研究时,正值生物物理所同位素实验室成立,首先,需要处理掉原内照射实验室积存多年的^{90}Sr实验动物尸体、辐射污染液体、器皿、动物笼具、实验台面、水池、地板等,送至国家放射性污染库封存。改建、维护通风柜系统,确保放射性卫生与安全。建成后,接待所内、外放射性实验工作与测量等服务性工作。

当时,艰巨而繁重的工作情景至今仍历历在目。全体同志怀着一颗灼热的心,全力以赴投入工作。冒着风险寻找和采集正常人的骨骼肌;穿着棉大衣,日夜工作在冷库中,分离纯化人肌红蛋白,当产品呈现出单一电泳条带时,我们激动得热泪盈眶;凛冽寒风或炎炎烈日中仍然奔波于中关村—清华园;穿着工作服,戴着口罩,汗流浃背地坚持放射性实验;在北京及全国紧张地筹备、举办学习班、研讨会,以推广、应用放射免疫分析药盒;撰写、发表论文、申请鉴定报告等。当时同位素实验室仅有4位同志,我们既有分工又有彼此协调。王仁芝同志负责协作组的组织、指导工作,直至1980年回归军事医学科学院工作,他是我们尊敬、学习的榜样;我负责放射免疫分析研究及实验室的全面工作;严敏官同志负责采集原材料、样本,协作单位及医院间的联系,尽管家住城里,但仍坚持值夜班工作;侯桂

珍同志带病坚持实验室的日常工作和对所内、外的服务性工作。放射免疫分析工作所取得的成绩，也得到了所里有关领导的关注，原生化厂、动物房同志们的悉心支持，以及北医三院心内科专家的合作。

我们回忆这段历史，只想表明我们全体工作人员曾经努力了，我们是国内开展放射免疫分析研究的先行者。

我们怀念这段历史，更以全部精力投入到生物物理所北郊新址放射性同位素实验室的设计与建设中，建成了中国科学院"窗口式"的丙级放射性同位素实验室，对所内外科学院、高校开放。

作者简介：宋兰芝，1938 年出生于北京。1957 年入北京大学生物系植物生理学专业，1958 年调入放射生物学专业（后改为生物物理专业）。1963 年毕业后分配至中国科学院生物物理研究所，放射生物学研究室，从事放射生物学效应与防护课题研究。1972 年课题调整，调入内照射组从事模拟核爆炸落下灰（^{90}Sr）毒理学研究。1977 年筹建生物物理所放射性同位素实验室，开展放射性免疫分析等放射性同位素在生物学、医学的应用研究与放射性测量。研发多种放射性免疫药盒，并通过国家级鉴定。1987 年以后从事"溶菌酶生物工程"的研究，以及多种中草药、生化制剂的研发。1990 年进行生物物理所北郊新址同位素实验室的设计与筹建。1991 年进驻新所址，并开放同位素实验室。1998 年退休。从事放射性工作 40 年。

中国卤虫卵搭载返回式卫星试验

何　建

随着科学技术的发展，太空成了当今世界竞争的新领域，载人飞行器的出现，使空间生物科学的研究受到很大的重视。20 世纪 50 ~ 60 年代初，美国、苏联和联邦德国利用各种飞行器进行许多试验来观察空间条件生物的影响，而我国 60 年代空间生物学研究才刚刚开始。空间生物学研究的主要目的有三个方面：一是了解空间飞行诸因素对生物机体可能产生的损伤作用，以便对飞行员采取必要的防护和医疗措施；二是为农业、医药业的研发开拓资源提供新平台；三是探究生物学中的理论问题。1987 年 8 月和 9 月，中国发射两颗返回式卫星，我们进行卤虫卵搭载试验，在"中国微重力科学与空间实验"首届学术讨论会上我做了论文报告。

一、卤虫卵送太空、回地观察影响

1987 年 8 月 5 日，我国首次发射返回式卫星，卫星飞行 118 小时；同年 9 月 9 日发射第二颗返回式卫星，飞行 190 小时。两颗返回式卫星飞行高度为 175 ~ 408 千米，用 TLD 剂量计测出卫星内的辐射水平分别为 1.49 兆戈瑞及 1.67 兆戈瑞（赵克俭等，1988）。两次搭载的试验材料均为中国卤虫（Artemia saline）卵，与国外所用的属于同种，体积小、重量轻，对周围环境条件（如空气、光线和温度）无特殊要求。取干燥卤虫卵包装在扁圆形塑料皿中，成为"微型生物包"送上太空。飞行过的卵及地面对照组卵，在试验条件相同情况下用双筒解剖镜进行观察。将发育过程分为卵（egg）、冒出（emergence，即卵壳裂开，由膜包裹的虫体不同程度的突出于壳外）、孵出（hatching，即幼虫完全脱离卵壳，破膜游泳）、幼虫和成虫等阶段（图1），幼虫及成虫的存活率是观察卤虫孵出第 1 天至第 23 天，各组卤虫的存活情况。

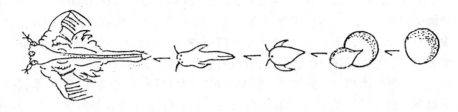

图 1　卤虫的发育阶段示意图

二、观察的结果：两颗卫星搭载卤虫卵的试验结果基本一致

（1）早期发育速度。在完成飞行后第 8 天、21 天和 24 天各随机取卵 200 个进行人工孵化，均表现出飞行组卵比地面对照组卵的早期发育中的冒出及孵出时间推迟，差异显著（$P<0.01$）。这表明空间飞行已引起卤虫卵早期发育进程的显著减慢。完成飞行后第 34 天和第 66 天又进行同样的观察，飞行组和对照组的冒出比率及孵出比率，组间差距在逐渐缩小，差异不显著（$P>0.05$）。表明随着回收时间的延长飞行卵早期发育速度在逐渐恢复。

（2）冒出和孵出的总百分率。飞行组的冒出和孵化总百分率一般都显著低于对照组，且随着回收时间的延长而继续降低。飞行组总冒出率和总孵出率分别为 58.5% 及 54.0%，而地面对照组维持在 67.5% ~ 77.5%。

（3）存活率。观察卤虫孵出第 1 ~ 23 天各组卤虫的存活情况，飞行组及对照组的卤虫存活曲线变化进程相似，经计算死亡卤虫的平均存活天数（$\overline{X}\pm S.E.$）分别为 9.06±0.40、9.96±0.45，组间未见显著差异（$P>0.05$）。说明空间飞行对卤虫的寿命无明显影响。

三、结果和讨论

我们试验的飞行卵随回收时间的延长，早期发育速度有回升趋势，其结果未见以往文献报道。这种回升趋势是否反映卤虫卵在保存期间出现生理的恢复，有待进一步研究。

限于目前卫星的搭载条件，仅将虫卵做简单包装，因此我们的航天样品暂时还不能明确区分为辐射粒子打击过（hit）的和未受打击（non-hit，也称为"飞行对照组"）的，只能根据飞行中所受到的总电离辐射剂量 150 毫拉德来考虑。

据我们所知，国外学者对卤虫卵为什么易受飞行因素影响的问题迄今还未能做出解答。从现有的试验结果看，可以认为不是空间辐射单因素作用的结果，因为国外的地面试验结果表明，卤虫卵对电离辐射及粒子辐射的抗性都极高。在我们自己的地面试验中也见到，剂量在 80 000 拉德以下的 γ 射线和中子辐射，对卤虫卵的冒出率和孵出率均无明显影响，而这两次空间飞行的卤虫卵所受到的电离辐射总剂量仅约为 150 毫拉德和 169 毫拉德，根本不足以明显引起上述效应。要对本试验结果作出解释，也许只能从卫星发射、空间飞行及回收过程中各种因素（特别是微重力因素）的综合作用来考虑。

本试验结果还表明，我国所产的卤虫卵对空间因素的作用是敏感的，是空间生物学研究的好材料。

本项研究由陈去恶组长指导，同仁周启玲、苏瑞珍、邢国仁、郑德存共同完成。对为本工作提供照射条件的中国核工业部第三研究所和中国科学院生物物理研究所一室，以及中国科学院高能物理所谨表谢意；对在卤虫材料使用方面给予指导帮助的中国科学院海洋研究所郑澄伟副研究员表示悼念。

作者简介： 何建，福建邵武人。1960 年 9 月南开大学生物系毕业，同年到生物物理所工作直至 1989 年。在此期间，主要从事放射生物学和空间生物学研究，完成研究论文 8 篇，发表在《空间科学学报》、《辐射研究与辐射工艺学报》和《生物化学与生物物理进展》等刊物上。1987 年两次参与我国发射的返回式卫星上的卤虫卵搭载试验，并在"中国微重力科学与空间实验"首届学术讨论会上做了搭载试验报告。参与了"小剂量慢性放射生物学效应研究"，获 1978 年全国科学大会奖。1989 年晋升为副研究员，同年因工作需要调至中国侨联工作，1996 年退休。

电离辐射水果保藏

赵克俭

建所初期，放射生物学是生物物理所的主要工作，因而在组织上、人员上及仪器设备上都给予保证，也建立了各种放射源。所以，在进行放射生物学研究的同时，也开展一些辐射应用的课题。

辐射应用的范围很广，当时成了一种热门话题。"辐射"似乎成了一种万能手段，其应用有：辐射保藏、辐射保鲜、辐射育种、辐射消毒、辐射引起被照物的化学交联、辐射加速酒类陈化等。辐射保藏对一般食品来说，主要是用射线杀虫灭菌；对水果、蔬菜来说，主要是降低代谢速度、延缓成熟。针对此，我们做了一些基础性工作。1983 年，我们接受了中国科学院生物学部"水果电离辐射保鲜技术"的研究任务。结合生物物理所的条件，我们开展了与辐射保藏有关的实验工作。近年来，辐射处理水果以延长储藏期、提高水果质量的研究已有不少报道，但对每种水果所用的辐射最佳剂量却众说纷纭。的确，水果的品种繁多、成熟度不同、生长条件不同，每个研究者所侧重的指标不同，因此，辐照条件很难统一给出。这就需要我们针对水果的某些辐射效应进行研究。

一、水果的代谢速率

我们是以容器内 CO_2 含量变化来衡量其代谢速率的。代谢速率快慢标志着水果的储存变化情况，从保藏的角度来看，不论采取什么措施，只要能降低呼吸速率，就有利于延长储藏期。辐射对苹果的呼吸速率有无影响呢？我们以国光苹果为例，采摘后 5 天进行照射，不论剂量大小，都使呼吸速率增加，但照射剂量不超过 800 戈瑞时，由辐射引起的呼吸速率增加在 5 天左右又恢复到未照射的水平。其他品种，如红香蕉苹果、红星苹果、伏苹果等都有类似情况。如果只就辐射对苹果的呼吸速率而言，辐射对苹果的储存似无什么积极意义。

二、乙烯含量的变化

收获了的水果和蔬菜直至其被食用或加工处理时，一直是个独立的有生命的活动体系，还在继续新陈代谢作用，这导致了果实的后熟直至腐烂。水果保鲜实质上就是运用各种方法抑制果实后熟。乙烯对果蔬有催熟作用，这一点是肯定的。辐射对苹果中乙烯生成情况影响如何，这也是很多人在研究的课题。我们对此进行了一系列实验。由实验看出，照射时间不同，影响是不同的。对刚采摘的苹果进行照射时，其乙烯生成量随照射剂量增大而增加。放置 10 天照射时，辐射则抑制乙烯的生成，辐射剂量越大，抑制作用就越强，但超过 800 戈瑞时，辐射对乙烯的生成则变成刺激作用。而在 800 戈瑞以下的剂量对呼吸强度也不是最大，而且由于辐射引起的呼吸强度的增加在 5 天内恢复到未照射苹果的水平。通过实验也看出，这个剂量也可控制苹果虎皮病的发生，但超过 1000 戈瑞，对苹果就有风味受损的影响。从这一点看，为了减少乙烯的生成，对苹果保藏来说，500～800 戈瑞辐射剂量是最适宜的。

减少储存环境中乙烯的含量以达到延长果实储存期的目的是水果保鲜的一个重要方面。我们以活性炭、分子筛等为担体，分别用溴、溴酸钾、次氯酸钠、高锰酸钾溶液浸渍制成乙烯吸附剂进行实验，结果显示，以溴活化的活性炭效果最佳。红香蕉苹果是不耐储存的品种之一，把苹果置于容器中，配以不同的吸附剂，放置 5个月以后，放其他吸附剂的苹果都有腐烂现象，而放有活化的活性炭的样品仍保持完好，外观尚佳，仍具商品价值。

三、苹果中维生素 C 的辐射效应

水果与蔬菜是人体维生素 C 的主要提供者，已知维生素 C 是不稳定的，它对辐射也是非常敏感的，苹果中维生素 C 的含量一般为 0.02 毫克/克。辐射能否引起苹果中维生素 C 变化，是人们所关注的。我们实验了此浓度的维生素 C 的水溶液的辐射效应，当剂量为 13 戈瑞时，它至少要损失 85% 以上，然而，同样的剂量对苹果中的维生素 C 却损失非常少。研究表明这是由于苹果中所含的糖类和有机酸对维生素 C 有辐射保护作用，特别是苹果酸不但对维生素 C 起稳定作用，而且有更大的辐射保护作用。苹果是一个复杂的体系，它含有很多糖类和有机酸，这些糖类和有机酸的辐射保护作用具有相加性，不过，不是各个绝对值的总和。维生素 C 虽说是不稳定和不耐辐射的，但在苹果中它的稳定性和耐辐射性有了很大的改善。辐照时，维生素 C 含量会有所降低，但已知它有相当部分转变成为脱氢维生素 C，而且它仍有着同维生素 C 同样的生理功能，虽说它的功效是维生素的一半。因此就辐射而言，对辐射引起的苹果中维生素 C 的损失不必担心。

四、辐射食品所产生的自由基

辐射保藏食品已有几十年的历史，就当时情况看，前景还是良好的。但人们对食品的要求除生理需求外，还有社会和心理需求。因此，辐射食品一再成为人们议论的中心。有些国家担心辐射会破坏食品的分子和产生有害物质，而禁止使用射线照射的办法来达到保存的目的。在国际贸易中也有些国家不准辐照食品进口，所以如何鉴定食品是否经过辐照，这在海关商检中和实际应用中有着很重要的意义。我们采用 ESR 及化学发光法来测定一些固体样品，如香料以及包装材料是否经过辐照，结果表明，两种方法均可有效的区分是否经过辐照。

苹果是一个复杂的体系，一般来说，含水体系辐照后的一系列变化都是自由基引起的，我们进行了苹果经照射后自由基的测量。将样品置石英管中进行自由基测量，在常温或冰冻情况下，照射过的样品和未照射的样品均未发现有长寿命的自由基信号。

五、苹果中的糖和酸

苹果中所含的糖和酸主要是蔗糖、果糖、葡萄糖、苹果酸、柠檬酸等，据推断，在我们所使用的剂量范围内不会引起糖和酸的变化，我们对红香蕉苹果照射不同剂量之后，放置不同时间测量糖和酸的含量，结果显示，红香蕉苹果中的糖含量随放置时间而增加，因此，辐射可能有加速水果的糖化作用。而酸含量随放置时间增长而降低的规律不受辐射的影响。

六、红香蕉苹果的虎皮病

虎皮病的发生机理和控制办法还没有得到圆满的解决，而虎皮病对苹果储藏来说的确是一种严重的病害。我们观察到红香蕉苹果采摘后放置在室温下，很快就衰败变质、风味大减，在冷藏条件下，第二年的 3～4 月虎皮病严重发生。据我们的实验，同在冷库储存 8 个月，没经辐照的苹果发病率在 60% 左右，而经辐照的完好率在 85% 以上，而且我们还发现，经照射的苹果从冷库移入室温，其抗虎皮病能力远远超过没有照射过的苹果。

七、品　尝

　　如上所述，辐照能抑制虎皮病的发生，且没有引起维生素 C、糖类、有机酸等的变化，也没有测得自由基，但消费者对此实际反应如何呢？这是对辐照苹果的直接评价。因为苹果在储藏初期，各指标变化不大，表面及风味都分辨不出照射的与未照射的。我们将储存至第二年（4 月 29 日）的苹果以双盲法进行品尝鉴定，10 人参加，最后评比结果表明，照射过的苹果得分都高于或等于对照组。

　　1986 年，中国科学院生物学部所交下来的任务，辐射保藏的研究告一段落。我们在《辐射工艺学报》、《核农学报》、《园艺学报》等刊物上发表数篇学术文章。同年 5 月在生物物理所组织了鉴定会，中国科学院数理学部、国家科委新技术局、中国科学院科技合作局等有关负责同志以及来自 14 个单位的 21 位专家参加了会议。鉴定委员会由"辐射研究与辐射工艺学会"理事长徐海超教授任主任委员，由陈文琇、童天真两位副研究员（当时的职称）任副主任委员。我们向鉴定会提供了有关技术文件报告。报告中包含以下内容。

　　（1）红香蕉苹果辐射保藏研究总结报告。

　　（2）辐射保藏的剂量控制。

　　（3）苹果的维生素 C 的辐射效应。

　　（4）γ 射线辐射对苹果呼吸及乙烯生成量的影响。

　　（5）γ 射线辐射对苹果中糖类的影响。

　　（6）γ 射线辐射对苹果可滴定酸的影响。

　　鉴定委员会对此工作给予充分肯定和较高的评价。第二天，《北京日报》报道了我们的工作。

　　作者简介：赵克俭，见本书 45 页。

贝时璋与放射生物学

王谷岩

原子弹爆炸时，除了产生强大的冲击波和光辐射，还会发出贯穿辐射并产生放射性沾染和落下灰。贯穿辐射是穿透力极强的射线，能够穿透一定厚度的物体、破坏人和动物身体组织引起放射病。而用于原子弹研制、原子能和平利用和原子核科学研究的反应堆与加速器，其中的放射性元素（铀、钍等）和放射性同位素产生的辐射，对人和动物的身体也都会产生损伤。另外，在人们的生活和工作环境中，也存在着各种天然和人工同位素的放射性，有的具有很强的贯穿作用，有的具有很强的电离作用（电离辐射），都会对人和动物的身体产生损伤。因而，在发展原子能事业的同时，需要开展贯穿辐射和放射性对生物体损伤与防护的研究，担当这一任务的就是放射生物学。

1956 年，贝时璋参加制定国家《1956—1967 年科学技术发展远景规划纲要》（"12 年科学规划"），主持制定生物物理学科规划，分支学科中就列入了放射生物学。为服务于我国的原子能和平利用和"两弹"试验，贝时璋带领生物物理所的研究人员开拓并发展了我国的放射生物学研究，做了大量工作，取得了多项重要成果。

一、发展放射生物学

鉴于我国的放射生物学尚处于萌芽阶段，为吸取开展放射生物学研究的经验，1957 年贝时璋趁参加中国科学技术代表团在莫斯科与苏方会谈中苏科学技术合作问题之机，于 1957 年 10 月 5 日带领刚刚从学校毕业的青年研究人员忻文娟专程赴苏联参观，1958 年 1 月 17 日返回北京，在苏联境内 100 天。由于贝时璋有一段时间参加了中苏科学技术合作生物学组的会谈，因此实际参观时间一个月。参观期间，为了解决翻译问题，邀请了相关专业的留苏实习生李振平和邓志诚参加，故在整个参观期间一直是 4 个人一起工作，参观地点集中在莫斯科和列宁格勒。他们参观的单位有苏联科学院的巴甫洛夫生理学研究所（7 天）、生物物理研究所（3 天）、细胞学研究所（1 天）和苏联医学科学院的生物物理研究所（12 天）、实验医学研究所（2 天）以及莫斯科大学生物物理教研室（3 天）、苏联保健部中央 X 射线与放射学研究所（2 天）。参观了解的内容包括开展放射性工作的安全问题（实验室的布置、环境卫生、劳动保护、同位素保存和废物处理等）、放射性工作的操作规程与技术措施、苏联放射生物学研究的现状与发展方向、人员配备与人才培养，也希望通过此次参观与苏联学者进行接触，以便建立起学术联系。此外，为帮助高等学校建立放射生物学专业也搜集了部分教学资料。由于行前贝时璋做了充分准备，向回国的留学生了解了苏联放射生物学的研究机构、科学家和工作方向等，到苏联后又先向我国派出的留学生和实习生进一步了解有关情况，所以顺利地完成了参观任务，达到了预期目的。此行为日后在国内开展放射生物学提供了借鉴、做了充分的准备。

应钱三强所长之邀，贝时璋于 1957 年已在中国科学院原子能研究所建立了放射生物学研究室，1958 年 10 月，贝时璋在刚刚建立的中国科学院生物物理研究所又组建了一个放射生物学研究室。在贝时璋亲自指导下，充分发挥学科交叉优势，开展了放射生态学、放射防护和放射遗传学方面的研究，后来又陆续开展了辐射剂量学、放射性测量、放射性本底调查和内照射生物学效应等项研究，使放射生物学研究室成为生物物理所规模最大、承担国防科研任务最多的研究室。随着研究任务和研究人员的增多，1964 年 9 月，放射生物学研究室按研究领域分成了两个研究室：放射生物学第一研究室和放射生物学第二研究室，当时两个研究室分别有各学科研究技术人员 65 人和 37 人。

1965 年，贝时璋提出了《1965～1974 年生物物理研究所放射生物学一室和二室的方向与任务》，对其研究工作给予具体指导。

1965 年，生物物理所确定放射生物学、宇宙生物学、仿生学和分子生物学及其有关工程技术为全所发展方向。一室和二室的研究工作同属于放射生物学领域，前者以外照射为主，后者重点放在内照射。这两个研究室的 10 年发展方向是研究电离辐射对机体的作用机制和放射病的防治原理。10 年内的任务是研究机体的急性和慢性辐射损伤、提高机体对辐射的耐受性、电离辐射对感染免疫的影响、电离辐射原发反应的机制、放射性本底及其有关问题、辐射剂量和放射性测量等。

这两个研究室的研究方向将结合国家任务来带动。最重要的一项国家任务是参加核爆炸动物实验的现场工作，观察实验后动物的近期和远期效应，并探讨各种防护措施。

在急性和慢性辐射损伤方面：前 5 年，逐步应用各种新技术，研究血细胞和骨髓细胞的形态结构和组织化学的变化，研究血液、尿液中某些蛋白质、核酸及其有关生化代谢产物的变化规律，为急性和慢性辐射损伤寻找敏感和特异的指标，重点研究早期诊断和重视综合指标；后 5 年，继续研究电离辐射对哺乳动物某些器官、组织和细胞的影响，为防治辐射损伤寻找依据，为阐明早期辐射损伤机制提供资料。

在提高机体对辐射的耐受性和电离辐射对感染免疫的影响方面：前 5 年，研究体外环境的物理和化学因素对提高辐射耐受性的影响、照射后的环境温度改变和体内温度情况对机体辐射的耐受性的影响、辐射对免疫过程的作用规律、某些耐辐射的化学防护剂的作用原理、机体对电离辐射抗性和敏感性的本质以及寻找提高辐射耐受性的方法；后 5 年，对已有方法加以提高，研究提高辐射耐受性的理化因素和有效药物的作用机制，为辐射防护提供依据。

在电离辐射的原发反应机制方面：前 5 年，主要研究射线作用于生物机体和生物分子后的自由电子和自由基的产生、发展、消失和转移等变化规律，电离辐射在敏感器官中自由基产生的原发性问题，辐射作用于含有巯基、羰基、羟基和氨基等生物分子所产生的自由基对环境因素不同反应的比较，以及生物体内的电离、激发态、能量转移和耗损等；后 5 年，着手探讨电离辐射原发反应的性质及其发展的动力学过程，为寻找切断或熄灭激发状态的方法提供资料。

在放射性本底及其有关问题方面：5 年内，研究北京地区和全国重点本底站的放射性污染情况，主要农作物等自然样品中放射性物质的含量及其消长，锶-90、铯-137 等放射性物质的循环、转移和甄别过程，放射性尘灰污染海洋和海洋生态等，以期获得系统完整的放射性本底资料；建立 β 放射性低水平测量、γ 射线能谱分析和本底的物理化学鉴定技术，从而系统地整理出我国放射性本底消长和污染规律；改进对自然样品中锶-90、铯-137 的分析方法，对生物环境中各种微量放射性元素和短寿命裂变产物建立分析、分离方法；研究几种危害较大的放射性元素对细胞和亚细胞结构的损伤与恢复过程；开展放射性毒理学研究，寻找放射性同位素进入体内的分布、排除及损伤规律；研究小剂量放射性同位素不断进入体内的生物效应，找出裂变产物对生物危害的主要过程及加速排除的途径。

在辐射剂量和放射性测量方面：研究机体内外照射的条件和剂量测定、电离辐射对细胞以下水平的生物组分的照射方法和剂量测定以及辐射生物效应原初阶段传递能量和能量分布的方式等问题；5 年内，在外照射组织剂量方面先建成微束、双面 X 射线、小剂量和强 γ 射线等照射源；对猕猴以下的生物进行 γ 射线和 X 射线照射，满足体内非均匀度 10%；确定体内各种吸收剂量的方法和数据；对内照射初步确定裂变产物在体内造成吸收剂量的方法；细胞以下水平的剂量确定和放射自显影的定量等；开展 β 弱放射性样品测量、α 和 β 放射性污染测量、辐射剂量探测元件的试制、γ 射线能谱分析方法的研究；其目的是促进放射生物学成为定量的学科，使放射生物

227

学研究结果和数据更为精确可靠，并有助于放射生物物理学研究的发展。

此后，生物物理所放射生物学研究室的研究工作正是按照贝时璋提出的上述规划与指导意见进行的，不仅圆满完成了为原子能事业和"两弹"服务的多项国家任务，还取得了重要的理论研究成果。

其中，进行全国范围的放射性本底调查、监测世界范围内核武器试验的放射性落下灰对我国国土环境污染的涨落情况，是一项重要基础工作。为此，生物物理所在全国各地建立了 18 个本底工作站，测量了各地的土壤、植物等多种自然样品，获得了系统的放射性本底完整资料，从而填补了我国在这方面工作的空白，为核爆炸监督和估价落下灰对我国国土环境的污染提供了直接的比对资料。在方法学方面，生物物理所建立了放射性本底测量技术及其规范，开办了放射性本底测量培训班，培训全国各有关部门从事放射性本底及环境污染监测工作的技术人员。之后保留了设在广州、厦门、哈尔滨和乌鲁木齐的 4 个重点本底站，担负起核爆炸监督和环境放射性污染监察的工作。此外，还对放射性高本底地区和铀矿矿区多次进行了天然放射性的本底调研，为我国铀矿矿区的环境保护提供了数据。同时，建立了放射性卫生化学方法，被全国众多研究和生产单位所采用，为进行核爆炸落下灰和放射性污染的监督与清除提供了可靠方法。

放射性本底，是指人们所处自然环境中的天然放射性水平，主要包括一般居民区、核爆炸试验场和放射性厂矿及其周围环境的放射性水平。所谓天然放射性高本底地区，是因为该地区土壤和岩石中含有丰富的铀、钍系放射性元素而使地表放射性强度增高。而使用含有较高放射性的土壤、岩石作为建筑材料，也使生活在建筑物中的居民受到较高剂量照射。海拔较高的地区放射性本底高，则是由于受到了高剂量的宇宙线照射所致。放射性本底的调查与研究，是服务于原子能事业，特别是监督核爆炸影响的一项重要工作。为总结与指导这项工作，贝时璋在放射生物学研究室做了题为《关于放射性本底工作几个问题的探讨》的专题学术报告。他指出，回顾已获得的资料，当时我国居民区的放射性本底（包括几次核爆炸试验之后增加的放射性在内）对人民的健康还不至于有所影响，距离西方国家提出的"最高容许水平"还相差很远；为了更好地为国家原子能事业服务，放射性本底工作，除了继续巩固和发展对一般居民区的放射性水平资料的收集，今后应更为密切地与核爆炸试验场和放射性厂矿等现场管理部门加强联系、开展工作，这是加强放射性本底工作的关键；除了经常向国家汇报全国放射性水平消长情况，还应侦察核爆炸、研究核爆炸尘埃和落下灰的放射性及其运动与分布规律；不仅应检测核爆炸对爆炸现场、放射性厂矿及其周围环境和一般居民区的污染情况，还应研究其危害性，提出卫生防护措施，以便为制定我国自己的放射性容许水平、容许剂量或容许浓度提供数据和方法，为急慢性放射病的诊断和治疗提供资料和依据。贝时璋特别强调，对核爆炸尘埃和落下灰的放射性及其运动与分布规律的研究，对估计核爆炸的危害是十分重要的，高度、纬度、季节、气象、空气运动和大气循环等对放射性尘灰的沉降都有影响；爆炸区及其附近的尘埃和落下灰的运动及分布规律尤其需要重点研究，这不仅可以得知核爆炸污染最大的地区和空间的放射性水平，也能对该处的空中航行与地面活动提出报警，这对战时来说显得尤为重要。关于对核爆炸尘埃及落下灰和厂矿的放射性尘埃的卫生防护，贝时璋指出，由于放射性尘灰不仅有外照射危险性还有吸入后的内照射危险性，因此环境卫生防护和个人卫生防护都很重要。例如，放射性废水、废物的处理，环境及人体的放射性去污，体内放射性物质的加速排除等都是卫生防护的重要措施。为此，需要编制《放射性工作卫生防护规程》和《核爆炸落下灰卫生防护规程》。

1961年，国家科学技术委员会发布了生物物理所的《我国六大城市放射性自然本底调查研究》和《北京近郊大气放射性沉降》作为原子能科学技术文献。《我国六大城市放射性自然本底调查研究》报道了1960年3～12月采集于哈尔滨、北京、合肥、兰州、厦门和广州六大城市的蔬菜、谷物、牛奶、茶叶和土壤样品中的锶-90和铯-137的β射线放射性水平测量结果，说明这些被调查地区的自然样品受核武器试验的污染是比较显著的。《北京近郊大气放射性沉降》报道了1960年3月北京近郊大气放射性沉降的总强度出现了高峰，锶-90含量也相应增加，可能与1960年2月13日的撒哈拉核武器试验有关。

中国科学院生物物理研究所还开展国际合作，与苏联科学院生物物理研究所联合进行放射性自然本底研究工作，1959年2月提出了3份研究报告：《黄海与南海海洋动植物中放射性元素的含量》，研究工作在山东青岛、海南岛榆林和广东珠海进行，测定了海水放射性元素的浓度以及多种海鱼、甲壳动物、头足类与腹足类动物、浮游生物、各种海藻机体各部分、各脏器中的放射性分布。《中国若干区域食物中放射性锶含量的测定》，测定的样品为白菜、大米、茶叶和牛奶，取自北京、上海、杭州、广州和海南岛，1958年夏、秋太平洋海域核武器试验的落下灰在测量数据中得到了反映。《鱼、海藻及其他海生动植物对海水中放射性锶-90和锌-65的吸收》，研究工作在山东青岛和广东珠海进行，样品为小虾虎鱼、螃蟹、牡蛎及绿藻类浒苔，测量了机体各部及脏器的放射性水平。

经过几年的努力，贝时璋领导的生物物理所已经发展成为国内有影响的放射生物学专业研究机构。

二、学科发展指导者

贝时璋不仅在中国科学院原子能研究所和生物物理所开展了放射生物学研究，

还义不容辞地投入很多精力，对我国放射生物学学科的总体发展发挥了前瞻性指导作用。在一些放射生物学工作会议和学术会议上，贝时璋都以学术报告的形式提出了自己对发展我国放射生物学的建议和意见。

图1　贝时璋在"全国放射生物学工作会议"上做主题报告（1960年）

1960年2月7～11日，在北京香山饭店召开的"全国放射生物学工作会议"上，贝时璋作为"全国放射生物学工作领导小组"成员，做了有关放射生物学和放射医学的主题学术报告（图1），为此次会议制定《全国放射生物学和放射医学研究规划》提出了建设性意见。当时我国放射生物学和放射医学还处在萌芽时期，由于与会者的共同努力，这次会议对全国放射生物学和放射医学的发展起到了积极推动作用。3年之后，1963年8月28日至9月12日，国家科委在北京组织召开了"全国放射生物学和放射医学学术交流会议"，会议共收到论文684篇。从这次会议收到的论文的数量和水平以及各方面的重视程度，足以说明1960年的"全国放射生物学工作会议"取得了积极成效，大大促进了我国放射生物学和放射医学的发展。期间于1963年9月12日，贝时璋做了"我国放射生物学、放射医学的现状和展望"的大会总结报告，全面而详尽地分析了我国放射生物学和放射医学的研究工作现状，肯定了成绩，提出了应注意的学术问题，指出了学科发展方向。而本着他一贯的严谨与认真态度，为了准备这个报告，贝时璋几乎阅读了会议收到的全部论文，为掌握学科发展动态，还做了全面的国外文献调研。

贝时璋的总结报告首先概述了当时我国这两个学科发展的总的情况。虽然我国的放射生物学和放射医学的研究历史还很短，1958年才刚刚起步，但从1963年的这次学术交流会议来看，我国放射生物学、放射医学的面貌已大不相同了，研究领域已涉及放射生物学、放射医学、放射卫生、辐射剂量和放射性测量以及同位素在生物学和医学上应用5个方面，论文数量和质量也有了不少提高。这些都为进一步提高我国放射生物学、放射医学的研究水平打下了良好基础、创造了有利条件。贝时璋还列举了他统计出的两个国外文摘 *Nuclear Science Abstracts* 和 *Excerpta Medica*（第14分册）每年所摘全世界有关放射生物学和放射医学的论文摘要篇数，分别平均为3600篇和3000篇。这次会议收到的论文，如果算它是两年的研究成绩，则当时我国有关放射生物学、放射医学每年所出的研究论文，平均约为340篇。就是说，在数量上已达到世界文献的 1/10，质量上已经达到国际文献的一般水平。而且对比世界的研究现状，我国放射生物学、放射医学的发展不仅领域比较全面，5个方面的研究比重也是平衡的。贝时璋指出，我国的有些研究工作做得已经很细致，讨论问题也相当深刻，5 年来我国放射生物学、放射医学不仅发展得快，而且也发展得比较好。

贝时璋还进一步从我国研究工作的细节方面做了分析。他指出，从这次会议提出的论文可以看到很好的一面，那就是我们的研究工作都是为国家建设服务的，这种优良传统应当继续巩固和发扬。但另外，为了更好地解决建设任务提出的问题，对于 5 个方面的研究今后怎样来安排更为有利，也必须加以考虑。对于当时研究工作的安排和学科的发展，他有针对性地提出了 6 个应该注意的问题。

（1）目前我们的技术还跟不上研究的需要，应当急起直追、迎头赶上。十分明显，要是没有现代化的观察、分析、测量和记录技术，我们所看到的东西就不能比人家多，数据的可靠性也必然较差，这样就往往不容易说明问题。

（2）研究生物体必须具有整体的概念，这是非常正确的。但根据目前的技术水平，仅研究整体而不考虑做些适当的离体实验来加以辅助，解决问题就难以深透。整体与部分的联系、宏观与微观的联系、结构与功能的联系是生命活动基本规律的三个方面。

（3）研究放射生物学、放射医学的基本任务是为了解决放射病问题，因此要以哺乳动物，特别是在系统关系上与人类比较接近的哺乳动物为研究对象，这也是非常正确的。但是，为了阐明辐射对机体损伤的规律和放射病发病的机理以及寻找放射病诊断、预防和治疗的办法，仅仅以哺乳动物为研究材料，似乎还嫌不够。没有比较，对事物的认识总不能很深切。哺乳动物的情况比较复杂，对有些机制和规律问题的探讨，有时不容易着手。因此，适当用些简单的生物材料进行必要的比较实验，有助于问题的解决。

（4）生物各级水平的结构和功能都是相互联系、相互影响的。辐射作用于生物，首先总是与体内分子接触，由于分子的变化，影响亚细胞、细胞结构和功能的损伤，接着反应到整体而发生放射病。这一连锁过程是非常复杂的。为了很好地解决问题，对各级水平的结构和功能的变化都需要进行研究，缺一环就不利。特别是重要的环节必须抓住。我国目前的研究在细胞以上水平进行得比较多，而对亚细胞以下水平，特别是对分子水平的研究基础基本上还没有建立起来，而这一方面正是目前国外的主攻目标。

（5）有些重要研究领域或分支学科在我国还非常薄弱，甚至还是空白。首先，对辐射损伤及其预防和治疗的研究，现在我们大都集中于外照射，而在内照射方面做得很少。从原子能事业发展和国防上的需要来看，加强对内照射的研究应给予足够的重视。工业卫生研究机构是否可以考虑在这方面多投一些研究力量。各种重要射线对机体作用的比较研究，特别是关于中子对机体作用的研究我们还没有很好开展。辐射损伤及其预防的研究，仅顾本代，不注意后代，也不行。目前我国放射遗传学的研究还非常薄弱，应当加强一些力量。对与遗传和生长发育密切相关的放射胚胎学也需要开展一些研究。无论从外照射的药物防护或内照射的排除看，毒理学的研究显得非常迫切需要，应当进一步加强力量，更深入地开展工作。现代放射生物学在阐明辐射早期效应方面，利用微生物作为实验材料，做出了不少贡献，值得重视。放射肿瘤学有两方面的任务，一方面研究射线对肿瘤细胞的影响，为更好地利用射线治疗肿瘤提供依据；另一方面研究射线影响正常细胞发生肿瘤的过程，为探讨肿瘤形成的机制提供资料。我们在这方面已进行了一些工作，但还不能满足需要。放射性同位素在功能测定、诊断和治疗上的应用，在我国已做了不少研究，但同位素在科学研究上的示踪应用还没有充分发挥。现代生物科学的成就，同位素起了很大的作用，对生物各种机制的探讨、规律的摸索、过程的分析，同位素是十分有效的工具。根据研究工作的要求，有关同位素方面的各种技术，如分离、检定、测量、标记化合物制备等，都有待进一步充实和提高。辐射剂量和放射性测量与我国放射生物学、放射医学的发展关系重大，为了使放射生物学和放射医学的研究结果和数据更为精确可靠，并促进放射生物学和放射医学成为定量的科学，辐射剂量和放射性测量的研究必须加强。放射卫生的研究工作显得越来越重要，有待迅速充实和提高，特别是要有系统地开展与原子能工业和核爆炸试验有关的调查研究工作和卫生防护研究工作。此外，利用祖国医药在放射病的预防和治疗方面开展研究，也是一个发展方向。

（6）我们看到，不少单位所进行的研究工作很相似，某些研究题目和内容大同小异，表达有些重复。这种现象也有好的一面，因为这些都是目前放射生物学和放射医学中的重要研究课题，多有些力量去研究还是需要的。但也必须注意，在研究队伍还不太大的情况下，可能会造成别的重要问题没有人去过问。这些问题以后可通过对口交流得到解决，以避免不必要的重复。

在报告中，对于当时我国在放射生物学、放射医学、放射卫生、辐射剂量和放射性测量以及同位素在生物学和医学上应用5个方面所取得的成就，贝时璋给予了充分肯定，并向大会推介了论文质量较高和在思想方法上颇有独创性的工作。对于今后研究工作的展望，贝时璋着重谈了关于研究辐射损伤的问题。

贝时璋指出，辐射损伤是一个复杂的动态过程，正因为这样，给科学研究带来了不少困难。按辐射损伤的程度和方式，一般可分为慢性损伤和急性损伤、外照射损伤和内照射损伤。这些损伤表现可能不一样，但有共同的性质，即其中都包含着物理、化学和生物作用相互联系、相互影响的一系列连续变化。

为便于科学分析，是否可以将这种连续性的动态过程划分成一些阶段或时期？要回答这个问题，首先应当了解，在辐射损伤这个动态过程中，究竟包括哪些研究内容？大体说来，有这样一些内容是需要研究的：①致电离粒子对生物体内各种分子，特别是对重要生物分子的作用；②这些分子形成激发态的情况；③各种不同的不稳定的中间产物（自由基）的结构和性质；④由于激发态和自由基的形成，分子将发生什么变化？⑤从分子的变化如何影响到亚细胞、细胞结构和功能的损伤？⑥如何反应到整体而形成放射病？由此可见，要划分一些阶段或时期是可以的。据一般说法，从致电离粒子接触生物体内分子开始，到分子发生变化，这一段过程概括起来称为原初效应，其后一连串过程可称为继发效应。至于辐射的早期效应，这个名称则有两种含意：一种含意是，凡肉眼所不能见到的变化，也即在放射病征象未出现以前的潜伏变化，称为早期效应；另一种含意是，这种效应在辐射损伤整个过程中出现比较早。

在叙述了辐射损伤的基本情况以后，贝时璋提出了我国应引起重视的研究领域和问题。概括起来有如下 6 个问题。

（1）在我国放射生物学、放射医学研究中可以明显地看到，对辐射损伤这个复杂的动态过程的第一段，即原初效应，我们基本上还没有开始研究。这一段的变化是否值得我们研究？据我的看法，我们应当研究，而且应当把这项研究基础尽快建立和发展起来。理由是：缺少这一段的研究，我们对辐射损伤的整个过程不能有深切的了解；这项研究的理论和实际意义都很大；通过这方面的工作将促进新技术的发展；它不仅对放射生物学、放射医学的发展起着推动作用，对整个生物科学的发展也具有巨大意义。

（2）氧效应是辐射损伤中一个很突出的问题，值得我们重视，应当加强研究。过氧化氢和生物过氧化合物的形成在辐射损伤中占重要的地位。在生物系统中过氧化可产生许多毒害效应，一般称为"后效应"。不仅体质上病变，遗传变异也可由这种后效应来引起。这是因为生物系统受照射后：①水射解产生 $H^·$ 和 $^·OH$，接着形成 H_2O_2；②$H^·$ 和 $^·OH$ 与生物分子起作用产生生物自由基，生物分子直接射解也形成自由基，生物自由基与氧发生作用形成生物过氧化合物；③生物过氧化合物的产生也可以通过氧与激发状态的生物分子起作用，或生物分子经酶的催化与过氧化氢发生反应，而这些反应都将引起生物的辐射损伤。

（3）关于生物对辐射的抗性和敏感性问题，这是放射生物学、放射医学中最基本问题之一。了解生物对辐射的抗性和敏感性有助于对辐射损伤规律性的认识，同时也有利于为放射病的预防和治疗提供依据。关于生物对辐射的抗性和敏感性问题，近年来在国外已积累了较多的资料，但是还不够系统。尤其是要知道生物对辐射的抗性和敏感性的本质，看来还需要做很多的工作。在生物系统中一个生物大分

233

子的各部分对辐射的敏感性和抗性是各有不同的，各种生物对辐射的敏感性和抗性相差可以很大，其原因尚不清楚。生物对辐射的抗性和敏感性是可以改变的，预防药物的处理能暂时提高机体对辐射的抗性，这是一个启示。对机体辐射抗性和敏感性的本质问题进行系统研究可以认为是有价值的。

（4）在辐射损伤整个动态过程中，分子变化如何影响亚细胞、细胞结构和功能的损伤，如何反应到整体而形成放射病，这一段过程最为复杂。各种指标，包括形态、生理、生化等指标在这一段是随着时相可以变化的，是不稳定的。一般预防药物在这一段过程内也不能起作用。对这样一个复杂的局面，在研究方法上该采取怎样的方针比较好，是值得考虑的。在这里想提出一点极不成熟的意见，即是否可以认定一些关键性指标，对其做系统观察和动态分析。什么叫做系统观察和动态分析？譬如说，我们要研究辐射对核酸的影响，所谓系统观察就是先要看辐射对核酸究竟能起哪些作用？所谓动态分析，是要分析这些作用由于辐射剂量关系、时相关系、个体差异关系、种类关系、条件关系等如何变化？要不然我们看到的东西总是属于片段的，就很难说明问题。在这一研究领域中，我们还需要积累更多的资料，以期逐步了解辐射损伤的整个动态过程。

（5）药物预防是当前放射生物学、放射医学中重要研究课题之一。许多预防药物在照射前一定时间内使用有效，照射后通常无效，预防药物主要是保护机体的辐射早期损伤（早期"化学损伤"）。近年来，国外对辐射早期损伤的药物预防开展了大量工作。对于各级水平，从分子水平到整体的预防都在进行研究。在探讨辐射早期损伤的药物预防的机制方面，也利用 DNA 进行了研究。

（6）关于放射病的诊断和治疗，从发表了的文献看来，目前世界各国对慢性放射病的诊断和急性放射病的治疗似乎都还缺乏可靠的办法。我对于临床一无所知，但在这次会上听了报告和看了文摘受到启发很大。因此体会到，在目前还没有找到诊断的特异指标和治疗的特效药物的情况下，"诊断应根据全面的分析，治疗可采取综合的措施"，还是最可靠的办法。但我们也必须强调，要通过实验研究积极地提供更好的诊断指标和更有效的治疗药物，为解决急、慢性放射病的诊断和治疗创造更有利的条件。同时也体会到，实验研究与临床观察必须更好地配合起来，经常交流经验，相互通气，以期取得更好的效果。

贝时璋在 1960 年"全国放射生物学工作会议"和 1963 年"全国放射生物学学术交流会议"上的报告，是他在我国放射生物学起步阶段与发展初期所提出的促进学科发展的有远见的建设性意见，介绍了世界放射生物学研究的现状，指明了当时我国放射生物的学科方向和研究工作重点。

三、核爆炸动物实验

1964 年 10 月 16 日 15 时,在新疆罗布泊戈壁滩核试验场,我国成功地进行了第一颗原子弹的爆炸试验,拉开了我国"两弹"研究与试验的序幕。贝时璋响应国务院、中央军委对核武器试验"要大力协同,一次试验,全面收效"的指示精神,带领生物物理所科研人员,与中国科学院昆明动物研究所合作,积极承担了核爆炸动物实验国防科研任务"核爆炸辐射对动物远后期效应"项目。

20 世纪 60 年代,在关于国家任务与学科发展的关系上,科学界有着不同的看法与争议,但是贝时璋从国家利益出发,即使在"文化大革命"的动荡时期,也鼓励青年研究人员继续坚守"核爆炸辐射对动物远后期效应"的研究任务。他总是强调,生物物理所的研究工作必须贯彻"任务带学科"的方针和"理论联系实际"的原则,更好地为国家解决重要的关键科学技术问题。在贝时璋的带领下,在完成"核爆炸辐射对动物远后期效应"国家任务的同时,也带动了放射生物学的学科发展;在完成各项国防任务的过程中,也使生物物理所迅速成长起来,并得以不断发展。

接到"核爆炸辐射对动物远后期效应"任务之后,生物物理所立即从相关研究室抽调了伊虎英、党连凯、张浩良、李玉安、郭绳武、邢国仁等 45 名青年研究人员组成了"21 号任务组"。原子弹试验为绝密级任务,代号为"21 号任务"。作为"核爆炸辐射对动物远后期效应"研究任务的领导者,贝时璋亲自审定研究课题、研究内容和技术路线,使这一研究迅速开展起来。

从 1964~1996 年,我国在新疆罗布泊核试验场共进行了 45 次核试验,其中 23 次为大气核试验,其余为地下核试验。大气核试验采取了两种方式,一种是将核弹安放在铁塔上的地面爆炸,另一种是由轰炸机在预定高度投放核弹的空中爆炸。生物物理所"21 号任务组"参加了 1964 年 10 月 16 日、1965 年 5 月 14 日、1966 年 5 月 9 日、1966 年 12 月 28 日、1971 年 11 月 18 日和 1976 年 1 月 23 日共计 6 次核爆炸现场的动物实验。其中,地面爆炸和空中爆炸各 3 次。此项核爆炸动物实验的目的是:研究受到的不同剂量核辐射对动物的远后期效应,为制定作战部队受照射允许剂量提供科学依据;研究瞬时核辐射和放射性落下灰对动物的损伤和恢复规律,为核战争条件下放射病的预防、诊断和治疗提供可靠资料。

在贝时璋的指导下,"核爆炸辐射对动物远后期效应"研究工作采用了从整体到组织、细胞及亚细胞水平的多层次观察,临床医学与形态学、生物化学和细胞化学研究相结合,受试动物与其后代的观察相结合,辐射效应与剂量相对应的研究方法,开展了多学科、多指标的综合研究,对核爆炸辐射损伤效应进行了全面的分析与评价。既观察到受照射动物的近期辐射效应及其规律，又持续 20 年进行长期观察，对放射性损伤"恢复"的全过程有了较为完整的认识。研究中以对辐射敏感的造血系统和生殖、遗传器官为重点，同时也注意到了甲状腺、肝、脾、皮肤和眼睛等器官的病变，有利于分析比较。试验动物均为哺乳动物，且重点是狗和猴，这些动物寿命长，可以长时间连续观察，积累更多数据；而且狗和猴的辐射敏感性接近于人类，研究结果对人的辐射损伤的防治和确定允许剂量有重要价值。"核爆炸辐射对动物远后期效应"研究所取得的结果，不仅具有实用价值，也提出了一些值得探讨的理论问题，如影响生殖细胞的敏感性和细胞寿命的因素、肿瘤和白内障的发生机制等。

到 1984 年，经过坚持不懈的努力，研究工作达到了预定目的，圆满完成了任务，为制定核战争条件下军队作战允许剂量，以及放射病的预防与诊治提供了科学依据。通过此项研究，已经基本掌握了核爆炸辐射引致动物的近期和远后期疾病的发生、发展规律，填补了我国在核试验辐射远后期效应领域的空白。而且，从当时所能查阅到的资料看，国外发表的核爆炸辐射效应研究论文，最多的是关于对日本广岛和长崎原子弹爆炸幸存者的追踪调查，属于流行病学调查和对材料的统计分析范畴，缺乏系统的数据，所涉及的辐射剂量是估算值而非准确的测量值。所见到的美国的报道，有关核爆炸辐射生物效应资料很少，仅为采用小白鼠做的短期实验，且观察、检测指标单一；没有检索到采用狗和猴作为实验动物、长时间以及多学科指标的综合性研究资料。因此，生物物理所的"核爆炸辐射对动物远后期效应"研究项目所取得的成果，当时处于国际领先水平。

在"核爆炸辐射对动物远后期效应"研究任务执行的全过程中，贝时璋是一位受研究人员爱戴的、尽职的导师，也是研究工作的参与者，他的影响与指导作用无处不在。"21 号任务组"每次赴核爆炸现场实验，临行前贝时璋都会与参试人员面谈，提供指导意见，为他们送行。而每次完成核爆炸现场实验后回到研究所时，贝时璋总会前往看望，听取汇报，充分肯定成绩，给出下一步工作的中肯建议。在长达 20 年的辐射远后效应实验室研究工作中，贝时璋都始终如一地给予了关心与指导。"21 号任务组"于 1974 年做了 10 年总结，分析和汇总实验资料、拟订下一步实验计划，最后于 1984 年进行了 20 年全面总结（图 2）。每次总结都形成了 10 多万字的研究论文等文字材料，另外还附带有实验数据资料。当时，贝时璋有繁忙的"细胞重建"研究工作，还有很多社会工作，且眼睛的白内障也日渐严重，不能长时间看书。但当"21 号任务组"把总结材料交给贝时璋时，他从中看到了珍贵的研究成果，更看到了青年科技人员的成长，每次都高兴地说："这些材料蛮好，很有价值，我会尽快看完。"结果，每次都不到一个星期，贝时璋就审阅完材料，并进行了仔细修改，提出了中肯的建议。之后，贝时璋又写推荐信，请朱壬葆

图 2　贝时璋与进行 20 年总结的"21 号任务组"部分研究人员合影（1984 年）

院士等几位放射生物学领域国内知名科学家进行审阅，以使这项研究成果尽早为国防建设和人民健康做出贡献。

　　"21 号任务组"先后有 30 多位研究人员亲赴罗布泊核爆炸现场参加实验。杨福愉院士作为此项研究任务的顾问，也曾参加了 1965 年 5 月 14 日的第二次核爆炸现场动物实验工作。那个时代，青年科研人员都以能够承当这项关乎强国大计的国防科研任务而自豪，也正是有了千千万万献身国防科研工作的科研人员，才成就了我国的"两弹一星"事业。

　　"21 号任务"的研究成果多次向中国科学院、国防科工委汇报，受到高度重视和赞扬，被收录到《我国核武器效应汇编》。

四、小剂量长期照射

　　"核爆炸辐射对动物远后期效应"任务，研究的是核爆炸辐射产生的大剂量、瞬间急性照射效应。由于国家发展原子能事业的需要，为保障从事放射性工作人员和与放射性接触人员的安全与健康，20 世纪 60 年代初中国科学院和二机部又向生物物理所下达了"小剂量电离辐射损伤效应及放射病的早期诊断研究"任务。

　　长期以来，虽然"各种射线对动物及人体的影响"的资料已经积累了不少，但小剂量辐射对机体的危害研究较少。而小剂量电离辐射广泛存在：有来自环境的宇宙辐射、地球辐射，来自医用诊断和治疗的辐射源的辐射，来自农业育种和防治病虫害、工业加工及国防方面的核能应用产生的辐射，等等。给生物物理所下达的这项任务，研究的就是小剂量长期慢性照射的效应。

生物物理所接受这一任务后，贝时璋委托放射生物学研究室的徐凤早（主要负责人）、马秀权、刘蓉三位研究员组成任务组领导 3 个研究小组承担了这一国家任务。任务要求是：阐明小剂量电离辐射作用的生物学效应和机理，为国家制定辐射允许剂量及放射损伤的早期诊断提供科学数据和资料。为此，他们选用与人类近亲且具有放射敏感的猕猴作为实验对象，进行了长达 15 年、低剂量率的长期慢性照射实验。这是我国开展最早、时间延续最长的唯一一项小剂量长期照射研究，积累了大量珍贵的数据。

根据任务的要求，所选用的诊断指标在临床检验中要便于应用，因此所选指标既要取材方便又必须能反映机体的损伤效应。任务组选用钴-60γ 射线作为照射源，以每天 0.8 拉德和 0.15 拉德的剂量率对猕猴进行照射。3 个小组分工合作，徐凤早研究员领导的小组侧重于研究动物骨髓细胞的辐射效应，马秀权研究员的小组侧重于研究动物外周血象辐射效应，刘蓉研究员的小组侧重于研究动物血液、尿液的生化反应。

任务组的青年研究人员多数是生物学或医学专业出身，对要从事的放射生物学研究，他们面对的是一个陌生的领域。但是，有贝时璋所长学科交叉思想的指引，又有三位研究员的精心指导，各小组分别制订出切实可行的学习和研究计划，边干边学，定期开展学术交流活动，互相切磋。这样，研究人员们很快补上了相关知识，掌握了电离辐射的物理特性及作用特点，熟悉了猕猴的生理特性和组织、器官的结构特点，研究工作开始稳步进行：根据细胞染色体的形态和着丝位置进行核型分析，用电子显微镜观察血细胞和骨髓细胞的结构变化，以同位素氢-3 示踪原子法观察细胞的发育，对细胞中的酶进行组织化学分析，对生精细胞进行梯度密度分离，从而研究不同组织的辐射敏感性及其辐射效应。猕猴是珍贵的实验动物，不能轻易拿来实验与解剖，为此还选用了豚鼠、兔子、大白鼠、小白鼠进行预备实验。每个研究人员也都要亲自参加动物的饲养、管理（包括清扫动物房）、观察实验动物的食量、排泄物，并定期与北京医学院第三附属医院职业病科的医生一道给实验动物进行体检。

1965 年，在贝时璋提出的《1965～1974 年生物物理研究所放射生物学一室和二室的方向与任务》中规划了这项研究工作的 10 年目标。

前 5 年，逐步应用各种新技术，研究血细胞和骨髓细胞的形态结构和组织化学的变化，研究血液、尿液中某些蛋白质、核酸及其有关生化代谢产物的变化规律，为慢性辐射损伤寻找敏感和特异的指标，着重研究早期诊断和重视综合指标；后 5 年，继续研究电离辐射对哺乳动物某些器官、组织和细胞的影响，为防治辐射损伤寻找依据，为阐明早期辐射损伤的机制提供资料。

小剂量电离辐射作用的特点是效应的发生率低、潜伏期长，所以实验的持续时间很长，此项工作前后持续了15年的时间。其间尽管经历了"四清"运动和"文化大革命"，但这项研究工作始终没有间断。每位研究人员都一丝不苟、恪尽职守地完成着自己所承担的任务，每天定时照射动物，按着既定研究计划采集检测样本，认真检测、详细记录，随时总结分析所得数据。辛勤的劳动换来了丰硕的研究成果，为国家制定辐射允许剂量及放射损伤的早期诊断提供了科学数据和资料。

任务组除了实验室的研究工作，还深入到放射性矿区及高放射性本底地区进行了人群健康调查，以使实验室工作与生产实践的需要密切结合。其中包括从事放射性工作职业人员、医疗照射患者、核事故受辐射人员、核爆炸幸存者、天然放射性高本底地区居民等。高本底地区人居环境的辐射剂量学和居民健康调查是研究长期小剂量电离辐射对人体的远期效应和遗传影响的重要途径。为此，1974年生物物理所放射生物学研究室与卫生部工业卫生研究所、中国医学科学院放射医学研究所、广东省职业病防治院等单位合作，组成了广东省高本底地区居民健康调查组，选择广东省阳江地区作为主要调查区域，而以台山地区作为对照点开展工作。

回顾生物物理所放射生物学研究的40年历程和取得的丰硕成果，我们不能忘怀那些在这一领域辛勤耕耘、艰苦奋斗的上百位科技人员，不能忘怀指导这项研究的贝时璋先生。

作者简介：王谷岩，男，1940年生，1965年毕业于中国科学技术大学物理系生物物理专业，中国科学院生物物理研究所研究员。早年从事视觉仿生学与视觉信息处理的研究，获中国科学院自然科学奖二等奖。曾任生物物理所学术委员会委员、科研处处长、（学科发展）政策与战略研究室主任。1993年起，从事空间生命科学研究，承担国家载人航天工程"神舟"飞船空间生命科学实验工作，获"中国科学院参加载人航天工程优秀工作者"荣誉称号。2001年起，担任中国科学院资深院士、中国科学院生物物理研究所名誉所长贝时璋先生的助手，协助贝时璋先生工作，参与细胞重建研究工作，2010年撰写并正式出版《贝时璋传》一书。

贝老以国家需要为己任

龙新华

一、以国家需要为己任

建立生物物理学研究机构，先行开展放射生物学、生物探空（宇宙生物学）两方面的研究，以适应国防建设和国民经济建设的需要，这是 20 世纪 50 年代中期《1956—1967 年科学技术发展远景规划纲要》规定的任务。

在选择一个原有的生物学研究机构改建为中国科学院生物物理研究所时，学界对开展生物物理学研究有相当一致的共识。在此前提下，有的学者认为放射生物学和宇宙生物学不应当是生物物理学的首要研究方向，这种意见不无道理，但却不符合当年国家规划任务的要求。

中国科学院当时的办所方针是：任务带学科。贝老以国家需要为己任，1958年，欣然受命把自己担任所长的"中国科学院北京实验生物研究所"改建为"中国科学院生物物理研究所"，挑起了在我国开创生物物理研究的重担。此后，贝老把自己后半生的精力无私地献给了中国生物物理学的创立和发展。

身为资深的实验生物学家，时刻关注着生物学的前沿动态，贝老岂不了解生物物理学研究的发展方向。贝老只不过首先做到了：国家的需要就是自己的、就是生物物理所的任务！许许多多老一辈科学家以国家需要为己任，这种崇高境界是中国科技界宝贵的精神财富。

二、生物物理所放射生物学研究完成了多项国家重要任务

回忆开展放射生物学研究，自然会想起贝老、钱老（钱三强）两位科学家之间的友谊和沟通。建院初期，贝老、钱老都曾作为中国科学家代表团成员，偕同出访苏联，对苏联的生物物理学研究尤其是放射生物学研究多有了解。1954 年，中国科学院成立学术秘书处，钱老任学术秘书处主任（秘书长），贝老任学术秘书。他们是好朋友，又是中关村 14 号楼门对门的好邻居（至今 50 多年两家都没有搬动），交往自然方便。他们都参加了"12 年科学规划"的制定。钱老在主持原子

能研究所工作时，邀请贝老兼任该所第七研究室的领导。辐射损伤防护等放射生物学课题是该室的主要研究方向，贝老对该室的规划、研究计划和开展研究工作付出了许多心血。自然，贝老、钱老对开展放射生物学研究有良好的沟通和共识。因此可以说，在生物物理所成立时，贝老对开展放射生物学研究早已成竹在胸。

生物物理所在贝老领导下，在放射生物学研究方面完成了多项国家重要任务。

（1）全国放射性本底调查研究（普查）。国家要发展原子能事业和研制"两弹"，理所当然地要弄清"家底"——放射性自然本底。为此，生物物理所主持和组织进行了全国性的放射性本底调查研究。

在方法学方面建立了放射性本底测量技术及其规范。生物物理所开办了放射性本底测量培训班，在全国各地建立了 18 个"本底站"（在"三年困难时期"，"本底站"的数量有缩减），并不断地改进、提高测量技术。

生物物理所不断汇集和整理、分析各地的数据，有关部门对这项工作很重视。中国科学院裴丽生副院长曾经来所重点了解这项任务的进展情况，对取得的成绩表示嘉许，并寄予期望。他说："……别人有的技术你们要有，别人没有的技术你们也要有；别人不知道的事情你们要知道，发生了什么事情你们应当首先知道……"（这里的"事情"是指放射性落下灰的沾染变化）。

有关方面在条件保障方面也给予了支持。1959 年，"716"厂仿制的国产 Б-2 定标器试产不久，供应紧张。中国科学院得到重庆市委书记任白戈同志的支持，优先供应生物物理所 30 台（生物物理所曾派员持中国科学院公函经任白戈审批后赴该厂抽检验收）。在外汇指标偏紧的情况下，中国科学院批准生物物理所进口了一批亟需的测量仪器（如十进位定标器等）。

至 1964 年 10 月 16 日我国第一颗原子弹爆炸前，以及其后一段时间，生物物理所圆满地完成了全国放射性本底调查研究任务。应当说，这项成果的数据至今仍然是具有意义的。

李公岫同志是这项工作的领导者和"首席科学家"，蓝碧霞、程龙生、赵克俭、陈楚楚等同志是这项工作的骨干力量。尤其是蓝碧霞同志，甘于辛劳，在"本底站"的组织和联系方面做了许多卓有成效的工作。

（2）核武器试验核辐射对动物远后期效应的研究（"21 号任务"）。根据中央专委的部署，以及辐射损伤防护课题抓总单位确定的分工，生物物理所进行了（原子弹、氢弹爆炸）急性辐射损伤的后效应的中远期观察研究，历时近 20 年，出色地完成了任务。这项研究资料为有关部门制定有关战时防护规范提供了可据以参照的实证基础数据。

当时，这是一项绝密级任务。遵照国防科委的有关规定，所有参加这项工作的同志都由保卫部门进行过严格的政审，并报经国防科委保密检查处批准。这些同志都是这项研究工作的骨干力量。党连凯、邢国仁、李玉安、郭绳武、伊虎英等同志是他们中的杰出代表。

（3）长期慢性辐射损伤及其机理的研究。生物物理所建所甫始，即筹划并迅速开展了长期慢性辐射损伤（所内昵称“小剂量”）方面的有关研究。当年的一室是全所人数最多的研究室。徐凤早、马秀权、陈德崙、沈淑敏、刘蓉、刘球、忻文娟、马淑亭、陈去恶、郑若玄等10多名高、中级研究人员，以及许多新分配到所的优秀的大学毕业生先后参加了这项研究工作。

生物物理所建立了钴-60强放射源辐照室，以及其照射装置（王曼霖、傅世榕）；建立了电子显微镜实验室（从初期的TESLA电镜，到世界先进水平的高分辨率电镜），等等。

在“小剂量”研究方面，生物物理所广泛地吸纳了所外各有关方面和所内科技人员的意见，贝老精心筹划，从本所规划、计划、课题设置到具体的实验设计，包括辐射损伤机理、原发反应、早期诊断指标、辐射防护、抗辐射药物筛选、辐射损伤修复、遗传变异等，从形态、生理、生化到剂量等都力求做到有如系统工程般周密协调，“全面统筹、重点突出”。

这项研究有计划地持续进行了约16年，为深入了解放射性辐照生物效应及其危害，为国家有关部门制定辐射安全标准提供了可靠的参照数据。

（4）研制成“404”厂急需的α·β放射性微尘连续监测报警仪。

（5）研制成“09”工程首艇放射性微尘连续监测报警仪。

（6）与放射生物学有关的“技1～技6”其他几项课题，都出色地完成了研制任务①。

此外，在贝老领导下，生物物理所在放射生物学方面还做过其他许多出色的工作，如辐射粮食保藏的研究等。

还完成过许多临时性的重要任务，如官厅水库水体污染调查研究（原本底实验室）等。

三、令人尊敬的一代优秀科技人员

当年，放射生物学研究是一项开创性的工作。在贝老的领导下，在将近30年中，生物物理所做出了许多出色的成果。

靠什么？领导部门的支持、技术条件的支持……是重要的条件。应当说，最重

---

① 编者注：上列（4）、（5）、（6）三段内容已先期登载于“中国科学院生物物理所所史丛书”《开启创新之门——仪器和实验技术五十年发展纪实》，此处详略

要的条件是人！贝老带领的一支优秀的科技队伍。

贝老以身作则，在各个方面都堪称全所的楷模！

贝老十分爱护年轻人，言传身教，关心年青一代的成长。

当年，生物物理所没有自己的研究用房，靠"借用"、"临建"，实际情况的确是"八大处"、"十三陵（临）"。初期也没有自己的食堂，在化学所"傍伙"。集体宿舍在相当一段时间里曾经 6 人甚或 8 人同室，还需经常"搬家"。结婚可以，房子只可以借一个月。工资待遇如何？大学毕业生，实习期每月 46 元，一年后转正每月 56 元。此后大约 20 多年没有普遍调增过工资。有奖金吗？没有。有津贴吗？没有。有加班费吗？没有。有补助吗？没有……然而，人们意气风发，勤奋地工作和学习。哪里需要哪里去，不懂的、不会的就抓紧学。普遍认同业精于勤的道理，无论功底深厚与否都不倦地学习。在这一代人的词典里没有"困难"，只有努力"克服"。崇高的集体主义精神和良好的课题组内外关系。自己有了阶段性成果，别人可以参加进来或者接过去继续做。没有人想到"名"，更不会计较什么"排名"。除了工资也谈不上什么"利"。公而忘私，甘于奉献。作风是顽强的，学风是纯朴严谨的，内外关系是团结协作的。这就是贝老领导下生物物理所一代优秀的科技人员的良好品德！

2008 年，生物物理所走过了 50 年的光辉历程，原来的历史使命完成了。生物物理所由于自己的成绩，取得了长足的发展。这是几代人努力的结果。科学技术的发展日新月异。相信年青一代定当更为优秀，生物物理所必将会有更加广阔的发展，为国家做出更大的贡献。是为至诚之愿。

（本文写于 2008 年 12 月 10 日）

作者简介：龙新华，男，高级工程师（科技管理）。1937 年生。部队中专无线电修理毕业。1958 年 9 月被招入生物物理所。建所时电子实验室负责人之一，技术员。1959～1960 年被派往上海生理生化所师从蔡晔盎先生学习生物火箭电生理测量技术。1965 年北京电大大专毕业。1965 年 7 月任所业务处计划组组长，后兼任生物探空总体室（八室）业务秘书。1973 年 10 月任所科技组副组长。曾参加 1965 年"651"会议（简报组成员）和 1966 年宇宙飞船规划会议（为贝时璋所长工作人员）。曾参加研制"404"厂和"09"工程首艇放射性微尘连续监测报警仪等。1975 年，被调入中国科学院三局，专事主管院军工口国家大中型基本建设项目设备成套项目。1983 年 9 月起任中国科学院京区纪委办公室副主任、主任。1988 年通过全国统一考试获律师资格。1991 年底，调入中国科学院自动化研究所"国家专用集成电路设计工程技术研究中心"工作。1997 年离休。

我在生物物理所放射生物学室的岁月

伊虎英

生物物理所是我国一所多学科交叉发展生物学探索生命科学规律的基础性较强的研究所。我在生物物理所待的时间是我一生科研时间的1/3。从1962年大学毕业进所到1973年离所前后共12个年头。12年是在生物物理所渡过的。所以说生物物理所是我的母所，也是我科研生涯的主要地方。这12年的工作和学习都影响着我一生的科研道路。回忆在生物物理所的往事和景物，历历在目，心潮澎湃，永远难以忘怀。

我于1962年从兰州大学毕业，同年10月被分配到生物物理所，师从研究员沈淑敏先生。当时所人事科的领导对我说：你去沈先生课题组工作，你的主要任务是协助沈先生做好中国科学技术大学生物物理系的教学工作（沈先生是中国科学技术大学生物物理系副系主任，贝先生是系主任），其余时间你可进行研究工作。我到了沈先生课题组，沈先生把中国科学技术大学的工作向我做了简要介绍后说：贝时璋所长是系主任，系里工作由贝所长掌舵，我约个时间，你拜访一下贝先生。10月下旬的一天，沈先生通知我，今天下午去见贝所长。我当时心想，我今天要见的是一位国内外知名的大学者，他是生物学界享有崇高威望的一代宗师，态度一定严肃，我的心情忐忑不安。见了贝先生，沈先生把我的情况做了简要介绍后，贝先生面带笑容地让我坐下，然后问我是哪个学校毕业的，学什么专业。我说：我是兰州大学生物物理专业毕业，贝先生很高兴地说：你学的专业很符合我们所的方向，到我们所工作很合适，你们系主任郑国锠先生我很熟悉，他发现了细胞核穿壁现象，对细胞学贡献很大……这时我紧张的心情一下缓和了，我感到他是一位和蔼可亲的科学家。他希望我协助沈先生把系里的工作做好，为我国生物物理学培养出优秀的专业人才。在中国科学技术大学，一方面我完成沈先生交给我的任务，另一方面我有幸聆听林克椿、徐凤早、马秀权、沈淑敏等教授给学生讲授的量子生物学、放射生物学、放射医学等课程，通过这些课程的学习，拓宽了我的知识面，对我以后的工作起到了非常重要的作用。

一、参加辐射防护工作和一室三定

1963 年春,当我和沈先生相处半年后,她感到科研任务繁重、人员很少,她决定结束我在中国科学技术大学的工作,从而全力以赴协助她进行研究工作。在我进所之前她已经发现 RNA 具有辐射防护作用,她希望我和她把这项工作继续做下去,研究 RNA 的辐射防护机制。当 RNA 注射到小白鼠体内后,小白鼠就蜷缩成一团、毛发蓬松、缩头躬背、体温下降,这时照射致死剂量可提高存活率 60% 左右。当时沈先生认为 RNA 的防护机制是降低体内氧压所致。于是我们把小白鼠饲养在冷库里(冷库温度 4℃)7 天,进行照射,经冷库饲养的动物可提高存活率,特别令人感兴趣的是经冷库饲养的小白鼠,注射 RNA 后体温不下降,小白鼠还保持注射 RNA 前的状态,防护效果仍然是 60%。这就说明 RNA 的防护效果不是降低氧压的作用,而是另有途径。我们给贝所长汇报时,谈到 RNA 注射给长期饲养在低温下的小白鼠体温不下降,同时在低温下生活的小白鼠经致死剂量照射后,成活率比在 25℃ 环境饲养的小白鼠提高 30%。他听了后很感兴趣,立刻说:住在高寒地区的人接受宇宙射线和紫外线的剂量比住在平原地区的人要大得多,他们可能比平原地区的人抗辐射。低温下饲养的小白鼠注射 RNA 后体温不下降,从药理学来讲,这项研究很有意义。1963 年年初,在室内开展"三定"工作,即定方向、定任务、定人员。经室内全体人员讨论,最后领导决定,一室的研究方向是研究电离辐射对生物有机体的作用机制和放射病的防护的原理,就把目前开展的辐射效应、辐射防护和辐射原发反应都包括在这个大方向的范围里。

任务:①慢性辐射损伤,并提出放射病早期诊断指标;②提高生物耐受性和免疫过程;③电离辐射原发反应的机制。

在人员方面,各研究组均确定了每个人的研究方向和掌握的技术。虽然我当时没有在室领导岗位上,但"三定"工作给我留下了深刻的印象。

二、担任室秘书工作(对室内工作了解情况和调查研究)

1964 年夏季的一天,杨光晨主任找我谈话,她说:一室准备分为两个室,组织决定你任一室室秘书,协助徐凤早先生(室主任)把一室工作做好。我听后,当时思想很矛盾,一方面,我的主导思想还是想搞研究工作,尤其辐射防护工作和原子弹有关,我也很感兴趣。搞研究能很好地施展才华,为祖国的科研事业多作贡献。另一方面,我也担心组织工作做不好,一般人也不愿意做组织工作。虽然我有不愿做组织工作的思想,但那时,人们的组织观念比较强,经过思想斗争,还是愉快地服从组织决定，挑起一室业务秘书的担子。我也暗暗下定决心，一定要把一室的工作做好，完成党交的各项任务。

1964 年 9 月，一室分为两个室，原一室的一、二组和原发反应组，以及沈士良组合为一室，原一室的三、四组合为二室。所领导和部分群众对分开的一室有种种看法：①思想陈旧保守；②研究方法落后；③题目分散，以小题目为主；④研究任务进展缓慢；⑤相互保密互不来往，真是"鸡犬之声相闻，老死不相往来"。一室专职支部书记是刘纪兴同志，我是兼职支部副书记。当时我和刘纪兴同志讨论如何改变一室面貌，解决这些矛盾，讨论结果为：①发动党团员在工作上要起到骨干带头作用；②向专家和群众进行调查研究；③把存在问题向所领导汇报，以便取得所领导的支持。

经过一段时间的工作，党团员的积极性非常高，党员群众都不满足现状，要求改变一室落后面貌。同时大家也出了好多好主意，想出了好多好办法。在调查研究时，我首先和徐凤早先生促膝谈心。因他是室主任，我虽然是室秘书，也相当于是他的秘书。我就把一些所领导和外室群众对一室的看法坦率地告诉他，然后我也表态，希望协助他把一室的工作做好。他听了后非常高兴，他第一句话就说：我也想把室工作搞好，很好地完成任务。他接着说，我的成果并不少，因 1960 年接受任务时二机部的一位处长说，我的工作和原子弹有关，要隐姓埋名，要保密，后来发表的几篇文章都是通过贝所长的，我想其他几位老先生可能都是同样的情况吧。关于方法陈旧问题，他说：根据我查的文献，我的细胞学方法和马先生的研究方法并不落后。有些工作想做，但没有设备。例如，我们想做亚显微工作，现有的电子显微镜分辨率低，满足不了实验要求。要做早期诊断工作，方法不简单，临床上不能用，临床上要求简便易行、准确无误。我听完后感到徐先生说得很有道理，我又分别和马秀权先生、沈敏淑先生、陈德崟先生座谈。马先生很高兴，她说：过去没有人到我实验室来，你来我很欢迎。她说急性放射病早期诊断已经解决了，根本不存在早期诊断问题。如果一个人受到大剂量照射后，根据被照射的精神状态和我们现在做的指标，就可以诊断他是否患了放射病。慢性放射病的研究，因小钴源没有，我们不能进行实验，怎么谈完成任务。陈先生胸怀坦荡，开门见山地对我说：我过去筛选的中药防护效果很不错，这是国际上没有的，这是我们实验室独创。讲完后，他朗声大笑。沈淑敏先生带有埋怨的口气说，过去的任务不明确，防护效果要求过高，要成活率达 80% 以上，是所内规定，还是二机部规定的？我们研究的RNA 防护效果达 60%，这算不算完成任务。如果按一般要求，我们已完成任务了。另外各研究组互相保密，这是所内规定，室内从来没有组织大家进行成果交流。通过老先生和党员及群众多次交流思想，党支部把大家的意见进行了分类并逐条研究，存在的主要问题如下所述。

（1）科研任务方向不明确。例如，放射病早期诊断是以急性为主，还是以慢性为主。辐射防护，三个组（陈德崟组、沈敏淑组、刘球组）均做的是急性，没有做慢性。马秀权先生观点是急性放射病早期诊断只要知道辐照剂量和血液几个指标，诊断问题就可以解决。

（2）有些关键条件保证不了，如慢性放射性源没有建成，以及照射动物（猴子）数量不足。通过调查，我发现一室的成果并不少，大家辛辛苦苦做了 5 年多工作，有些工作没有很好总结，有些工作还在保密箱内。已发表的文章和报告达 40 篇之多，居全所之冠。有些成果在国内是先进的，甚至达到国际水平。有人说：一室出的成果少，这也与事实不符。关于研究手段是否落后，通过查证，我室的这些技术并不落后，有许多兄弟单位经常来室里学习。由于几位老先生外语水平好，如徐先生会德、法、英等数国语言，因此国际动态掌握得比较好。我当时认为，老先生们并不是一室的落后包袱，而是一笔丰厚的宝贵财富。

1964 年 10 月一天，我和刘纪兴书记把一室调查的情况给党委肖剑秋书记做了汇报。肖书记听完汇报后很高兴地说：一室党支部工作做得很好，对一室的看法要一分为二，特别是你们认为老先生是一室一笔丰厚的宝贵财富，这个看法很正确，要发挥他们（指老先生）的作用。关于你们提的两个问题，我给计划科韩兆桂同志谈一下帮助你们解决。后来计划科对我们提的问题进行了解答，我们很满意。

三、明确任务、集中力量、制定研究方案

（一）明确二机部下达的任务

1964 年 11 月上旬，室内部分人员参加"四清"运动，留下的人员要进行 1964 年工作总结和制订 1965 年的计划，计划科通知我和徐先生去贝所长办公室开会。我和徐先生去后，在座的有贝所长、韩兆桂科长和计划科工作人员（我记不清是谁）和一位陌生人，韩兆桂指着陌生人对我和徐先生说：这是二机部某局某处长，请某处长给大家谈一谈二机部给我所的任务。某处长说：给你所的任务主要是小剂量慢性辐射效应和小剂量辐射提高耐受性的研究，你们是科学院研究所，辐射原发反应也要研究。大剂量的工作由军事医学科学院放射医学研究所去做，你们以民用为主，如矿区的工人和原子能和平利用方面的工作人员，他们受到慢性小剂量辐射，对慢性放射病要研究早期诊断，如果他们有早期放射病可使他们脱离工作减轻损伤。并要研究提高耐受性。这项研究意义非常重大。

会后徐先生告诉我，在 1960 年，二机部领导要他接受一项放射性辐射任务，这项任务和原子弹有关，是绝密级。今天我才能给你谈这些，以前谈是泄密，要犯

错误的。

关于一室的任务来源和内容，我保留有 45 年前的笔记本，还有两处记录是唐品志和王荫亭两同志的谈话。

（1）1965 年 9 月 14 日晚计划科研究放射病早期诊断任务，徐先生和我参加，唐品志同志说：1960 年香山会议委托我所的任务是放射病早期诊断。正式下达任务是 1961 年，并下了工作单（任务书——作者注）：①慢性内外照射对神经生理功能的影响。②外周血象和骨髓的变化。③血尿中核酸代谢产物的变化。④慢性内外照射对内分泌系统的影响。要求 1965 年写出成果报告。

（2）王荫亭传达他和二机部谈任务的情况，时间是 1966 年 1 月 7 日。因为我和徐先生听二机部某处长谈一室任务后，又加上唐品志同志的谈话，全一室一片哗然。有人说：那我们过去的工作几乎全部是大剂量，是不是搞错了，老专家和群众都要求所内把任务弄清楚。因此，所党委委派王荫亭同志代表生物物理所专门去二机部五局询问任务的下达情况。王荫亭回所以后传达我室任务如下：①慢性放射病早期诊断。提出慢性放射病早期诊断方案，可从形态、生化、组织、化学等综合考虑，结合厂矿。②辐射防护的研究。③原发反应的研究。④内照射的生物效应和生物允许剂量标准（此项一半和一室有关）。

通过较长时间的讨论和调查基本弄清任务的性质、目的和意义，任务主要是：①长期慢性小剂量辐射对动物的影响，通过实验提出"慢性放射病早期诊断方案"。②提高生物有机体对小剂量辐射的耐受性，最终提出抗辐射方案。③辐射原发反应机制。

这段时间各组打破过去的相互保密，明确了研究任务，大家争先恐后提建议，提方案，人人献计献策。全室出现了自由民主、畅所欲言、生动活泼的崭新局面。

（二）制订完成任务的研究方案

在讨论设计方案中，充分发挥老专家的作用，他们查阅了长期慢性小剂量辐射对人和动物的效应的相关文献，这主要由徐先生和马先生作报告，报告完，全室进行讨论。提高小剂量慢性辐射动物的耐受性的研究由沈先生和陈德崑先生作报告，刘球同志因病缺席。我现在回忆，4 位先生的报告都很精彩，受到全室年轻人的好评。这种场景仍然留在我记忆之中，使我难以忘怀。

在讨论设计方案中照射量是个关键性问题。经查证，各国的战时标准允许剂量有所不同。例如，美国，25 伦琴/次/周，可连续工作 8 次，休 11 周；英国，60 伦琴/2～3 周；苏联，10 伦琴/天，可连续工作 10 天；加拿大，100 伦琴/半月至 1 个月，1 个月以上为 200 伦琴；法国，10 伦琴/天，可连续工作 30 天。

根据军事科学院放射医学研究所的专家介绍，我国的战时标准剂量是 25～50

伦琴/次。以上这些数据说明，在这样的照射剂量范围内照射，一般不会出现放射病。

我在记录中查到在 1965 年 1 月 12 日室务扩大会上，马秀权先生说根据文献查阅，生殖细胞对小剂量长期照射比较敏感，以 0.1 伦琴/日照射，积累到 4000 伦琴，狗的精液中没有精子。马秀权先生提供这份报告时，说明小剂量长期照射，狗的生殖细胞最敏感，这和我们以后在猴子身上的实验结果完全一致。当时也没有人提问，今天看来不知马先生报告有误，还是记录人笔下有误，如果按每天 0.1 伦琴照射，积累 4000 伦琴，需 4 万天，每年以 365 天计算，需 109.5 年。这个实验是不能进行这样长时间的。

放射病早期诊断是个很复杂的问题，不要说早期诊断，就是放射病的诊断医生的意见也很不一致。在一次学术讨论会上，我问北京医学院第三附属医院的汪有藩大夫，慢性放射病患者，北京医学院是如何诊断的？汪大夫说：慢性放射病诊断是采用综合指标，如职业史（特别重要）临床症状，其他疾病的排除。目前客观的指标很少，主观的因素很多，所以同一个患者在不同的医院可能有不同的结论。所以希望通过对动物试验寻找出比较准确的指标。从汪大夫讲临床上的情况来看，如果患了放射病，不了解职业史，要诊断放射病都很困难，更何况早期诊断，所以我们目前的研究工作非常困难，也十分重要。

关于国际上小剂量慢性放射病早期诊断和提高耐受性的研究比较多，试验的大动物有狗、猴，小动物有大白鼠、小白鼠，还有豚鼠、兔子等动物。但国内还没有进行慢性照射，华卫所准备在 1967 年以后开展关于动物的工作。我们从 1965 年开始工作，在国内是领先水平。

提高动物对小剂量慢性辐射损伤的耐受性和防护研究，经过大家几个月的讨论，提高了认识，统一了思想。过去一室二组做大剂量工作，现在做小剂量工作。大剂量工作的延续，也是一个新问题。该课题的含义是研究有机体在小剂量持续照射下是否有适应性？有机体新陈代谢是否保持平衡？是否产生损伤？即使产生损伤，有机体本能有个修复过程，而不出现慢性放射病。采用使有机体损伤恢复，适应慢性照射环境的方法，使损伤不积累，达到防护作用。采用的方法如下：①物理因素，如负离子、臭氧、电磁场、红外线等方法；②药物和营养；③有机体产生免疫机制而适应。

试验用的动物主要有兔子、豚鼠，大、小白鼠，猴子。照射剂量率为 10 伦琴/8 小时/天、5 伦琴/8 小时/天、1 伦琴/8 小时/天，总剂量 100 伦琴、300 伦琴、500 伦琴、1000 伦琴，最后一次总剂量由发病情况决定。此实验主要由陈先生、沈先生、刘球同志为首的三个课题组组织力量完成。

对慢性放射病早期诊断大家统一了思想，实验从 1965 年 5 月开始，采取慢性小剂量照射方法，照射剂量率分别为 0.1 伦琴/6 小时/天、1 伦琴/6 小时/天、2 伦琴/6 小时/天、5 伦琴/6 小时/天、10 伦琴/6 小时/天，总剂量 100 伦琴、500 伦琴、1000 伦琴、2000 伦琴、3000 伦琴。试验动物采用猴、兔子、豚鼠、大白鼠、小白鼠。定期取样进行分析。猴子试验，采取统一动物、统一时间采样，分别进行分析（细胞学、生化等指标）。生化指标除一室一组邬菊潭等做外，还有三室同志一块取样。一次在一个猴子身上要取 10 多个样品，长期取样是否对猴子的健康有影响？后来我们询问了北京医学院第三附属医院的大夫，据大夫讲每周一次取样，我们目前实验用的血量不会影响猴子的健康。

早期诊断工作不但自己进行动物试验，而且和北京医学院第三附属医院、协和医院等医疗单位协作，我们还承担了临床上的部分工作。

（三）肖剑秋书记带队赴天津考察

为了开展放射病早期诊断工作，1965 年 6 月中旬，肖剑秋书记、韩兆桂、黄芬等人和我去天津血液病研究所和天津市人民医院进行考察。血液病研究所在谈到他们工作时，特别强调，临床和试验紧密结合。在试验中发现一些药物，在动物身上有效果，经过所长和医院院长、主治大夫等的研究，如果大家意见比较一致，很快就用到临床上。研究人员也特别关心临床上的应用结果，医生也经常询问研究所新药研究的进展。天津市人民医院也介绍了医院同位素研究室的一些临床经验。例如，为了治疗甲状腺亢进，用药后有的人出现了放射病症状（如恶心、头昏、头晕），过一段时间很快恢复，有的人就没有这些症状出现。这些临床经验，对我们研究工作和实验设计非常重要，这就使我们看问题时要全面地看，要看到矛盾的普遍性还要看到矛盾的特殊性。今后，我们实验室工作一定要和临床和矿区相结合。

我还记得一行几个人的生活由我管理，到单位吃饭由我联系，最后由我统一结账。我们几个人还到驰名中外的天津"狗不理"包子馆吃包子。服务员把包子端上来后，韩兆桂科长兴致大发，他没有叫我买白酒，因此自己准备掏钱去买，我赶快把他挡住并跑去把酒买回，大家都很兴奋。肖书记开玩笑说：你还想单干，你真是醉翁之意不在酒。惹得大家哈哈大笑。回所后，我把我们大家几天吃的饭钱和粮票平均分摊，肖剑秋书记也不例外。我去收韩科长的饭钱时，他还说那天的酒钱他付，因为其他人没有喝酒。我说不用了，大家均摊。虽然那时的生活清贫，大家都很廉洁，现在回忆起来，我很留恋那段生活。

通过任务的落实，全室人的精神面貌也大大改变，黎映霖书记在一次会上说"最近一室的精神面貌有很大地改变"，这个评价对一室来说是难能可贵的，因为过去总批评一室落后。参加"四清"运动的同志回来后都感到 1965 年这年室内变化很大，苏瑞珍同志说，没想到我们参加"四清"运动不到一年，室内面貌焕然一新，全室把力量都集中到完成任务上来。

经过几年的研究，慢性放射病早期诊断工作在国内外已引起人们的极大关注。1973年贝先生访问东欧数国时，他提出要带去所里研究重大项目"长期慢性小剂量辐射对猴子的效应"。他回所后说，国外的放射生物学专家对长期慢性小剂量辐射对猴子的效应的研究评价很高，这项研究结果，对联合国卫生组织制定人类慢性照射允许剂量标准有重要的参考价值，对揭示慢性辐射损伤和恢复的机理有重大意义。1969年秋天，我从邢台地震区回所后，韩兆桂兴致勃勃地对我说：前几天我把军事医学科学院和国防科委的专家邀请到我所来，请他们参观我所的科学研究，他们对生物物理所慢性放射病早期诊断和提高辐射损伤耐受性的工作评价很高。有位专家说：有一次周总理出访巴基斯坦，要经过我国新疆核试验区，估计有残留的辐射剂量，外交部询问总理能不能安全通过该区。我们到处寻找资料，弄得我们很狼狈，最后做了模棱两可的回答，外交部很不满意。如果有你们这些材料，猴子用2.17伦琴/6小时/天照射，累计剂量达1000多拉德，各项指标均没有明显变化，那个问题就能很好地回答，"可以安全通过"。一室工作能有这么出色的结果，与你当时的组织工作是分不开的，你的贡献很大。我紧接着说：和你的领导也是分不开的。我听后也十分高兴，这是几年来第一次听到所领导对我在一室1964～1966年工作的评价，后来听说该研究项目荣获1978年全国科学大会奖。

四、组建"21号任务组"

1965年春，我国的原子弹实验成功已快半年了，生物物理所放射生物研究室是中国科学院唯一进行辐射效应和防护的研究室，但未参加核试验现场工作，相反生物物理所其他室有人参加，我向党支部书记刘纪兴提出此问题。刘书记说：你可找肖书记谈谈。后来我就去找肖书记，肖书记说：我问一下韩兆桂同志。没有几天韩兆桂同志就问我，你室有承担核爆炸对动物影响的试验任务的能力吗？我回答很坚决，我室有好几个党员，完全有条件、有能力承担此项任务。他最后要求我把准备成立组的成员名单送给他。后来我和室党支部书记刘纪兴同志商量就确定了名单，并由我负责组建这个组。组成人员由各组抽调，有张浩良、刘妙真、李玉安、陈锦荣、邢国仁、吴余昇（参加"四清"运动）等，后来把名单交给韩兆桂科长，韩科长把这些名单给保卫科进行审查，审查结果都合格。1965年5～6月的一天，韩兆桂要我和计划科一位同志去院新技术局接受"21号任务"。我心情非常激动，他也特别兴奋。到新技术局我们见到了谷羽局长（胡乔木同志的爱人），她说这是一项绝密任务，意义非常重大。"236"部队做急性辐射前期工作，你们做远后期效应。通过核爆炸的动物远后期到底怎样？这些都不清楚，国外的资料也找不到。

做这项工作的同志要有隐姓埋名和无私奉献的精神。回所后韩兆桂对我说，这是一项绝密任务，已经过所里党委研究，任命你为"21号任务组"组长，你的责任很重大。这项工作保密工作由渠敬轼负责，业务上你可和贝所长、杨福愉同志联系。后来所里又把党连凯和郭绳武两位同志调入"21号任务组"，1964年10月我国核爆炸时，郭绳武同志亲赴试验现场。

1965年7月，"21号任务组"正式成立，实验室和器材都是由室内各组调入，实验室利用徐凤早先生的实验室，徐凤早的实验室从化学五楼搬到新楼一楼，因他岁数大了上五楼也不方便。另外，我们还和昆明动物所协作，增加了三位同志，即陈宜峰、张成桂和宋继志。从人员数量和素质来看，这个组的力量非常强。"21号任务组"成立后，首先制订了实验方案，我把实验方案拿去请贝先生审阅，贝先生审阅后，非常高兴，他提了两点意见：①我所承担核爆炸实验任务是国家的一项重要任务，应当想方设法完成。②在饲养动物的过程中，一定要精心饲养，注意环境卫生。从贝先生对"21号任务"的指示看，他不但勇于承担国家任务，并且要我们想方设法完成。另外，我想他是所内一位运筹帷幄的人。想的、指导的都是所内的大事，使我惊奇的是他却想到动物的饲养和环境卫生。因核试验对动物远后期效应不是一天两天完成，更不是一年二年，是需要更长时间的。时间越长，实验的结果价值越大，如果实验动物因饲养不当和环境卫生不好，发生动物死亡，实验则半途而废，更谈不上要完成任务。从此看来，他非常注意实验中一些关键性的细小环节，如果这些细小环节失误，会使整个实验以失败而告终。

"21号任务组"成立后就进入了紧张的实验阶段，实验动物主要是大白鼠和狗，狗有10多条，开展实验不久（大约1月），我连续几天发高热不退，后来从中关村医院用急救车送到北医三院，经过治疗痊愈。紧接着党连凯高热，通过转氨酶化验，结果是阳性，大夫让他休假半年。不久又有刘妙珍、李玉安等同志陆续高热。韩兆桂过去在部队里曾做过军医工作，他敏感地提出这批动物是不是带有一种引发高热的病毒。后来，他建议对动物和实验室要进行一次全面的消毒。说起来他的建议还很灵，以后再也没有人高热。

1975年年底，因我的工作太忙，"21号任务组"的组长由吴余昇同志接替，1966年上半年因室内慢性放射病早期诊断工作已进入紧要关头，人多、情况复杂、牵涉面广，还有临床上的实验及矿区工作需要做，不但本室和三室参加试验，动物饲养室及二室（保证照射条件）也参加了试验。根据这些情况，党支部决定任命吴余昇同志为早期诊断组组长，张浩良同志任"21号任务组"业务组长，党连凯同志任政治组长。张浩良同志后来调入甘肃省防疫站工作，邢国仁同志任业务组长。

我离所后，据说参加此项任务的先后有上百人，工作将近20个春秋，顺利地完成任务，荣获中国科学院 1988 年科技进步奖一等奖。

作者简介： 伊虎英，男，研究员。1935 年生，1962 年毕业于兰州大学生物系生物物理专业，1962～1973 年在生物物理所工作，1973 年调入中国科学院水土保持研究所。曾主持"我国核试验对动物的后期效应"研究，该工作后获中国科学院科技进步奖一等奖。主持了"农作物辐射适宜引变剂量和提高农作物辐射诱变效率的研究"及国家"七五"、"八五"、"九五"和"十五"、"谷子高产、优质、抗病新品种的选育"等攻关项目。选育了"辐谷 1 号"至"辐谷 7 号"谷子新品种 7 个，其中，"辐谷 3 号"、"辐谷 4 号"均获中国科学院科技进步奖三等奖；主持了国家自然科学基金"牧草辐射诱变规律和低毒小冠花的选育"项目，首次提出了黄土高原约 100 种牧草的适宜引变剂量，为黄土高原的牧草辐射育种的适宜剂量提供了科学依据。并选育出两个牧草新品种——"西辐低毒小冠花"和"彭阳早熟沙打旺"，分别获中国科学院科技进步奖三等奖和宁夏回族自治区科技进步奖。发表论文 50 多篇，出版专著一部。曾任中国原子能农学会理事，陕西省核农学会理事长，陕西省核能学会常务理事等职。享受国务院政府特殊津贴。

戈壁风云——忆核爆试验现场生物效应实验和生活

郭绳武

中国科学院生物物理研究所承担"核爆试验远后期生物效应研究"任务始于1965年我国第二次核爆试验。我有幸接受组织派遣，赴试验现场执行任务。在试验现场受到的震撼、感动、鼓舞和教育，成为我青春活力的源泉。时过46年，回忆一些经历片段仍如昨日。

一、楔　　子

1978年，在我们祖国迎来"科学的春天"那令人激奋的时日，生物物理所在"我国核试验辐射的动物远后期效应研究"上取得的成果，获中国科学院重大科技成果奖，向全国科学大会献礼；改革开放10年后的1988年，该成果又被评为中国科学院科技进步奖一等奖。这是生物物理所的创建者老所长贝时璋先生极具战略眼光布局的成功，是从事放射生物学研究的近百科研人员奉献青春、坚持20年辛劳奋斗的结晶。

1958年，生物物理所成立之初，应国家核工业和国防建设的需要，在中国科学院率先开辟了放射生物学研究领域，开展了放射病的早期诊断及防护、全国放射性自然本底调查（包括高本底地区调查、放射性矿区调查）、放射性毒理学（内照射研究）、小剂量慢性放射生物学效应的研究、辐射剂量学以及辐射测量技术和仪器设备的研究。当时，我们的科研方针是"以任务带学科"，生物物理所在中国科学院的管理上归口新技术局，承担着与国家"两弹一星"有关的国防任务。可以说，生物物理所的放射生物学研究的最高目标就是为国家的核工业和核军备建设服务。现在它早已走完其壮丽、坎坷之路，我们可以自豪、无愧地宣称：生物物理所的放射生物学研究完满完成了祖国和人民所赋予的光荣历史使命，为国家作出了不可磨灭的、历史性的贡献。理应为中国科学院生物物理所感到骄傲。

1964年我国核爆首试成功，我们更加深切地认识到我们所从事的放射生物学科研工作与祖国的国防建设的密切联系，深受鼓舞。恰值此时，我们承接了国家下达的"21号任务"——赴核爆试验现场进行动物效应实验。在1965～1972年，我有幸受组织派遣前后五次赴核试验现场，三次完满完成任务（另外两次：一次因故、一次试验改期而无功返京），是生物物理所参试科研计划、实施方案制订和执行的主要参与者。也曾于 1965 年 5 月在现场执行任务中获授三等功（"8023"部队）。在所里曾三进三出"21 号任务组"，其实我的工作始终未与此项研究脱钩。

二、受　命

1965 年 2 月末，生物物理所的放射生物学二室党支部书记任建章同志找我谈话，交代赴核爆试验现场工作的任务，主要强调了三点：任务的重大而光荣；组织的信任与重托；严格纪律，绝对保密。当时，我大学毕业参加工作不到两年，又是一名刚刚入党的新党员，就幸运地承当如此重任，我意识到面前是难得的人生机遇，内心的激动与兴奋难以言表。我真切地感受到自身的脉搏伴随祖国前进的步伐一起协同律动。当任建章同志问我："你有什么问题和困难吗？"我顿时满腔热血，心中涌浮着一个鲜明而强烈的愿望：国家任务，无条件承当，献身奋斗，迎接考验，完满完成任务，决不辜负党的重托。

任建章同志告诉我，下一步找计划科长韩兆桂同志请示具体安排。韩兆桂同志同样严肃认真地谈到：组织信任，寄予厚望，国防任务，责任重大，无名无利，不能发表文章，要做无名英雄，党和人民忘不了你们。他要求我们到现场要放手干，多作调查研究，为开拓新的研究课题创造条件，奠定基础。同时表示：关于出差的各项需要、条件准备全所为之开绿灯；你们出差成功回来的那一天，所里会准备好立即开展实验研究的一切条件。

计划科的王荫庭同志负责此项目的具体管理，我们二人随即到院部新技术局找郝立德同志请示总体要求和安排。在杨福愉、李公岫两位老师的指导和王荫庭同志的具体帮助下，制订了我所首次参加我国第二次核试验现场生物效应的实施计划。我们的总体设计思想是将实验动物（大白鼠、小白鼠）带去现场，使它们在核爆现场环境中的各种不同条件下受致死剂量以下的辐照，但受照动物必须要存活下来。然后观测其身体出现的各种损伤变化，并将其带回北京开展全面的实验研究，研究的重心在于远后期的损伤变化。目的是更加全面认识核武器的杀伤力，为制定（战时、平时）允许剂量标准提供科学依据，为制订核战期间和其后的战略战术提供参考。

很快由生物物理所牵头，组成了以杨福愉老师为首，敖世洲（上海生物化学研究所）、张成桂（昆明动物研究所）和我参加的四人参试组。昆明动物所所长潘清华先生曾为此专程到北京拜访了贝时璋先生。其间，我们曾两次向所党委书记肖剑秋同志作汇报，听取他的指示。

接着由郝立德同志带领我和王荫庭一起到解放军总后勤部的"21 号任务"办公室（陈光明同志接待了我们）汇报参试计划，随后又到国防科委报告，均得到认可。同时又与我们即将加入的生物医学效应大队单位——军事医学科学院（"236"部队）联系，也算是报到，打通了组织关系和联系渠道，弄清了开展工作的环境条件。

三、准　　备

距预定的出发时间已不到两周了，很是急迫。我工作阅历浅，没有经验，按照计划中要求，我想象中的工作是何等庞大繁杂！时间紧使我的心情更加紧张，这是首次放我"单飞"啊，翅膀稚嫩而心志高远，以至于有些手忙脚乱，甚至担心自己能否胜任得了。但在各级领导的关怀支持下，在各方同志热情的帮助下，还是有条不紊地做好了所有准备工作。

实验动物的准备，得到动物房工人同志的热情帮助。特别是刘明聪同志尽量满足我所提出的各项要求，工作严肃认真，还主动、仔细地教我在特殊条件下照顾好实验动物应该注意哪些事项。最后，动物房的同志们努力克服困难，保质保量提供了大白鼠和小白鼠共数百只实验动物。

实验技术的准备，因不知现场究竟是个什么状况，凡想到的试剂药品我都要带着，需要做的测试指标都实际操演一遍，特别是有些我不熟悉的实验技术去，要向有关同志请教，并将实验操作步骤都写到本子上随身带去。

有关辐射测量仪器的准备和操作使用，得到张仲伦和卢绍婉同志的鼎力相助。当时，的确不允许我讲明要去干什么，又不能准确提出究竟有哪些具体要求。他们也都不说、不问，只是热情主动、仔细认真地教我安装、操作和简单的故障排除。有一天忙到快半夜了，他们仍然仔细、耐心地做着这可能使他们深感乏味的事情，实在使我感动。我想他们大概对我要去做什么有所猜测，所以对我的需要他们想得很是仔细、深入、全面、具体。为了工作，就此心照不宣吧。

四、旅　　途

3 月中旬，我们将所携带的试验动物、仪器设备等一应物品运到丰台军用仓库车站，随大部队乘军用专列前赴核试验现场。长长的列车由客车厢、大的闷罐货车厢（载有实验动物和仪器设备）和平板车厢（绑缚着吉普车、卡车）组成。我们乘坐的是 30 吨的"闷罐"车厢。一路走走停停，吃喝物品多由沿途兵站提供。每次停车我们都要去大的货车厢照顾携带的试验动物，喂食、打扫卫生。这样的火车生活经历了近10天的漫长时间，幸好我们车厢有好几位"故事大王"，话匣子一经拉开，犹如擂台似的对吹起来，讲了许多有趣的故事，我们和解放军同志们一起过得十分快乐。火车出塞外、穿河套、跨高原、越沙漠，行进在河西走廊，进入苍茫荒凉的戈壁滩……颇具"万里赴戎机，关山度若飞"的气概。这是我平生第一次如此远行，一切都是那么新鲜。我的内心深深体味着祖国辽阔广大，河山如此多娇！禁不住豪气充胸，油然升腾起激动的憧憬和兴奋的期待。

值得一提的是戈壁的风。一天夜里，车厢颠簸得异常厉害，感觉就要翻车了，还伴随有重重敲击铁皮车厢的刺耳声响，有些吓人。早晨，风住了，车停了，下车一看，车厢外皮满都是石头撞击的痕迹，车载汽车的窗玻璃全部被击打粉碎，这是昨夜的九级大风肆虐的恶果。"一川碎石大如斗，随风满地石乱走"，莽原飞沙走石，其情不谬。领略了戈壁走石，再来品尝大漠飞沙。有一天，途中下地夜宿帐篷，夜里大风又起，气温陡然下降，夜里有些寒冷，人也疲乏了，正好蒙头大睡。第二天早晨醒来，扒开被子一看，帐篷里满地只见厚厚的细沙铺盖，并无他物。随着人们一个个醒来，慢慢显出了被子的各色图案，人也从纱幕下钻了出来。大自然是多么诡谲奇妙！

离开进场大本营马兰，我们乘坐敞篷解放牌大卡车向厂区进发，行李平摆在车厢，大家就挤坐在行李之上。吃过晚饭天就黑下来了，该出发了，据说夜间翻越天山是很冷的，大家要求被"穿戴好，不要睡觉"。车队浩浩荡荡行驶在戈壁滩的搓板路上，开始大家还有说有笑，洋溢着翻越海拔3000米高度天山的兴奋心情。渐渐夜深了，慢慢感到凛冽的寒风在耳边呼啸。尽管我们头戴厚厚的毛绒军帽，身裹羊皮军大衣，脚穿毛皮大头鞋，面带罩盖全脸的大口罩，这时却似乎都失去了御寒效能，全身已是透心凉，好像"脑仁"都冷缩了。为了消除大家的睡意和解决内急问题，领队下达了停车命令。蜷缩的身体蠕动起来，除了冰凉僵硬已没有了其他知觉。有人说："大概气温已接近零下40℃，能觉得冷就没关系，男左女右活动一下就能缓解过来。如果没了冷的知觉，反而伸手摸什么什么热乎，就要出事了。"听他这么一说，我们才又有了瑟瑟抖动的笑声。

五、备战零时

我们在现场的序列编制是，生物医学效应大队第九分队，杨福愉同志任分队长，除我们四人外，下属还有中国科学院遗传研究所胡启德、刘桐华等五位同志、中国农业科学院的老魏等三位同志、上海生理所王泰安同志，郝立德同志也常驻我分队。14个人分住两间相连的半地窝子，睡地铺草席的通铺。整个效应大队生活、工作的驻扎地在孔雀河边被命名为"开屏"（核试验总指挥张爱萍副总参谋长命名）的地方。开屏中心有大队部、食堂、医务室，我们的实验室和动物房也在那里。我们的住处位于开屏东南隅，在孔雀河大转湾的弓背上，距开屏中心区约有500米远。与中国人民解放军军马研究所的队伍毗邻。

到了现场，我们的生活工作都是军事化的。我和成桂的主要工作有三个方面：饲养照顾试验动物（大、小白鼠），按照现场布放条件要求初步将动物分组。特别是选出足够数量的对照组动物，对它们进行全天候观测，反复多次采血涂片和进行血常规检测等；根据大队提供的资料、数据、条件到现场实地勘察、确定动物布放点；访问其他分队，学习请教、调查研究，收获颇丰，寻求到许多帮助。成桂早我一年参加工作，他的经验就多我许多，考虑问题比我深入、周到。

我曾犯过一个幼稚的错误。从布放试验动物到回收，约需20小时，受试动物能够耐受得住饥渴、冷热变化吗？我很担心，最后得不到足够数量的试验动物可怎么办？于是就凭主观想象做了一个小试验：一天早晨，我仿照想象中的现场布放条件，把一笼10只大白鼠放在室外空场，早饭后就去现场勘察和训练了。刚过中午回来一看，10只大白鼠全部被晒死，笼里的饲料和水不缺。取出温度计一测，着实把我吓了一大跳，距离地面10厘米左右温度竟高达近70℃，说在晒热的石头上烙饼或许是真的？我自忖自己处于这种情况大概也非死不可。不远千里从北京带来的10只宝贵的大白鼠活活葬送于我的无知和幼稚。我向领导杨福愉队长做了检讨，受到他的严厉批评。张成桂同志对我说："老杨可真厉害，你害怕了吧？"其实，我心里只有一个念头"但愿不会影响任务完成"。

在各项准备工作中稍感有些难处、记忆颇深的有两点：一是三天两头外出，出去至少要三五个小时、数百公里，乘的是解放牌大卡车，走的是搓板路。在车上坐不是、站不是，直颠得人"肝儿疼"，令人发怵。可是，成桂的乘车本领实在令我叹服：一上车他就靠车帮坐下"闭目养神"，不说话，车在飞驰，颠狠了，老兄干脆躺下来睡着了，任其半蜷的身子在车厢里打转。我想起来了，在来程颇为颠簸的火车上，白天张兄也常这样在车厢地铺上转圈徜徉于梦乡之中。还有就是头戴防毒面具、身穿防护服的回收行动训练。为了尽快适应这一身行头，不只要常做几个小时的行军训练，还不断练习数小时穿戴着干活，那种感觉确实很不舒服，甚至有时头晕、恶心，需反复多次训练方能慢慢适应。

1965年5月13日，"零时"即将来临。试验动物必须提前布放于受试地点。记得我们是在晚上完成动物布放的，由于事先都有周密安排，并进行过多次实战演练，分工明确，动物种类、数量、布放地点皆为既定，布放工作紧张有序、严格规范，很快顺利完成。我们的试验动物约为大白鼠350只、小白鼠200只，分组分别布放于坦克车、机窝、猫耳洞等武器装备和工事设施之中，那里都有辐射剂量的监测。

完成动物布放后，我就加入驻留前沿阵地小组，夜宿在一间不大的车库样的棚屋里。任务是守住电话，等待预定的零时是否有变，如核弹本身无问题，还要等待政治气候和天气条件的最后确认。那里没有电，没有灯光，刚好那天明月高悬，更加显出青天碧海的深沉和戈壁大漠的旷寂。静下心来，似可听到自己的心跳。细细体味，此地此时，此景此情，直觉得奇幻曼妙之极！我还记得当时从我心中涌出的歌。

【待命静思】

旷寂的戈壁，又是一轮明月，从黄昏的天底升起。

像是宇宙的眼睛，好奇地窥伺着沉寂荒凉的戈壁。

究竟发生了什么事情？死的世界有了虎虎生气。

风在呼啸，从何而起、去向何止？

一朵乌黑的云，飘来又荡去，

是留恋这个地方，还是产生了疑虑？

夜深了，夜凉了，电话沉默着，也无来车鸣笛。

想一想，再想一想，完全准备好了！

疲惫不堪的双眼，无可奈何地暂且合闭。

【梦里憧憬】

来临了，零时！响动吧，开天的霹雳！

青枝在寒冷和干渴中摇曳；等待啊，等待春雷吼动。

一切都在等待，暖流已在急切地升腾。

披金光，卷狂风，无垠的荒原孕育着天翻地动。

天泽广施，花蕾饱绽，青枝扬起。

直如一夜春风来，千树万树鲜花开，无穷的鲜花铺满大地。

这春雷卷起的飓风，带着万花的芳香，乾坤溢满了生气。

世界形势动荡，天下本无太平，哪里才有正义？

受奴役的人民已经觉醒，感召人心的是民族解放的大旗。

第三世界的朋友们，

为反抗压迫，消灭剥削，摆脱贫困，要革命，要奋争！

"毛主席惦念着这件事情"，中国是最可信赖的弟兄。

啊，戈壁滩上，不只有风沙烈日。

你看那红柳的天姿，骆驼刺的顽强，罗布麻的峭立，

这是生命的性格，革命者的精神，天道真理的象征。

暂且按捺住这过激的心情，且看这惊天动地的伟大惊醒！

六、核云腾空

　　1965 年 5 月 14 日是戈壁滩上一个不平凡的日子。天刚蒙蒙亮，我们零时前沿驻守小组没有回开屏大队营地，是在距离较近的其他单位的驻地吃的早饭，然后奔赴距爆心 60 公里处等待观看核爆烟云。这一天气象条件非常好，云淡风轻、一洗碧空如洗。我们站在一带隆起的高岗上遥望爆心方向，无边莽原无所见，澎湃脑海思无限。

　　为免遭核弹爆炸产生的光辐射对眼睛可能造成的损伤，在核弹爆炸那一刻大部分参观者（当时只能配发少数的可直视核爆景象的特别保护眼镜）只能转身背对爆心，闭上眼睛，待光辐射过后，听到转身命令时才能回过头来观看核爆烟云。在这一段时间的等待中，参观队伍人人神采飞扬，议论纷纷，洋溢着兴奋和期待的神情。九时左右，一架侦察机平稳地飞向爆心而去，气氛有些紧张起来了，不久传来高音喇叭的零时准备 30 分钟、20 分钟、10 分钟报时声。接着投弹机飞过头顶，我们转身背向爆心。很快令人震撼的"零，起爆！"声传来了。我实在抑制不住过激的好奇心，在没有听到转身的命令时，我就微微开启眼睑，但还是慢了，没有窥见从背后射来的那"比一千个太阳还亮"的亮光。转过身来看到了那空中翻滚、升腾着的云团，浓浓的烟尘里不断闪现殷红的火团。随后传来巨雷般的隆隆响声，这声响巨大、深沉、高远、持久、震宇空、撼心魄，在它的伴奏声中壮观的蘑菇云冉冉长成。

　　首先在爆后进场的是防化兵，他们为效应物的回收铺平了道路。我们约于下午二时进场回收动物，爆后回收比爆前布放进行得更为紧张迅速，在回收过程中看动物状况，已经感觉到我们会收到良好的试验结果。记得约午后四点时分，我们通过出场洗消站。在洗消站我们的大、小白鼠须经受"风吹雨打"，还好它们顺利通过了这种"考验"，我心想此后得要好好"照顾"它们了。

　　当天，我们连夜对试验动物进行了观测记录、采血涂片、血常规检测等。获得了现场实验研究的首批数据。

　　观看了核爆烟云，回收时又顺便"巡视"了现场一角，见识了原子弹的四大杀伤因素中三项的威力，的确是非同小可。看来"备战，备荒，为人民"是要准备大打、打核战争。第二次世界大战末期日本遭受美国两颗原子弹的轰炸，不妨说它那是"种瓜得瓜，种豆得豆，种下灾祸自遭殃"。我自小记事之时就曾目睹日本军国主义惨无人道的暴行，知道日本偷袭珍珠港、太平洋战争爆发；我在小学生开始懂事之时，知道了美国的第七舰队肆意在我国领海游弋，又发动侵朝战争，把罪恶的战火烧向我国大门口，极力阻扰我国的统一、发展；社会帝国主义的苏联对我国背信弃义……为粉碎两个超级大国的"核讹诈"、"核禁"大棒,我们必须要拥有核武器。毛主席说:"在现今这个世界上",要不被别人欺负,必须要有原子弹。原子弹要有,氢弹也要快……我们成功了!

七、大 力 协 同

一进入现场映入眼帘的醒目标语就是"大力协同,做好这件事情","一次试验,全面收效"。这是每一个进场人员所为之奋斗的目标——保证试验的完满成功。在这一方面,解放军部队做得最好,他们是我们执行和完成任务的支柱、靠山,给我们树立了光辉的榜样。

大队组织管理工作非常严格,生活后勤、条件保障一丝不苟,保质、保量、保时,完全是军事化。他们没有把我们地方分队看做外人,一视同仁。我们的驻地距爆心 200 公里,对我们需要的动物布放条件,他们多次安排我们现场勘察,直到完全确定。对我们需要布放动物的设施物品,充分供应。对我们的人员、工作都尊重有加,重要会议都请我们杨队长参加,重要情况、信息都能及时传达到我们每个人。

部队的同行都很了解我们所做"远后期效应"的重要意义。但我们自己没有携带大型的试验动物,当我们表示对于各种条件下的受试动物(狗)有兴趣,最好接下来能开展大型动物的远后期效应实验研究,随即得到了大队领导、各分队同志们的大力支持。特别是防护分队队长刘德同志,主动找我们仔细了解、并具体交流关于远后效应的设计思想,按照彼此的共同认识,在不影响他们的试验安排的情况下,尽可能考虑适合我们将来研究工作的要求条件,特意安排了一些健康状况良好的狗布放在辐照剂量适当的试验点。同样,其他各分队也都表示,在最后处理存活下来的狗时,我们可先去甄选。最后,我们从防护分队那里接收了有完整档案的6 条受试狗并带回了北京。

卫生部系统单位同志们为第八分队。周振英同志(华北工业卫生研究所)1964 年就到首次核爆试验现场参试,他热情地向我们介绍了不少好经验,对我们很有启发。就是从他这里我们获知,可能尚存有 4 条前一年首次核试验受试狗,这一信息使我们感到振奋,我们虽未参与首次核试验,但却可以得到首次核试验受试狗这一极其宝贵的、仅有的试验动物。通过组织核实后,张成桂同志一刻也不放松,积极、认真地经多方联系,终于找到了这 4 条狗,并带回北京。这样我们就拥有了我国第一、第二两次核试验现场受试狗的宝贵实验研究对象,使我们得以获取许多核试验动物远后效应的重要科学数据。

在现场紧张的日子里,我曾患病连续高热三天,住进了医务室病房(标准水泥砖木结构的一排平房），不仅自己的工作停了下来，还影响了战友们的精力和时间，为此我颇感歉疚。就在我发热昏迷过程中，周振英同志多次看望，还给我留下在戈壁难得的橘子罐头。在不长时间的接触、交往中，我们建立起纯真的同志情谊，成了相知的朋友。后来，我们讨论到科研的议题时，共同认为在我们的研究工作中，关于"DNA"、"染色体"辐射损伤方面值得重视。回到北京我对染色体和DNA辐射损伤进行了具体学习，做了一些探索；振英同志则在染色体方面做出了不少出色的研究成果，成为这方面的专家，此是后话。

我和成桂是最后一批撤场的。只有我们带着活的试验动物撤场、回返。回京所乘并不是军用专列，而是在货运列车中加挂几节武装押运车厢，列车调度已事先安排好甩车、挂车的地点和时间（细节已记忆模糊）。一路上与荷枪实弹、全副武装的几位战士有说有笑，相处十分融洽。虽然旅途时日拖得较长，还要照顾动物，很是劳累，但却是满怀得胜的喜悦心情归来的。

八、战 地 苦 乐

在开屏的军旅生活一直沉浸在"团结、紧张、严肃、活泼"的氛围之中。我们是崇尚革命英雄主义的一代，从学校走向社会，真心希望"到祖国最需要的地方去，到艰苦的边远地方去"，为党、为国家建功立业。或许，在戈壁滩生活、在开屏工作、执行国防任务，这些正是我所向往的境界。所以，我心里并没有太多顾及到艰苦，而是乐观地勇往直前。

孔雀河的水不能食用，只可以用来刷牙洗脸，吃的水是从百公里外运来的甜（不太苦）水。戈壁气候极其干燥，如洗衣服，从水里把衣服拎起来搭在晾衣绳上，不再滴水衣服也就干了。人经常干得嗓子冒烟，还时常流鼻血。特别是爆前几乎天天外出，一去就是数百公里，三五个小时，一个军用水壶的水都嫌不够喝。为了压住苦涩的口感，开始我在水壶加白糖（食堂提供）造成甜水，口感好了，肚子却不舒服了，于是不再去加糖，过些日子也就不觉得水苦了。记得五一节食堂会餐庆祝，"餐桌"摆上了不少红葡萄酒（当时6角8分钱一瓶的那种），那时我还未学会喝酒，这次张嘴一喝，感觉味道好极了。在会餐结束时，我收集了满满一大水壶红葡萄酒，在其后半个多月里我就可时不时享受这世间最美的饮品了。

孔雀河对岸是一大片河湾滩地，野草、芦苇、红柳、罗布麻，还有四处延展开来的骆驼刺等灌木杂草颇为茂盛，这里有苍蝇蚊虫孳生，也是野兔的家园，小群的黄羊时来觅食饮水，饿狼也时常光顾，确实构成了一个小湿地食物链、生态圈。我就碰到过狼。一天黄昏，我吃过晚饭，独自一人最早回到宿舍，猛然看到一只壮硕的大灰狼正在军马房门口游荡，我下意识地猫腰捡起一块"土坷垃"怒对着它，它却似乎无意与我对峙，不紧不慢地掉头走去，我想它毕竟怕我，于是胆子大起来，先是投出土块，接着抄起一把铁锹追了过去，它并不远遁，却在离我不到30米远处两眼直勾勾对着我，低头逡巡于长有杂草的小土丘间，我倒犹豫了，不敢进又不能退，僵持住了。恰在这时，军马分队的郝革政同志回来了，大灰狼掉头消失在茫茫的土丘群里。郝革政同志告诉我说，这东西天天夜里来，我们早有防备，不用害怕。

　　戈壁滩的蚊子是异常凶悍的，24小时全天候咬人吸血。光天化日下都不让人顺当地如厕，弄得人大不方便。晚上在广场开个大会或是看场电影，更是要头戴防蚊罩，身穿长袖、长裤衣服，最好把袖口、裤脚结扎起来，凡皮肤裸露的部位都擦上防蚊油，即使这样还是防不住它的穿布叮咬。不过在刮风天蚊子销声匿迹不出来，夜里可睡安稳觉。由此，人们常常不喜欢刮风，又希望有风。

　　这里吃盐倒是很方便。跨过孔雀河湾那片小湿地，有一个小盐湖，面积不大，估计不到1000平方米，水只有平膝深浅，平平的湖底铺满晶莹洁白的氯化钠结晶，平静如镜的湖面映射着耀眼的光华，多么美妙的大"盐罐"！盐层还是很深厚的，我们用铁锹满满装了一推车运回去，就足够用了。

　　抬头环顾小盐湖的四周，映入眼帘的是数不清的焦褐色树干，高高低低，疏落绵远，默默矗立，令人震撼。当我意识到这就是出产我们住的地窝子顶棚横梁的"原始森林"（或许这就是旱而不死、死而不朽的胡杨林?）时，不免感慨万千，生出一些伤感来。沧海桑田，沃野荒原，过去已然，今后何堪！

　　在紧张的工作间隙，开屏还开展了体育比赛和联欢文艺演出。重在参与，我参加了羽毛球比赛，还扮演了《智取威虎山》中的少剑波，由于唱不好，不会表演，还闹出了笑话：我穿着军装，腰里皮带挎着真的手枪（当然没装子弹），一上台就有些发懵，不知手往哪儿放，右手一直按在手枪的皮套上，台下就议论开了："少剑波要发火拔枪了"，"手枪不会走火吧"，"少剑波对李勇奇有怀疑了"。晚会结束后还有人开玩笑对我说："少剑波的警惕性实在是高"。

九、戈壁遗恨

　　我们小分队的同志都已撤离，只留下我和成桂，因为要收集、清理并安排押运即将带回北京的试验动物。这段时间，有了一点闲暇。一天，艳阳高照，燥热无风，看着平缓的孔雀河水，我和战友成桂都满怀对它的深情，想去畅游一番。于是，我们向上游走了约一公里的路程，远离了驻地，那里河岸平缓，沙滩成片，河水清澈见底。抬头青天湛蓝，四顾大漠连天，我俩就像是雀跃于天地之间的小精灵，脱光衣服径直投入孔雀河的怀抱，忘情戏耍，完全融入了大自然之中，好不痛快!

正当我们淋漓酣畅尽情戏水之时,突然发现,远远的营房聚集处不少人急速地向下游我们的住处方向跑去。我们判断出可能有情况,匆忙穿好衣服也往回跑。我们看到众人围成圈,默默地看着圈中几位高级医学专家又是按摩心脏、又是嘴对嘴呼吸,紧张地抢救溺水的郝革政同志,一直没有取得明显效果,只有他的股动脉还在跳动,专家们已无力回天。这一重大的不幸事件令人极其震惊、无限悲痛。原来,我们的邻居长春解放军军马研究所分队的同志们也未撤离,他们在驻处附近河湾水较深的地方下水。郝革政同志不太会水,战友们不忍他失掉亲近孔雀河、享受大自然的良机,紧紧拉着他的手,簇拥护卫着他,打算横跨河水到对岸草地。孰料这里虽水面平缓,但河湾陡转,深水下面的涌动却着实凶险。稍一疏忽,郝革政同志和战友们脱手了……

郝革政同志在此次任务中荣立三等功。他是个威武又儒雅的军官,肩章一杠四星——大尉,一米九高的大个子,温文尔雅的长脸,黝黑的面孔透着刚毅,一副普通的近视眼镜架在高高的鼻梁上。因是对门邻居,我经常和他碰面闲谈,记得他给我看过随身携带的家庭照片,他有一位漂亮贤惠的妻子和一个活泼可爱的小女儿。在肃穆悲痛的追悼会上,我注视着郝革政同志的遗容,无法抑制悲痛的眼泪。郝革政同志,我难得一遇的好战友,永别了。至今郝革政同志和善的微笑、简短清晰的谈吐,一直驻留我的脑海。

十、戈壁抒怀

在核试验现场不平常的经历,所见、所闻,时时事事都令我激动不已,有用歌唱以抒怀的感觉和冲动。境界不高、声韵欠美的几首小诗却是我真实感受的流露,下录四首。

【戈壁风光】

茫茫戈壁滩,乱石铺地不平坦。冰河史造大河川。

簇簇干草白,骆驼刺团团。

极目望,地接天,地苍莽,天湛蓝。

烈日炎炎,大漠孤烟,拔地冲天,谓龙卷。

天变脸,云遮日;微风凉,雷声高远。

骤惑来急雨,数可千万点。

大风起,云消散;飞沙走石,地暗昏天。

河川山丘都不见,何凶悍?

茫茫戈壁滩,风光独特内河边。

灌木杂草绿，土丘连一片，黄羊野兔好家园。

原始大森林，风化成硅碳；

澄澈亮白小盐湖，正可取食盐。

有水有土，滋润生缘。

夏日炎炎，蚊虫四窜，刺入肌肤死不还，真讨厌！

筑土屋，在河边，取水方便，何论苦咸。

早穿毛衫，水犹寒。夜晚蒙头被里钻。

太阳出，热浪冲天。昼夜炎凉如四季，温差六十三！

【卜算子】 开屏赞

孔雀岸边栖，沐浴天山水。怎奈砂石大漠风，无语终年泪。

深浅水咸甜，生命泽恩惠。红柳含苞欲吐珠，正待开屏会。

【浣溪沙】 我们新疆好地方

雪盖天山蓄水源，绿洲牧场是家园，伊犁哈密吐鲁番。

铁路长驱穿戈壁，热沙滚滚到天边，中华儿女竞先先。

【忆秦娥】 戈壁新姿

风砂劲，荒滩万顷终年恨。终年恨。炎炎烈日，鬼神难近。

天山开路高千仞，赢得戈壁威名震。威名震。腾空一弹，破它核禁！

十一、后　记

赴核爆试验现场开展生物效应研究工作，已经是 46 年以前的事了。那时，我还是一个不谙世事的"三门干部"，岁月的痕迹本已淡漠，脑中的记忆只剩下零星的点滴。然而，对于我个人来说，这件事情毕竟算得上"惊天动地"，的确它是我的青春天地，在那风起云涌又色彩斑斓的年月，我从事这件事情度过了自己的青春。当时，这是件绝密的国防科研任务，为了国家利益，对参与人员的保密要求是极其严格的，要求做到上不告父母，下不告妻儿，"看在眼里，记在心里，烂在肚子里，带到棺材里"。我谨遵这一戒律，未敢越雷池半步，时至今日解密了，"现在可以说了"。然而，因档案几经辗转，保险柜中我个人的笔记、材料散佚，再无从寻觅，只靠"烂在肚子里"的东西又如何能挖掘出完整的回忆呢？

实在地说，偶尔脑海中也会泛起记忆的涟漪，但从未想到过写些什么。应所里多次要求，特别是江丕栋、蔡燕红、胡坤生、沈恂诸同志盛情相约，心知此事不只是关乎个人，再无推脱之理。苦苦回忆，虽激情犹可重现；动笔写来，实凭虚爬格维艰。我所能写出的充其量只不过是相当于核爆腾空烟云中一粒微尘罢了，未敢奢望其可读可鉴。

作者简介：郭绳武，男，生于 1939 年，1963 年毕业于中国科学技术大学生物物理系。同年分配到中国科学院生物物理研究所，至 1986 年，一直从事放射生物学研究。1979 年为助理研究员。先后曾担任课题组长，研究室业务负责人，研究室兼职党支部书记等职。发表学术论文四篇。1977 年作为代表参加全国自然科学规划会议，执笔完成全国放射生物学学科规划。1984～1987 年担任北京生理学会理事，1986～1989 年担任中华医学会辐射医学与辐射防护委员会委员。1985 年受聘于中国科学院职工科技大学先后两期讲授细胞生物学课程。1987 年为副研究员，同年担任生物物理所科技处处长，所学术委员会委员、秘书。1988 年作为主要成员之一，"我国核试验早期核辐射损伤远后生物学效应研究"成果获中国科学院科技进步奖一等奖。1988 年 10 月调任中国科学院教育局留学人员处处长。1991～1994 年任中华人民共和国驻美国大使馆教育参赞处第一秘书。1994 年 11 月任中国科学院教育局综合处处长。为 1995 年、1996 年《中国科学院年鉴》撰写"人才培养与队伍建设"章节；为由国家教育行政学院主编的《教育行政全书》撰写"中国科学院教育局"章节。1999 年退休。

深入铀矿山，为改善矿区环境安全和矿工的健康服务

沈　恂

铀矿的开采、铀的提取和精制是核工业的重要组成部分。1960 年，由于苏联专家撤走并带走有关资料，迫使正处于投产前夕的我国重点铀矿山和铀水冶厂（我国把铀的提取与精制厂统称铀水冶厂）不能顺利投产。当时，我国正在加紧原子弹的研制，急需重点铀矿山和铀水冶厂提供足够的可供生产浓缩铀的八氧化三铀和六氟化铀，为此，二机部和中国科学院于 1961 年 9 月成立了以二机部部长刘杰和中国科学院党委书记张劲夫为首的五人协作小组，专门协调"三矿一厂"（三个铀矿、一个水冶厂）的采矿、选矿、化学冶金方面的研究攻关工作。中国科学院化冶所为此成立了铀采矿研究室、选矿研究室、铀水冶研究室和五个铀矿分析化验小组，建立了岩石力学、爆破、凿岩、放射性选矿、浸出、离子交换、溶剂萃取、铀化合物纯化等实验研究。1964 年，国防工办和中国科学院又指示生物物理所组织科技人员深入矿区，解决矿区的环境安全和矿工反映的健康问题，为稳定和促进铀矿生产发挥作用。为了解决这些问题，生物物理所放射生物学研究室和生化研究室先后组织科技人员三次下到矿区，展开放射性环境和矿工的健康调查。

一、三次下矿的概述

1965 年 10 月，生物物理所组织了第一批去江西上饶地区二机部"713"铀矿的铀矿矿区调查小分队，由黄芬带队，根据回忆，参加第一批下矿的人员有放射生物室的程龙生、伊虎英、陈去恶、邬菊潭、赵克俭、张仲伦、吴余昇，周启玲、李玉环、钱铭娟，生化室的赵云娟，四室（即仪器室）的李向高、卢景雾。下去的主要任务是实地考察检测矿区的放射环境，对矿工身体健康状况进行调查，检验当时小剂量放射生物效应研究确定的病理和生化指标是否符合矿工健康状况分析的实际，这次下矿调查大约持续了一个月。

第二次铀矿矿区调查时逢"文化大革命"高潮的 1966 年 8 月，去的仍然是"713"铀矿，由杨福愉先生带队，据部分参加此次调查的同志回忆，参加这批矿

区调查的有放射生物学研究室的万浩义（后调任四川省卫生厅副厅长）、陈小衡、邹菊潭、纪极英和生化室的黄有国、李金照，张克，陈燕、孙珊等。这次矿区调查是"慢性放射病早期诊断"研究任务的一部分，当时认为"慢性放射病"是一种全身性疾病，缺少特异的诊断指标。在此情况下，要求找出早期诊断指标，从关怀从事放射性工作的职工健康来考虑是可以理解的，但在诊断问题尚未解决的条件下，就要求找出早期诊断指标并作为任务下达似乎缺少应有的科学分析与论证，但在当时的政治气氛下很难提出质疑的意见。从 1965～1966 年两次下矿调查结果来看，"713"铀矿工人健康不佳，但主诉症状较多，客观指标缺少特异性。而且矿内危害健康的因素还有粉尘、氡、铀中毒等，最主要的还是健康欠佳的工人还没有超过允许剂量的接触史，因此没有一例被确诊为"慢性放射病"。

第三次铀矿矿区调查正处于"文化大革命"中向高等学校和科研机关派遣"工人阶级毛泽东思想宣传队"（简称工宣队）的 1970 年夏，当时，"极左"思潮大泛滥，毛泽东发出了知识分子必须"接受工农兵的再教育"的"最高指示"，生物物理所大批研究技术人员下到"五七干校"改造世界观，放射生物学研究室剩下的人员在所"革命委员会"的指示下，再次组织科研技术人员去江西抚州地区的二机部"721"铀矿进行调查研究，与前两次不同，这次下矿的主要任务已经变成了接受工农兵的再教育，同时，开展矿区环境（包括空气和水）放射性监测和矿工的体检和健康评估。这次下矿由刚"解放"不久的原研究所业务科科长韩兆桂带队，蔡维屏任副领队，全队分为两个大组：剂量组和生物效应组，剂量组成员有：蔡维屏、沈恂、马海官、何润根、蒋汉英、马玉琴、路敦柱、王锦兰、陈玉敏和严敏官，由蔡维屏任组长；生物效应组成员有方志国、李玉安、苏瑞珍、陈小衡、杨磊（后调至中国科学院成都生物研究所）、傅亚珍、徐国瑞和刘鸿喜，由方志国任组长。这次下矿从 1970 年 6 月起至 1971 年 4 月止，历时近一年，可谓空前绝后。

二、为矿区的放射性安全和矿工的健康服务

由于我参加的是第三批赴江西"721"铀矿的小分队，所以着重回忆一下生物物理所放射生物学室的科技人员在"721"铀矿矿区的工作和生活。那是一个疯狂的年代，知识分子成了"臭老九"，从北京市工厂派来的工人师傅成了研究所的各级领导，科研工作基本上处于停顿状态，"反修防修"成为国家的头等大事，"斗私批修"则是每一位科技人员的主要任务，学校停课、工厂停工，农民只能在人民公社的生产队里挣少得可怜的工分，毫无积极性可言，还要不断地"割资本主义尾巴"，人民的生活极为艰苦，食品和日用品按票证供应。但是，即使在如此的苦难中，中国人民仍然在承受着，中国的知识分子仍然心系祖国，我们这些从事放

射生物学研究的科技人员仍然想着为造出自己的原子弹、为建设自己的核工业贡献力量，那是一种多么崇高的精神境界。虽说"接受工农兵的再教育"是谁都不敢反对的政治口号，但整个小分队仍然在业务上做了精心的准备，生物效应组的同志准备了各种可能与小剂量生物效应和慢性放射病有关的血液、生化和病理指标及检测方法，监测矿区和矿井下矿工可能接受的内外照射剂量的同志，做了大量的文献调研，携带着放射性粒子计数器、空气中放射性气溶胶过滤器，奔赴"721"铀矿。

考虑到矿井下除 γ 射线对矿工造成的外照射外，氡气是造成矿工体内内照射的主要危险因素，我从文献上得知：测量氡子体 α 潜能或潜能浓度可能是估计和评价吸入氡子体引起的内照射剂量及其危害的重要物理参数，所谓氡子体 α 潜能（radon daughter α potential energy）是单位体积空气中氡短寿命子体完全衰变为铅-210（RaI）所释放出 α 粒子的总能量，常用的 α 潜能浓度单位为兆电子伏/升，在铀矿井空气中，α 潜能浓度通常用工作水平（WL）来表示。所谓一个工作水平是每升空气中任意组成的氡短寿命子体衰变时释放出 $1.3×10^5$ 兆电子伏的 α 潜能值。放射性浓度为 3.7 贝克/升的氡及其短寿命子达到放射平衡时，其子体衰变所释放的 α 潜能值为 $1.3×10^5$ 兆电子伏，即相当于 1WL。用氡子体 α 潜能估计吸入氡子体引起的内照射剂当时在国际上也刚刚开始研究，国内尚处于起步的阶段，由于山西太原华北辐射防护所（当时称二机部七所）是最早开始研究这种方法的单位，我和何润根还在下矿前专门去太原七所"取经"，向七所的有关技术人员学习请教。在矿区，我们用空气过滤器收集井下的氡子体，然后在我们自己临时建立的实验室里用 α 粒子探测器测量收集的氡子体衰变的 α 粒子数，通过计算得到氡子体 α 潜能，我们就是这样精益求精地想方设法解决了井下氡气对矿工可能造成的内照射剂量的估计和评价。马玉琴、路敦柱、王锦兰、陈玉敏和严敏官则在矿区的各处（包括生活区、工作区）采集饮用水和污水，同时收集矿区职工和居民食用的蔬菜和稻米，对前者进行蒸馏浓缩，对后者进行灰化处理，测量其中的放射性，计算水、蔬菜和粮食里的放射性浓度，坚持长期和持续对环境放射性污染进行监测。

生物效应组的同志一到矿里，首先建立起病理和生化指标检验实验室，虽然十分简陋，但却非常实用，他们连续几个月白天为来自各个矿井的矿工兄弟抽血化验、量血压和问诊，晚上进行数据处理分析，受到工人们的欢迎。由于矿区比较分散，大家经常冒着南方的酷暑和骄阳，背着沉重的化验器械，走几里山路到不同的矿工居住区为矿工体检，十分辛苦，他（她）们发扬了一不怕苦、二不怕累的精神，出色地完成了全矿区工人的体检任务。

三、与矿工一起下井，跟班劳动，接受工人阶级的再教育

这次下矿的一项重要任务是接受工人阶级的再教育，落实任务的措施就是与矿工们一起下井采矿。当时小分队规定，我们每周必须跟班下井三次，女同志也不例外，每个人固定在一个班组，每次与矿工们一起干完一整班。当时矿区各矿井都实行四班倒，每班工作6小时。我们也和矿工一样，下井前，换上工作服，领一盏矿灯带在头上，乘升降机随同班组矿工下井。我们一般承担出渣（即放炮后在矿巷工作面将爆炸出的大小不一的矿石用人工铲到矿车里）和推矿车（即将矿石沿铁轨从工作面推到井口，然后由升降机运到地面），男同志主要与矿工一起出渣，女同志则主要负责运送矿石，矿工们则负责打眼、埋炸药和放炮。工人师傅们对我们相当照顾，危险的工作都由他们承担，我们在工作中与他们建立了深厚的感情，也从他们在井下艰苦的劳动中所体现的"一不怕苦、二不怕死"的精神里学到了很多，我们也在这样艰苦和危险的环境里锻炼了自己，想到自己能为祖国生产出更多的铀、造出更多的原子弹而感到无比光荣。记得有一次，我和矿工师傅们放炮后出渣，突然一块一米见方的巨大矿石由于爆破引起矿巷顶棚松动而坠落，巨大的声响让我本能地躲闪，回头一看，出了一身冷汗，这块巨石竟然擦着我的后背掉在地上，矿工师傅们也都吓坏了，看看我没事，才松了一口气。这次冒顶坠石让我实实在在地体验到矿工们工作的环境有多么危险。我们在矿区与工人们同吃、同劳动的那几个月，几乎每个月都有矿工在井下牺牲，每个月在"721"铀矿都要开追悼会，纪念为祖国的原子能事业牺牲的与我们一起采矿的工友。现在的人可能不理解当时的情况，想不到我们这些知识分子也能有如此大无畏的精神。除了当时"文化大革命"的政治环境所宣传的政治口号"一不怕苦、二不怕死"的影响外，中国知识分子的使命感和责任感也是我们能够面对艰苦、面对危险的重要原因。值得一提的是我们下矿小分队的女同志们，她们虽然孱弱，过去从未干过重体力活，但还是和男同志一样，下井与矿工一起工作。要知道，即使在当时那样一个"极左"路线盛行的年代，国家也是不许女人下井挖煤挖矿的，我们下矿小分队的女同志们之所以这样做，除了当时的"极左"思潮作怪外，还是中国知识分子的使命感和责任感在起作用。

由于时间的久远，下矿时很多感人的人和事已经记不起来了，但是有一点是忘不了的，那就是生物物理所的从事放射生物学研究科技人员的那种为了国家、为了事业忍辱负重、积极向上的人生态度。我们现在都已年老退休，回想那个时代，虽然工资很低，很多人住在集体宿舍或挤在一间小屋，但工作热情非常高涨。在矿区为工人的健康服务，在矿井下为了给国家多产一锹铀矿石，从内心感到欣慰，我们不感到后悔，因为那段艰苦而难忘的岁月丰富了我们的人生，让我们更加珍惜今天的美好生活。

作者简介：沈恂，见本书 19 页。

追忆恩师徐凤早先生

樊 蓉

徐凤早先生，昆虫学、放射生物学家。1905 年生于
江苏省六合县。1931 年毕业于中央大学生物系。1937
年获比利时鲁汶大学理学博士学位。回国后，先后就任
西北大学、西北大学农学院、四川大学、同济大学、复
旦大学教授，中央研究院动物研究所副研究员。1950～
1954 年服务于中国科学院昆虫研究所任研究员。1955
年调任中国科学院上海实验生物研究所，从事细胞形态
学研究工作。1955 年 10 月随贝时璋先生一行调来北京，
在当时称为实验生物研究所北京工作组工作，任务是在
贝先生领导下，筹建中国科学院生物物理研究所。徐凤

图1 徐凤早

早先生经历了筹建生物物理所的全过程，为之付出了艰辛的努力，是生物物理所建
所的元老、功臣之一。徐凤早研究员还是新建生物物理所第一研究室（放射生物
学研究室）室主任。徐凤早先生在昆虫感觉器官结构和形态学方面发表过多篇论
文，其中昆虫感觉器官结构形态图形至今仍为国外同行所引证。在电离辐射对人类
和猕猴等动物骨髓细胞和生殖细胞的影响研究中，发表论文多篇，其中用骨髓畸形
分裂细胞百分数估计辐射剂量，对放射病早期诊断很有帮助，所做剂量效应曲线在
世界上为首创。

在我的记忆中，徐先生个子不高，但透着坚韧、精干的气质。每天早晨上班
时，手里总是提着一个很大的热水瓶，后来才知道徐先生非常喜欢喝茶水，每天都
要喝一热水瓶的水，但他从来不麻烦别人打水，都是自己打好水带到实验室。他对
工作、对事、对人总是以严格、严谨、严肃的态度来要求，作为在徐先生身边的工
作人员，我们深有体会。

一、我研究工作的启蒙良师

我是遵照组织分配到徐先生实验室工作的。记得到实验室报到的那天，我背着

书包，怀着忐忑不安、十分紧张的心情敲门走进徐先生实验室，实验室有48平方米那么大，实验室内除徐先生外仅有一位同志在。我径直走向徐先生办公桌，先问了一声早安，我说："我叫樊蓉，是组织上分配我来您这里工作的，我今天来报到。"徐先生看了看说："你的情况我知道。你知道我们是搞什么研究工作吗？"我回答说："是搞猕猴骨髓细胞的形态学研究。"徐先生说："你讲的也对，也不对。先给你两本书看看吧。你的工作过些天再安排。"徐先生拿出一本《放射生物学》、一本《血液学细胞图谱》递给我。我就坐在靠西墙的大桌边，虽然离徐先生不近，但却是面对面，这让我很紧张。那时也顾不得许多了，赶紧看书吧！快到中午时分，外出做实验的同志们陆续回来了，实验室内增添了生气，我的心情也随之放松了一些。

徐先生每天上班后，都会坐到摆放在南面实验台上的一架专用显微镜前，全神贯注地观看骨髓涂片，那时，组里承担了急性放射病早期诊断的研究任务。徐先生组主要从事"猕猴骨髓细胞染色体畸变率与剂量效应的关系研究"、"X射线局部照射对猕猴骨髓细胞的损伤效应研究"、"猕猴骨髓细胞损伤的远期效应研究"等工作。这些研究工作都是在显微镜下进行观察研究的。每当徐先生看到了一个特殊分裂的畸变细胞，就会叫身边的年轻人过去观看，要大家认识这样的畸变类型。

每天，大家分头去给猴子照射、取骨髓做涂片、染色后进行观察，有时要取组织做石蜡切片，观察组织学变化。一天，我突然看到在徐先生专用显微镜旁边放了一台像座钟一样的古老显微镜，徐先生向我招手说："樊蓉过来，经过这一段时间，对组里的工作是否有了些了解？今后你就用这台显微镜来观察骨髓片吧。"我既兴奋又紧张，兴奋的是，我有机会直接投入研究工作得到更多的知识，紧张的是，就坐在徐先生身边不知该如何做好一切事。总之，是要努力认真地学习吧。此后，每当我观察到比较特殊的细胞或是畸变细胞，都要请徐先生鉴定一下，纠正我观察、判断上的错误。每当徐先生看到具代表性的细胞分裂类型或畸变类型，也都叫我过去仔细观察、认识、掌握。经过这段培训，使我较好地掌握了骨髓细胞分类；熟悉各种畸变细胞的类型。在工作中徐先生给我讲解了组里承担各项研究工作的目的、意义；实验设计的指导思想；为什么要选择这些指标；要想达到实验目的应选择什么样的技术方法；这些技术方法的关键要点是什么；在操作过程中，应特别注意的地方是什么等。总之，在这段工作中所得到的培训，使我深深地感到，这样德高望重的老先生，在对待年轻人的培养、锻炼上是那样的热心、专心、认真且不厌其烦。

二、特设小灶给我补习英语

在学校时我学的是俄语，但到工作岗位后，所看文献多是英文，因工作需要，我自修了一些英语，其水平之差是可想而知了。当时急于想补习英文，那时很少有英语补习班，而且也没有条件去学习。我父亲英文很好，他决定帮助我，给我买了一套英语教材唱片。那时没有录音机、录音带，只是用电唱机放那种黑胶木似的唱片，有这样的条件已经是很好了，可惜，父亲因工作关系，每两周才能回家一次，所以学习进度非常缓慢。有一天，徐先生知道这种情况后说："如果下班后，晚上不需要加班的话，每天下班后用30分钟，我来教你英文。"当时，我真不知道该讲什么好，内心感到无比温暖。老先生能像父亲似的关心年轻人，我只有暗下决心好好学习、努力工作。现在我能用英语简单地交谈，也能查阅相关文献资料，这些都与徐先生的启蒙教导分不开。

三、以身作则教我严格、严谨、严肃搞科研

记得那是一个星期日的早晨，我还没有起床，忽然听到住在中院的母亲在喊我说："徐先生来了！"我吓了一跳，猛地窜下了床，稍加修饰赶紧迎了出去，这时，徐先生已被母亲领进了后院。我很诧异，因为我知道，徐先生正在和平宾馆参加"放射生物学年会"并有专题报告，怎么会这么早来找我?！请到客厅落座后才知道，明天一早徐先生要做专题报告了，但论文中有一个实验数据，徐先生认为需要重复，因为我家离和平宾馆最近，所以来找我，让我马上到中关村补做实验，然后将数据送到和平宾馆。送走徐先生，我立即赶到中关村做了实验，直到晚上才把数据送过去，徐先生看了很满意，我悬着的一颗心也放下了。

在几年的共同工作中，我看到并体会到徐先生对科研工作认真、严格、严谨、严肃的工作作风。他对研究课题的总体设计思路、所采用的实验技术手段和方法、所依据的参考文献等都本着"三严"精神来对待，他对每个细胞、每个数据、每篇论文都是那样的斤斤计较、一丝不苟。他对年轻人的培养教育是那样的真心实意、认真负责。现在回忆起当年的一切，仍历历在目，印象极为深刻。徐先生对我的教导和培养，使我在其后的工作中受益匪浅、受用终身！感恩徐凤早先生！怀念徐凤早先生！

作者简介：樊蓉，女，1941年5月生，湖北恩施人，毕业于中央电大化学系。中国科学院生物物理研究所研究员、国家执业药师。1993年起享受国务院颁发的政府特殊津贴。1960年就职于中国科学院生物物理研究所。1983年以前，主要从事放射生物学研究和细胞增殖机理研究，还参与我国"两弹"试验远后期辐射生物效应的研究，作为主要工作者之一先后发表论文10余篇。1984年起从事生物化学制药基础研究和应用开发研究，作为主要研究人之一，1992年获得"蚓激酶"

（国家西药二类原料药）新药证书及"蚓激酶胶囊"（国家西药二类制剂）新药证书。1992年作为主要创建人之一，负责建立了中国科学院生物物理研究所"北京百奥药业有限责任公司"并取得制药生产必备的"三证"，同时出任企业法人代表和总经理职务，将研究成果成功转化成产品，推向医药市场。1999年后回生物物理所"生命科学应用研究与发展中心"任首席专家，入选北京市科委和发改委专家库审评委员会成员。1978～2009年先后荣获国家级、院部级、所级各种奖励共17项，还被生物物理所授予"建所四十五周年突出贡献奖"奖牌。

追忆马秀权教授勤奋、严谨、求实、爱国的优秀品格

吴　骋

马秀权教授（1916～1970 年），祖籍浙江省平阳县，出身书香门第。1941 年毕业于南京大学生物系，1940～1946 年曾先后在贵州遵义中国蚕桑研究所、南京大学、贵州大学和四川宜宾中央研究院从事教学和科研工作。1946 年马秀权与丈夫吴汝康赴美留学，就学于圣路易斯华盛顿大学华大医学院，学习组织胚胎学，师从著名学者、组织胚胎系主任考屈莱，获得博士学位。

图1　马秀权

马秀权夫妇学成后在美国有一份稳定的工作和舒适的生活，然而适逢新中国成立之际，他们义无反顾地决定回国，当他们利用国民党政府资助的回国旅费于 1949 年秋抵达香港时，在台湾的大哥马星野（时任国民党中央委员、中央社社长）早已为他们在台湾安排了工作。此时摆在他们面前是截然不同的回归路：究竟是回新中国还是去台湾？抑或居留香港？他们当下毅然选择返回新中国，因为吴汝康对祖国古人类学特别是周口店北京猿人的考古研究有着浓厚兴趣，马秀权也特别思念国内 4 岁多的儿子和年迈的父母。

在香港逗留时经友人介绍，他们经由天津直接前去新成立的大连医学院，分别为医学院筹建组织胚胎学教研室和人体解剖教研室。马秀权凭借在美国学习的笔记和教科书，编写成适合中国院校教学的组织胚胎学教材，亲任教研室主任。由于为教研室的建立和发展做出了开创性的贡献，马秀权受到学校表彰并被提升为教授职称。

1956 年马秀权教授随吴汝康一道调来北京中国科学院。马教授直接进入当时由贝时璋领导的实验生物研究所北京实验生物组，与从大连医学院随同来所的技术员薛吉年及王浩，从事细胞衰老变化的实验研究。还在 1958 年生物物理所成立之前、中苏开始签署科学技术交流协议的意向阶段，马教授受贝时璋所长授意，热情地投入了中苏科技合作研究项目——猕猴的辐射遗传学效应研究。1959 年，根据中苏科学技术交流协议，苏联科学院西伯利亚分院生物物理所与中国科学院新成立

的生物物理所合作研究"猕猴辐射遗传学效应"。不久，贝时璋所长特邀上海复旦大学生物系主任、著名摩尔根遗传学家谈家桢教授来所，商谈进行此项合作研究事宜。参加该项工作的中方有生物物理所的马秀权、遗传研究所的汪安琪和复旦大学的张忠恕。他们用 X 射线照射雄性猕猴，采用苏木精染色压片法观察射线诱发的生殖细胞分裂相的染色体畸变，并于 1959 年发表了论文。而阿尔辛尼娃（苏联专家）、马秀权、汪安琪的关于"MEA 对电离辐射所引起的染色体畸变的防护效应"的合作研究论文（完成于 1960 年，未发表），由于中苏科技合作协议的终止，随之被带回苏联。为了执行中苏合作研究协定，马秀权和汪安琪于 1959 年报道了"云南产 33 只猕猴的血象"研究报告，并于 1962 年翻译出版了《医学放射生物学》（F. 埃林格著）专著。马教授的这些勤奋执著的工作，不仅推动了我国早期系统的放射生物学研究工作，也为生物物理所在 1958 年 10 月成立的放射生物学研究室的研究工作填补了材料。

我于 1961 年由一室二组调入马秀权教授组，直至 1969 年去"五七学校"劳动锻炼，有 8 年多时间是在马先生指导下工作的，至今虽已时迁 40 余载，但马先生亲切和蔼的容貌和气质端庄的神态仍铭刻在我脑海，尤其是马先生对科研工作执著求实的态度让我受益匪浅。

一、以严谨、务实、埋头苦干为己任

记得初到马先生组那天是星期一，见到小小的实验室内外挤满了 10 多个人，后来才知道他们正在召开每周一次的"上周工作汇报和本周工作安排"讨论会，而这么多人中的大部分竟是山西医学院和华北卫生所来所进修的人员，因为当时本组只有 5 个工作人员（其中包括 3 个技术辅助人员），因此她热情地指导和安排进修人员参与本组的科研工作。会后，马先生把我领到隔壁实验仪器间，指着早先为我安排的书桌旁的坐椅让我入座，随即马先生从她的小屋（由仪器间隔离出的约 6 平方米的小屋）搬出一张转凳到我桌前坐下，详细询问我学的专业和来所一年做的辐射防护研究的情况，然后向我详细地介绍她们的工作。她说一组也是以任务带学科的研究课题："急性放射病的早期诊断指标研究"。我们小组是专门以取材方便的血液为对象，研究辐照动物血细胞数量和形态学的变化，如果找到了有效的变化，还要深入探索引起变化的机理。随后马先生拿出一盒血液涂片和一本血象图谱，指着桌上一台专供我使用的崭新的蔡司显微镜，嘱咐我从识别血细胞的基础做起。马先生真诚热情的接待令我十分振奋，顿觉在自己涉足科研领域尚处于十字路口之时，给我指明了努力的方向。

应该说马先生对组织胚胎学专业有深厚的底子，又已进行了两年多的辐射遗传学研究，她对有关"辐射对动物生殖细胞及子代的遗传影响"领域的研究有着浓厚的兴趣，但马先生自中苏合作研究中断后，立即返回一室自立研究小组并迅速接受国家下达的新任务，并贯注精力迅速地投入了分配给她的新的具体研究课题："急性放射病血液学诊断指标研究"，这充分表明马先生以国家需要为己任的爱国情怀。早在中苏合作研究中于 1959 年发表了对"云南产 33 只猕猴的血象"的研究，正好为其将要开展的研究工作奠定了基础，因此她于 1960 年年底就完成了"10 ~ 50 伦琴 X 射线一次急性照射对猕猴外周血象的变化"的研究。该项研究发现动物在 10 伦琴一次照射下就可观察到照后 6 小时外周血白细胞数升高的变化，而 50 伦琴照射时，这种变化更明显。因此马先生总是高兴地说，只要确定身体接触到放射线，就可以从外周血的白细胞变化得到证实。为了确认照后外周血白细胞数随照后时程而变化的规律，以及变化程度与照射剂量的相关性，随后又用 γ 射线作进一步研究，在《小剂量 γ 射线一次全身照射对猕猴外周血象的影响》（1962年发表）一文中，不仅进一步证实了照射动物外周血白细胞数随着照后时程变化而产生显著的增递变化，并肯定了这种变化是随照射剂量的增加而加剧，还通过血细胞分类证实照后 6 小时白细胞增高主要是无粒细胞——淋巴细胞和单核细胞的百分率增高所致。马先生推测这些免疫功能细胞增多很可能是一种机体的应激反应，表明照射后动物体内可能产生了毒素（某些物质的分解产物）。

马先生在研究工作中善于发现问题、思考分析问题，且思维敏捷，对捕捉到的新信息总是锲而不舍，总要追求到底。记得一天她找我讨论问题，说动物在照后 6 小时出现外周血白细胞升高，这些白细胞是从哪调集来的？是从大血管调节来的也即血细胞在体内的重新分布？还是从骨髓和淋巴结加速释放来的？而照后 18 ~ 24 小时白细胞突然急剧降低，分明是这些细胞因辐照损伤逐渐死亡消失的结果了，那么这些细胞死亡前应该先出现形态学的变化，或出现细胞化学成分的变化，而这些变化我们应该可以观察到。为了探索这些问题，我们拟定了三个课题。

（1）观测细胞核核酸的变化。我找到了第四研究室技术组的林波海（毕业于浙江大学光学专业），共同研究设计显微光度计，用孚尔根反应染色法测定淋巴细胞核的核酸含量。根据测定，我们没有观察到大、小淋巴细胞核中的核酸量存在差异，也没观察到辐照的影响。于 1964 年我们发表了《显微分光光度计及其在生物学、医学中的应用》的论文。

（2）白细胞的荧光观察。用吖啶橙着色观察淋巴细胞由绿色→橙黄色→橙色的动态变化，以说明细胞逐渐死亡的动态变化过程。由马先生和苏瑞珍、戴信刚（进修生）研究，发表了《X 射线照射对动物外周血淋巴细胞的荧光变化》的论文，说明照射可能引起血细胞结构变化。

（3）用抽取动物骨髓、大血管血和外周血来研究辐照引起的血细胞数量和质量的动态变化。分配由我完成。在《家兔经 γ 射线一次全身照射后一天内白细胞的增多及其可能的机制》（1963 年发表）中，发现照射后动物外周血中有"裸核"出现，还观察到裸核周边慢慢出现胞质，形成新的细胞，即被我们称为"裸核细胞"，这种"裸核细胞"是从骨髓和淋巴结提前释放至外周血的幼稚无粒血细胞，并在血中逐渐成熟。大血管的白细胞数照后没有增高，说明大血管中的白细胞有一部分调节到周边血中，表明机体行使自身免疫的激活反应。为了阐明淋巴细胞对辐射敏感的机理，马先生还对辐照动物淋巴结进行电镜亚显微结构观察，发现淋巴细胞胞质线粒体膜等亚显微结构明显损伤。

马先生组的上述工作充分说明，该组的研究工作是紧扣"急性放射病早期诊断指标研究"主体的，而且是比较深入的自主创新的研究。1959 ~ 1960 年与苏联专家合作研究中关于"MEA 对电离辐射所引起的染色体畸变的防护效应"，被苏联专家带回而未发表，马先生始终感到遗憾，因此提出全组人员一齐参与来重新鉴证 MEA 的防护效应的可靠性，即进行"不同剂量 X 射线全身照射对小白鼠十二指肠隐窝上皮细胞的染色体畸变的影响及其半胱胺的防护效应"（1964 年发表于《原子能》）的研究，该项研究证实半胱胺酸确实具有明显的抗辐射效应。此外马先生连续两届带中国科学技术大学毕业生作毕业论文，有两篇是关于"不同组织辐射敏感性比较"研究的论文发表。根据不完全统计，马先生组在 3 年多时间共发表了 14 篇学术研究论文和 3 篇未发表的研究总结报告。此外，马先生还以第一署名者翻译了《放射生物学原理》和《放射生物学机制》两本专业著作，翻译了数以百篇的放射医学和放射生物学文摘，直接推动了我国放射生物学的教学和研究工作。马先生的这些勤奋执著的务实工作，不但没有得到好评，反而受到不公正的指责和批判。

二、勤奋、真诚，凸显中国特色科学家优秀品质

1964 年年底，研究室召开了动员会，宣告二机部再次给我所下达小剂量慢性放射病指标的研究任务，并要求全室人员一致行动起来投入该项研究。马先生积极响应，第一时间做出决定，前往协和医院对从事核放射工作人员进行体检调研。马先生不仅很快联系上了协和医院，还为在医院工作制作了三份表格：从医职业问卷（一）、人员分组表格（二）、检测项目表格（三），交给技术员打印；并要求全组 7 人（包括研究生沈煜民）各自准备好显微镜等必要实验器材和必备生活用品。我们很快顺利进驻协和医院，院方为我们在"护士楼"腾出二间宿舍和在办公楼提供一间大办公室，还安排我们在医院享受优惠供给的劳保食堂用餐。白天我们按程序体检，晚上我们在协和图书馆查阅文献资料。我们在 20 天内对近 50 名放射性医

务人员进行严格体检，写出了书面总结报告。

这一项由我组自主启动的工作，不但显示了马先生的组织才能，而且再一次使我们感悟到马先生是我国科学界出类拔萃的埋头耕耘的实干家，她无条件地服从国家的需要，以工作为乐趣，并主动出色完成任务，凸显了我国老科学工作者的优良品质。

本项实践调研也锻炼了我们年轻人，尤其是我们通过协和图书馆对小剂量照射的文献调研，使我们研究组在以后小剂量慢性照射猕猴的实验中掌握了主动权，能够较好地面对遇到的复杂问题，较好地担负起主要工作，较好地完成了国家下达的任务。

三、十年"文化大革命"惨遭迫害

"文化大革命"初期，以红卫兵造反"破四旧"为特点。马秀权是从1949年新中国成立时由美国（帝国主义）返回的，又是高级知识分子，被红卫兵列入了"抄家名单"。第一次抄马秀权家时，据说抄走了在美国拍的一些照片和带回的唱片。他们对其中一张照片感兴趣，那是一张于1948年在马秀权工作的癌病研究所前拍的照片，他们从中辨认出马秀权的大哥马星野，是台湾国民党中央委员、中央社社长，他们确认马星野是国民党特务头头，而马秀权夫妇于新中国成立时返回新中国，有被派遣潜伏特务之嫌，于是决定第二次抄家。据说再次的抄家就不是"请客吃饭"而是暴风骤雨般的革命行动了，当他们拆下铁床并从床腿管中敲打出几千美元时，叫来主人怒斥道："你们自己看看，这不是爱财如命的资产阶级思想吗？见不得阳光。"当然他们没有搜寻到任何"特嫌"的材料，但还是留下了一道专政指令：准备好生活衣物到所革委会报到，交代问题，接受批判教育。

马先生被迫收入"文革专政队"（俗称"关牛棚"），被扣上资产阶级反动学术权威的帽子，与所内的所谓叛徒、走资派一道，轮流接受全所批斗。在长达半年的"劳动、学习、批斗、交代问题"的专政期间，马先生的身心深受摧残，身体经常发高热，不过使她最痛苦的还是她放心不下年幼上小学的女儿和担心丈夫会遭到不测。

马先生每次来实验室都要求我带她去做实验，我只好答应下来了。我们选了个阳光明媚又无风的好天做实验。那天，马先生显得很兴奋，跟随我们（王又明、陈小蕙和我）去钴源做实验。在钴源的动物房内，她看着我们用铁钩在猴笼内固定猴圈，她也拿了铁钩帮着干起来，一边干一边自言自语地说猴子太不老实，说它们的野性没有受到驯化，说它们不如人，人被关起来都是很老实的。不过马先生此时还是挺开心的，不时被顽皮淘气的猴儿逗得哈哈大笑。我倒觉得这是马先生从心底发出的笑声，因为她正在做的是她梦寐以求的最心爱的实验啊。马先生要帮着拉猴腿，因为猴的爆发力太大，怕她拉不住，我们没有让她拉，不过她还是伸手搭在被抓住的猴腿上，说是搭一把手。马先生以搭一把手为乐事，因为她心里觉着她这样做是为实验出了一把力了，欣然振奋。我测量猴子的睾丸体积时，马先生特别留神观察，因为是她最早从文献资料中知晓小剂量慢性辐照会导致生殖腺的严重损伤，她原本提出采用穿刺睾丸组织以观察生精细胞的辐射效应，终因这样做会影响其他实验而放弃。她又曾建议采集精子观察精子数、死活精子比率和畸形精子百分数来观察生殖腺的损伤，也因猴儿野性犟劲难于采集精子而弃之。她知道我采用游标卡尺测量睾丸体积的变化，非常高兴，这次是她亲临观摩我具体操作，不仅观察仔细，还亲自用手去摸试睾丸的硬度和大小。我告诉她这是对照组的正常猴，因为处在生育交配季节，睾丸又大又硬。后来在测量受照射实验猴子时，睾丸又小又软（仅相当正常猴的1/4大小），马先生照例也用手去摸试了一下，还深有远虑地对我们说：不知以后能不能再恢复？真搞不清为什么生殖腺对慢性照射这么敏感？以前做急性放射病研究时总以为血细胞特别是淋巴细胞最敏感，现在应该说生殖细胞对射线最敏感了。我告诉马先生，生殖细胞受辐射损害这么严重，不知子代的遗传性状是否受影响，我们很想做些遗传学研究。马先生高兴地说，你们年轻，好多工作要你们去做。顿时，我们感到马先生说话的语气深沉，似乎怀着依恋的心情说着这些话。

作者简介：吴骋，见本书71页。1960年来生物物理所后即在马秀权先生领导下工作，是马先生的主要助手之一。

我心中的沈淑敏先生

曹恩华

沈淑敏先生，研究员，1914 年生于江苏省苏州市。1937 年毕业于东吴大学生物系，先后在上海医学院、贵阳医学院、清华大学农研所、华西大学、燕京大学、云南大学医学院、中国科学院上海实验生物研究所工作。1956 年协助贝时璋先生筹建中国科学院生物物理研究所。1958 年协助贝时璋先生创建中国科技大学生物物理系，任系副主任。1974 年创办《生物化学与生物物理进展》，任该刊首任主编。1980 年，中国生物物理学会成立，是主要创建人之一，第一、第二届常务理事兼任秘书长。沈先生为生物物理所的建立和发展、放射生物

图 1 沈淑敏

学发展及人才的培养、学术刊物的出版和学会的建设付出了毕生的精力，为祖国的科学和教育事业做出了杰出的贡献。

一、我国早期放射生物学研究开拓者

1958 年，中国科学院生物物理研究所正式建立，组建了放射生物学研究室（第一研究室）。1965 年，我从上海第一医学院毕业后分配到生物物理所，在放射生物学研究室辐射防护组工作。该组由陈德蒿、沈淑敏等先生领导，分别研究中草药有效组分、化学制剂和物理因素对辐射损伤的防护作用。我在陈先生小组，与沈先生同在一个大组，我们有很多机会和时间相互接触，或在她的指导与支持下做一些事情。

沈先生是我国放射生物学研究老一辈女科学家，建所初期，她带领年轻的科技人员开拓并发展了我国的放射生物学研究；她积极参与和组织了关于核辐射对动物的急性和慢性损伤防护的实验研究，为我国早期放射生物学和防原医学积累了宝贵的资料，做出了重要贡献。

值得一提的是 20 世纪 60 年代，沈先生领导的研究组最早在此领域做了一些开

创性的工作。西方发达国家对辐射防护剂的探索较早，发现了一些有效预防损伤化合物，但多为含硫物质，用量多、毒性大。人们期待开发出毒性小，可用于临床防治的有效辐射防护药物。一般来说，体内代谢类似物无毒性或毒性较低，核酸及其降解产物对机体是否具有辐射防护作用？沈先生从免疫学及营养学角度研究了核酸及其降解产物对射线的防护及其作用原理。她所领导的研究组先后探索了核酸及核酸降解产物（腺嘌呤、鸟嘌呤、尿嘧啶、腺嘌呤核苷、鸟嘌呤核苷、腺嘌呤核苷酸、鸟嘌呤核苷酸）对大、小白鼠辐射敏感性的影响。发现酵母核糖核酸对受单次 500 伦琴 X 射线辐照的小鼠具有较好的防护作用，提高了小白鼠存活率。发现各种核酸产物提高了 X 射线照射后酵母菌及大肠杆菌等形成菌落的能力，核糖核酸浓度为 0.4 毫克/毫升照射前给药对大肠杆菌辐射损伤有很好的防护作用。同时观测到动物伴随着体温下降，发现该制剂的某些降解产物也有使小家鼠体温降低的作用。并以小鼠和酵母菌及大肠杆菌等微生物为对象，观察辐射防护作用与温度的关系，还见到小鼠经腹腔注射酵母核糖核酸溶液后期皮下组织氧压的下降，取得了多项重要成果。今天看来，对核酸及其降解产物的研究和应用仍具有重要现实意义。1965 年沈先生主持翻译的《放射生物学基础》一书正式出版。这本书也是我研究工作的启蒙良师，使我从此与放射生物学结下不解之缘。

沈淑敏先生十分重视学科的发展及相关领域的研究进展。20 世纪 60 年代，当 DNA 辐射损伤修复现象作为放射生物学的重大发现还不为大多数人知晓时，她已关注 DNA 辐射损伤修复在我国的发展了，她多次与我谈到美国、加拿大和日本等国的知名科学家以及他们的研究工作。后来沈先生调任我所科技情报室负责人，仍随时把最新的科研信息，特别是有关 DNA 辐射损伤修复的文献传递给我，有一次就给了我 6 篇。后来很长一段时间内，她一旦看到了新的文献就立即告诉我们，指导我如何进行研究，给我留下了深刻印象。对我后来出国研究方向的选择产生了重要的影响。"文化大革命"后研究工作得以恢复，1980 年沈淑敏先生以"DNA 损伤修复"为题总结国内外相关的研究进展，该文章发表于国际放射医学核医学杂志。

二、中青年科学工作者的良师益友

1966 年，我从山西运城农村参加"四清"运动回到北京后，正值"文化大革命"时期，"读书无用论"风行一时。当时，我们住在中关村 20 楼，集体宿舍 8 人同室，主要时间都在实验室。毕竟刚参加工作不久，除了做一些尚未结束的动物试验，还要看一些有关放射生物学的书或文献。夜晚沈先生经常从家里来实验室，辅导我们英语，为配合学习提高英语翻译水平，她还从出版社找来一本放射生物学书籍，我们每人翻译一个章节，而后她逐字逐句修改。有时还会带一些吃的东西来，边吃边讲，久而久之，与她相处无拘无束，无所不谈。她和蔼可亲，平易近人，我们不懂的就问、不会的就抓紧学，工作和学习更加勤奋，哪里需要就到哪里去。她生活简朴，待人坦诚，像慈母似的关心我们。我们是刚毕业不久的大学生，经济比较拮据，她还用个人的钱为大家订了解放军报等，沈先生以她的言语和行动为我树立了榜样。后来去她家看望她时，我才知道：她当时因乳腺癌大面积切除手术的实施，身体并不太好，但她关心他人胜过自己。她不仅在你工作遇到困难时为你铺平道路，而且用行动教你如何做事和做人，她总能乐观地去看待和接受已经发生的和即将要发生的一切。这使我对她更加敬重。

1979 年秋天我有幸通过了教育部的出国资格考试，沈淑敏先生非常高兴。当谈到出国学什么时，沈淑敏先生指出 DNA 损伤修复研究很重要，并建议有三个在 DNA 损伤修复研究方面的著名实验室供我考虑，最后我选择了美国布鲁克海文国家实验室的 R. B. Setlow 院士领导的研究组。Setlow 教授因在 DNA 修复方面的突出成绩曾获美国总统奖。在沈先生的热情支持下，经贝时璋和杨福愉先生的推荐，1981 年初我来到美国布鲁克海文国家实验室，从事 DNA 辐射损伤修复研究。她十分关心我在国外的工作情况及相关领域的研究进展，经常写信鼓励我。1984 年沈淑敏先生赴美，仍非常关心国外的辐射研究。恰逢我回国未能亲自接待，后经王菊君联系，她应邀访问布鲁克海文国家实验室，参观了 DNA 损伤修复研究的实验室。回国后，虽然我在研究的过程中有很多曲折，但 30 多年后的今天，我感到这个研究方向选择是有战略眼光的正确选择，对我个人来说要感谢沈先生的知遇之恩。

1974 年，《生物化学与生物物理进展》（简称《进展》）创刊，是在"文化大革命"尚未结束的艰难时期诞生的。30 多年来，《进展》与我们的社会变革和科学技术进步同行，在不断改革中发展，已成为具备现代科技期刊的基本要素，在国内生物学界被广为认知，是被 SCI 等国际主流检索和引证系统收录的优秀学术刊物。《进展》的进步与发展，离不开首届主编沈淑敏先生在刊物奠基时期所倾注的心力。1991 年，受沈先生推荐，我进入《进展》的编委会，后任常务编委至今。她指导我如何组稿、审稿，如何做好编委工作，更好服务于广大读者，我很快熟悉了编委工作。她对我的教诲我将永远铭记心中。

沈先生是我所放射生物学的奠基人。她谦虚求学、治学严谨，为科学事业奋斗了一生。她一生清廉，甘为人梯，是广大中青年科学工作者的良师益友。她一生辛勤耕耘，无私奉献，并立下遗嘱把遗体献给北京医科大学供医学研究，这更是我们每个人都应该着实具有的人生观和价值观。

作者简介：曹恩华，见本书 118 页。

怀念导师陈德崙

陈玉玲

图1　陈德崙

我的导师陈德崙先生于 1914 年 5 月 28 日出生在广东省中山县（现中山市）的一个马来西亚华侨家庭。1931 年考入中山大学理学院化学系，1935 年毕业。同年考入日本东京理化研究所久保田研究室攻读理论有机化学博士学位，1937 年中日战争爆发，陈先生毅然放弃学业回国，1937～1945 年先后在昆明中央药物研究所任助理研究员和西南联合大学物理系任讲师。1945～1952 年在北京清华大学物理系任讲师，1952～1958 年在北京医学院任副教授，1958 年，应贝时璋所长的邀请，来到中国科学院生物物理研究所，在第一研究室建立化学辐射防护研究课题组，任组长。后历任副研究、研究员，直至 1986 年去世。

我 1963 年大学毕业后分配来生物物理所，在陈先生研究组工作，那时，他是我的导师，我是他的学生和助手。工作伊始，他给我一篇有关放射生物学内容的文章，是俄文的（我们这届的学生都是主学俄语的），比较长，由于我刚刚涉足这个领域，各方面还很生疏，生词也比较多，我坐在他的旁边，认真地翻译理解，不断地问他问题，他总是耐心地给我讲解。他的俄语水平很高，没有他翻不出来的句子，按他的学历，日文和英文应该是他的强项，但他的俄文也那么精通。当时，我很敬佩他，他的知识面很广，谁向他请教，他都很耐心。他让我去中国科学技术大学进修动物课，还让我帮助其他同志做实验，不断地使我深入到课题里边来，他对年轻人的培养非常认真负责，教我如何查文献，如何做实验，使我很快学会了怎么搞科研工作，我很庆幸能和这样的导师一起工作。他领导的研究组里有很多同志，每个星期一组内开会。由于他的热忱，组内一派热火朝天的科研气象。那是个知识的殿堂，人与人之间充满着尊敬、和善，组内的老同志，如李玉安、王克义、袁志安、严国范等以及当时在化学所五楼工作的老同志至今都很亲切友好，那是个尊重知识的时代，知识分子受到人们的尊敬。当时，由于我们所是新建的研究所，年轻人居多，像陈先生这样的学识较高，留过学的老先生只有 4 位或 5 位，因而，新分配来的大学生对他们都很敬仰，当时，在这几位老先生的指导下，放射生物学大组人人工作积极热忱，就这样，我们一起愉快地工作了两年。

1966年，一场给中国带来巨大浩劫的"文化大革命"不期而至，所有的工作人员不得不停下一切科研工作，投入到这场运动中去，每天从早到晚学习毛主席著作，早请示晚汇报，开批斗会，写大字报，大串联（去别的单位参观大字报），还时不时地搞游行（有时去天安门，有时在海淀区，范围大小不等），从早8点到晚10点都在所里搞运动。大小批斗会随时进行，批斗对象大至院级的、所一级的"走资派"，小至各个研究室的所谓的"学术权威"（从旧社会过来的老知识分子）。当时陈先生在一夜之间从一个受人们尊敬的老知识分子变成了反动的学术权威，成为不断挨批斗的对象，他的家也被抄了，他的人身自由被限制有半年多。在"文化大革命"中，陈先生和大家一起参加各项活动，记得有一次下乡参加秋收劳动，干完活儿中午吃的是忆苦饭（糠窝窝），陈先生也一样和大家吃，不小心掉在地上一块，立刻遭到"极左"分子的批判，当时，陈先生已经年过花甲，他以学者的口吻说，我不是有意的，它（指那糠窝窝）是自由落体掉在距离我的凳子两厘米的地方，在场的人都笑了，也无法批判他了。当时，人们每天要向毛主席早请示晚汇报，他从不迟到早退，有时全所跳"忠"字舞，他也是那么认真，忠厚憨实的舞姿引得在场的人捧腹大笑。当时他已是年迈之人，性格倔犟，矜持不傲。

"文化大革命"结束后，我们开始了正常科研工作。我和陈先生又到同一个小组工作，仍然是放射生物学课题，研究小剂量照射对大白鼠淋巴细胞核的损伤，电子显微镜观察其形态的变化。当然，实验步骤是很复杂的，首先是抽大白鼠心脏的血，然后离心提取淋巴细胞，固定，超薄切片，最后在电子显微镜上观察。除了做动物照射之外，实验室内的工作他都参加，和年轻人一起从头做到尾，直到在电子显微镜上观察，整个实验往往要做到很晚，连晚饭都要在实验室里吃，直到子夜过后，我们年轻人护送陈先生回家。在那寒冬季节，街道上空无一人，人们都已在温暖的被窝中熟睡，而我们却刚刚结束实验。有一次，实验正好安排在中秋节晚上，我们小组的人结束实验时，已是子夜。我们陪着陈先生，头顶明月，踏着月光返回家中。

我们每次送陈先生回家，都是陈先生的老伴许先生出来迎接，我们将陈先生交给他老伴后，再各自返家，一次次的试验使我们的小组更加团结，互相关心，陈先生对我们也是非常关心，每次实验都是陈先生给我们买晚饭。还经常请组内的同志到他家去做客，因此我们和许先生及他的两个侄子侄女也很亲热。这种亲切的师生关系至今还在我的脑海中回荡。陈先生对实验非常认真负责，对每一步都一丝不苟，我们在讨论实验时常常学习他那种对实验的严谨精神和认真态度。他对我们年轻人要求很严格，实验要重复多次，不轻易下结论。他常去图书馆查资料，有时候需要到城里协和医院图书馆去查，偌大年纪，都是乘公交车去，不怕辛苦不怕累。每天上下班背个大书包，沉甸甸的书包里面装的是厚厚的文献，他已是年近古稀之人了，身体不好，住过几次医院治疗，住院期间我们要到医院向他汇报工作，在家养病时，他会不断地打电话指导组内的工作。对我们的实验抓得很紧。他的家住在北京大学西门的蔚秀园，要乘几站公交车，下车还要走一段很长的路到化学所五楼实验室，年迈之人，天天如此。他这种对知识的执著追求，对科研工作的热爱，是我们年轻人学习的榜样。我们在他精神的鼓舞下，工作不懈怠，一次次实验照常进行。就这样，日复一日、年复一年，直到有一天在上班的路上，已经快到化学所门口了，他却突然晕倒了，同事们将他送到医院，可是他再也不能回到他热爱的实验室，永远地离开了我们。这个为人和善、忠厚诚实的老先生，一生都为祖国的科研事业兢兢业业地工作，直到生命的最后一刻。陈先生的一生是为科学献身的一生，几项工作都达到了当时的国内先进水平：他在 20 世纪 40 年代极其简陋的条件下，建立起 X 射线衍射技术，完成了在国内具有开创性意义的工作；他在 60 年代初对辐射防护药物的合成研究，按自行设计的合成方案成功地合成了当时在美国也尚处保密阶段的防护药氨乙基异硫脲（AET），对电离辐射的防护效果与美国的放射防护药物相仿；在辐射防护药物研究方面，他从 40 多种中草药中筛选出有明确防护效果的仙鹤草，写出《国药仙鹤草（*Agriamonia cupatoria L*）提取成分对受致死剂量 X 射线小白鼠防护效能研究》、《国产仙鹤草电离辐射防护有效成分的研究》和《国产植物仙鹤草提取成分对受全身 X 射线照射大白鼠血液中巯基的影响》三篇论文，分别在 1962 年的放射生物学讨论会上宣读和 1966 年 2 月国家科委出版的《科学技术研究报告》上发表。20 世纪 80 年代，他发现：哺乳动物淋巴细胞核中存在乳酸脱氢酶，动物被 γ 射线照射后，细胞核发生异型化，乳酸脱氢酶从核中泄逸出来，从而建立了辐射损伤细胞的效应模型，受到国外同行的高度注意，撰写的论文《电离辐射致真核细胞损伤与死亡的动态研究——乳酸脱氢酶（LDH）反应直观指示胞核损伤与异型化的动力学过程》发表在《中国科学》B 辑（中文版）1985 年 2 期。1985 年，国家认可了他的贡献：中国科学院授予他从事科学技术研究工作 50 年的荣誉奖状，表彰包括他在内的 138 位老科学家为祖国科学发展、经济建设和人才培育做出的重要贡献。这也使他报效祖国的一颗赤子之心得到告慰！

作者简介：陈玉玲，女，1940 年 3 月出生，副研究员，1963 年毕业于中国科技大学物理系光谱分析专业，同年分配到中国科学院生物物理研究所放射生物学研究室，是陈德篯的学生和助手。研究课题是电离辐射对机体损伤的恢复，电子显微镜观察大白鼠淋巴细胞核的形态变化。后参加夜视仿生学的研究，用激光拉曼光谱法探测大白鼠眼晶状体受到外界辐射后其蛋白质分子结构的变化，和激光拉曼光谱法探测血红细胞膜分子结构的变化等。发表论文20余篇，合译《光学与激光》专业书一册及有关光学与激光的文章和有关词条若干，并多次参加国际学术会议（美国、日本、意大利、中国），国内学术会议若干次。曾与北京大学物理系、北京医科大学生物物理系、清华大学物理系及同仁医院眼科、协和医院眼科合作用激光拉曼光谱法探测人眼晶状体白内障的早期分子结构变化。

回首往事

李 菜

我是 1958 年 9 月初到北京实验生物所报到的,是建所前全所 58 位工作人员之一。其间,1964~1978 年在放射生物学研究室生化组。琐记以下几个方面,谈谈我的粗浅体会和感受。

20 世纪 60 年代初,中国科学院和二机部向生物物理所下达"小剂量电离辐射损伤效应及放射病的早期诊断研究"课题。任务要求是:阐明小剂量电离辐射作用的生物学效应和机理,为国家制定辐射允许剂量及放射损伤的早期诊断提供科学数据和资料。

(一) 科学研究服从国家需要、理论联系实际、以任务带学科

小剂量研究工作就是一个实例。根据任务的要求,面对的困难是很多的。相关研究是在贝时璋所长学科交叉思想的指引下,按照他提出的规划和指导意见进行的。贝老指出:"目前我们的技术还跟不上研究的需要,应当奋起直追,迎头赶上。十分明显,要是没有现代化的观察、分析、测量和记录技术,我们所看到的东西就不能比人家多,数据的可靠性也必然差,这样就往往不容易说明问题……"这谆谆教导铭记在我的心里,并力求落实在行动上。

(二) 边干边学

我们认为这是一个重要的方针。假若我们不是边干边学,通过工作来提高和充实,而是一味地等待,强调客观……我们将白白浪费时间,结果一事无成。在几位老科学家的指导下,制订出切实可行的学习和研究计划,我们利用现有的条件,有什么做什么。建所初期,仪器设备多属于一些一般性的实验生物学的仪器,我们没有等仪器设备准备好了再开展工作,而是抓紧时间补上相关的知识。为此首先利用几种小动物,如大白鼠、小白鼠、兔子等实验对象进行预备实验,建立测定方法、条件实验等具体工作。正式实验,我们选用了与人类近亲且具有放射敏感性的猕猴为实验对象。根据任务的要求,所选用的诊断指标,在临床检验中要便于应用,因此选指标既要取材方便,又必须能反映机体的损伤效应。

自 1965 年开始，前后做了两批数十只动物的实验，持续 15 年。这是我国开展最早、时间延续最长的唯一一项小剂量长期照射研究，积累了大量的数据。

（三）克服困难、默默无闻、无私奉献，发扬集体主义协作精神

做这项工作时，我在的生化组承担了两项酶活性的测定，这原来是由三室做的，后因一些同志到"干校"去了等原因，就都转交给我们组完成了。我承担红细胞谷氨酸-草酰乙酸转氨酶活性的测定、动物整体健康状况观察、体重的变化等项。另外，还与其他同志共同承担从数十只猕猴后肢小隐静脉采血的任务。这工作说起来很简单，具体操作要一针见血，采出的血样不能污染、要保质保量，因为这一样本关系到多项指标检测的准确性。猴子在不停地挣扎，要几个男同志奋力控制将其固定，我们也冒着被抓着的危险，真是一场"战斗"。每次实验我必须准时到钴源或走到清华园动物房去，于是我就成了这项工作自始至终的参加者之一。

这是一项持续长达 15 个春秋的试验工作，期间，尽管经历了"四清"运动和"文化大革命"，科研工作和人员处于动荡之中，但是，我们的工作始终没有间断，每位同志都一丝不苟，恪尽职守地完成自己所承担的任务。在这一点上我体会很深，在这期间有不少同志分期分批去"五七干校"劳动锻炼，或到放射性矿区去了，而留在所里的同志一个人要承担多项任务，是几个人的工作量，唯一的办法就是加班加点地做，困难是显而易见的。当时生物物理所各个部门办公场所很分散，办一件事要东奔西跑，在一定程度上使工作效率受到影响。在"大串联"时期，通往中关村唯一的一趟 32 路公交车拥挤不堪，有时根本就没车，家住在城里的同志从动物园徒步到中关村来所里做实验，这是何等的责任心。不论严寒酷暑，风雨无阻，按时按点进行已经计划好的实验工作。参加这项任务的同志都本着"三严"精神：严肃、严谨、严格；不怕苦不怕累，不计报酬；节假日、中午和晚上加班是常有的事，这都是自行安排的，所里没有硬性规定。那时没有什么加班费、补休假之类的福利制度，可是大家都自觉地做好本职工作，默默无闻地奉献，认真做好每一次实验。这不是一句空喊的口号，坚持下来很不容易，一步一个脚印地走过来，我们把自己尽心尽力去做事当做自我价值认定的标准。

谨写出上面点滴回忆，表达我在所多年的感受，在老一辈科学家的言传身教下，我受益匪浅，感谢良师益友，同时也衷心祝愿我们所为我国生物物理事业做出更辉煌的贡献。

作者简介：李莱，女，1937 年 10 月生，1958 年 9 月参加工作，大专学历，高级工程师，1997 年退休，先后在生物物理所三室、一室生化组工作。1964～1978

年参加"底剂量率^{60}Co-γ射线长期慢性照射对猕猴的影响"课题的实验,并承担项目的总结工作。1978年之后在八室细胞重建组,在贝时璋先生亲自指导下,与李玉安同志合作,围绕细胞重建的重要物质基础——DNA,染色质方面开展研究工作。作为共同作者,先后在《中国科学》、《细胞重建论文集》(一)、《细胞重建论文集》(二)上发表文章九篇。

回顾中国科学技术大学生物物理系的
"放射生物学" 教学

刘　兢　张锦珠　胡坤生

1958 年中国科学技术大学成立的同时，著名的生物学家、我国生物物理学的奠基人和开拓者、中国科学院生物物理研究所所长贝时璋先生创建了国际上大学中的第一个生物物理系，并兼任系主任，副系主任由沈淑敏先生担任。生物物理系的培养目标和课程设置是由贝先生亲自主持制定的，沈淑敏先生组织协调执行。

在 5 年的学制中，前 3 年为数理化课程，这是生物物理系的基础课。数学课有 10 多种；物理学包括普通物理学、光学、量子光学、原子物理及量子力学基础；化学课包括无机化学、有机化学、物理化学、化学动力学、电化学、胶体化学、热力学和物质结构；除了数理化外还有电工电子学、机械制图等。专业基础课有动植物学、生物化学、细胞学、胚胎学及遗传学。专业课的生物物理学绪论中的前言是贝先生亲自给我们讲的，沈先生接着讲生物物理学的任务、研究内容和发展方向，然后就分别由生物物理所的研究人员讲授各门专业课。

生物物理学方面的课程包括：放射生物学、宇宙生物学、光生物学、电生物学、分子结构、生物控制论、计算机与大脑、信息论、生物能力学（林克椿先生等讲），仪器与技术等，杨纪柯先生给我们讲生物统计。

据黄致华回忆，1960 年贝先生委托沈淑敏负责为中国科学技术大学生物物理系开设放射生物学课，她也亲自讲过课，当时生物物理所的很多研究人员都参加了这门课的部分授课。

"辐射对机体的影响"包括以下开课老师和授课内容：马秀权先生讲的是辐射对骨髓和血液的影响，从整体角度简述辐射对机体的影响；徐凤早先生讲述辐射对生殖系统的影响，也涉及对骨髓的影响。

放射生物学的物理基础部分是江丕栋编写的相关讲义，并开课一次或两次。放射生物学实验课的老师是 1960 年 9 月从复旦大学生物系毕业分配到中国科学技术大学、11 月后调到生物物理所一室工作的黄致华。"辐射的机理"，即生化部分由刘蓉先生讲授，1961 年从复旦大学分配来的钟如做她的助教，做一些 DNA、RNA 的提取检测实验。"辐射对环境的影响"，即生态部分由李公岫及其研究组的人开设，没有实验。后来赵文（系助理）讲了一段辐射对植物的影响。

放射生物学从1961年开始筹备，先后对58级、59级和60级学生正式开课。放射生物学的开设，沈淑敏先生付出了辛勤努力，正是由于沈先生的组织安排，才使生物物理所众多研究方向的科研人员能结合在一起，在中国科学技术大学生物物理系乃至在中国开创了一门新的课程，为培养一大批人才奠定了坚实基础。

后来，生物物理系合并到物理系，同位素与剂量学及实验室一直保留，由雷少琼开同位素课，朱诏南开剂量学课，孔宪惠承担过教学和实验室管理。现在中国科学技术大学还保留着同位素课，讲授同位素实验需要的一些基本知识，由丁丽莉老师负责。

根据58级张锦珠的课堂笔记和60级李荣宣所提供的讲义《放射生物学(3)》，中国科学技术大学生物物理系的放射生物学的授课内容包括以下7个部分，共36章。

致谢：作者对李荣宣同志提供的讲义表示感谢。

作者简介：刘兢，女，教授，博士生导师。1942年6月生，江西人。1960年9月至1965年7月在北京中国科学技术大学生物物理系学习。毕业后留校工作至今。曾任中国科学技术大学生物系主任、生命科学学院副院长、总支书记及中国细胞生物学会常务理事和安徽省细胞生物学会理事长。2007年6月退休。现任中国细胞生物学会资深理事和安徽省细胞生物学会副理事长。主持过4项国家自然科学基金、3项国家"863"计划项目以及中国科学院科技攻关项目、安徽省科技攻关项目等十多项国家和省、部级科研项目，取得了多项科研成果。荣获多项国家级和省、部级科技进步奖和自然科学奖，2010年获中国专利奖优秀奖。主要研究方向为癌基因过表达肿瘤单抗及其在诊断和治疗肿瘤中的应用。其研发的肿瘤抗原Her2单抗免疫组化诊断试剂成果已经转化给生物技术公司。在国内外杂志发表论文60余篇，包括作为第二作者在 Nature、PNAS 等著名国际期刊上的文章。

张锦珠，女，1937年5月生，中国科学院生物物理研究所研究员，1963年中国科学技术大学生物物理系毕业，1980年1月至1982年7月在欧洲分子生物学实验室（德国海德堡）任访问学者。曾任中国科学院生物物理研究所学术委员会委员和细胞生物物理研究室主任、中国细胞生物学会亚显微结构专业委员会委员、《生物化学与生物物理进展》编委、国际生物物理研究所（德国）主席和副主席等职。1978年以来曾长期在贝时璋先生领导的课题组从事细胞重建研究，曾主持多项国家自然科学基金和"863"计划航天领域重点课题，享受国务院政府特殊津贴。1980年以来发表的论文和其他文章90余篇，获中国发明专利一项。

胡坤生，见本书109页。

青春献给祖国的核事业

聂玉生

1965 年 4 月，中央专门委员会（中央专委）批准了我国将发射第一颗人造卫星的报告，同年，我在中国科技大学 5 年的学习进入毕业论文阶段，被分配在中国科学院生物物理研究所宇宙生物学研究室王修璧老师指导下做"人造卫星的震动对造血系统的影响"的毕业论文。毕业分配，我被留在生物物理所工作。当时大学生到工作岗位一般都先派到农村搞"四清"（"社会主义教育运动"），我也不例外。"四清"一年后回到北京，开始科研工作。我听说我被分到生物物理所是因为我的导师王修璧把我留下的，我想自然应分到她任室主任的宇宙生物学研究室。但"四清"回来后，因工作需要，我被安排到了研究原子弹爆炸远后期生物效应（代号"21 号任务"）的"151"组。

1964 年 10 月，我国爆炸了第一颗原子弹，开始了我国的核武器实弹试验。国务院、中央军委下达了"核爆炸对人体健康远后期影响"的研究课题，并为此在生物物理所组建了代号为"151"的研究组。我们一干就是十几年，直到我国停止核试验后该组完成了它的使命。有的人在"151"组解散后仍然做着一些后期工作。"151"组的同志们当年都是大学毕业不久的年轻人，这十几年正是他们一生最宝贵的青春时光。这些年中，我们在我国的六次核试验中通过千余只鼠、狗、猴等多种实验动物获得的科研资料、研究成果，在可见的文献中绝无仅有，十分珍贵，使我们对核爆炸造成的近、远期生物损伤有了全面系统的了解，为我国制定核战中参战人员战时允许剂量及核战中的防护提供了科学依据。我们圆满地完成了国家交给的这一重大、急需的国防任务。这些研究成果对核医学、核工业中核事故造成的损伤的诊断、治疗也很有借鉴意义。

由于研究内容当时属于"绝密"，领导经常语重心长地对我们说："你们的工作意义重大，研究成果十分珍贵，但研究成果不能公开发表文章；你们要做出牺牲。共产党是不会忘记你们的！"当时我们没有谁去想将来是否会被遗忘，一心想的是不辱使命、更好地完成国家交给的重任。我刚参加"21 号任务"正值"文化大革命"开始，整天地"闹革命"，开会、写大字报、游行；所里绝大部分研究工作都停顿了，但"151"组的每个人都知道"21 号任务"对于我国国防事业和人民健康的重要性，我们没因"文化大革命"而停止科研工作，经常是白天做实验、晚上开会"闹革命"。核试验方面的资料，美苏两个核大国都封锁保密，在查阅关于1945年广岛、长崎原子弹爆炸和1954年美国在比基尼岛核试验造成的人体损伤的文献及其他关于放射病资料的同时，大家反复研究，开展各种生物、医学指标的检测。我们的试验动物在清华园，离主楼实验室有相当距离，每次采集样品，无论烈日当头、大雪纷飞、狂风扑面还是暴雨倾盆，我们都要到清华园动物房去。会骑自行车的还好，不会骑车的，来回都得步行；还得携带实验器具和采集到的样品。清华园动物房的实验环境很艰苦，解剖动物经常在室外。1976年唐山大地震，我们首先想到的是在清华园动物房中的从核爆现场拉回来的试验动物的安危，震后焦急地赶到动物房查看。

当年"151"组的成员如今都已是古稀之年，好几位已不在人世。我们这些人，当年正是服从了组织的安排，把自己一生最宝贵的青春时光献给了祖国的核事业；在那动乱的年代，克服重重困难，坚持科研，获得了原子弹爆炸远后期生物效应的第一手资料，为制定核战争时指战员所能接受的允许辐射剂量，以及放射病的预防诊断和治疗提供了科学依据。由于核试验的特殊性，这些资料十分珍贵。我们的研究成果得到了中国科学院、国防科工委的高度赞扬和肯定，被收录到《核武器效应汇编》等文献中，并在内部多次展出、介绍；曾获得多种奖项，包括中国科学院重大成果奖、中国科学院科技进步奖一等奖等重大奖项。

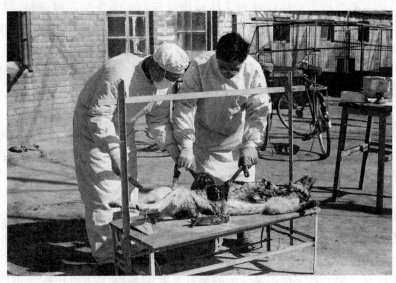

图1　聂玉生与党连凯正在解剖实验狗

回首往事，能把自己宝贵的青春时光贡献给祖国的核事业是我们的骄傲！

作者简介：聂玉生，副研究员。中国农工民主党党员。1965 年毕业于中国科学技术大学物理系生物物理专业。此后在中国科学院生物物理研究所从事科研工作。中国生物物理学会细胞及膜生物物理专业委员会委员；中国生物化学学会、中国生物物理学会、中国营养及微量元素学会、中国细胞生物学学会及北京生理学会会员。研究领域有放射生物学、生物化学、细胞生物物理、生物膜等。作为主要成员先后参加我国"原子弹爆炸远期生物效应的研究"（获中国科学院重大科技成果奖、中国科学院科技进步奖一等奖）、"克山病病因的研究"（卫生部"八五"科技攻关，获卫生部二等奖）等重大科研项目。曾从事辐射原初瞬态反应、微量元素硒和维生素 E 缺乏对人体钙代谢的影响、细胞信号转导、紫膜光敏反应等研究。1984～1987 年作为访问学者先后在美国哈尼曼大学和托马斯·杰弗逊大学从事科研 3 年多，1994～1995 年再次赴美在托马斯·杰弗逊大学从事科研并被授予"杰出访问教授"称号。

我和生物物理所一起走过的四十年

严敏官

我是 1960 年进入生物物理所的，目前是全所唯一在剧毒放射性同位素实验室整整工作了 40 个年头的人，为生物物理所奉献了我的一切。

那时全所有四个研究室和一个理论组。第一研究室是搞放射生物学的。它包括五个研究组，一、二组的实验室在化学所五楼，研究外照射的辐射效应和防护；三组设在新楼一楼，是搞辐射剂量和仪器设备的。四组设在新楼的二、四层，由两个小组组成：本底组和内照射组。五组是搞植物学的。一室的行政主任杨光晨是位老革命干部，杨主任为人和蔼办事认真，像是位慈祥的老妈妈。她的办公室紧邻我们，大家天天见面所以印象特别深刻。

一、放射生物学研究室第四研究组

本底组的任务是研究北京及我国各大地区放射性自然本底水平。总结全国各地各个时期自然本底的变化，它担负全国各地区工作站的数据管理、技术培训及数据复核等工作。

内照射组是研究放射性同位素进入生物体内产生的危害及加速排出的研究。我进所就被分配到内照射组工作。当时组里的研究任务是观察大白鼠被注入放射性同位素锶-90 后体内分布和积蓄的情况，同时还做些用药物加速放射性同位素从机体内排出的实验，为核试验的研究工作提供了必要的生物效应的前瞻性实验工作。因此受到上级的特别关注。

总之，四组完成的工作都是国家下达的机密任务。当时国际形势是美、苏进行核竞争，要搞清它对我国的影响，也是监测全球核试验的一种手段。本底组为我国试验核爆炸提供宝贵的原始资料，内照射组完成了核裂变产物锶-90 毒理学及加速排出的研究，两组都为"两弹一星"做出了应有的贡献。

二、我国核试验鼓舞了工作热情

1964 年我国第一颗原子弹试验成功更加鼓舞大家工作热情，大家不分昼夜地收集样品，当第一次收集到我国自己试验的原子弹形成的放射性沉降灰，并完成测量结果时，心里有说不出的兴奋，为祖国的成就而骄傲，也为我们的工作与核试验有直接的关系而感到光荣和自豪。回想当时，人手少任务重，除了各自完成自己的工作外还要完成集体工作。譬如领实验器材，那时每月报一次需求计划，就可以到器材科领取，无须领导再批示和缴费。每次领物时几乎全组出动，用大筐、小篮把试剂、试管、烧杯抬回实验室。每周还要到清华园动物房领大白鼠和饲料饼干。经常还要请工厂加工一些专用实验器材。连存放动物尸体的陶罐也需要自己到废品收购站选购，再用人力三轮车从东郊拉回中关村。总之实验从头到尾都要亲自来做。虽然作为中国科研最高学府，但除了一些测量、监测的电子仪器外，所有实验工作都要亲自动手操作完成。用现代的话讲：完全是纯手工，没有半点掺假。

三、放射性同位素实验室的工作情况

我们所用的锶-90 属于剧毒性放射性同位素，全部实验过程都是开放性操作，所以要求防护级别较高，需要身穿双层防护服，外加一件塑料围裙，带着有机玻璃防护镜、白帽子、双层口罩，还要穿上矿工用的橡胶雨靴，再戴上双层橡皮手套。别人见了都有一种恐惧感，精神十分紧张，自然会躲得远远的，所以我们的实验室总是十分清静，很少有人光顾。很多人见了面谈论的话题常常是：你们的工作会给我们造成危害吗？我们只能反复进行解释，看得出他们总是将信将疑，认为他们是处在危险的环境中。我们就是在这样的环境条件下坚持着自己的工作。

更麻烦的是困难时期常吃稀食，结果是产生的小便就多，有时来不及脱手套裤子已经湿了，但无论出现什么情况我们都会坚持到实验结束。实验结束后要先洗手套，内、外层各洗三遍后才能脱去橡胶手套、帽子、口罩。再用仪器监测衣物是否被放射性污染，确认清洁无污染后才能卸装，再洗三遍手后才能进入洗澡间淋浴。这就是我们每次实验的必须操作程序。天天如此，年年一样，就是这样严格的操作保证了实验安全。由于我们严格执行相应等级的放射性工作的卫生防护规章，得到防疫站的免检认可，并多次受到表彰。

四、因陋就简的工作条件

我们大量的工作是清洗玻璃器皿和处理动物及其排泄物的收集制样，所有工作都需要隔着有机玻璃防护屏，戴双层橡胶手套来完成，因此手套极易破损。那时没有一次性手套，再加上国家经济紧张，破了只能用橡皮胶水补了又补，光胶水每个月至少要消耗 300 毫升瓶装的 1～2 瓶，其工作量可想而知，一只手套要补上四、五块补丁才能更新。现在的青年学生绝对不会有耐心这样去做的。

顺便介绍一下我们的洗澡间，那时没有热水器，洗澡所用的热水是将自来水引入一根直径十几厘米粗的铁管，在它下面用一氧化碳煤气加热产生的，这个装置简单有效地解决了洗澡用水，当然水温会时冷时热，都不能和现代全自动热水器相比。幸运的是这么多年没有出现安全问题。

现在计算机、计算器很普遍，即使小学生也都会使用。实验的测量结果需要经过大量的数据处理，当时我们处理数据的计算工具是：加减法用算盘，乘除法用手摇计算器，乘方、开方用计算尺，这就是我们全部的计算工具。往往在一间屋子里有 2 台或 3 台计算器同时工作，哗啦、哗啦、哗啦满屋子都是这一种声音，时间一长头都会发胀。在那个时候这种计算工具已经算十分先进的了。你会相信吗？

五、三年困难时期

20 世纪 60 年代初，国家遇到暂时经济困难，特别是粮食紧张，大家都为吃得好一点在奔波。为了增加食物来源，对我们所来说，制作"叶蛋白"是搞生物化学的专长，是件比较容易做到的事情。上树打叶子是第一步。北京到处有杨树但是树高枝脆，因此打杨树叶是一项比较危险的工作，后来还真有人从树上掉下来摔伤了。当时此项工作形成了轰轰烈烈的群众运动，最终将从杨树叶提取的叶蛋白做成了各种点心，还送到中南海，受到中央领导的好评。

六、放射性自显影工作

我除了参加组内加速排出实验，还被分配当郑若玄的助手，两人一起工作直到"文化大革命"开始。我们主要做放射性同位素在细胞中的微观分布研究。我们首先在国内开展了生物放射自显影术：一种是将整体小动物切片附在感光材料上，经过曝光、显影、定影就能确定放射性同位素积蓄的位置和相对剂量；另一种是动物的组织切片的放射自显影，可以定位单个细胞或细胞器中的放射性同位素的位置。

为了解决适合生物放射自显影用的感光材料，我和袁群茂还试制了超细颗粒的核子乳胶，确定了配方，自行设计并制作了制备乳胶的乳化装置。还设计完成了适合生物切片用的连续涂片装置。放射自显术的建立在当时国内属领先水平。

1964年原一室三、四组重新组建成第二研究室。李公岫是主任。二室一组以设计、建造、使用大钴源为中心；二组从事放射性测量技术研究。三组为本底组，组长蓝碧霞。四组为内照射组，组长程龙生。

七、走出研究所

1965年中国科学院派出工作队到山西运城参加"四清"工作。二室好多同志参加了这期"四清"。直到1966年夏工作队奉命回京参加"文化大革命"。

"文化大革命"时期的中国科学院受到周总理直接过问，我们也有幸多次见到周总理，并聆听他的讲话，这是我们最难忘的事情。

"文化大革命"后期胡耀邦主持科学院工作时，我们走出院门面向社会，深入矿区进行调查。由科技处韩兆桂领队到江西"721"铀矿调研。在将近一年"三同"的日子里，一半时间跟班参加劳动，熟悉矿区情况，其他时间同矿山安全防护员一起进行调查实验，基本上摸清了井下、露天工作面及生活区的剂量状况，并与非放射性地区进行了比对。最终，向二机部和"721"铀矿领导提交了一份全面的剂量安全报告，为进一步开发放射性矿业提供了宝贵依据。

"文化大革命"后，科研工作逐渐恢复，研究思路也有所开阔，我国核试验成功也要求我们不能只研究单一放射性同位素的生物效应，开始转向研究裂变产物的生物效应。实验动物由小动物（大白鼠）转变成大动物（狗），这样更接近实际情况，实验结果也更有应用价值。为了能观察到动物对辐射损伤的远后效应，检查精子的形态和活性就成为一个重要指标，对采精方式的调研就成为必不可少的工作。最先想到可以去附近的生产队配种站调查，领导安排我和一位女同志一同前往，到达清华园配种站时刚好正在进行牛和马的人工采精活动，我们认真观察人家的操作程序和要领，并没有注意到全体在场的人把目光都集中到我们身上。原来，我们带来了全场唯一的女性，自然引起了人们极大的关注。此时，她并未感到不自在，因为她是在工作！这次调研为后来实验动物采精提供了极大的帮助。

八、紧密配合我国的核试验

生物物理所多次派人员参加核爆炸现场的实验。1975年冬生物物理所派出一支小分队参加现场实验，我有幸成为小分队一员，我们是搭乘一辆军用专列，与试验动物及所需全部物资一起运行了 7 天才到达新疆。新疆的冬天特别冷，除了一身棉衣裤外，还要加上皮大衣、皮帽、皮大头鞋才能在室外工作。室外真是滴水成冰，上露天厕所时动作越快越好，听人说最冷时尿液能随时结成冰柱，但我们只见到地上立着不少黄色的冰柱。下火车后在兵站过夜，第二天天不亮汽车兵就要手拿汽油喷灯用火烤发动机和水箱，经过一个多小时的烘烤汽车才能发动。经过一天沙漠之旅晚上才到达驻地，驻地已建成了砖房，条件有了很大改善，室内生火，室温令人感觉还较舒适。值得一提的是：我们有幸参观了首次核爆的试验现场，那个支撑原子弹的铁塔仍矗立在那里，地面上的沙土已经被高温烧成一片石英结晶，大大小小的结晶有透明的、有带色的，一眼望不到边，可想而知当时爆炸温度之高，真开了眼界。

我们参试的核爆炸是我国最后一次的地面核试验，爆后我们第一时间进入爆心区回收试验动物，这是很危险的工作，但大家丝毫没有考虑个人安危，齐心协力圆满完成了任务。

在参试的日子里发生了震惊全国的大事：1976 年 1 月 8 日周恩来总理不幸逝世，噩耗传来大家无比悲痛，在当时当地仅有的条件下每个人都表达了自己的沉痛哀思，向周总理学习，出色地完成了任务。在我国的"两弹一星"的伟大事业中添加了自己的一份力量。

九、生物物理所放射性同位素实验室

随着科研工作的开展，研究所课题调整，全所对使用放射性同位素的实验进行集中管理。以我们的放射性同位素专用实验室为基础，成立了直属所业务处的同位素实验室。实验室由四人组成，组长是王仁芝，同时开展了一系列的放射免疫诊断试剂盒的研究。从人体器官中提取高纯度的抗原，再用它在动物身上制取高滴度的特异性抗体，并完成全部质量检测。

用放射性标记的抗原与人体的抗体结合经分离、测量，最终算出这种物质在人体内的含量。还进行了包括大量的正常值和交叉实验的全部临床前工作和大量的临床试验 。我们分别完成了肌红蛋白、T3、T4、雌二醇等放射免疫药盒，由二机部同位素研究院向全国推广，成为医院诊断疾病的重要指标。后来我还参加药物蛋白微球的制备，把制备的蛋白微球控制在一定大小，使它栓塞在病灶的微血管上，让药物随蛋白球溶解而释放，既增强了治疗效果，还可减少副作用。所做成的微球在广州南方医院得到了临床应用，并在外科杂志上发表了文章。后来王仁芝按政策返回部队工作，由宋兰芝继任课题负责人、组长。此后在生物工程方面和生物活性物质的利用和开发方面做了大量的工作。直至大家陆续退休。遗憾的是由于种种原因所开发的项目未能进入市场，没有得到推广。

十、结 束 语

30 年前，在邓小平的"开放搞活"、"科学是第一生产力"的号召下，中国科学院发生了破天荒的变化，取得了巨大的成绩。同时也创造了宽松的政治环境，各民主党派在中国科学院的知识分子中得到了恢复和发展，我也加入了中国农工民主党。在中国共产党领导下多党合作、参政议政就成为我的又一个重要职责。

能在生物物理所从头到尾在一个实验室工作整整 40 年使我感到非常荣幸。见证了生物物理所 40 年的变迁。在这 40 年中每个人都在扮演不同的角色，我作为最普通一员从最低层的角度看到了人与人之间有关爱、有帮助，为了共同的事业努力奋斗，勤勤恳恳地耕耘着中国科学院的这片园地，使满园开放着科研成果，相互之间建立了深厚的友谊。特别是退休后每逢相聚时就倍感亲切。

在中国共产党领导下，中国科学院生物物理研究所放射生物学研究取得了巨大成绩，出了成果和人才。今后，在科学发展观指导下生物物理所将会取得更加辉煌的成绩，培养出更多优秀人才，为祖国的科研工作做出更大贡献。

将自己几十年的体会，想到哪就写到哪，既无轮次又无水平，但是我还是很认真的。谨以此文纪念中国科学院成立 60 周年和生物物理所建所 51 周年。

作者简介：严敏官，1960 年年初进入中国科学院生物物理研究所，被分配到放射生物学研究室四组从事内照射毒理学实验研究，直至 1999 年提前病退。主要从事锶-90 内照射实验，包括锶-90 毒理学和放射自显影技术的建立。参加了原子弹现场试验、放射性矿山调研、研发放射免疫分析技术和 T3、T4 诊断药盒推广，肿瘤药物定向治疗和载药微球临床应用。从放射线损伤研究到防护药物的开发，全部工作经历一直和放射性同位素紧密联系在一起。

我在放射生物学研究室的工作概况

周启玲

1960年9月，我于北京医学院医疗系毕业后，由国家统一分配来生物物理所放射生物学研究室辐射防护组工作。当时，该组由陈德嵩、沈淑敏和刘球等副研究员领导的三个小组构成，分别从中草药、化学制剂和物理因素的角度，进行电离辐射的防护研究。我所在的沈淑敏先生组，之前已发现酵母核糖核酸对受单次大剂量X射线辐照的小家鼠具有较好的防护作用，并有动物的体温下降相伴随，在我来到该组后至1964年9月期间，为探索酵母核糖核酸的辐射防护作用机制，与李景福等一起，除发现该制剂的某些分解产物也有使小家鼠体温降低的作用，并以小家鼠和酵母菌及大肠杆菌等微生物为对象，观察辐射防护作用与温度的关系外，还见到小家鼠经腹腔注射酵母核糖核酸溶液后期皮下组织氧压的下降。

1964年年底至1966年中，我与陈去恶等合作，进行慢性放射病早期诊断（以血红蛋白反应时间为观察指标）和防治（用负离子及臭氧为处理手段）问题的探讨。"文化大革命"运动伊始，该项工作中断。

1966年10月至1967年1月，我随由所一、三和四室部分成员组成的联合小分队南下对江西省"713"铀矿工人及苏州医学院附属医院的慢性放射病患者进行调查，之后又走访苏州、南昌及太原等地有关的医疗与科研部门，参与了所里举办的、在汇报会上宣读的《慢性放射病早期诊断和防治问题调查报告》的撰写。

1968年，与辐射防护组同事们一起，总结了近10年的辐射防护工作。继于1969～1970年与洪鼎铭等就中药仙鹤草和黄精对受亚致死剂量^{60}Co-γ射线辐照小鼠的防护作用进行研究，写出工作小结。其间，结合放射病的预防和治疗研究，进行了如下实践：1969年12月，赴河北省巨鹿县，对据报道经治愈的一例再生障碍性贫血患者做了调查；与组内同事一起，到北京市中药一厂参加制药生产，并开展实验研究；被派赴北京宣武植物油厂参加潘宗耀等研发的"红卫一号"（后名"血宁片"）的总结工作，执笔写出该药临床试用的疗效观察报告，提交鉴定会通过。

1971年以后，开始从事辐射损伤恢复规律的研究。

1971～1974年，与马淑亭等合作，进行受^{60}Co-γ射线小剂量辐照狗及大鼠的造血系统和生殖系统等的病理解剖学变化的研究。

1974 年 8 月至 1975 年年底，调往辐射剂量组工作。为配合 ^{60}Co-γ 射线小剂量长期照射猕猴的实验研究，与张仲伦等合作，先后进行了源强测定，猕猴体模的制作及体膜内剂量分布情况的测量和单位笼内剂量的测量，在上述各项测量的结果基础上计算受照射猕猴体中心的吸收剂量，并制定出动物受照方案。该工作结束后由本人写出工作总结。

1975 年年底，调到"151"国防任务组（后归属细胞生物室）从事核武器的生物学效应研究。1976 年年初至 1979 年 4 月，与组内同事们一起进行代号为"21-44"核爆炸试验中的各批实验狗的大体解剖、组织切片和病理组织学观察；其中的病理学工作延续至 1981 年结束。1984 年 6 月，由我执笔写出《"21-44"试验中核辐射对狗的远期生物学效应（病理解剖学观察)》总结。我曾参与的"我国核试验对动物远后期辐射效应研究"先后荣获 1978 年度中国科学院重大科技成果奖、1978 年度中国科学院生物物理研究所重要成果奖一等奖及 1988 年度中国科学院科学进步奖一等奖。

作者简介：周启玲，男，1960 年 9 月毕业于北京医学院医疗系，同年来生物物理所放射生物室工作，先后在沈淑敏先生指导下，从事酵母核糖核酸及其分解产物的辐射防护作用研究；同陈去恶等合作，进行慢性放射病早期诊断和防治探讨；随小分队南下江南、苏州，对铀矿工人及慢性放射病患者行健康调查；与辐射防护组同事们一起，总结既往工作、复筛药剂和下药厂实践；同马淑亭等合作，观察受辐射动物造血和生殖系统的病理变化；在辐射剂量组张仲伦主持下，进行猕猴体膜 ^{60}Co-γ 射线吸收剂量分布状况的测量，制定小剂量长期照射方案；参与"21 号任务组"对受核试验辐照犬远后期病理学效应的观察。1979 年并入细胞生物室后，从事细胞 DNA 损伤与修复药剂及太空因素对卤虫卵发育的影响观察。

我与放射生物学的不解之缘

庞素珍

　　随着我国原子能事业的蓬勃发展，放射性粒子和射线对人体的生物学效应及辐射防护的基本理论和实践的研究日趋重要。为适应形势和任务的需要，1958 年北京大学生物系由沈同教授负责创建了放射生物学专业，并从 57 级入学的各专业选拔一批学生作为第一届放射生物学专业的生源，我也是被选中的学生之一。从此我便由植物生理学专业转为放射生物学（当时是保密专业），与放射生物学结了缘。在校期间就和教研室老师一起边学习边搞科研，做同位素实验。为了理论联系实际两次去放射性开采矿山，在非常简陋的防护条件下，与工人同吃同住同劳动。1963 年毕业后被分配到生物物理所放射生物学研究室。能分配到中国最高科学殿堂的中国科学院，又是对口专业，我感到十分荣幸。于是怀着激情与梦想，在服从祖国需要，为祖国科学事业添砖加瓦的思想指导下，开始了我的科研生涯。

一、辐射剂量与照射条件的研究

　　我来所时，放射生物研究室是所里最大的、力量最强的研究室。几位学术水平很高的专家，如马秀权、徐凤早、沈淑敏、刘球、陈德崙等分别负责领导着几个大的研究组，下面又分为若干小的研究课题，都是以辐射损伤和防护为研究方向。当时还专门设一个剂量组（一室三组），其任务包括建立照射源，进行照射条件的研究和照射剂量测量并为各组进行照射服务。组长是北京大学物理系毕业的江丕栋，组内有清华大学工程物理系毕业的王曼霖、张仲伦，还有学放射生物的蔡维屏。我就被分配到这个组和蔡维屏一起，从放射生物学角度研究照射条件，包括受照动物与照射源的距离、照射时间的控制、照射场均匀度的测量等。同时还开展了 X 射线全身照射昆明种小白鼠的致死效应与剂量的关系以及半致死剂量的研究。本题目为二机部下达的国家任务"组织剂量研究"的分题之一，主要目的是研究电离辐射生物效应的数量规律以及昆明种小白鼠的半致死剂量，致死剂量的确定，以便为我国放射生物学和放射医学研究工作提供参考。

　　实验材料为昆明种小鼠，应用 PYM–11 型 X 射线机照射，观察指标包括：体重变化与剂量关系，脏器变化，平均寿命及致死剂量、半致死剂量的确定。实验结果在全国放射生物学术会议上作过报告。后来还进行了大白鼠的研究，小剂量长期照射后的远后效应研究。当时所有的实验工作都是我们自己做的（包括领动物、饲养动物、打扫卫生、实验动物的观察记录、解剖、尸体处理等）。

我们还为室内其他组进行照射服务。当时有两台 X 射线机，后来又建了大、小钴源，照射任务很繁忙，组内轮流值班开 X 射线机和升降钴源，为不同动物设计加工照射容器，安排照射动物摆放位置、剂量测量等，以使照射条件更科学从而获得最佳结果。

二、混合裂变产物对机体损伤的研究

1965 年初，我被调到二室四组，李公岫为主任，我是在程龙生组。研究项目是国家科委下达的任务（绝密级），随着原子能事业的发展，无论是原子弹爆炸产生的落下灰，还是原子反应堆偶然发生的事故，都能产生大量裂变产物。这些产物含有各种不同类型的射线和不同能量的放射性核素，有的半衰期短，也有的半衰期较长。当原子弹爆炸时这些核素随着落下灰沉降而污染环境，进入机体。具有各种特性的核素会选择性地分布，积聚在不同的危象器官，而作为内照射源损伤机体。因此研究混合型裂变产物在机体内积聚、分布与排除及对机体的损伤，无论是战时还是在和平利用原子能事业中都有重大意义。从 1965 年初开始，我们对混合裂变产物进行了四个课题的研究。

1. 混合裂变产物在大白鼠体内的分布、积聚与排除

研究从 1965 年 4 月开始，至 1965 年 10 月结束，实验动物为成年雄性大白鼠（平均体重 140 克）。用 U_3O_8 经反应堆处理后一个月得到的混合裂变产物模拟原子弹爆炸落下灰。在正式实验开始之前，先要掌握混合裂变产物的放化分析方法。放化分析是采用本研究室（二室三组）建立的系统核素分析方法（化学方法）。为进行裂变产物喂食动物以后动物组织中核素分析，需要摸实验条件，为此，我们花了不少时间，做了多次实验，直到较好地掌握了方法，为正式实验奠定了基础。

正式实验分两部分：①一次口服 pH 4.0 裂变产物硝酸溶液，剂量每 100 克体重 68.9×10^6 脉冲/分钟，口服后 0.5 天、1 天、3 天、5 天、7 天、15 天、1 个月、2 个月、3 个月、4 个月、5 个月杀死动物，取血、肝、肾、脾、小肠、肌肉、睾丸和股骨，然后称重、消化，进行放射性测量。对于在体内沉积时间长、损伤较大的核素锶、钡、铈、锆、钌进行放化分析。②单个分别饲养 10 只大白鼠，收集排泄物，然后进行称重、消化和总放射性测量，并测定损伤较大的几种核素从体内排除的量及其规律。

实验结果表明：动物一次口服混合裂变产物后，即由消化道迅速地进入各个脏器中，口服裂变产物 12 小时后，各组织已积聚一定的量，股骨和肾脏积聚较多，经过 24 小时，股骨沉积的放射性达最高值，其他组织，如肌肉、肝、肾等在 24 小时后放射性强度也达最高值，但其强度远低于股骨。

我们对股骨、肝、脾、肾等主要核素锶、钡、铈、锆、钌进行了放化分析，在股骨中以锶沉积最多，混合裂变产物进入机体 15 天后，锶在骨中的沉积量达到最高。以后逐渐由骨中释放出来，但经过 5 个月骨中依然存留很多，说明锶较难由骨中释放。钡也是沉积在骨中，其他组织含量较少。混合裂变产物进入机体之后，短期骨、肾、肝、脾中铈较高，以后骨中铈排出较其他组织为慢，锆沉积较其他核素少，钌主要沉积在肾中且排除也是较快的。

我们的实验结果表明，裂变产物对机体的近期危害较轻，主要是远期效应。从放射性在组织中的分布来看，骨骼中放射性比其他组织高，主要是由一些嗜骨性核素锶、钡等造成的。实验结束，数据分别处理，最后由程龙生执笔总结成文，上报二机部（因为是机密工作不能发表）。

在这段研究工作中，印象最深的是放化分析工作，当时由王锦兰、郭绳武、王志珍和我 4 个人分工做的。我负责长半衰期的锶、钡核素的分离、分析。尤其在炎热的夏天，同位素室内很热（没有空调），我们身穿同位素工作服，戴着厚厚的口罩、手套、帽子，穿着放射性工作靴子，全副武装，在同位素实验室一工作就是几个小时，不能喝水，不能吃东西，也不能上厕所，出来后全身湿透。但当时我们只想着很好地完成任务，没想工作的苦和累，也没想放射线和同位素不慎进入体内可能造成的危害，更谈不上名与利。那时的工作因保密不能发表文章，而我们每月的工资只有 56 元，一拿就是十几年未涨。

2. 混合裂变产物对大白鼠的危害（1965 年 4 月至 1967 年）

本课题采用 U_3O_8 通过中子照射产生的混合裂变产物喂食大白鼠。分析其各种脏器中主要放射性元素的浓度，并观察其生物效应，观察指标有：血液的变化（包括白细胞总计数、白细胞分类以及血红蛋白含量、白细胞荧光测定等），测白细胞碱性磷酸酶活性，电子显微镜观察及生化指标（电泳，细胞核中 DNA 含量）等内容，观察时间为 8 个月。我主要做生化指标，全部实验做完时"文化大革命"开始，数据未能及时整理。

3. 早期混合裂变产物对狗机体的影响（1970 年 11 月至 1973 年 8 月）

内容：主要模拟原子弹爆炸早期落下灰对狗机体的损伤，共中毒三个剂量组（16 毫居、4 毫居及 600 微居），观察 13 个月，8 项指标：白细胞计数及分类、精液检查、白细胞吞噬、转氨酶活性和胆固醇测定、T3 细胞摄取率检测。在这项工作中我主要负责生化指标的测定。结果表明大剂量作用下，除狗甲状腺萎缩外，其他指标未见明显变化。此工作论文发表在《生物化学与生物物理进展》上。

4. 锶-90 长期慢性小剂量喂食对大白鼠机体的影响（1965 年 8 月开始）

主要观察大白鼠每天口服锶-90 为 0.43 微居/千克体重，共喂食 16 个月，观察 5 项指标：白细胞检查、骨髓细胞检查、细胞化学、转氨酶活力测定、测量睾丸体积和重量变化，大实验在 1966 年底结束，由于"文化大革命"没总结。

三、辐射原初反应——闪光光解研究

"文化大革命"以后，我又被调到辐射原初反应研究组，沈恂任组长，我与沈恂、马海官、张茵、唐德江、陈春章、傅迎宪等一起工作。组内自行设计研制了一台闪光光解装置，为了实验需要还设计加工了一套五蒸水装置，我们为此多次跑东郊玻璃厂联系加工。在闪光光解装置完成后，利用这台装置进行多项闪光光解产生原初自由基研究。还结合肿瘤临床治疗，利用高能所加速器进行了中子辐射研究。1986～1989 年我在美国进修，1989 年初回国，又开始从事光辐射与光敏治疗肿瘤的研究，直到 1997 年 7 月退休。

岁月悠悠，时光飞逝，转眼我来生物物理所已经 45 年。回首既往岁月不无感慨，如今我已从一个梳着小辫子的年轻姑娘步入了白发苍苍的老年。回顾以往走过的历程，去过农村劳动、下过放射性铀矿、去过"五七干校"，经历了历次政治运动的洗礼，人生可谓丰富多彩。作为科研战线上的普通一兵，在平凡的工作岗位上，我努力了，我付出了。有欣慰也留下诸多遗憾，工作虽然做了不少，但是成绩并不显著。在学习和工作精力最旺盛的青春年华无奈地虚度了不少时光。我多么羡慕今天年轻一代的科技工作者，他们赶上了祖国繁荣昌盛、科学技术蓬勃发展、开拓奋进的好时代。祝愿生物物理所乘改革开放的东风，在科学发展观指导下，在新的更高起点上，做出无愧于时代的新贡献。

作者简介：庞素珍，女，1937 年生于河北省廊坊市，副研究员。1963 年毕业于北京大学生物系放射生物学专业，同年分配到中国科学院生物物理研究所。先后从事辐射剂量与照射条件的研究；模拟原子弹爆炸产生的混合裂变产物在动物体内分布、积累与排除规律及其对动物机体损伤的研究；辐射原初反应闪光光解的研究。1986～1989 年作为访问学者在纽约州首府 Albany Medical Center 工作。1989 年回国后从事光辐射与光敏治疗肿瘤的研究。1997 年退休。其间参加的两项工作"酪氨酸和含酪氨酸蛋白质的原初光解过程"和"血卟啉衍生物 YHPD 的某些基础化学与生物学研究"分获中国科学院科学技术进步奖三等奖（1986 年）和中国科学院自然科学奖三等奖（1991 年）。国内外发表科学论文数十篇。

中国科学院生物物理研究所放射
生物学研究工作与相关事件大事记

张仲伦

1945 年 8 月 6 日

美国在日本广岛投下一颗原子弹，3 天后在长崎投下另一颗原子弹，从而促使日本无条件投降，也开启了核武器时代。

1955 年 1 月

毛泽东主席主持中共中央书记处扩大会议，做出创建自己的核工业、研制核武器的决定。

1955 年 8 月

苏联共产党中央主席团批准了苏联高教部关于帮助中国进行和平利用原子能工作的提案：帮助中国在北京和兰州组织教学，培养原子能专家。

1956 年 1 月

中国政府制定了《1956—1967 年科学技术发展远景规划纲要》，确定了 12 项国家发展重点，原子能技术被列为道位。

1956 年春

贝时璋先生负责筹建原子能研究所放射生物学研究室（第七研究室）。

1956 年

我国政府国务院成立了以宋任穷为部长，钱三强等为副部长的第三机械工业部（1958 年 2 月改名为第二机械工业部），具体负责实施我国原子能事业的建设和发展工作。国务院召开有中国科学院、国务院各有关部门、高等学校的领导人和科技人员参加的制订科学发展远景规划的动员大会。会上宣布成立以范长江为组长的十人科学规划小组。贝时璋参加制定国家《1956—1967 年科学技术发展远景规划纲要》，主持制定生物物理学科规划，分支学科中就列入了放射生物学。服务于我国的原子能和平利用和"两弹"试验。

1956 年 5 月 26 日

毛泽东在《论十大关系》的讲话中提出了要发展原子弹的目标。

1957 年

贝时璋参加中国科学技术代表团在莫斯科与苏联方面会谈中苏科学技术合作问题。

1957 年

贝时璋先生选派刚刚大学毕业的忻文娟去莫斯科大学生物物理系学习辐射生物原发反应。贝先生认为由于原子弹的产生，我国必须重视发展放射生物学，对辐射损伤的原发机理进行深入研究。辐射损伤是连锁反应，如果能在原初阶段抑制、阻止损伤的发展，就更能达到防护的目的。

1957 年 3 月 18 日

《中国科学院 1958～1962 年计划纲要草案》初步编制完成。它所提出的基本任务包括加强自然科学理论的研究，积累科学储备；充实和发展物理化学、地球化学、遗传学、微生物学、生物物理学等重要空白或薄弱的基础学科和边缘学科。

1957 年 10 月 5 日

贝时璋带领忻文娟在莫斯科和列宁格勒（现圣彼得堡）专程参观相关大学和研究机构，了解有关放射生物学研究现状与发展方向、人才培养以及放射性研究工作的操作规程与技术措施。历时一个月。

1957 年 10 月 15 日

《中华人民共和国政府和苏维埃社会主义共和国联盟政府关于生产新式武器和军事技术装备以及在中国建立综合性原子能工业的协定》签署。

1958 年

负责核武器研制的二机部九局（中国工程物理研究院的前身）在北京成立，拉开了核武器研制的序幕。

1958 年 7 月

为加强原子核科学的学术活动，经中央批准，成立了中国科学院原子核科学委员会，李四光任主任委员。同时批准成立属于该委员会的同位素应用委员会，吴有训任主任委员。

1958 年 7 月 29 日

中国科学院批准，并函告云南省委及云南分院，筹建北京实验生物研究所昆明工作站。工作站计划通过研究猿猴，进行放射性对生物，特别是对人体的影响及放射遗传学的研究。由北京实验生物研究所的马秀权、陈去恶遗传研究所的汪安琦和复旦大学的张忠恕与苏联专家合作。研究项目业已开始，并有研究论文报道，但此项合作项目因苏联撤走专家而告终止（昆明工作站于 1962 年划归云南分院）。

1958 年 9 月 26 日

经第九次中国科学院院务常务会议通过，9 月 26 日经国务院正式批准，将组建不久的北京实验生物研究所（原为上海实验生物研究所北京工作组）改建为中国科学院生物物理所，贝时璋任所长。

1958 年 9 月 14 日

生物物理所接受了中国科学院下达的"调查核试验落下灰对我国的影响"任务，苏联科学院派来的放射生物学专家史梅列夫于 1958 年 9 月至 1959 年 2 月来我所开办放射性自然本底调查训练班培训人员，赴青岛、海南、珠海、上海等地取样调查，为建立放射性自然本底工作站做准备。研究所调李公岫、蓝碧霞负责接待和组织工作。

1958 年 9 月 29 日

中苏签订《关于苏联为中国原子能工业提供技术援助的补充协议》，生物物理所接受中国科学院下达的中苏合作计划中的第 222 项，开展全国的放射性自然本底调查工作。

1958 年 10 月 1 日

放射生物学研究室（第一研究室，以下简称一室）成立，有三个研究组（辐射形态组、辐射防护组、遗传组）。徐凤早任主任，杨光晨任副主任。研究人员 13 人（高研 4 人、助研 2 人、实研 7 人）；多数是生物学专业，开展工作也多在生物学范畴。

1958 年

中国科学技术大学创建于北京，生物物理系也同时成立并招生，生物物理所所长贝时璋先生兼任系主任，沈淑敏先生任系副主任，生物物理系的培养目标和课程设置主要由沈淑敏先生组织协调。

1958 年 11 月

一室放射植物学组接受了原子能和平利用的一项研究任务——电离辐射保藏粮食的全国性大协作课题。当时中央提出"保粮保钢"、"农业为基础"和"一定要有储备粮"是全党全民的任务。此项工作自 1959 年 1 月正式开始。

1958 年

生物物理所开始了电离辐射药物防护的研究。放射生物学研究室陈德崙先生领导的研究组开始了"电离辐射药物防护的研究"课题，对中草药有效成分的辐射防护作用进行了广泛的研究。

1959 年至 1965 年

生物物理所研究人员从 1959 年起，开展了北京、广州、厦门、哈尔滨、乌鲁木齐 5 个城市的放射性微尘强度变化的测量工作。1964 年，我国爆炸了第一颗原子弹后，北京和哈尔滨两地落下微尘的放射性强度出现了明显的峰值。1965 年 5 月，我国第二颗原子弹爆炸后，从上述五个城市收集到的放射性尘灰也有峰值出现。

1959 年

一室内照射组开展了"一次摄入锶-90 后在体内的分布、转移和排除研究"工作。

1959 年 4 月 21 日

一室放射植物学组接受了原子能和平利用的第二项任务"电离辐射保藏粮食的卫生学研究"，进行长期用辐照玉米饲喂小白鼠的试验。

1959 年 7 月

周恩来代表中共中央宣布：自己动手，从头摸起，准备用八年时间搞出原子弹。

1959 年 7 月

放射生物学研究室，正式扩展为六个研究组，共 63 人。

1960 年

生物物理所受二机部（卫生部）委托，举办了全国放射性本底短训班，全国各省基本都有人参加，贝所长、林克椿、李公岫和赵克俭等在短训班上授课。

1960 年

中国科学院香山会议委托生物物理所承担"放射病早期诊断任务"。正式下达任务是 1961 年，并下了工作单（任务书）。任务内容是：①慢性内外照射对神经生理功能的影响；②外周血象和骨髓的变化；③血尿中核酸代谢产物的变化；④慢性内外照射对内分泌系统的影响。

1960 年 1 月 7 日

国务院第 93 次会议批准卫生部、国家科学技术委员会制定的"放射性工作卫生防护暂行规定"。

1960 年 2 月 7 日

全国放射生物学工作会议在北京香山饭店召开。贝时璋作为领导小组成员之一，做了有关放射生物学和放射医学的报告，会议对全国放射生物学和放射医学的研究进行了规划。此次会议对全国放射生物学和放射医学起了积极推动作用。

1960 年 3 月

中国科学院制定了《关于大力发展尖端科学研究三年规划和八年设想（草案）》，这是以原子能利用和喷气技术为纲，争取三年之内，基本实现《1956—1967 年科学技术发展远景规划纲要》的设想。

1960 年

贝先生委托沈淑敏负责，为中国科学技术大学生物物理系开设放射生物学课。放射生物学课程从 1961 年开始筹备，1963 年对 58 级学生正式开课，1964 年对 59

级学生继续开课，1965 年继续开设。马秀权讲授"辐射对机体骨髓和血液系统的影响"，徐凤早讲授"辐射对生殖系统的影响"，刘蓉讲授"辐射的机理"，李公岫讲授"辐射对环境的影响"。其他各研究组也都派科技人员参加讲课。

1960 年

成立新的研究组，即辐射剂量组，开展两方面工作。①剂量测量工作：主要为照射源性质的测量，准备进一步开展组织剂量学研究；担任放射生物学研究所需的经常性的外照射工作。筹建钴-60 强 γ 射线照射源。②放射性测量工作：建立生物样品中的放射性测量技术，以低水平测量为主要方向，开始试制低本底计数管和保护管，建立低水平 β 射线放射性的测量装置；准备开展能谱分析技术，进行放射性同位素的定性分析。

1960 年 11 月

一室放射植物学组又接受了一项国家任务"重核裂变产物锶-90、铯-137 对农作物的污染及植物去污"，这个题目的来源是二机部（核工业部）。

1961 年

沈淑敏先生领导的研究组开始从免疫学及营养学角度研究了"核酸及其降解产物对射线的防护作用及其原理"，直至 1964 年。

1961 年

二机部通过中国科学院向生物物理研究所下达了"小剂量电离辐射损伤效应及放射病的早期诊断研究"任务，要求阐明小剂量电离辐射作用的生物学效应和机理，为国家制定辐射允许剂量及诊断早期放射损伤提供科学理论、数据和资料。

1961 年

二机部五局经中国科学院新技术局同意，向生物物理所下达了六项仪器技术研制任务。它们是辐射探测元件、多道能谱仪、低本底放射性测量仪、空气和水中 α·β 放射性连续监测仪、全身辐射测量仪、顺磁共振波谱仪。

1961 年

二机部以任务书方式正式下达到生物物理所"慢性放射对血象、骨髓、血和尿中代谢产物、内分泌系统和神经生理功能的影响"的研究任务。

1961 年 4 月

中国科学院原子核科学委员会生物学学术组成立。第一次学术报告会召开于 1961 年 5 月 12 日；第二次召开于 1961 年 6 月 9 日；第四次召开于 1961 年 8 月 4 日；地点都在微生物研究所礼堂（中关村北一条 11 号 二楼东头大厅）。生物学组于 1962 年 4 月召开了北京地区放射生物学学术论文讨论会，会上共宣读了 31 篇论文。

1961 年 4 月 25 日

生物物理所报给科学院新技术局的《请示钴源报告》中提出需要 1400 克镭当

量或 11 200 克镭当量的钴源。

1961 年 10 月

国家科委八局在上海市衡山宾馆召开"辐射源安装技术经验交流会"，王曼霖被派参加会议，并代表生物物理所在会上报告"四点源方案"。拉开了一室三组建源工作序幕。

1961 年 10 月

国务院第二机械工业部下达"外照射组织剂量"研究任务。根据任务要求，提出并建立了"钴-60 强 γ 射线照射源的设计、安装和剂量标定"课题，由王曼霖负责，张仲伦、丰玉璧等参加，进行钴源的设计并完成建造任务。任务要求从 1961 年 10 月开始，到 1965 年 12 月完成。

1961 年冬

生物物理所派我室蓝碧霞、赵克俭、吴余昇参与"236"部队到新疆调查苏联核试验对我国影响的试验。

1961 年 12 月 1 日

生物物理所向新技术局提出报告：为了建造大、中、小三个钴源和 X 射线源辐照室，需要共计 500 平方米的基建面积。

1962 年 3 月 7 日

由中国科学院原子能研究所放射生物研究室、放射化学研究室与技术安全研究室的部分人员及全国支援的专家组成北京工业卫生试验研究所。

1962 年 4 月

"电离辐射保藏粮食的卫生学研究"工作的阶段总结由中国科学院原子核科学委员会在卫生部召开的放射生物学学术讨论会上做了报告，并收入《放射生物学学术讨论会论文汇编第一集》。

1962 年 6 月

生物物理所计划科领导成立钴-60γ 射线放射源设计小组。

1962 年 8 月

生物物理所成立钴源建设选厂小组，由中国科学院生物学部办公室主任葛俊杰、生物物理所办公室主任聂绍华、计划科科长韩兆桂、微生物所办公室魏主任以及研究技术人员江丕栋、王曼霖、张仲伦和丰玉璧组成。剂量研究组设立三个研究课题（"组织材料内吸收剂量的研究"、"强钴源及小剂量照射室的建立"和"生物特性和物理因素对辐射生物效应的影响"）保证钴源辐照室的建设、照射条件设计、剂量测定工作的进行。新技术局（62）04 五字第 71 号批文同意修建 500 平方米，投资 6 万元的钴源室项目。

1962 年 11 月 17 日

根据中共中央关于加强原子能事业的决定，正式成立在中共中央直接领导下的以周恩来为主任的"中央十五人专门委员会"。周恩来主持召开了中央专门委员会第一次会议。

1963 年

生物物理所开展"三定"工作，即定方向、定任务、定人员。三定后研究所设 4 个研究室（一室，放射生物学研究室；二室，宇宙生物学研究室；三室，生物结构与功能研究室；四室，生物物理工程技术研究室）和一个直属组（一般生物物理研究组）。确定一室的研究方向是研究电离辐射对生物有机体的作用机制和放射病的防护的原理。

1963 年

一室五组的研究题目确定为"电离辐射对植物生理生化影响的研究"。

1963 年 6 月 14 日

北京市卫生防疫站下达了"关于钴源试验室的预防性卫生审查"意见，（63）卫防射字 48 号文。

1963 年 8 月 28 日

国家科委组织召开了全国放射生物学和放射医学学术会议。在会上贝时璋所长做了"我国放射生物学、放射医学的现状和展望"的报告。会议共收到论文 693篇。会议到 9 月 12 日结束。

1963 年 9 月

生物物理所请科学院新技术局参加，与物理所协商讨论了钴源建设方案，确定按照生物物理所设计要求建造钴源。新技术局调整基建任务，将钴源建筑面积从 500 平方米改为 780 平方米，另留 600 平方米给物理所。

1963 年 11 月 22 日

中国科学院新技术局批准生物物理所建辐射源的任务，其基建面积为 1380 平方米、经费为 34.6 万元。

1964 年

"低水平 β 放射性测量装置及低本底计数管"参加全国工业新产品展览会，获得三等奖。参加人员有江丕栋、陈志刚、王秀春、龙新华、夏发生等。

1964 年

在 1964 年的研究计划中，将 1963 年"电离辐射对植物生理生化影响的研究"分立了两个题目，即电离辐射对植物生长发育影响的研究、电离辐射对须霉的影响。

1964 年 2 月 6 日

根据"外照射组织剂量"研究任务要求，研究所于 1964 年 2 月 6 日提出并批准了"组织材料内吸收剂量的研究和照射条件的确定"课题。课题编号生放剂字64–134。

1964 年 3 月

全国同位素和辐射在生物学和农业上应用学术会议中，《电离辐射保藏粮食的卫生学研究——长期饲喂辐照粮食的小白鼠试验》一文被评为 42 篇典型论文之一，收入中华人民共和国国家科学技术委员会八局编印的《全国同位素和辐射在农业和生物学中应用学术会议论文选集》，1965 年 3 月出版。

1964 年 6 月

生物物理所向工程技术室下达二机部委托的"空气 β 放射性污染连续监测及时报警装置的研制"任务。

1964 年 8 月 1 日

放射生物学研究室调整为 6 个研究组：辐射形态组、辐射防护组、辐射剂量组、放射生态组、放射植物组和辐射原发反应组。共 101 人，成为生物物理所规模最大的一个研究室。室主任徐凤早，副主任杨光晨、刘球。

1964 年 9 月 1 日

放射生物学研究室分为放射生物学第一研究室、放射生物学第二研究室。原第三、四两个研究组独立出来成立了第二研究室。放射生物学第一研究室主任徐凤早；副主任杨光晨、刘球；业务秘书伊虎英。共有四个研究组：辐射形态、辐射防护、放射植物和原发反应组。各类人员 65 名。放射生物学第二研究室主任（缺），副主任李公岫、任建章，业务秘书蓝碧霞。重新设置为 4 个研究组：辐射剂量、放射性测量、放射性本底调查、内照射生物效应。有各类人员共 37 名（不包括外地工作站）。本底调查研究组在外地附设有工作站，1962 年以前共有 18 个，以后调整为 5 个，分设在广州、厦门、哈尔滨、青岛和乌鲁木齐。各站研究技术和辅助人员共有 24 名。

1964 年 9 月 1 日

中国科学院派出第一批工作队到山西省洪洞县参加"四清"运动。承担放射生物学研究任务的生物物理所许多同志参加了这期"四清"运动。直到 1965 年奉命回京。

1964 年 10 月

放射生物学二室开始承担 6 项国家任务：①外照射组织剂量和动物实验照射条件的研究；②弱 β 放射性样品的测量及仪器装置的研究；③低水平 γ 射线能谱分析；④卫生化学分析方法的研究；⑤放射性本底的调查研究；⑥裂变产物对生物的危害。

1964 年 10 月 1 日

国防科委委托中国科学院承担核爆炸生物效应研究。中国科学院承担了"核武器试验核辐射对动物远后期效应的研究"任务,下达给生物物理所和昆明动物研究所,定为绝密级任务。据此后来成立了"21号任务组"。

1964年10月

放射生物学一室开始承担二机部下达的3项国家任务:①研究慢性放射病早期诊断的指标;②研究提高机体对电离辐射的耐受性和免疫过程,解决辐射防护的有效措施和理论问题;③研究电离辐射原发反应的机制。

1964年10月16日

中国第一颗原子弹在新疆罗布泊爆炸成功,爆炸当量2万吨(我国第1次核爆试验)。试验代号"21–41"地爆类型;试验动物有狗4只,与爆心距离1500米,布放在上风向开阔地面;照射剂量149拉德。

1964年10月18日

在生物物理所进行了对第1次核爆炸的空气连续取样和放射性的监测,时间为1964年10月18日零点到25日16点,延时测量时间为1964年10月28日到11月7日。陈景峰、刘国强、叶国辉、杨锡珣、刘纪波、池旭生、彭程航参加了测试。同时放射生物学室的同志还进行了"热粒子"的收集及其放射性强度和γ射线能谱的测量。对1964年10月收到的样品进行分析,其中^{131}I、^{89,90}Sr、^{95}Zr、^{95}Nb、^{140}Ba、^{106,103}Ru、^{141,144}Ce、稀土等同位素,分析所得相对比值与国外有关文献基本一致。

1964年11月

二机部委派工作人员到生物物理所再次落实研究任务:小剂量慢性放射生物学效应和提高小剂量放射耐受性的研究。

1964年12月

二机部正式给生物物理所下达慢性放射病早期诊断的任务。生物物理所对这项任务十分重视,迅速组成队伍并分工如下:猕猴小剂量经长期慢性照射后形态与病理变化的研究(一室);生化指标的变化(三室)以及照射猕猴小钴源装置的设计与监测等(二室与四室)。北京医学院三院参加协作。

1964年12月1日

三室全体人员共约30多人参加 "小剂量慢性放射病早期诊断生化指标的研究",以豚鼠的红细胞为实验材料,从16个生化指标中选出对辐射敏感的两个酶,即谷草转氨酶(GOT)和葡萄糖-6-磷酸脱氢酶(G-6-PD)。

1964年底

钴源院区完成土建。

1965年

沈淑敏先生主持翻译出版了《放射生物学基础》。

1965 年

生物物理所确定放射生物学 10 年发展方向：研究电离辐射对机体的作用机制和放射病的防治原理。10 年内的任务是研究机体的急性和慢性辐射损伤、提高机体对辐射的耐受性、电离辐射对感染免疫的影响、放射性本底及其相关问题、电离辐射原发反应的机制、辐射剂量和放射性测量等。一室以外照射为主，二室重点则放在内照射。

1965 年 2 月 19 日

在贝时璋所长的亲自主持下，有计划科韩兆桂科长、唐品志，放射生物学二室主任李公岫，秘书蓝碧霞，放射生物学一室秘书伊虎英以及三室的领导和各组参加实验研究的人员参加的会议，经过长时间的讨论和争论，最终由贝所长敲定对猕猴进行白昼双点源双面照射，对大白鼠、小白鼠、豚鼠等小动物进行夜间单点源圆周排列照射。使用双班倒的办法，每日分白天和夜里两次升源照射两批动物。

1965 年 4 月 1 日

国家科委下达给生物物理所二室四组"混合裂变产物在大白鼠体内的分布、积聚与排除"研究任务（机密级）。

1965 年 5 月

钴-60 强辐照源和小剂量辐照源进行装源程序，并测定剂量，投入运行。

1965 年 5 月 14 日

中国由轰炸机投放的原子弹爆炸成功，爆炸当量 3 万吨。生物物理所人员参加了现场试验：试验代号 71，空爆类型；试验动物有狗，共 6 只，与爆心距离分别是 600 米、800 米和 1400 米，布放在上风向地下室和开阔地面，照射剂量 344 ~ 409 拉德。大白鼠共 266 只、小白鼠共 132 只，与爆心距离 834 ~ 3090 米，布放在坦克内、装甲车内、舰舱内、飞机内、货车内、掩蔽所内，大白鼠照射剂量为 301 ~ 440 拉德、小白鼠照射剂量为 50 ~ 310 拉德。

1965 年 5 月 16 日

一室细胞学组和生化组开始研究"低剂量率^{60}Co-γ射线长期慢性照射对猕猴的影响"，分两批对猕猴进行试验，第一批 18 只、第二批 12 只。最后于 1970 年 4 月 18 日全部停照，前后历时 4 年半。

1965 年 5 月 16 日

生物物理所对我国第 2 次核爆试验后北京地区空气进行监测和取样，时间为 1965 年 5 月 16 ~ 20 日。参加测试人员为陈景峰、刘纪波、池旭生、彭程航，计数管组的孙广泉、叶元贞，在本组做毕业论文的中国科技大学 1965 届毕业生胡坤生和朱厚础也参加了本次测试。

1965 年 8 月 1 日

二室四组开始承担"锶-90 长期慢性小剂量喂食对大白鼠机体的影响"研究项目。

1965 年 8 月 1 日

中国科学院派出第二批工作队到山西运城参加"四清"工作。生物物理所承担放射生物学研究任务的许多同志参加了这期"四清"。直到 1966 年夏，工作队奉命回京参加"文化大革命"。

1965 年 10 月 1 日

生物物理所组织一室和三室人员赴江西上饶"713"铀矿区进行调查，用已建立的小剂量诊断指标对矿工进行体检。黄芬同志总负责。至 11 月回所。

1966 年

研究所下达了"全身计数器"的研究任务。1968 年暂停。1971 年 11 月开始继续进行此项研究。1974 年建立了阴影屏蔽式全身计数器，并进行了将近 300 人次的人体测量。

1966 年 1 月 7 日

王荫亭同志代表生物物理所专门去二机部五局询问任务的下达情况。明确了任务内容包括：①慢性放射病早期诊断，提出慢性放射病早期诊断方案，可从形态、生化、组织、化学等综合考虑，结合厂矿；②辐射防护的研究；③原发反应的研究。

1966 年 5 月 9 日

我国研制的推进裂变试验弹，空投爆炸，爆炸当量 20～30 万吨（我国第 3 次核爆试验）。我所人员参加了核试验现场试验：试验代号"72"，空爆类型；试验动物有狗，共 20 只、大白鼠 350 只；与爆心距离在 1600～2000 米，布放在上风向开阔地面；照射剂量在 90～25 拉德。家兔 11 只，进行内照射试验。

1966 年 8 月 1 日

二机部二院提出并下达给生物物理所"β 放射性微尘连续监测仪的研制"任务，为核潜艇提供连续监测和事故报警仪器。

1966 年 8 月

由生物物理所一室、三室部分成员组成的联合小分队南下对江西省"713"铀矿矿工及苏州医学院附属医院的慢性放射病患者进行调查，之后又走访苏州、南昌及太原等地有关的医疗与科研部门。至 1967 年 1 月返京。

1966 年 12 月 28 日

我国进行氢弹原理试验，地面塔爆炸。爆炸当量 12～50 万吨（我国第 5 次核爆试验）。生物物理所人员参加了核试验现场试验：试验代号"21-42"；地爆类型；试验动物有狗 14 只，与爆心距离在 1900 ~ 2000 米，布放在上风向开阔地面；照射剂量在 150 ~ 100 拉德。家兔 28 只，喂落下灰内照射试验。

1967 年 6 月 17 日

中国第一颗氢弹爆炸成功。爆炸当量 300 万吨（我国第 6 次核爆试验）。

1968 年 12 月 27 日

我国第一次进行使用钚的热核试验。爆炸当量 300 万吨（我国第 8 次核爆试验）。

1969 年 9 月 29 日

中国第一颗由轰炸机投放的氢弹爆炸成功。爆炸当量 300 万吨（我国第 10 次核爆试验）。

1969 年 10 月

生物物理所与防化兵研究院协作研发用于核爆现场外照射剂量测量的便携式剂量仪。我室参加人员有沈恂、何润根、尹殿钧。1970 年 4 月结束。

1970 年 6 月 1 日

生物物理所组织研究人员赴江西 "721" 铀矿进行 "铀矿环境辐射剂量测量和全矿工人体检工作"，领队是韩兆桂。1971 年 4 月返京。

1970 年夏

生物物理所组织了研究所工厂和二、四、五室的 24 名技术工人和科技人员承担二机部第二设计院提出的，为 "821 重点工程" 排放废水解决低浓度 β 放射性污水的连续监测和报警的项目。

1970 年 10 月 14 日

我国进行氢弹空投核试验。爆炸当量 340 万吨（我国第 11 次核爆试验）。

1970 年 11 月 1 日

二室四组开始 "早期混合裂变产物对狗机体的影响" 研究项目。至 1973 年 8 月。

1971 年 1 月

"早期核辐射损伤的远期效应" 5 年总结收编于国防科委主编的《我国核试验技术总结汇编》第三分册，陈锦荣、郭爱克担任编委。

1971 年 11 月 18 日

我国研制的含钚原子弹爆炸成功。爆炸当量 1.5 ~ 2 万吨（我国第 12 次核爆试验）。生物物理所参加了核试验现场试验：试验代号 "21-43"，地爆类型；试验动物有狗 30 只，与爆心距离在 1 200 ~ 10 500 米，布放在上风向开阔地面和下风向；照射剂量在 49 ~ 173 拉德。有两组内外复合照射，一组喂落下灰内照射。猴子 14 只，还有幼猴 7 只，与爆心距离在 1400 ~ 1500 米，布放在上风向开阔地面。照射剂量在 42 ~ 74 拉德。

1972 年

生物物理所派研究人员到西安"262"厂研制"弱放 β 污水连续监测仪"样机。我室参加人员有李家祥、何润根、沈恂、李新愿、王才。沈恂 1973 年 4 月离开，李家祥 1973 年年底离开。后续工作主要由何润根负责。

1972 年

我研究所对研究机构进行了调整。设立放射生物学研究室、分子生物学研究室、仿生学研究室、生物物理工程技术研究室和生物实验技术研究室（即原生物实验中心并入生物物理所部分）。

1972 年 4 月 18 日

生物物理所党的核心领导小组讨论决定，韩兆桂同志任研究所科技组组长、兼任一连党支部书记、刘佑国任连长。

1972 年 6 月 29 日

生物物理所党的领导小组决定成立一室业务小组，徐凤早任组长，李公岫、吴余昇任副组长。

1973 年

生物物理所设 6 个研究室（放射生物学研究室、生命起源及分子生物学研究室（原 824 组）、细胞起源及细胞生物学研究室、生物物理工程技术研究室、仿生学研究室、实验技术室（原生物试验中心））和一个工厂。

1973 年 6 月 27 日

我国进行空投核试验。爆炸当量 300 万吨（我国第 15 次核爆试验）。

1974 年

生物物理所二室四组开始锶-90 诱发小白鼠肿瘤形成的研究工作，至 1976 年。

1974 年

生物物理所放射生物学研究室与卫生部工业卫生研究所、医学科学院放射医学研究所、广东省职业病防治院等单位共同组成广东省高本底地区居民健康调查组。选择广东省阳江地区作为主要调查区，以台山地区作为对照点开展工作。生物物理所参加调查的有王又明、赵克俭、马玉琴等。

1974 年 3 月 1 日

一室剂量组同志集体翻译出版《辐射量和单位》一书。本书是国际辐射单位和计量委员会的 ICRU19 号报告。内容包括辐射的基础的量和单位，辐射防护适用的量和单位。

1974 年 6 月 17 日

我国进行大气热核试验。爆炸当量 100 万吨（我国第 16 次核爆试验）。

1975 年

一室二组同志集体翻译出版《分子放射生物学》一书。书中介绍了 DNA 物理化学损伤及机理。

1975 年 3 月 1 日

工程技术室研制成功 YS-1 型自动液体闪烁谱仪，由中国科学院三局主持召开了由国内科研、院校、医院、工厂等 49 个单位的 73 位代表参加的鉴定会。主要性能指标达到了国际同类产品的先进水平，可以自动运行和自动处理数据，填补了我国自动液闪计数器的空白。

1975 年 8 月 17 日

生物物理所派出科研人员赴甘肃玉门、敦煌，新疆雅满苏等地调查核爆下风向地区人群健康状况。10 月 15 日结束。

1976 年 1 月 23 日

我国进行 2000 吨级核弹头试验，从此实现了核弹头小型化（我国第 18 次核爆试验）。1975 年 12 月生物物理所派出一支小分队参加核爆炸现场实验，搭乘一辆军用专列，与实验动物及所需全部物资一起运行了 7 天到达新疆。参加了 1976 年 1 月 23 日核试验现场试验：试验代号"21-44"地爆类型；试验动物有狗 95 只，与爆心距离在 800 ~ 8000 米，布放在上风向开阔地面。照射剂量在 1 ~ 215 拉德。猴子 19 只和幼猴 22 只，与爆心距离在 1000 ~ 1200 米，布放在上风向开阔地面。照射剂量在 42 ~ 117 拉德。对照动物有狗 43 只、猴 28 只和大白鼠 42 只。

1976 年 11 月 17 日

我国进行最大当量的氢弹空投试验。爆炸当量 500 万吨（我国第 21 次核爆试验）。

1977 年

生物物理所建立同位素实验室，并确立放射免疫分析为研究课题，从而开始了生物物理所放射免疫分析的研究。

1977 年 8 月 16 日

中国科学院生物物理所主持"放射生物学学科规划（初稿）"讨论会。参加单位有上海生化所、云南动物所、"59172"部队、二机部太原七所、苏州医学院、医科分院、卫生部工卫所、医科院肿瘤所、上海药物所、农科院原子能所、复旦大学、吉林医科大学。

1977 年 10 月

"早期核辐射损伤的远期效应"（1964 ~ 1975 年）10 年总结收编于国防科委主编的《我国核试验技术总结汇编》第三分册。党连凯、陈宜峰、贾先礼担任编委。

1978 年

"β放射性微尘连续监测仪"、"弱放β污水连续监测仪"在全国科学大会期间获得全国科学大会奖励的重大科技成果奖。

1978 年

"β放射性微尘连续监测仪"在全国科学大会期间，获得中国科学院奖励的重大科技成果奖。

1978 年

"弱放β污水连续监测仪"在全国科学大会期间，获得中国科学院奖励的重大科技成果奖。

1978 年

"核武器的生物学效应"在全国科学大会期间，获得中国科学院奖励的重大科技成果奖。

1978 年

"热释光辐射测量方法"在全国科学大会期间，获得中国科学院奖励的重大科技成果奖。

1978 年

"生物学大型精密仪器——自动液体闪烁谱仪、荧光分光光度计、6万转超速离心机"在全国科学大会期间，获得全国科学大会奖励的重大科技成果奖。

1978 年

"荧光分光光度计的研制和荧光染料菲啶溴红"在全国科学大会期间，获得中国科学院奖励的重大科技成果奖。

1978 年

"自动液体闪烁谱仪的研制"在全国科学大会期间，获得中国科学院奖励的重大科技成果奖。

1978 年

"我国放射性本底调查"：在全国建立了十几个观测站，监测核试验落下灰对我国国土污染的涨落情况，为估价核试验对环境的污染提供了依据。全国科学大会期间，获得全国科学大会奖励的重大科技成果奖。同时获得中国科学院奖励的重大科技成果奖。

1978 年

"小剂量辐射效应实验研究"：选用人类近缘且具放射敏感的猕猴为材料，进行了长达15年的低剂量率0.8拉德/天和0.15拉德/天，长期慢性照射试验。这是我国开展最早、时间延续最长的唯一一项研究，积累了大量珍贵的数据。全国科学大会期间，获得中国科学院奖励的重大科技成果奖。

1978 年

经生物物理所决定，由原放射生物研究室部分同志另组建成辐射生物物理学研究室，开展电离辐射作用于生物体系的原初过程（包括物理、化学），辐射对生物大分子物理、化学性质的影响，辐射剂量学三方面的研究。

1978 年

与兄弟院所合作完成的"官厅水系水源保护的研究"在全国科学大会期间，获得全国科学大会奖励的重大科技成果奖。

1978 年

与兄弟院所合作编写的《同位素技术及其在生物医学中的应用》在全国科学大会期间，获得全国科学大会奖励的重大科技成果奖。

1978 年

与兄弟院所合作完成的"一号科研任务"在全国科学大会期间，获得全国科学大会奖励的重大科技成果奖。

1978 年 3 月 15 日

我国进行小当量核试验，爆炸当量 0.6 ~ 2 万吨（我国第 23 次核爆试验）。生物物理所人员参加了核试验放射性下风向尘埃监测。参加这次下风向尘埃监测工作队近 20 名人员。生物物理所 3 名人员，其余约 15 名科技人员均来自卫生部北方各省（直辖市）下属单位，包括北京、河北、内蒙古、山西、陕西、青海和甘肃等卫生防疫部门。

1978 年 4 月 29 日

所务会决定：放射生物学二室与一室合并为第一研究室（辐射生物物理研究室），程龙生、沈恂任副主任。主要开展电离辐射作用于生物体系的原初过程（包括物理、化学），辐射对生物大分子物理、化学性质的影响，辐射剂量学三方面的研究。另成立八室（细胞生物物理研究室），李公岫任主任，蓝碧霞、李跃亭任副主任；成立九室（医学生物物理研究室），忻文娟任主任主任。江丕栋任四室（工程技术室）主任，王占金、彭程航任副主任。

1978 年 8 月 1 日

生物物理所和天津医疗电子仪器厂共同召开了 YS-2 型全自动液体闪烁谱仪设计定型鉴定会。贝时璋所长在开幕会上讲话。鉴定会认为这是国内第一台计算机控制的多功能液体闪烁谱仪，主要指标达到了国内外同类产品的先进水平，同意设计定型。

1978 年夏

国际辐射研究联合会（International Association for Radiation Research）第 4 届理事会主席，美国放射生物学家卡普兰教授（H. S. Kaplan，美国，斯坦福大学）率国际辐射研究联合会代表团访问生物物理所放射生物学研究室。

1979 年 1 月 1 日

"YS-3 型液体闪烁谱仪"：与天津医疗电子仪器厂合作获天津市科学技术成果奖三等奖。

1979 年 2 月

生物物理所于 1979 年 2 月下达了关于辐射剂量与微剂量的研究课题。在《全国放射生物学科研规划》和《全国辐射防护科研规划》中都有明确要求开展辐射剂量学、中子剂量学、微观能量沉积与生物效应关系的研究课题。

1979 年 5 月

第六届国际辐射研究大会在日本东京召开，我室首次派人参加。人员有沈淑敏、沈恂、纪极英、贾先礼。

1979 年 11 月 1 日

"404 型电子自旋共振波谱仪"通过了由中国科学院组织召开的全国专家鉴定会。所长贝时璋先生亲自参加鉴定会，并致开幕词。鉴定会评价意见为："仪器主要性能达到原设计指标，其中灵敏度（包括测定含水样品的灵敏度）达到国际先进水平，有利于生物学研究。"并获得中国科学院颁发的 1978 ~ 1979 年重大科技成果奖一等奖。

1980 年

《低剂量率 ^{60}Co-γ 射线长期慢性照射对猕猴的影响》论文发表在《中国科学》1980 年 6 期（中文版）9 期（英文版）。

1980 年

程龙生任中华放射医学与防护学会理事直至 1986 年。

1980 年

中国生物物理学会辐射与环境生物物理专业委员会成立，纪极英任副主任，至1990 年

1980 年 5 月 23 日

"YS-2 型自动液体闪烁谱仪"获中国科学院科技成果奖二等奖。参加人员有江丕栋、丰玉璧、李志达、何润根和卢绍婉等。

1980 年 8 月 5 日

生物物理所所务会研究决定：李元庚任第一研究室副主任。

1980 年 10 月 16 日

我国进行最后一次大气核爆炸。爆炸当量 20 万吨（我国第 27 次核爆试验）。

1981 年 5 月

沈恂任中国核学会辐射研究与辐射工艺学会副理事长。

1981 年 8 月

沈恂任中国核学会会刊《核科学与技术》杂志第一届编委会委员。

1981 年 8 月 1 日

一室人员参加翻译《辐射剂量学》（美国阿蒂克斯，托契林主编）一书。其中，第 20 章重带电粒子束（沈恂）；第 25 章天然的和人工的本底辐射（赵克俭）；第 26 章宇宙飞行的辐射剂量学（郭绳武）；第 29 章放射生物剂量学（张仲伦）；第 30 章 X 射线和 γ 射线在辐射治疗中的应用（张仲伦）；第 31 章植入治疗中的剂量学（马海官）；第 32 章过渡区剂量学（沈恂）；第 33 章工业加工中的剂量学（马海官）。

1981 年

在中国生物物理学会支持下，成立"液体闪烁探测技术专业组"，由核技术、农、医、生物物理等领域的研究所、学校、工厂的代表 8 人组成。生物物理所担任组长单位，由江丕栋、蒋汉英参加。专业组 1983 年转入核电子学与核探测技术学会。组织过 4 次全国性学术交流会议。

1982 年

程龙生任辐射研究与辐射工艺学会放射生物学专业组副组长，到 1986 年。

1982 年

关于小剂量电离辐射生物效应研究结果：发表于《中国科学》B 辑 1982 年 1 期（中文版）4 期（英文版）。*Science News*，1982，Vol. 122，No. 8 以摘要刊出。

1882 年 10 月

生物物理所辐射生物物理研究室受中国核学会辐射研究与辐射工艺学会委托，在苏州主办了第二届全国辐射研究学术会议。

1983 年

"新型光敏剂竹红菌素光敏化作用研究"课题开始研究，到 1988 年年底结束，历时整 6 年。这项研究工作在 1984 年获云南省科委基金资助、1985 年获中国科学院基金资助、1988 年全国自然科学基金资助，1989 年获英国"国际癌症研究协会"个人基金资助。

1983 年

第 26 届日本辐射研究会议在日本京都召开。我室参加人员为程龙生。

1983 年

生物物理所接受了中国科学院生物学部"水果电离辐射保鲜技术"的研究任务。下达了"水果和蔬菜电离辐射保鲜技术的研究"课题。结合生物物理所的条件，开展了与辐射保藏有关的实验工作，辐射加工级的剂量仪器与探测器的研究。至 1986 年完成。

1983 年夏

国际辐射研究联合会（International Association for Radiation Research）第 6 届理事会副主席和第 7 届理事会主席，英国放射生物学家艾达姆斯教授（G. E. Adams，英国 Gray 研究所所长）访问我室，并与我室科研人员座谈。

1983 年 9 月

第七届国际辐射研究大会，荷兰，阿姆斯特丹；我室参加人员有沈恂。

1984 年

郭绳武担任北京生理学会理事。到 1987 年。

1984 年

沈恂任《国际放射生物学》杂志（*International Journal of Radiation Biology*）编委（编辑部在英国）。至 1992 年。

1984 年

生物物理所放射生物学研究室承担"六五"攻关课题"血卟啉光敏致癌的分子机理基础研究"，沈恂研究组开展了"血卟啉衍生物 YHPD 的某些基础化学与生物学研究"课题，纪极英研究组开展了"血卟啉光敏治癌分子机理基础研究"课题，全面、系统地研究我国产的血卟啉光敏作用。到 1987 年。

1984 年

中华人民共和国加入国际原子能机构。

1984 年 5 月 31 日

生物物理所所务委员会和党委会讨论决定：程龙生任第一（辐射生物物理）研究室主任，张仲伦任副主任，李公岫任第八（细胞生物物理）研究室主任，陈楚楚任副主任。

1985 年 6 月

中日双边放射增敏剂讨论会在日本京都召开。参加人员有沈恂。

1985 年 10 月

中国计量科学研究院下达了"计量科技项目计划任务书"。要求生物物理所与北京计量科学研究所协作，在已经试用的晶溶发光测量装置的基础上，进行实用样机的研制。

1986 年

"酪氨酸和含酪氨酸蛋白质的原初光解过程"获中国科学院科学技术进步三等奖。参加人员有沈恂、庞素珍、马海官等。

1986 年

1986 年小剂量电离辐射生物效应国际讨论会在南京召开。参加人员有沈恂（大会组委成员）、王又明。

1986 年

郭绳武担任中华医学会辐射医学与辐射防护委员会委员，至 1989 年。

1986 年

我室承担国家基金委课题"血卟啉光敏效应的分子机理及改进措施"，至 1988 年。

1986 年 12 月 1 日

"高剂量测量方法"获中华人民共和国核工业部部级科学技术进步奖三等奖。参加人员有张仲伦、孟香琴、赵克俭、郎淑玉、刘成祥等。

1986 年 12 月 25 日

所务会决定：张志义任第一研究室主任，路敦柱任副主任，陈楚楚任第八研究室主任。

1987 年

我室人员参加朱任葆、刘永，罗祖玉主编的《辐射生物学》一书，编写其中"细胞对损伤 DNA 的修复"（陈去恶、罗祖玉）、"辐射生物学的物理和化学基础"（沈恂）、"染色体畸变效应及其生物学意义"（徐凤早、苏瑞珍、金璀珍）等章节。

1987 年

沈恂出任"辐射研究中国委员会"在国际辐射研究联合会（IARR）里的代表，到 1991 年。

1987 年 6 月 5 日

我国进行第 33 次核试验，为地下核爆，当量为 20 万吨级。

1987 年 7 月 19 日

在英国爱丁堡召开第八届国际辐射研究大会，沈恂任大会学术委员会委员，我室曹恩华、臧伦义、陈春章等出席。

1987 年 8 月 5 日

我国首次发射返回式卫星，飞行 5 天。又在 1987 年 9 月 9 日发射第二颗返回式卫星，飞行 8 天。生物物理所进行卤虫卵搭载试验，并在 1987 年 11 月 11 日"中国微重力科学与空间实验"首届学术讨论会上作了论文报告。此次会议由国家科委、航天工业部、科学院共同主持。

1988 年

1988 年大剂量辐射研究大会在中国杭州召开，曹恩华任大会组委会成员。程龙生参加了北京国际生物和医学自由基国际会议。

1988 年 7 月 1 日

张仲伦翻译（沈恂校对）的国际辐射单位与测量委员会（ICRU）第 30 号报告《放射生物学中的定量概念与剂量学》由中国计量出版社出版。

1988 年 9 月 13 日

"我国核试验对动物的远后期辐射效应的研究"为期 20 年，前后有近百人参加，获得中国科学院科学技术进步奖一等奖。参加人员有邢国仁、党连凯、李玉安、王清芝、郭绳武、郑德存、宋兰芳、周启玲等。

1988 年 9 月 29 日

我国进行中子弹武器测试。爆炸当量 2500 吨（我国第 34 次核爆试验）。

1988 年 12 月 1 日

张仲伦受聘《辐射研究与辐射工艺学报》编委。

1990 年

曹恩华任中国生物物理学会辐射与环境生物物理专业委员会副主任。

1990 年

曹恩华任《生物物理学报》编委，至 2002 年。

1990 年

赵克俭、马斌接受并完成核工业部下达的"牛奶中氚的分析方法"科研题目，并被采纳作为部颁标准。

1991 年 5 月 17 日

"血卟啉衍生物 YHPD 的某些基础化学与生物学研究"获中国科学院自然科学奖三等奖（1991 年）。参加人员有沈恂、马海官、庞素珍、马玉琴、傅迎宪等。

1991 年 5 月 17 日

"竹红菌甲素的光敏化作用"获科学院自然科学奖三等奖（1991 年）。参加人员有程龙生、郭绳武、曹恩华、王家珍、孙继山等。

1991 年

曹恩华任《生物化学与生物物理进展》编委（1991~1994 年）、常务编委（1995~）。

1991 年

张仲伦任中国辐射防护学会常务理事（1991~2001 年）。

1991 年 3 月 1 日

生物物理所所务委员会和党委会讨论决定：张志义任第一研究室主任；乐家昌、路敦柱任副主任；陈楚楚任第八研究室主任；张锦珠、何书钊任副主任。

1992 年

张仲伦任中国辐射研究与辐射工艺学会常务理事（1992~2003 年）。

1992 年 5 月 21 日

我国进行地下核试验。爆炸当量 65 万吨（我国第 37 次核爆试验）。

1992 年 9 月 7～12 日

第 11 届国际光生物学大会在日本京都召开，我室参加人员有沈恂、曹恩华、马玉琴等，沈恂任大会国际科学顾问委员会成员。

1992 年 12 月 1 日

生物物理所所务委员会和党委会讨论决定：张锦珠任细胞生物物理研究室主任，曹恩华、任振华任副主任。

1992 年 12 月 29 日

所务会讨论决定：开始实施"研究室结构调整实施方案"，调整后除两个开放实验室外，将原有 11 个研究室建成四个研究室（分子生物学研究室、蛋白质工程研究室、神经生物学研究室、细胞生物物理研究室）、一个分析测试技术中心和一个高技术开发研究部。原第一研究室（辐射生物物理研究室）、第十四研究室与第八研究室室（细胞生物物理研究室）合并组建细胞生物物理研究室。从此第一研究室消失。原辐射生物物理研究室的有关高能质子、光辐射等的研究课题仍在进行。

1993 年 10 月

国家科委组织，高能所主持生物物理所我室参加研究工作的"快中子治癌研究装置及应用研究"获中国科学院科学技术进步奖二等奖。生物物理所参加人员有张仲伦、刘成祥、苏震、郑雁珍等。

1994 年

曹恩华任《国外医学：核医学，放射医学》编委，至 1998 年。

1994 年

曹恩华任《化学通报》编委、副主编，1998～2002 年。

1994 年 5 月

沈恂任中国生物物理学会秘书长。

1994 年

在日本召开东亚生物物理讨论会，我室参加人员有曹恩华。

1995 年 12 月 1 日

国家科委组织、高能所主持的生物物理所我室参加研究工作的"快中子治癌研究装置及应用研究"获国家科学技术进步奖三等奖。我所参加人员有张仲伦、刘成祥、苏震、郑雁珍等。

1995 年 1 月 1 日

细胞生物物理研究室，主任曹恩华，副主任赵保路。

1996 年

沈恂任中国科学技术协会第五、第六届全国委员会委员，至 2006。

1996 年 7 月 29 日

我国进行地下核试验。爆炸当量 5000 吨（我国第 45 次核爆试验）。中国宣布暂停地下核试验。

1996 年 8 月

第 12 届国际生物物理大会在荷兰阿姆斯特丹召开。我室参加人员有沈恂。

1998 年

曹恩华任国家自然科学基金委学科评审组专家，至 2000 年结束。

1998 年

沈恂任国际纯粹与应用物理联合会（International Union of Pure and Applied Physics）生物的物理学专业委员会（Commission on Biological Physics）委员，至 2004 年。

1998 年

沈恂任中国生物物理学会副理事长，至 2006 年。

1998 年

研究所成立分子生物学中心，此后，辐射生物物理相关课题陆续结题，有关人员退休，辐射生物学研究基本不再进行。

1998 年 9 月 9 日

生物物理所决定在建所 40 周年之际，表彰在研究所创建和发展中做出突出贡献的个人和集体。突出贡献个人有贝时璋、邹承鲁、梁栋材、杨福愉、王书荣、朱以桂、徐业林；突出贡献集体有生物大分子国家重点实验室、中国科学院视觉信息加工开放研究实验室、放射生物学研究室、宇宙生物学研究室。

1999 年 10 月

第 13 届国际生物物理大会在印度新德里召开。我室参加人员有沈恂。

2002 年 5 月

第 14 届国际生物物理大会在阿根廷布宜诺斯艾利斯召开。我室参加人员有沈恂。

2003 年

沈恂任《中国生物物理学报》主编，至 2009 年。

2004 年 8 月 13 日

生物物理所、中国原子能科学研究院相关领导和人员举行了第一次"钴源院区退役拆除工程"会议，共同确定，委托中国核工业第四研究设计院编写《钴源院区退役拆除工程可行性研究报告》。金德耀、张仲伦任顾问。

2006 ～ 2008 年

沈恂任亚洲及大洋洲光生物学会（Asian & Oceania Society for Photobiology）

主席。

2006 年 11 月 16 日

生物物理所与中国原子能科学研究院关于"钴源院区退役拆除工程"合同正式签字。

2007 年 7 月 24 日

"钴源院区退役拆除工程"进入钴源院区做冷试验。市主管部门环保、公安、卫生部门同意了我们进行放射源回取操作，货包表面污染及辐射水平由北京市辐射安全技术中心监测发证，北京市公安局发放运输证。

2008 年 2 月

第 16 届国际生物物理大会在美国洛杉矶召开。我室参加人员为沈恂。

2008 年 5 月 12 日

北京辐射安全技术中心指出：生物物理所"钴源院区退役拆除工程"已经完成工程终态检测报告。经过本工程的清污、拆除、退役、整治后，其对终态环境影响很小，是完全可以接受的。"钴源院区退役拆除工程"完整结束。

作者简介：张仲伦，见本书 190 页。

中国科学院生物物理研究所放射生物学
研究工作参加人员全体名单

（按拼音排序）

安 福	蔡维屏	曹恩华	曹懋孙	陈 燕	陈采琴	陈楚楚
陈春章	陈德嵛	陈凤英	陈锦荣	陈景峰	陈去恶	陈受宜
陈小蘅	陈逸诗	陈玉玲	陈玉敏	陈元满	程龙生	崔道珊
崔书琴	戴 军	党连凯	杜 健	樊 蓉	范文英	方志国
丰玉璧	傅士魁	傅世榕	傅亚珍	傅迎宪	甘大清	高 琳
葛兆华	关守任	郭爱克	郭倍奇	郭宏广	郭绳武	韩恒湘
韩明泰	韩行采	韩毓春	郝景兰	何 建	何润根	何裕建
贺宝珍	洪鼎铭	侯桂珍	侯晓东	胡庆文	胡幼秋	华庆新
黄 芬	黄爱月	黄炽华	黄有国	纪极英	冀天德	贾先礼
贾小云	江玊栋	蒋汉英	金元桢	靳秀珍	靳忠见	鞠洪峨
寇学仲	蓝碧霞	郎淑玉	劳为德	雷秀芹	李 菜	李 忠
李才元	李殿君	李凤章	李根保	李公岫	李贵水	李洪雁
李家祥	李金照	李景福	李敏堂	李启韬	李生广	李嗣娴
李希斌	李心愿	李应学	李玉安	李玉环	李跃贞	李昭洁
梁金虎	林桂京	林治焕	凌寿山	刘 球	刘 蓉	刘 萱
刘成祥	刘鸿喜	刘妙贞	刘明聪	刘荣臻	刘瑞庭	刘天伟
刘银贵	刘佑国	刘正梅	柳青梅	卢绍婉	路敦柱	马 斌
马海官	马淑亭	马顺福	马秀权	马玉琴	孟香琴	孟志达
缪仲德	倪宝谦	聂玉生	潘宗耀	庞素珍	钱剑安	钱铭娟
秦福山	秦静芬	秦希林	任恩录	沈 恂	沈士良	沈淑敏
沈煜民	史宝生	史鸿林	宋健民	宋兰芳	宋兰芝	宋时英
宋树珍	宋学玲	苏 萍	苏 霞	苏瑞珍	孙 珊	孙继山
孙学康	汤丽霞	唐 祥	唐德江	唐品志	陶能兵	滕松山
田佩珠	屠立莉	万 红	万浩义	汪云九	王 浩	王翠荣
王桂华	王家珍	王今著	王锦兰	王克义	王曼霖	王明贤
王能辉	王清芝	王仁芝	王淑清	王文芳	王又明	王玉芳

王玉梅	王玉萍	王志珍	文德成	乌　恩	邬菊谭	吴　骋
吴爱华	吴同乐	吴余昇	辛淑敏	邢国仁	邢菁如	徐凤早
徐国瑞	徐珊梅	许娜飞	许以明	薛良琰	闫振海	严国范
严敏官	严智强	杨　磊	杨福愉	杨万里	杨勇正	姚敏仁
姚启明	叶　菁	叶忠全	伊虎英	尹殿钧	于明珠	于宪军
郁贤章	袁群茂	袁燕华	袁志安	臧伦义	张　健	张　克
张　莉	张　桐	张　伟	张　茵	张浩良	张贺忠	张静娟
张兰萍	张书朋	张淑秀	张淑英	张树林	张廷逵	张文林
张秀珍	张月敬	张占勤	张志义	张仲伦	章正廉	赵　红
赵凤玉	赵季英	赵克俭	赵云鹍	郑德存	郑建华	郑若玄
郑雁珍	郑竺英	周恩仲	周广德	周启玲	朱诏南	邹福强

中国科学院生物物理研究所放射生物学
承担国家任务参加人员名单

一、放射性本底调查任务

生物物理所参加人员

| 陈楚楚 | 蓝碧霞 | 李凤章 | 李公岫 | 李应学 | 林桂京 | 刘成祥 |
| 路敦柱 | 马玉琴 | 屠立莉 | 王文芳 | 于明珠 | 袁群茂 | 张志义 |
| 赵克俭 |

其他所参加人员

北京医学院　　林克椿
动物研究所　　林德音
北京大学　　　李薇锦

放射性本底调查工作站包括

北京、天津、青岛、哈尔滨、昆明、乌鲁木齐、兰州、广州、成都、厦门、沈阳、长春、济南、合肥、西宁、长沙等18个工作站。

工作站主要人员

哈尔滨　　荣　庸　等
乌鲁木齐　杨学广　等
青　岛　　韩贻仁　等
厦　门　　黄春福　等
广　州　　纪正训　等

二、小剂量慢性放射生物学效应的研究任务

生物物理所参加人员

曹恩华	曹懋荪	陈　燕	陈采琴	陈受宜	陈小蘋	陈逸诗
崔道珊	樊　蓉	郭倍奇	郭宏广	韩明泰	何　健	黄　芬
黄有国	郝景兰	纪极英	贾先礼	金元桢	寇学仲	劳为德

李　莱	李才元	李凤章	李金照	李景福	李敏堂	李生广
李玉环	李跃贞	林治焕	刘　蓉	刘佑国	柳青梅	马秀权
倪宝谦	钱铭娟	任恩禄	沈煜民	史宝生	宋时英	苏　莘
苏瑞珍	孙　珊	孙学康	王丽华	王又明	王玉梅	文德成
鄢菊潭	吴　骋	吴爱华	吴余昇	辛淑敏	邢菁如	徐凤早
徐国瑞	杨福愉	杨勇正	叶忠全	袁燕华	袁志安	张　克
张贺忠	张兰萍	张淑秀	张淑英	张树林	张占勤	张宗耀
赵云鹃	邹福强					

所外参加单位

华北工业卫生研究所、江西工业卫生研究所、北京医学院第三附属医院、上海工业卫生研究所、吉林医科大学、上海生物化学研究所、上海生理研究所

三、核武器试验核辐射远后期生物效应研究任务

21 号任务组

生物物理所参加人员

陈采琴	陈锦荣	党连凯	樊　蓉	方志国	甘大清	郭爱克
郭绳武	韩恒湘	贾先礼	李希斌	李玉安	李玉环	李昭洁
刘成祥	刘鸿喜	刘妙贞	柳青梅	马淑亭	聂玉生	宋兰芳
万浩义	王清芝	邢国仁	严智强	杨　磊	伊虎英	张浩良
张树林	张文林	张志义	赵凤玉	郑德存	周启玲	

昆明动物所参加人员

陈宜峰	单祥年	罗丽华	宋继志	武锦志	张成桂

任务组外人员

利用该组动物进行过生化研究的参加人员

曹恩华	陈逸诗	严国范	袁志安

曾经参加过一次核爆现场试验的参加人员

程龙生	戴　军	蒋汉英	李殿军	卢玉海	任恩禄	任吉江
沈　恂	滕松山	吴耀田	徐国瑞	严敏官	杨福愉	

四、核爆试验现场参加人员

我国第 2 次核爆试验现场（1965 年 5 月 14 日）参加人员

郭绳武	杨福愉	张成桂

我国第 3 次核爆试验现场（1966 年 5 月 9 日）参加人员

郭绳武　　张成桂　　张浩良

我国第 5 次核爆试验现场（1966 年 12 月 28 日）参加人员

陈锦荣　　程龙生　　郭绳武　　张成桂　　张浩良

我国第 12 次核爆试验现场（1971 年 11 月 18 日）参加人员

甘大清　　贾先礼　　李殿军　　刘成祥　　刘洪喜　　任恩禄　　任吉江
王清芝　　邢国仁　　张文林　　张志义

我国第 18 次核爆试验现场（1976 年 1 月 23 日）参加人员

陈宜峰　　戴　军　　单祥年　　党连凯　　贾先礼　　李希斌　　刘成祥
卢玉海　　沈　恒　　滕松山　　吴耀田　　武锦志　　徐国瑞　　严敏官

核试验场下风向地区本底调查（1975 年 8 月 17 日至 10 月 15 日）参加人员

曹恩华　　党连凯　　贾先礼　　王仁芝

我国第 23 次核爆现场下风向调查（1978 年 3 月 15 日）参加人员

陈春章　　寇学仲　　唐德江

五、放射性矿区调查任务

第一次下矿（江西上饶 713 矿；1965 年 10～11 月）

陈去恶　　程龙生　　黄　芬　　李向高　　李玉环　　卢景芬　　钱铭娟
邬菊潭　　吴爱华　　吴余昇　　伊虎英　　张仲伦　　赵克俭　　赵云鹃

第二次下矿（江西上饶 713 矿；1966 年 8 月至 1967 年 1 月）

陈　燕　　陈小蘅　　黄有国　　纪极英　　李金照　　孙　珊　　万浩义
邬菊潭　　杨福愉　　周启玲

第三次下矿（江西乐安 721 矿；1970 年 6 月至 1971 年 4 月）

蔡维屏　　陈小蘅　　陈玉敏　　方志国　　傅亚珍　　韩兆桂　　何润根
贾先礼　　蒋汉英　　李玉安　　刘鸿喜　　路敦柱　　马海官　　马玉琴
沈　恒　　苏瑞珍　　王锦兰　　徐国瑞　　严敏官　　杨　磊

六、放射卫生防护研究任务

曹恩华　　陈采琴　　陈德崙　　陈凤英　　陈去恶　　樊　蓉　　甘大清
韩毓春　　洪鼎铭　　贾先礼　　李根宝　　李景福　　李玉安　　刘　球
马淑亭　　潘宗耀　　沈淑敏　　宋兰芝　　宋树珍　　王克义　　徐国瑞
严国范　　伊虎英　　袁志安　　张　桐　　张　茵　　张树林　　周启玲

编 后 记

　　为庆祝中国科学院生物物理研究所建所 50 周年而编辑的所史丛书之一《蘑菇云背后》与读者见面了。蘑菇云是原子弹爆炸时从地面升起的巨大的高温高压烟尘柱，为了用中国自己研制的核武器在戈壁滩上升起一朵又一朵这样的蘑菇云，除了直接参与研制核武器的科学家、工程技术人员、工人、干部和广大解放军指战员以外，还有数以万计的科技人员在为蘑菇云的升起而默默无闻地工作着，生物物理所每一位从事放射生物学研究的科技人员就是他们中的一分子。虽然放射生物学在今天已经不是一门引领时代潮流的热门学科，但是在生物物理所建所的那个年代，它却是一门关系到年轻的共和国能否立于"世界民族之林"、能否建立自己的核工业和发展自己的核武器、能否打破两个超级大国的核威胁和核讹诈的重要学科。生物物理所从事放射生物学研究的科技人员通过他们艰苦卓绝的工作来回答两个问题：核武器爆炸产生的核辐射除了引起受照人员的急性放射性损伤外，5 年、10 年甚至 20 年后，那些受照剂量较小的人员还可能出现哪些远后期的生物效应？工作在生产核燃料的铀矿山、铀水冶厂、铀浓缩工厂的数以万计的工人，当长期接受小剂量的射线照射，会对他们的健康将会产生什么影响，应该如何去降低这种影响？书中的主人公们为此默默地奉献了他们的青春年华，甚至奉献了他们的一生。他们没有怨言，没有遗憾，因为他们没有辜负国家和人民的期望。

　　1958 年以来，先后参加生物物理所放射生物学研究的科技人员有 260 多人，虽然他们之中只有 40 位参与了本书的撰写，但他们都是生物物理所放射生物学 40 年研究历程的见证人，他们中的多数都已年过七旬，且体弱多病，甚至有些人已经在很多年前就离开了生物物理所，还有的撰稿人已经移民海外，但为了把历史告诉后人，他们满腔热忱地用心去写，本书编委会向他们致以崇高的敬意和衷心的感谢。

　　在编写本书的时候，最让我们难忘的是生物物理所的创始人贝时璋先生，是他把放射生物学确定为生物物理所建所时的主要研究方向之一，是他不顾别人的冷嘲热讽，把国家的需要和国防任务摆在首位。在放射生物学研究室每一个课题的立项、文献调研、研究思路的确定上，无不浸注着他的心血。

　　在编写本书的时候，我们忘不了最早带领和指导年轻科技人员从事放射生物学研究的徐凤早、马秀权、沈淑敏、陈德崟、刘球和刘蓉等老专家。我们也忘不了那些已经作古的老同事们，忘不了那些目前生活在异国他乡的老同事们，谨以此书献给他们作为纪念。

杨福愉先生对本书的编撰出版给予了极大的支持和肯定，在此表示衷心的感谢！生物物理所领导对本书的编撰给予了多方面的支持和关心，也在此一并致谢！我们希望借此机会，向所有关心和支持本书编辑出版的同志致谢！

由于时间久远，许多老先生和研究工作的骨干或由于过世、或由于年迈，不能参加撰写，因此，本书呈献的"故事"难免不全，或有偏差和遗漏，希望读者谅解。

从1958年生物物理所建所并设立放射生物学研究室算起，54年过去了，回顾过去半个多世纪的历程，经过几代人的努力，一个具有国际影响力的生物物理所已经出现在东方的地平线上，让我们铭记历史，展望未来，继续阔步前进。

希望这本书能给广大读者带来美好的回忆。